U0966037

美国时装画技法教程

〔美〕凯特·哈根 著
张 培 译

中国轻工业出版社

图书在版编目（CIP）数据

美国时装画技法技教程 /（美）哈根著；张培译. —北京：中国轻工业出版社，2016.6
ISBN 978-7-5019-6025-5

Ⅰ. ①美… Ⅱ. ① 哈… ② 张… Ⅲ. ① 服装－绘画－技法（美术）－教材 Ⅳ. ① TS941.28

中国版本图书馆CIP数据核字（2007）第092262号

Authorized translation from the English language edition, entitled FASHION ILLUSTRATION FOR DESIGNERS, 1st Edition, 0130983837 by HAGEN, KATHRYN, Pearson Education, Inc. publishing as Prentice Hall, Copyright © 2005 Pearson Prentice Hall
All rights reserved. No part of this book may be reproduced or transmitted in any form or by any means, electronic or mechanical, including photocopying, recording or by any information storage retrieval system, without permission from Pearson Education, Inc.
CHINESE SIMPLIFIED language edition published by PEAESON EDUCATION ASIA LTD., and CHINA LIGHT INDUETRY PRESS Copytight © 2008

责任编辑：秦　功　翦　鑫
策划编辑：王恒中　　责任终审：劳国强　　封面设计：时空意匠
版式设计：时空意匠　　责任校对：李　靖　　责任监印：马金路

出版发行：中国轻工业出版社（北京东长安街6号，邮编：100740）
印　　刷：三河市万龙印装有限公司
经　　销：各地新华书店
版　　次：2016年6月第1版第6次印刷
开　　本：889 × 1194　1/16　　印张：33
字　　数：300千字
书　　号：ISBN 978-7-5019-6025-5　定价：88.00元
著作权合同登记　图字：01-2006-6223
邮购电话：010-65241695　传真：65128352
发行电话：010-85119835　85119793　传真：85113293
网　　址：http：//www.chlip.com.cn
Email：club@chlip.com.cn
如发现图书残缺请直接与我社邮购联系调换
160442K3C106ZYW

本书封面贴有 Pearson Education（培生教育出版集团）激光防伪标签。无标签者不得销售。

谨以此书献给
我最亲爱的 Otis 艺术设计学院的“家人”和我那些勤劳聪慧的学生们，
他们是我前进的不竭动力。

前言

服装设计师们是伟大的、富有创造力的群体。他们通过设计服饰帮助人们创造出新的形象。这些极富创造力的设计师们通过绘画，与图案设计师、生产人员、销售人员以及企业的领导们进行着沟通与交流。同样，设计师的绘画也能将媒体、店家、赞助商等吸引来，将自己思想的结晶介绍和传播于世。当然，糟糕的服装设计绘画作品也会给交流和沟通带来一系列的麻烦。没有好的绘画技巧，再好的设想也没有人能看得出来。

能够用可视的方法与外界进行沟通的服装设计师们在当今的世界中占有很大的优势。我二十多年的工作目标就是帮助学生们进一步提高绘画技能。这么多年以来，我已经培育了很多届富有天赋的学生们了，同时我也从他们身上学到很多东西。

正因为我对人物绘画有着极大的热情，我愿意十分高兴地将我多年来经验所得和你们分享。时尚变化不定，一阵一阵的潮流来了又去了。但是不管服饰、妆容和发型怎么变换，打造时尚流行的外表始终至关重要。所以，文本上的绘画技法其意义就不仅仅是绘画本身而已，它还具有塑造改变人们形象的多重元素。

循环变换的时尚，在其外表之下还包含着文化的产物，时尚能如实地反映着社会，同时也被社会所影响。如果能够意识到这一深层的内涵，将会更好地促进设计行业的发展并且提高对这一行业评论的深度。正因为如此，所以本书中将会简单地做一些历史性的考察并且给出了时间线索，以便于帮助读者更好地理解在某一特定历史背景下时尚业的发展状况。

很多学生通常都会担心自己学不会绘画技巧。就我的经验而论，我可以向这些学生再次保证，任何一个努力地、严肃地对待这一行业的学生，最起码都可以学会真正地观察事物，我认为这是掌握好绘画技巧最基本的一步。因为认真地观察和研究人体外在结构是使自己的设计思想被他人理解的有力保证。

我所教授的课程，最基本的理念就是相信每一位学生都拥有独特的创作潜能，它等待着被正确地开发，然后开花结果。这就意味着，对于任何的问题都没有确定的答案，每个人都必须自己努力寻找最适合自己的表达方式。换句话说就是，“怎么管用，怎么来。”尽量地尝试每一种绘画的工具，最后每一个人都非常有可能寻找到最适合他自己的绘画语言。从结构入手，从分析解剖的角度，以绘画独有的方式去感知不同的事物，这将会给正在学习绘画的人们很大的帮助。

除此之外，我还认为，设计和绘画二者之间是不可分割的，是互相依赖的。好的绘画技巧能够给设计添光加彩，反之亦然。所以，这两个方面在本书中都会涉及到。

我给这本书的每一个章节都定下了目标并且向你们提供了步骤的方法说明和达到目标的检测办法。每一页书都集中探讨了一个或几个问题，重点将会从不同的角度反复地讲述。

在做了大量的工作之后，我还将专门用一章的篇幅来谈谈绘画的工具和不同的表现手法。我的目的是想让你们知道，即使缺乏像我一样的专业绘画技巧，你仍然能胜任一些事情。而且我很鼓励大家尝试探索新鲜的绘画技法，我告诉你们，这是很有意思的。

在书中，我还介绍了其他一些工具，像模板、比例尺以及一些绘画的原则等。

最令我感到激动的是，我的书中有一章是专门来写怎样使用色彩的，而且还有配套讲述绘画技巧的光盘。我认为这些对于任何展示教学的教材来说都是足够的。

富有创造力的人们往往都是忙碌的。我希望我的书能够帮助你们快速有效地达到你们的目标，你的五花八门的工具包和实用的绘画技法一定会让你周围的人大吃一惊。

最后祝你们画画愉快！

怎样使用这本书

格子花呢

这本书有两种看法：你既可以一章一章地往下看，也可以在遇到任何特殊问题的时候有重点地查阅，它可以给你提供技术上的支持。我尽我所能地详细介绍了绘画和实用的技法，所以，我希望这本书的目录和索引能够帮助你快速有效地找到你需要的信息。

书中每一章的安排顺序大致都是和我在课堂上教授的顺序一样。我们都是先学会掌握人体的基本形态和结构构成（穿浴衣的形态），然后，我们才开始加上衣服，将形体与着装融合在一起。在展示男士和小孩子的绘画技法时，我们采用了同样的讲述方法。

我知道很多教师都有他们自己的教学安排和练习，我在本书中和最后一章的后边也给大家提供了辅助的练习。这里边包括一些草图，可以帮助大家更好地完成练习，我过去的许多学生都做过这些练习，效果不错，对他们很有帮助。他们可以在草稿上大胆地尝试新的创意而不必担心弄脏他们自己的作品。你也可以将这些草图复制下来,以便可以反复使用——顺便提一下，我发现市场上最普通的打印纸就可以了，而且价格很便宜。

鸣谢

感谢 Teresa Shuff，感谢她带领我进入出版的世界，同时也感谢她成为我忠诚的好朋友。

感谢 Janice Stangel，谢谢她给予我的鼓励和帮助监督出版这本书。

感谢 Vern Anthony，我的编辑，感谢他说服我和 Prentice Hall 合作出版这本书，感谢他无尽的耐心，包容我的新设想和新计划，感谢他相信我的非传统的安排顺序，更感谢他不断地给予我的鼓励。

感谢 Emily Bush 和她的Carlisle出版社的工作组，他们真的是非常努力。感谢他们愿意和我合作，我们一直工作得很愉快，意见一致。感谢他们排除万难最终将这本书按时出版，并且取得了艺术上的巨大成功。

感谢 Jackie Doyle、Pat Stiles 和 Mitra Rajabi，感谢他们给予我的友谊、鼓励和对于我的作品的积极回应。

感谢 Julie Hollinger，感谢她给我的作品带来好多的创意、有价值的设计和绘画作品。

感谢 Sumi Lee，感谢她提供的超级棒的公寓并且感谢她愿意加入这本书的创作。

感谢 Kevin Kelly，感谢他的帮助，感谢他极出色的摄影工作以及对于 DVD 的出炉所做出的努力。

感谢我的院长，Rose Brantley女士，感谢她允许我在学生们中间试讲我的各种新书。

感谢 Bea Calderon，感谢他提供的极有价值的商业建议以及他给予我的鼓励和支持。

感谢我的儿子们，Justin和 Travis，感谢他们多年来一直支持我出版我的书。

特别感谢 Helen Armstrong，感谢她把我介绍给 Prentice Hall ，并且感谢她允许我引用她的具有相当权威性的图画技法教科书。

目录

第一章

拿出你的绘画工具

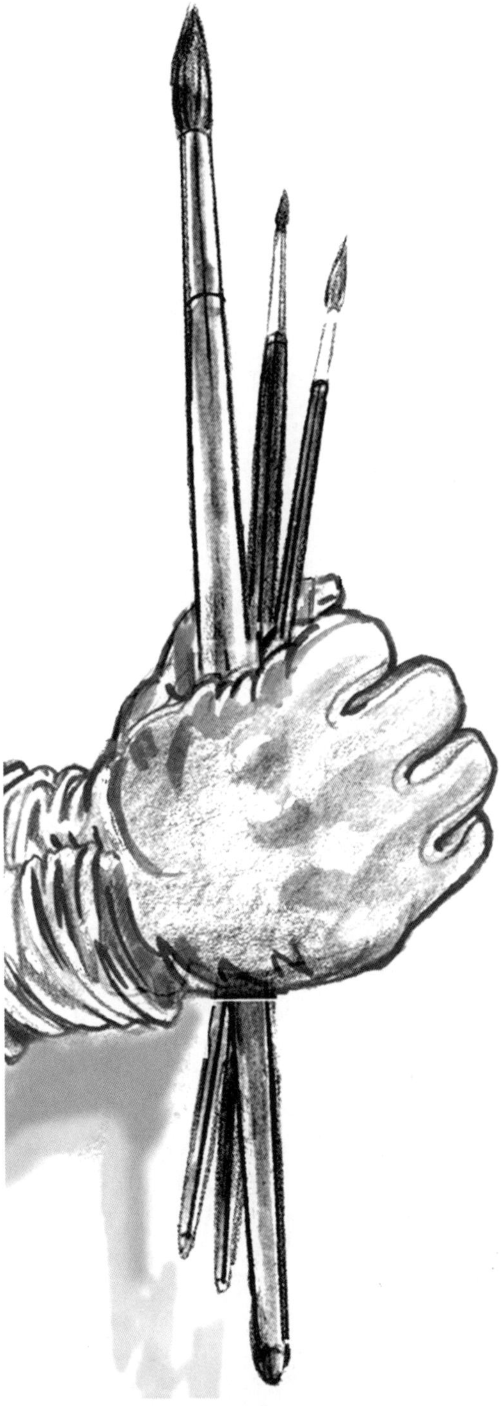

一些旧的工具（手工工具）
一些新的工具（计算机工具）
一些借来的工具（能带来灵感的材料）
一些你自己独有的工具（你自己的想象力和审美能力）

好的工具能够帮助你展示你的才华，能够帮助你创新，能够帮助你激发灵感和热情，能够帮助你展示头脑中想象出来的独特形象。好的工具是被精心挑选出来的，是被一直精心呵护的，因为只有这样，它们才能像预期的那样帮助你，服务于你。使用糟糕的工具就等于自己给自己选择的事业拖后腿。所以，现在赶快拿出你的绘画工具来，让我们开始我们的挑选工作。

第一单元
手工工具

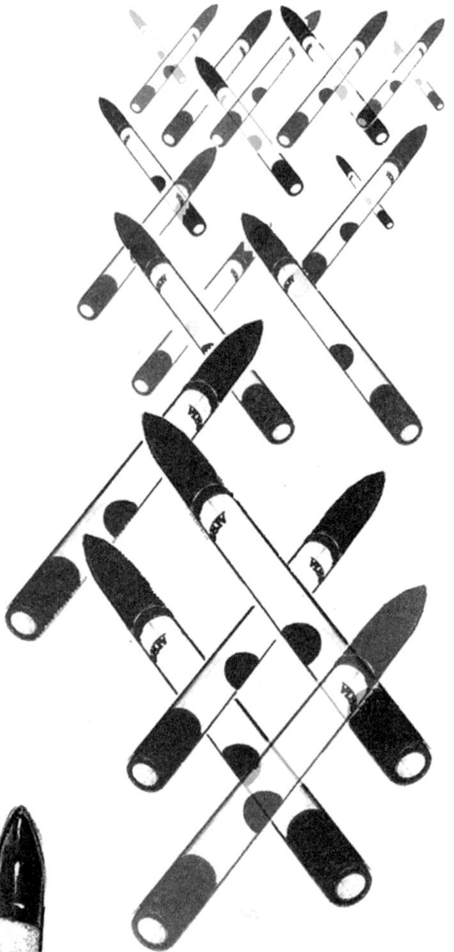

实物板块：

- 学习有关工具的知识；怎样使用它们以及怎样保养它们。
- 学习用工具试验各种不同的效果，达到多重效果的混合。

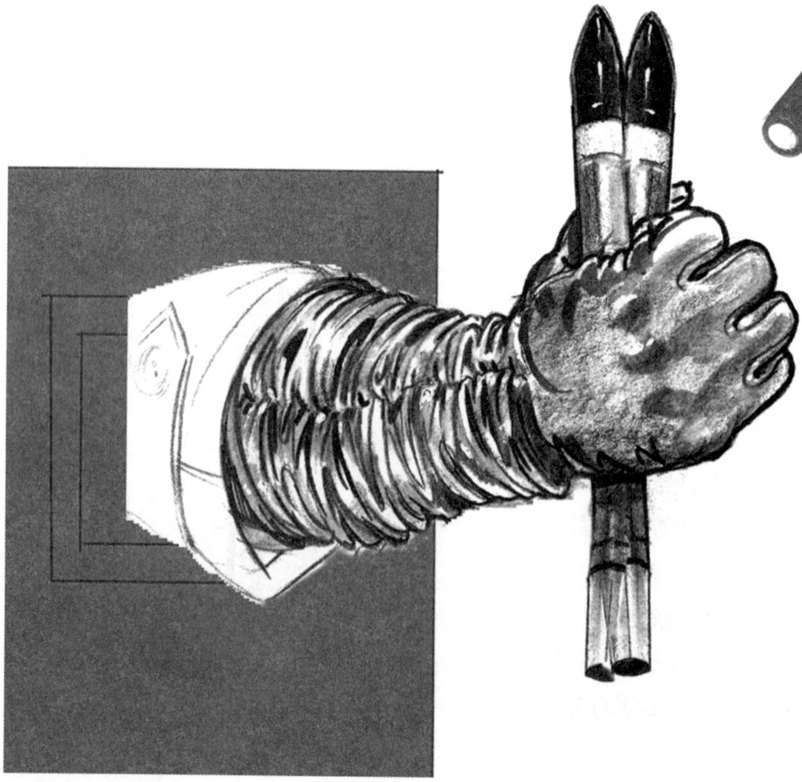

工具：大的构图效果

如今学生们在挑选绘画工具的时候有很多的选择。从麦克喷笔到金银粉油墨，到可以模仿油画纹理质感的电脑绘画软件。这是我们这个时代的巨大优势，但是在你决定要使用哪种工具或是上哪种工具课程时，这么多的选择也容易让人迷惑，无所适从。

从大的构图角度来说，我认为你最主要的目标是决定选择什么样的工具和技法，能够最淋漓尽致地表现你的构想和才华。通过大量的试验，最终你会发现什么样的绘画工具和方法能够使你的想法呼之欲出，抓住人心，让人们盼望继续往下看你的作品。

一些实用的建议

1. 花一些时间，继续探索每一种你已经尝试过的绘画的方法和风格。只有深层次的创造性研究才能够使你充分理解每一种绘画工具的优点和缺点。仅仅一个设计是无法充分证明你已经了解怎么使用麦克笔，也无法证明你的作品是否适合使用丙烯酸颜料。

2. 尽量避免过早地定下自己的绘画风格。如果在不断地探索阶段突然停下来，会对你技能的发展和进步带来严重的阻碍。我给学生们的建议是，当你碰到技巧和风格问题时，“尽情地和它约会吧，但是请不要嫁给它。”

3. 扩展你的思路。也许你很擅长手工绘画，但是你应该试试将你的才能和计算机绘画结合起来，使你的作品更加散发时尚的光芒。我十分相信如果你掌握了多样的技巧，那么无论你走到哪里，你都会成为一个抢手的人才。如果你拥有使人印象深刻的绘画技能，而且可以与时俱进，很好地和高科技手段相结合，那么你已经拥有了强大的优势了。这一优势可以帮助你打开很多扇通往成功的大门，当然，反之亦然。

4. 在花钱之前，先花点时间仔细研究每一种工具的特性，选择一种最适合你的工具和软件（从效果和价钱两方面考虑）。也许你得上网查查或者咨询一下身边的朋友、老师们，他们也许知道哪种产品是最好的。

5. 整理好并且呵护好你的工具。准备出一个足够大的工作空间，可以依次排开你的工具，在墙上贴一个工作板，这样你可以在上边贴上你的工作安排，以便你可以时不时地看看，了解自己的工作进程（工作板也可以用来粘贴一些可以带给你灵感的材料）。

6. 当你的老师做演讲或者作现场演示的时候，请注意他（她）用的是什么工具，按什么顺序使用以及怎么使用，并且将这些在笔记本上记录下来。因为即使你以为已经记住了，但是当你一旦有机会要演示这种特殊技法的时候，你还是很有可能会忘记重要的细节。

注意：如果可以的话，请尽量向老师要一份演示的文稿。

7. 对于能够给你灵感的作品，请认真地观察、研究，并且搞清楚可以用什么样的工具来达到这种效果。这么做可以帮你开拓许多新的绘画方式，扩展你的思路。

怎样开始

用图画的方式来阐释时尚，我们要达到的最主要的目标是画得快并且画得干净。这样你才能从你画的图上得到更多的灵感。用图画来展示你的构想，通常主要分两个步骤：绘画和着色。

绘画

让我们先来看一些专业术语和绘画工具。

绘画术语

1. **平面设计图**（Technical flats）：上边有服装的精确设计框架图。

2. **草图**（Croquis）：这是个法国词，原来的意思是“快速描摹”。你快速地画一些草图，来展现你的设计构思，通常草图上的形体都很简单，和设计板上的框架是相吻合的。在正式完成之前，这些草图都是要经过再细致加工的。

3. **插画**（Illustration）：一种更为正式的设计草图，当然也是和设计板上框架吻合的。

4. **姿态**（Pose）：可以说是你设计的模特所使用的身体语言。不同的姿态可以让人们感受到不同的情绪，不同的姿态可以展现不同风格的服装。

5. **姿势**（Gestures）：是姿态的最基本构成部分。当实际写生的时候，姿势，展现了一个形体最基本的动作。

6. **骨骼构架**（Anatomy）：身体的骨骼和肌肉组织。

7. **结构**（Structure）：身体的立体构形。

8. **图解法**（Graphic approach）：以图解的方式在平板上绘画、着色，并给身体设计服装。

9. **线条效果**（Line quality）：线条粗细和形态的变化所带来的不同的视觉效果。

10. **剪影**（Silhouette）：给图画或形体添加单一的颜色。你可以用剪影的办法来画群体背景。

11. **合成**（Composition）：你的素描是以什么方式最后展现在纸上的，是否添加了除绘画以外的其他元素。

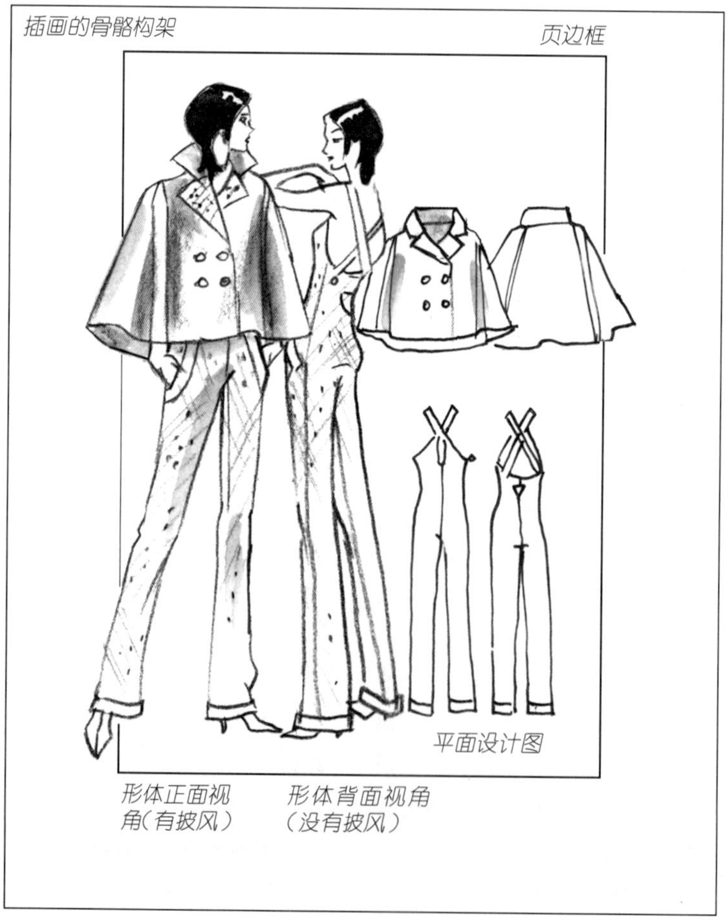

人体模特的画法

虽然想要画出好的素描作品并不一定要进行这项训练，但是学会从真实生活中出发将会使你的绘画水平更进一步。由于场地问题的限制，也许有很多的绘画学习班并没有提供实体绘画课程，所以我想你也许会另外寻找这样的训练场所，当然如果你有时间这么做的话。据我所知，有些文化中心或者绘画大师们会在他们的工作室里举办这样的课程。在那里，每一位在场的参与者都要出一部分钱作为模特的酬劳，而且，其实平均到每个人身上就不算贵了。

现在就给大家介绍两种我认为最有帮助的绘画课程：

1. **模特写生课程：**大多数人一提到模特写生指的是描摹裸体的模特。在写生课上，总是以不同的姿势开始，然后进入长时间的姿态描摹（时间一般在20分钟左右或者更长）。

优点：

在对象没有衣服掩盖的情况下对身体进行描摹，可以说是真正了解人体构造最好的方式。

缺点：

但是大多数的写生模特并没有像时装模特一样的身体结构比例。那么从这个角度来说，这一门模特写生课并不能够帮助你设计时装。那么最理想的方法是，你可以先进行一些实际写生课程，然后再进行时装模特绘画课程。

专业时尚模特描摹
工具：Tombo牌刷笔

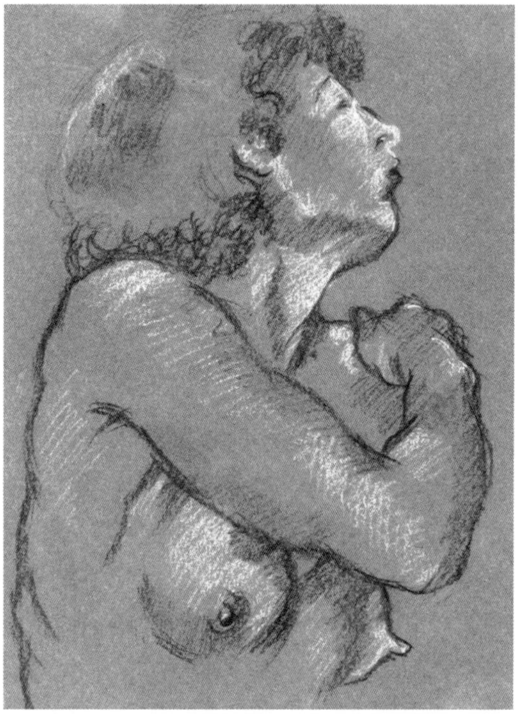

模特写生

2. **专业时装模特绘画课程：**这一门课程是指对穿着时装的专业模特进行描摹。在我的课上，我的模特们，他们的姿态最长时间可持续25分钟，但是一般来说，模特的姿态持续时间为10分钟左右。一个简单的姿势则一般在30秒到4分钟之间。

优点：

1. 你可以了解到时尚的身材比例，怎么样给模特定风格以及怎样画身体上的衣服。

2. 你可以运用你练习的作品作为设计的插画草图。

3. 同时，你也可以请朋友帮忙，让他穿上有意思的服装，你也可以从中学到很多。

缺点：

你画得越多，你的技巧就会越好。其实，除了你将要花很多时间和精力来提高你的技巧以外，我想不出还有什么缺点可言。

绘画工具：铅笔

石墨铅笔：石墨铅笔就是铅笔。当人们提到它的时候，常常会想起上小学的时候用的2号铅笔（HB铅笔），经常用它来画画或写字。

优点：

1. 如果你想用2号铅笔画画，你在办公用品商店就能买到，当然了，非常便宜。
2. 真正的用来绘画的铅笔有很多种铅芯——硬的或软的，颜色深的或浅的都有。HB的铅笔是最适中的颜色，但是很多的艺术家们喜欢用软的2B或6B铅笔。
3. 绘图铅笔用橡皮很容易擦掉。

缺点：

1. 普通的绘图铅笔画出来的线条并不能像其他笔画出来的线条一样，给人以强烈的视觉效果。
2. 绘图铅笔的线条容易模糊，会弄脏你的作品。

Prismacolor牌彩色铅笔：

这种品牌的彩色绘图铅笔，有很多种颜色（大概有144种不同的颜色），当然还有很多其他品牌的彩色绘图笔也可以用来描绘或着色。但是就我个人来说，我很偏爱这种品牌的绘图铅笔，而且我经常用它们来做很多不同的尝试。

优点：

1. 在大多数的文化用品店里你都可以买到它们。
2. 它们的笔尖质地光滑，用它们来绘画会有一种不错的感觉。
3. 颜色很浓，比一般的绘图铅笔给人以更加强烈的视觉效果。
4. 如果你着色的工作比较多，那么给自己买一大盒麦克笔（至少要48至72种颜色的）将会是很明智的选择，因为它们将会满足你几乎所有的颜色需要。还有很多其他的功能，像打光、着色、描轮廓、画出反光效果等。
5. 它们的颜色可以和麦克笔的颜色很好地融合在一起，所以你可以用它们来进行调整或与其他颜色混合画出阴影。你很快就会注意到，本书中的很多图画都是使用麦克笔和Prismacolor笔来完成的。这两种笔的融合使我的作品能够展现很好的视觉效果。

缺点：

1. 削铅笔变成了经常的工作（这样的话，为了提高效率，你需要一个自动削铅笔刀）。
2. 铅笔头很脆，容易折断。这样就会在你的画上留下一个黑点。
3. 在普通的本子上，铅笔的痕迹不容易被擦掉（但是可以被麦克笔覆盖住），所以不断地检查、修复是很重要的。但是，铅笔的痕迹在素描本子上很容易被擦掉。
4. 很贵——单根地买大概一根一美元，成盒地购买就经济多了。

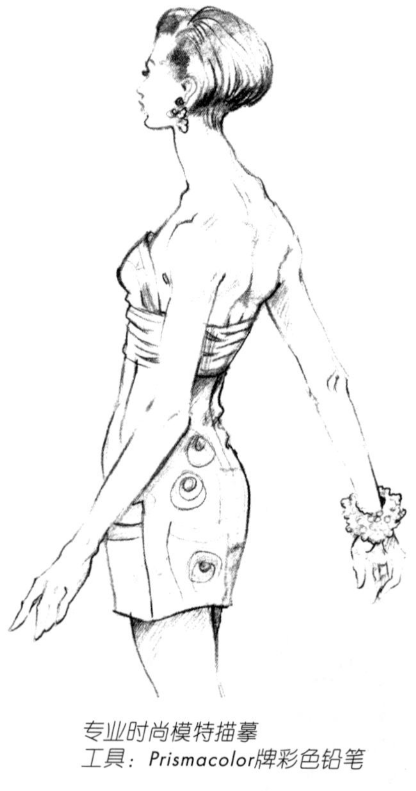

专业时尚模特描摹
工具：Prismacolor牌彩色铅笔

画平面设计图的工具

自动铅笔：这些可以换芯的铅笔，它们的铅有各种不同的宽度，可以用来画平面设计图，特别可以用来画细节的部分。

优点：

1. 自动铅笔不用人工削，而且持续使用时间较长。
2. 用来画平面设计图特别适用，尤其是你可以使用比较粗的铅笔，例如用三号铅笔来画边框；也可以用较细的铅笔，例如用五号铅笔来画内部的细节。

缺点：

但是如果用自动铅笔来画人物就是相当不明智的了。你会发现你的画缺少质感和变化，但使用别的绘画工具，你想要的效果就比较容易达到。

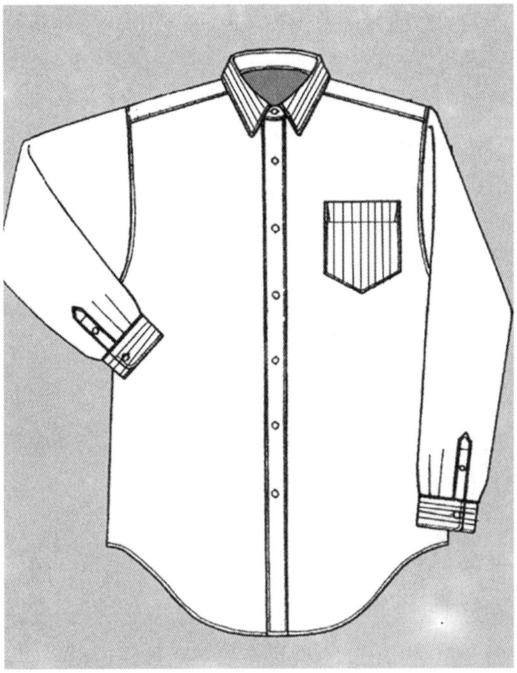

平面设计图的绘画

直尺和曲线板：

画平面设计图的时候，应该干净而且准确。一把塑料的直尺或曲线板会给你带来很大帮助。我就经常用同样的一把尺子做很多事情，例如用来确定垂直线或者定比例。15厘米或30厘米的尺子都会非常好用。

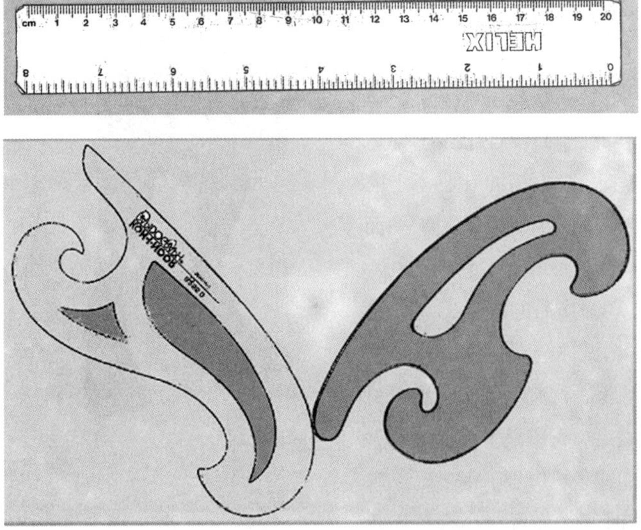

法国曲线板

素描纸：素描纸是用来素描的透明的纸。论盒或卷来买。

优点：

1. 由于你选择的行业的关系，你将会画大量的基础素描作品。用素描纸画前期的准备工作要比用绘图纸便宜得多。
2. 纸的表面质地很好。
3. 你可以在一幅画上面覆盖另一幅画，用来修改，掩盖，并把两张纸上下合在一起作为一幅作品等。

注意：盒装的素描纸也许质量会更好，但是成卷的素描纸会更加便宜。

关于素描和风格：绝大多数的艺术家和设计师们都急于创造出自己的独特风格。这样的想法是好的，但是真正的自我风格是不能被强迫出来的，得需要时间，需要实践，需要大量的实验和真诚的自我批评。那些急于求成的人们，往往最终会受到诱惑，临摹已经成名了的、已经有自己风格的艺术家的作品。这样或许可以在短时期内使自己获得满足感，但是这样会很难拥有自己的风格。

暂时忍受你创造出来的不尽如人意的形体其实还好些。总有一天，你会有灵光闪现的时候，到那个时候，你就会发现你在纸上创造出的形体风格只属于你自己。也只有这样，你才是真正地成功了。

但是，尽管如此，不断临摹其实对于学习也是有好处的。例如，如果画平面设计图对于你来说很难，那么你可以找来一些不错的专业人士的设计图进行描摹，这样你可以学到很多关于平面设计的知识。

如果你很欣赏一位老师作品的线条感，你也可以对其进行临摹。这么做你会真正理解很多东西——或者改变以前的认识，比起只是简单地看一看要强得多。在临摹完之后，可以马上画一幅自己的作品，你会发现，你的线条感进步了很多。

临摹的其他用处：有些时候，你可能会很想在你创作出来的草图背景上加一些外在的元素（例如一架桥）或者给你的人物加上一些附属物，例如让你的模特坐在一辆摩托车上，或者给你的男模特一个CD机或扬声器。就我个人来说，我比较喜欢上述这些元素，它们可以使人物显得很放松。同时，我也很注重人物身体的比例和外形，所以临摹实物和给人物着色成为了很重要的步骤（除了逐一地将照片粘贴或扫描之外）。

剪影

临摹这个人物，然后涂上深黑色。

关键工具：橡皮和转笔刀

普通橡皮：最普通的橡皮也许就是那种白色的"魔力橡皮擦"了。这种橡皮在素描纸和普通的纸上效果都很好。合成的橡皮在素描纸上效果则不太好，但是它们擦得很干净，所以如果你想在反复修改之后再上色，则比较方便。（如果你的画纸擦得不干净，脏兮兮的，你的画笔也不会好用了。）

可填充塑料橡皮笔：形状就像一个胖胖的自动铅笔，只不过控制它的铅是橡皮棒而已，每按一下橡皮棒就会出来一点儿。

电动橡皮擦：大型的电动橡皮擦可插外接电源，小型的可以安装电池。

优点：

1. 可以擦得非常彻底。
2. 可以快速擦掉不要的东西，效率高。
3. 你可以更换填充橡皮，这样就可以循环使用了。

缺点：

有点儿贵，具体价钱要看牌子。（我的大型的电动橡皮要75美元，小的要45美元。）

电动削铅笔刀：这种像大盒子似的器具可以在很短的时间内把你的铅笔削得非常好。可以在办公用品店里买到，价钱很公道（12美元到20美元）。

优点：

如果你在做最后一遍的修改，你要经常地削铅笔，让它们始终保持尖头，用电动削铅笔刀可以提高速度，节省时间。

缺点：

1. 很容易堵住。
2. 到处拿来拿去可能有点儿沉。
3. 周围要有外接电源，并且你可能要加长电线。

保养：

1. 经常清理铅笔刀的内部，将铅笔屑倒掉。
2. 不要用它来削炭笔，因为掉下的碎屑会将你的作品弄得一塌糊涂。
3. 如果有铅笔头堵塞了铅笔刀，你可以用另一枝铅笔使劲地捅一捅，马上铅笔刀就可恢复使用了。

注意：我不推荐带电池的电动削铅笔刀。更换电池很贵，而且如果一旦电池没电了，铅笔刀就会工作得非常慢。但是尽管如此，很多学生们还是在使用电池铅笔刀，因为它们方便携带。

工具：Tombo牌的刷笔

这种笔与老版的"印度墨水和刷子"很像。它有一个软软的刷头和一个很尖的笔尖。（Tombo，这是我最喜欢的牌子，它们有很多不同的颜色。）

Magic牌橡皮擦

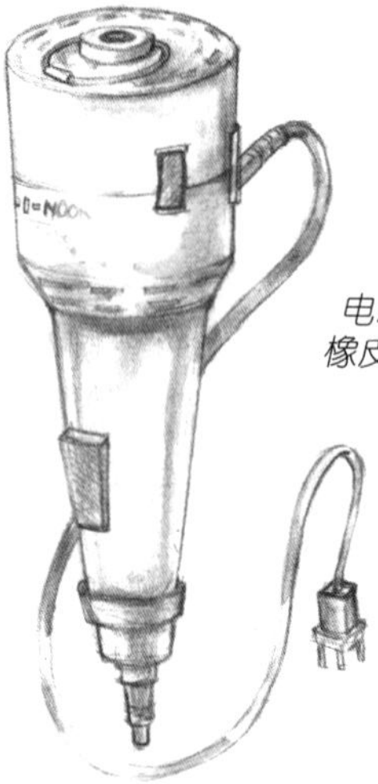

电动
橡皮擦

X-ACTO小刻刀很方便实用，可以精确地完成很多切割任务。你甚至可以用它将草稿上画错的地方挖去，然后再在纸的下方修补上。

Tombo
牌刷笔

细刷笔

X-ACTO
小刻刀

合成
橡皮擦

Prismacolor
牌彩色铅笔

其他的工具

定色喷雾剂

它可使你的画保持干净，不模糊。特别是当你使用绘图铅笔、炭笔或彩色蜡笔画画的时候。定色喷雾剂就好像将你的画固定在纸上一样。定色喷雾剂有很多种强度可供选择，但是要小心，保证使用最强的定色，即使你能够控制自如。例如，如果你给画好的人物定色，那么它们的颜色都粘在一起了，到那时你是很难将粘在一起的颜色再化开了。

液体覆盖剂

你可以用这种液体覆盖住你不想画或上色的部分（Winsor Newton 公司的产品不错）。

加膜法

在展览中心，你可以给任何作品加膜（塑料的外衣）。这样做可以保护作品，展出效果也会很好。如果一个学生设计出一款非常好看的女式内衣，那么可以把她所有的设计图纸都加上膜，然后悬挂在挂绳上。这样的做法非常吸引人的注意力，会给展品增加魅力。你也可以给整个人物加膜，然后在人物背后安上泡沫支架，可以使作品立起来。

注意：其他一些让作品（比如雨衣的纤维）有光泽的办法是涂上亮色的指甲油或者使用水溶性油漆。

给你的草图上色

上色术语

1. **光源**：通常你都要事先选择一个光线在模特的身上，这样你才能利用光线和阴影制造出良好的立体感效果。如果你是临摹某件作品，那么光源实际已经确定好了。

2. **色调**：你可以给你的作品上颜色，可使用的工具有油画笔、麦克笔、粉笔或者电脑。上的时候一定要放松，但是要细致。

3. **阴影**：给你的人物或者服装添加阴影（使用深颜色的笔创造出这种效果），会使它们显得更加三维立体。这样上色的时候可以使用硬过渡手法（绘图时使用的手法），也可以用比较柔和的过渡手法（画美术画时使用的手法）。

4. **反光点**：光线亮的地区（通常是用白颜色）。这么做通常是为了表现光线照射在模特身上某一部分上，从而强调衣服的细节，加强质感。可以用水粉、Bleedproof白（美国一种颜料的名字）、中性笔甚至修正液来完成这项任务。

5. **分层上色**：多层上色可以使你的作品更加突现立体效果，例如，麦克笔+Prismacolor 牌彩色笔+水彩效果的反光。

6. **纹理**：衣料的纹理很复杂，需要显现出纤维和编织的感觉。这样才能反映出衣服的质地。如果没有达到这样的效果，那么你的上色就是失败的。

7. **调色**：使用不同的颜料组合，来真正达到你衣服所要展现的颜色效果。仅仅是简单的蓝色是不够的，也许你还要确定灰蓝色还是绿蓝色，深蓝色还是浅蓝色。你配色配得越好，你的绘画技巧也会越好。

8. **样式缩减**：在你给一个样品上色之前，先要将这个样品按照比例缩小成草图的大小。

工具：
麦克笔、水彩和
Prismacolor牌彩色铅笔

TRIA和Prismacolor牌的麦克笔

注意TRIA牌的麦克笔的小头儿部分其实有两个笔尖。

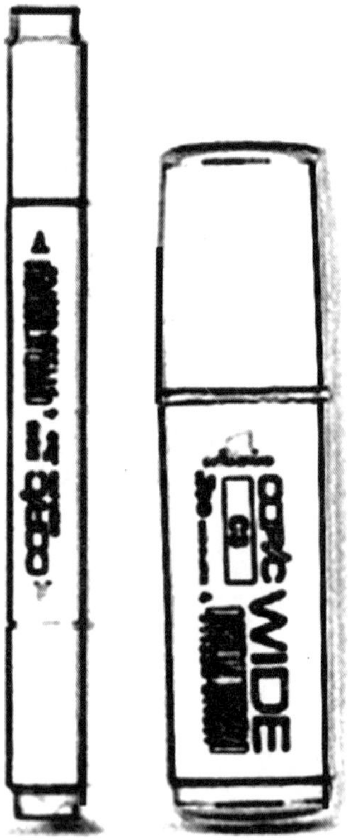

COPIC牌的麦克笔

STUDIO牌的麦克笔墨水

TRIA牌的麦克笔墨水

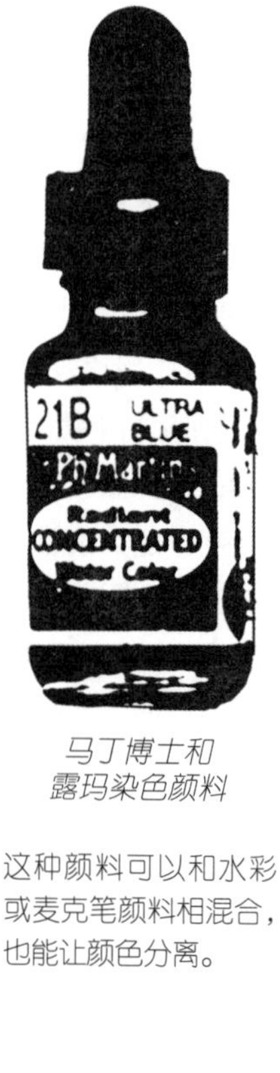

马丁博士和露玛染色颜料

这种颜料可以和水彩或麦克笔颜料相混合，也能让颜色分离。

便宜的棉签可以用来涂抹麦克笔水，但是一旦用过了请把它们扔掉，不要重复使用。

用麦克笔颜料或混合颜料上色

这些天以来，对于我来说，给学生的展示中最有意思的就是混搭了。因为混搭可以制造出如此多种不同的效果，他们可以改变光线、样式、质地、颜色以及线条。麦克笔的颜色持久，色泽光滑，作为上其他颜料之前的底色是最好不过的了。麦克笔系列，如Copic、Studio和Tria，可以为我们提供大约300多种颜色的颜料和相配套的麦克笔。你还可以像调油画颜料那样将麦克笔颜料相互混合。搭配是无穷的，创造力也是无穷的。

麦克工具

最好的麦克笔的颜料是含有酒精的颜料，颜色的浓度，黏稠度非常适中。我所记得的麦克笔的品牌有：Tria、Studio、Copic和Prismacolor。

早期的麦克笔也不错，但是它们的颜料有毒，而且不易和其他的颜料相混合。

优点：

1. 在我看来，麦克笔是最多样、最有效率的绘画工具，它们是很多设计师工作时的必需品。
2. 它们很干净，便于携带，使用快速。
3. 你可以用麦克笔给几乎所有的作品上色，但是如果将它们和其他颜料或工具混合使用效果会更好。
4. Tria和Studio牌的麦克笔只要添加了颜料以后，可以循环再次使用，此外还有多余的笔尖可以替换。
5. 它们可以给水彩画上添加阴影效果或其他的细节。

缺点：

1. 如果你用完之后没有盖上笔帽，麦克笔的笔尖就会干掉。
2. 我经常给麦克笔换颜料，有些麦克笔的瓶子漏得厉害，滴下来的颜料可真是灾难。如果没有其他更好的装颜料的容器，可以在颜料瓶外边套上塑料袋。
3. 你不能像使用油画颜料那样涂抹麦克笔的颜料，因为一旦你画了，它们就是固定不变的了。

麦克笔的毒性：我以前曾有一段时间避免使用麦克笔，因为它们的颜料有毒，而且它们的味道使我常常头疼，哪怕我只使用了一小会儿而已。但是现在我向大家推荐的麦克笔的颜料中含有酒精，而酒精可以防止有毒物质的挥发。这些麦克笔的品牌有：Prismacolor、Studio和Tria牌。

购买麦克笔的小贴士：购买麦克笔可以说是一笔不小的费用，而且如果两种颜色混搭在一起的效果不好，那么画起来是很让人心烦的。所以，在购买麦克笔的时候，我建议大家买两到三种颜色可以搭配的色调（例如，浅绿色、中性绿色、深的苔藓绿色就可以搭在一起）。在买现成的麦克笔系列时，请事先考虑清楚。因为也许这一盒中的颜色都过于鲜亮，而你所正在设计的服装根本不需要这么多亮色。如果是我的话，我就先想想如果自己买衣服时通常都会买什么颜色，根据这些来选择麦克笔的颜色。暗色调是十分常用的颜色（我一般先会买冷一点的色调，然后买暖一点的暗色或者是法国产的暗色调，当然如果你付得起的话），像茶色、棕色等。

麦克水：也许你并不总是需要用麦克笔的笔尖来画东西，因为那样总会有很多限制。所以我建议你们可用棉签蘸麦克笔水进行涂抹。（具体做法见光盘展示。）

优点：

1. 这种上色的方法需要涂抹，就好像用油画刷涂抹颜料一样。这样画很快，而且不会留下用麦克笔上色时笔尖边缘线。（当然用麦克笔时只要你快速地使用画笔，也是不会留下边缘线的，但是这需要技巧和耐力。）
2. 用这种方法画出来的作品更加具有艺术感，而且能够加快你的绘画进程。效果确实很棒，尤其是对于花色单一的裙子或者其他大片的区域，而你不希望在这些区域看到笔尖的边缘线。

缺点：

这么做也许会把周围弄得很脏，也许是你的手指，也许是你的画纸。

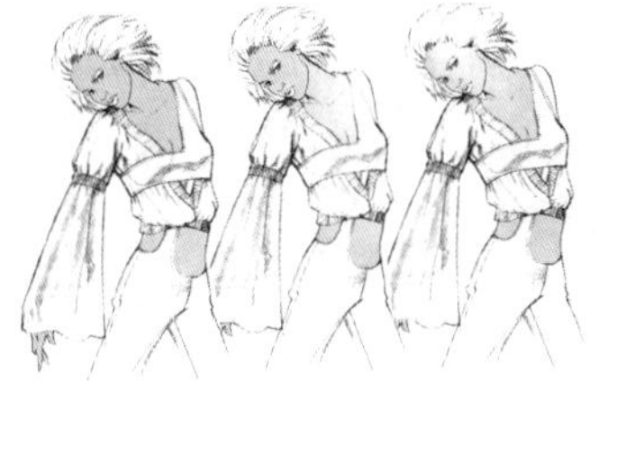

工具：麦克笔和Prismacolor牌彩色铅笔

麦克笔上色小贴士

1. 把你画的结构草图复制下来，这样你可以反复地在便宜的纸上用各种方法练习着色。

2. 把你上了麦克笔颜色底色的纸放进打印机里，你会发现它对于正常打印颜色没有任何影响。

3. 试试在纸的反面涂上麦克笔的颜色。例如，当给一位穿着透明服装的模特上肤色的时候，为了使肤色看上去更自然更精细，就可以用这种方法。

4. 在和你准备要上色的质地相同的纸上先试验你的颜色。如果你的麦克笔漏水了，或者出的颜料太多，就用布或纸巾擦擦，直到出水正常为止。

5. 如果你想在已经上好的图上换一种颜色，那么就用分层上色法，或者用彩色铅笔将它们混合。

6. 如果你画出来的颜料中有半点或者有小线条，那就说明你该给麦克笔换水了。

麦克笔上色

神奇的武器（白色水彩）

我最有价值的一管颜料就是永久白（锌白）。可以用一把小刷子直接蘸上从管子里挤出的颜料。它可以增强反光效果，使你的作品看起来更加亮丽，更加具有3D的效果。在本书后面的上色部分我会列举很多这方面的例子。

当我用其他颜色的麦克颜料时，我总是在白色里边加上一点别的颜色的颜料，这样可以使白色和周围的麦克颜料很好地融合，使反光效果更好。

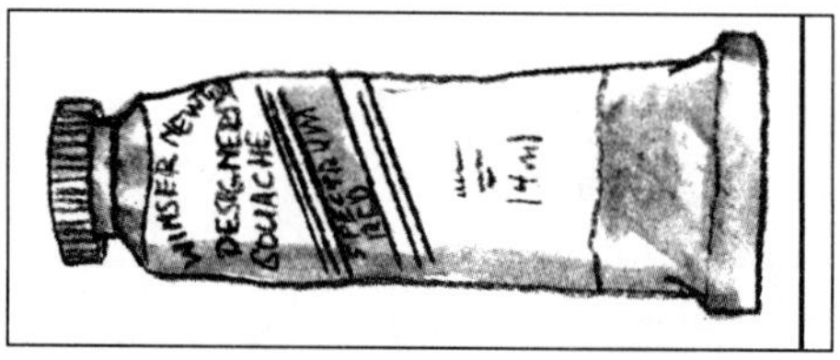

白色水彩

给麦克笔换水时应注意

给麦克笔换颜料的时候，你可以直接对准笔尖挤进颜料并反复几次。如果为了每次使用时间更加长久，我建议大家把麦克笔放在一个装有颜料的塑料杯里，这样可以让笔尖自动吸收颜料。

配色

你可以在空的塑料杯子里面将颜色调好，然后把它从笔尖倒进空的麦克笔里。或者在一个玻璃盘或者调色盘上放上各种麦克颜料，然后用一根麦克笔搅拌调出你想要的颜色效果，并用这根笔进行绘画。我还常常用铅笔进行搅拌。

麦克笔生产公司

如果你很喜欢使用麦克笔产品，那么好消息是，每天生产麦克笔和麦克工具的厂家都在增多。也许你在当地的美术用品店中并不能找到所有你想要的麦克笔，但是，如果真的需要的话，可以在麦克笔公司的网站上找到所有你所需要的产品。你会发现每一种麦克笔的品牌都有它的优点，所以，如果有机会，就多试验试验吧。

Tria Pantone 公司：这是一家可反复填充颜料的麦克笔公司，规模宏大（生产293种颜色的麦克笔），每一根笔都有三个普通笔尖或钢笔尖。（把一个笔尖拨到一旁，你就会看到另一个就在下面）有四种不同的钢质笔尖可供你选择，它们分别可以画出不同的效果（楔形的、像凿子浅雕出来的、像刷子刷出的、像书法的）。这家公司还生产颜料混合剂——一种用来和其他的颜料相混合，另一种用来制造特殊的斑点效果。

很多洛杉矶的设计师们都使用这个品牌的产品，但是同时这个品牌的产品也是最贵的。而且也许除了洛杉矶，在其他的城市中找不到这个品牌，尤其是它的昂贵的填充颜料（7美元至9美元一瓶。）

Prismacolor公司：这家公司生产的麦克笔颜色众多，而且价格相对比较便宜（大约不到Tria公司的三分之一）。所以，尽管这个品牌的麦克笔是不可再填充颜料的，每一根笔很快就使完了，但我通常还是选择使用这个品牌的麦克笔，因为这种笔通常有两个笔尖，一边是粗的，一边是细的。

Studio公司：这个品牌也很棒，笔的颜色非常丰富。这个品牌的最大特点是每一种颜色的笔都有自己的色系，从10%的最浅颜色到100%的最深色。所以可以很方便地为各种颜色配到合适的阴影的颜色。Studio公司的笔一般比Pantone的笔要便宜，而且它们还有填充颜料。但是，每只笔只有一种笔尖，而且还非常大，可以说这是这种笔的一个小小缺陷。（补充一点，其实在使用其他牌子的笔时，我也很少用到小的笔尖。）想买这种笔不太容易，上网查查吧。

Copic公司：这是一家日本的公司，它们的产品是我的新宠。这个品牌产生已经有一段时间了（在亚洲和欧洲排名第一），但是却刚刚在美国上市。它同样拥有Tria笔的优点（四种钢质笔尖），除此之外还有很多优点。

优点：

1. 这种品牌的麦克笔甚至拥有比Tria更多的颜色选择（确切地说是多了310种）。
2. 不同的颜色有不同的名字和号码。
3. 最好的一个优点是这种笔有很大的刷子笔尖。对于画衣服和人物来说简直太方便了。一旦你用过了这种笔，你就不想再用其他的笔了。
4. 这种笔的笔身很光滑，拿在手里很舒服，使用起来手感也很好。笔杆上的标签不会像其他牌子的笔一样会脱落。而且，如果笔的颜料粘在笔杆上了，清洗起来很容易。
5. Copic公司还生产很多不同种类的麦克纸，其中很多都很厚，很有质感。有很多种纸可供选择是件好事，而我偏爱的品牌是Bordon和Riley。（见第17页）
6. 该公司生产很不错的笔架和笔袋。
7. 该公司的填充颜料仅比笔本身贵一美元。
8. 生产超粗笔杆的麦克笔，所以在有些时候用起来很合手。
9. 这种麦克笔的颜色效果不会和你照片上的颜色不一样。
10. 无毒。
11. 每支笔的颜色浓度都是100%，因为每只笔的色调都是经过精确测定的。所以当你的笔在工作到一半的时候没有颜料了，也不会给你造成很大的困扰，因为它的颜色自始至终都不会改变。

缺点：

这种笔会很快地没水，速度比Tria的笔快，因为Tria的笔筒比较大。

工具：
Copic 线条笔、Copic麦克笔

麦克喷笔：Tria和Copic公司都生产软边刷笔，这种笔在画画的时候感觉很有趣。你买的时候会附赠你一个加了压的小型的加速器，这样麦克颜料几乎是滑进笔筒里，然后由喷头直接喷出颜料。你按动扳机，可以控制压力的大小。

中性笔：小女孩儿们很喜欢这种笔，粗粗的线条很有金属光泽，而且颜色多达上千种，但是质量也不一样，有好有坏。我自己只买Milky Gel 牌的，这种品牌的笔画出来效果不错，使用时间长。

优点:

1. 可以制造强反光效果。
2. 由于颜料在纸上有些扩散，所以看起来很像缝纫或刺绣的效果。
3. 笔尖细小，所以你可以用来画眼睛瞳孔或小装饰物的反光。

缺点：

1. 颜色很容易渗透，所以容易褪色。
2. 颜色过渡时使用，使你的画看起来过度闪亮，很浮夸。

麦克纸簿

这是专门用来给麦克笔上色的纸，纸薄而光滑。

优点：

1. 你可以很容易地透过纸看到下面的画，省去了用灯照麻烦。
2. 价格很便宜（一本36cm×28cm，50页的麦克纸簿大概要9美元至12美元）。
3. 通常情况下一些很重的颜色很容易洇透纸背，比如黑色，不过麦克笔的颜料不会洇透这种纸。但是你用其他颜料上色时一定要小心。
4. 一般在这种纸上，线条的感觉会非常好。

缺点：

很多品牌的麦克纸常常是反面光滑，因为很多设计师常常在纸的不光滑的一面上色，以便达到特殊的效果。（如果你用错了麦克纸正反面，画出来的效果可能不是你想要的）。我一般在画画时不用这种正反颠倒的画法——除非是为了一些特定的透明效果，所以我更喜欢正反面都一样的纸。

注意： 我最喜欢Bordon和 Riley牌的麦克纸簿，100%的优质纸（以布做原料）。这种纸也很薄而光滑，可以看透。Canson牌的纸有点厚，反面朝上。Strathmore的纸和Canson的差不多。

其他的纸张

设计师用什么来绘画或在什么上绘画常常会有不同的效果，所以你要不断地尝试不同的麦克绘画工具。除了牛皮纸之外，几乎所有的纸都适合麦克笔。记住，越是吸收性好的纸，就越要用多的颜料才能涂满。

麦克的颜色

每一种品牌的笔都有相对应的颜色图谱。虽然这些图谱很实用，但是它们并不能真正准确地向你描述一种颜色。所以在买一种颜色之前，你一定要先试试。绝大多数的艺术用品店都会准备专门的试用笔。

我们已经知道了Tria牌的笔的颜色最全，Copic牌笔的颜色有名字和号码。Prismacolor牌和Studio牌的颜色也都有名字并且有部分分类，例如，10%冷灰或90%冷灰。

灰色系： 我建议你买整个色系的灰色。记得买几款颜色较相近的灰色，例如冷灰3号、冷灰5号和冷灰7号。还有一些暖灰色，如法国灰色和Studio公司生产的漂亮的银灰色。你可以用这些灰色作为过渡色，或者用来做上色时的阴影。

可买的颜色： 我的原则是先买冷色系的颜色，我发现我在上色的时候用冷色系的比较多。而且一定要记得，每次买的时候都要同时买几款相近的颜色。

肤色： 有些设计师喜欢桃色系的肤色，就我的品位来说，这种颜色的肤色对于时尚界来说太活泼了（但是画儿童的时候还是比较合适的）。你必须不停地尝试并且找到适合你自己风格的颜色。

Copic:

最难找的肤色是正好的中性灰色。就Copic这个品牌来说，我推荐蛋壳色、暗水果粉和丝绸色。这些颜色和Tria品牌的中性颜色会形成很好的呼应。你可以在Copic的网站上查到相关的信息：http://www.copicmarker.com。

Tria:

Tria的麦克笔系列的第479至第482号是可供选择的皮肤颜色系列（并不是很粉或很红），但是看起来有一点灰。我将它们和一些陶色或暖色调的Prisma颜料相混合，用这些暖色勾勒轮廓。第9219至第9221号是很不错的较亮皮肤的颜色。第475号有点暖红色，第169号有一点桃红的色调，第489号和第488号则更粉。

Prismacolor:

这个品牌的浅黄色和浅胡桃色比较适合白皮肤的阴影效果。

用水彩颜料上色

有些设计师和学生是非常好的画家，他们一直使用一些很专业的水彩颜料作画，他们的作品看起来简直棒极了。

尽管在工作间里不太方便，但是用颜料和水彩绘画，总会在时尚的世界中占有重要的一席之地。

工具：含橡胶的水彩颜料、Prismacolor彩色铅笔、麦克笔

含树胶的水彩画颜料

这种颜料是一种含水的颜料，透明的效果（这一点很像水彩）和厚重、不透明的效果都可以表现，像丙烯酸或蛋彩画。Winsor Newton是我最喜欢的品牌。

优点：

1. 这种颜料特别适合给皮包、给要向观众展示的服装或者记者招待会的背景布置上色（对于给记者招待会的背景布置上色这个任务一般都交给助理设计师）。
2. 这种颜料颜色不多，用它来给任何质地和款式的衣服上色，都可以找到很好的搭配颜色。
3. 因为这种颜料透明和不透明的效果都可以展现，所以给纤维布料上色是非常合适的。例如，给薄丝绸上色可以用刷子一样的笔，给棉布上色则可以用粗一点的笔。
4. 如果你已经掌握了绘画时颜料的配色，对于你使用其他工具进行设计，配色也是有莫大的好处的。
5. 对于麦克颜料和电脑上色都是必不可少的补助，因为这种颜料可以使作品的颜色看起来刚刚好。

缺点：

1. 如果用刷的方法来上色，那么所使用的纸张必须是适合水性颜料的纸张（例如，Arche 90lb或者140lb或者是经过热加压的水彩纸）。这就意味着如果没有光桌，这种纸是很难看透的（光桌设有内部光源，可以帮助描绘初步的草稿）。好的水彩纸是很贵的。
2. 如果不及时地盖上盖子的话，颜料管会很快地干掉。但是，在购买一两年之后，颜料还是会干掉，所以保存的时候不要太随意了。

注意：我从不选购纹理太重的纸张。

水彩

水彩中含有大量的水，画出的画有透明的效果。

优点：

1. 对于含树胶的颜料来说，水彩相对比较便宜。
2. 是很适合画肤色的颜料。（这样的品牌有“Cotman Burnt Sienna”和“Winsor Newman”，这两个牌子的水彩有很好的全套皮肤颜色系，是现成的，不用调配。）
3. 可以和含树胶的颜料相混合，质感更强。

缺点：

如果不和含树胶的颜料相混合，用途有点儿狭窄。

墨水

浓度高的墨水可以单用，也可以和含树胶的颜料相混合。马丁博士和露玛戴伊是两个重要的品牌。

优点：

1. 高浓度的颜色可以使你的作品看起来非常饱满。
2. 有荧光效果的墨水浓度甚至比含树胶的颜料还浓。
3. 如果混合了一点儿含树胶的颜料会更加好用。

缺点：

如果画错了就改不了。画起来比较费力，尤其是大面积上色的时候。我发现大面积上色时，麦克颜料比较合适，而且效果是一样的。

丙烯酸颜料

丙烯酸颜料含水，看起来有浓重的塑料效果。

优点：

看起来很有3D的感觉。我那些最有实验精神的学生们时不时地会用丙烯酸颜料来画毛衣或其他质地感很强的衣服。无论你用它来画什么，看起来都会厚重得多，有立体感得多。

缺点：

但是很难用这种颜料在小的地方画得精巧、自然。

刷子

刷子有各种不同的颜色、形状和价格。最贵的是雕绒的，最便宜的是人造合成毛的。平刷用来刷大面积，但是我一般都用圆刷（刷子的头儿是圆的，最下边有尖儿。）我用00号的刷子画比较细节的地方，特别是蘸上白色的含树胶颜料。其他常用的型号有3号、5号、7号和8号。大的刷子有10号至12号。如果7号、8号的刷子尖儿比较好的话，你几乎可以用它们画任何东西，包括小的细微之处和比较大的面积。“Winsor Newton ”牌或者“Grumbacher”牌的刷子质量很好。尽管雕绒的刷子很贵，但是如果能够拥有这么一对高质量的刷子，这笔投资也是很值得的。你在当地的艺术用品店就可以挑到很好的雕绒刷子。

注意：手头一定要有几把普通的刷子，因为有时候你需要用很粗的干刷子将颜料刷出一种纹理的质感。

刷子的护理

1. 千万不要让你的刷子长时间地浸泡在水里，不然刷子尖就毁了。

2. 在每次使用之前都要将刷子清理干净，将刷尖整理好。

3. 如果刷子尖太干了，你可以在上面涂上一点护肤油。

4. 不要把刷子和其他东西一起混装在包里，不然刷尖会受损。要装在专门装刷子的容器里。（我喜欢布的刷子袋，可以卷起来的那种。）

优点：

1. 好的刷子可以供你终生使用。

2. 好的刷子可以给你的作品添彩。

3. 坏掉的刷子可以干着使用，能刷出纹理的效果。

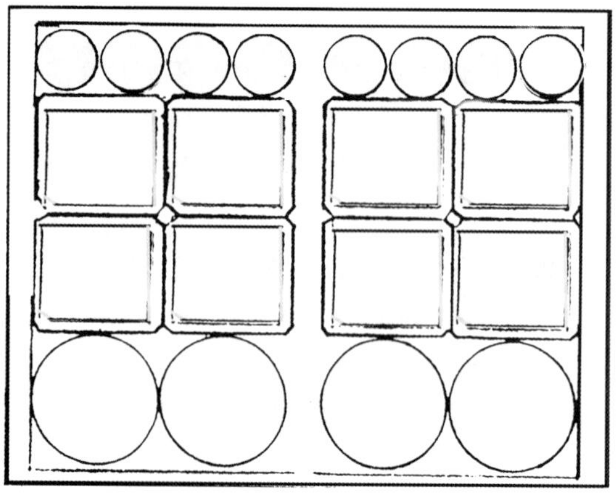

塑料调色盘

缺点：

1. 如果护理得不好，刷子很快就会没有尖了。

2. 好的刷子很贵。

3. 如果你在配色和使用之后，没有将刷子仔细地清洗干净，会使你刷上的颜色变得很糟糕。

工具：Prisma铅笔和含树胶颜料

调色盘

好的调色盘有很多小的被分开的区域，你可以在那里将颜色进行混合来给图画刷上或画上颜色。确保你买的调色盘有足够大的混合颜料区（方形的，而不是圆形的），因为如果你在绘画的工程中用完了颜料，你会发现你很难再重复配出同样颜色的颜料。

优点：

1. 配色对于上色来说是很重要的，如果你想在一个瓶子盖里或者太小的调色盘里配出足够多的理想颜色，是绝对不可能的。

2. 你可以重复使用，一次又一次。

缺点：

调色盘很不容易清洗，如果你不想自己清洗，就别费事了，干脆把它放进洗碗机里，按下按钮（当然是在没有碗的情况下）。

含树胶颜料色系单

你应该在艺术品商店中的那些众多颜料中，挑选出自己最喜欢的颜色。这里我给大家列出了几种我最喜欢的颜色（“Winsor Newton”牌的）。

中性系：墨黑色、永久白、Payne灰、火焰赭红、焦棕色。

黄色系：赭黄色、那不勒斯黄、光谱黄（正宗的黄色）。

红色系：光谱红（正宗红色）、紫红色（蓝红色）、提尔玫瑰红（深粉红色）。

蓝色系：深蓝色（紫蓝色）、天蓝色（绿蓝色）、青蓝色、湖蓝色和深永久绿色、湖紫色。

注意：含树胶颜料并不贵。如果你不确定你要使用的颜色，那么不妨先买几管试试，配配色。

皮肤色调：

1．为了一步就能解决问题，不妨试试“Cotman”牌的赭色水彩，你可以直接将颜料挤出颜料管，加上大量的水，将其变为淡褐色。

2．画深色阴影的时候，可以加上一点紫色，或者一些茶色。（如果阴影要再深一点，我推荐麦克颜料或者墨水）。

3．如果要画更加复杂多样的肤色，可以从那不勒斯黄开始（注意这种黄色有白色在里边，用的时候多放点水，不然画在纸上看起来会很苍白），然后加上一点赭色，然后是一点红色阴影，然后是蓝色阴影。（例如，那不勒斯黄+赭色+光谱红+天蓝）。这样是不会有错的，只要你不把颜色搞脏就可以。

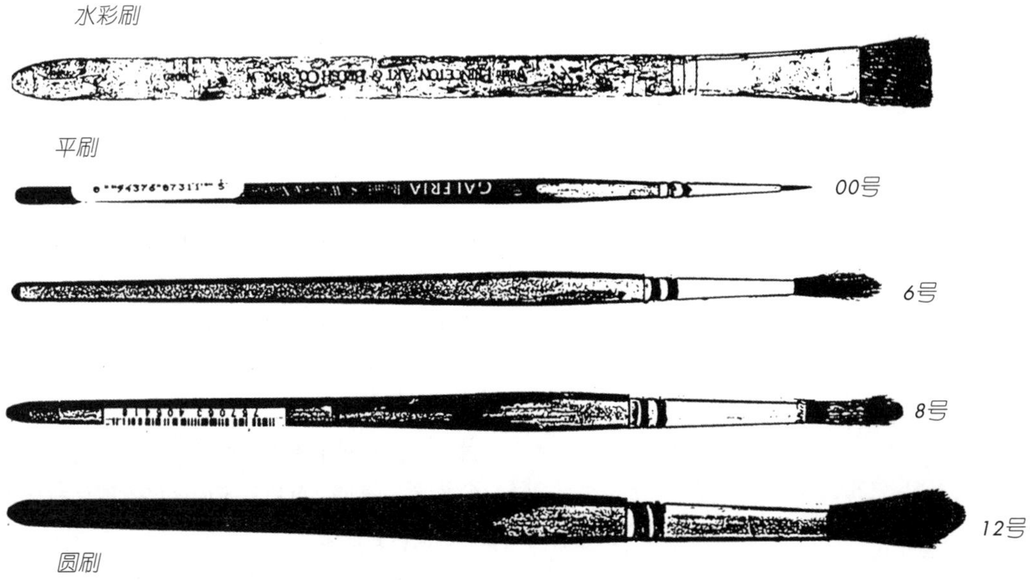

文字工具

知识就是力量，所以在你开始设计之前先……

统一你的术语

时尚：正在流行的或在一段时间、季节内（通常时间很短）被大多数人接受的服装、装饰的风格。相关词：风格、模特、流行、风行、狂热、潮流。

运动服：专门为运动会或体育活动设计的服装。

审美学：一种关于全方位美感的科学，特别涉及对艺术判断和品位；这门科学的主题是研究艺术现象和审美经验，其中包含了艺术心理学、社会学、人类学和历史美学等相关学科的内容。

斜裁：按一定角度将衣物裁剪，使之有更多的褶皱或是使之更加贴身。

传统经典：著名的设计款式和设计传统。

一季或年度服装总汇：某位设计师年度或季度设计的全部服装总汇。

电脑辅助设计（CAD）：用特别的设计软件辅助上色，绘制平面草图或进行服装发布展示。

成本总汇：一件服装的总成本消费，包括衣料、装饰、手工费等。

演出服：指专门为戏剧、演出或电影设计的服装。

素描草图（Corquis）：法语，原意是指“快速地画”。一般是设计师将自己的创意以一定的格式快速地画在纸上。

素描模特：多种多样，都是描绘得很简单的素描草图形体。

现代流行：当今的、现代的、反映时代特征的。

顾客群：有特定的年龄和习惯的群体，是设计师设计服装时针对的对象。

剪裁：服装的剪裁涉及到服装的形状、轮廓、设计图和制作。

设计品范例：已经设计好、画好、上好色的比较成功的服装样式。

细节：包括口袋、领子、前襟、腰带。

立体覆盖：将多重的细棉布或布料叠加放在模特或服装样式图上，创造出一种或多种效果。

群体服装：不可配套穿很大的衣服，是分季节、分人群的、非大众的服装，例如进行体育运动时穿的休闲服装。

装饰：服装上的装饰性元素，例如一些小珠子等。

晚礼服：在晚会场合穿的服装。

时尚前沿：最时尚的服装设计。

系结物：例如扣子、拉链，或任何可以系住衣服的硬金属物。

合身：服装裁剪和模特是否合适。

试装：模特试穿服装，设计师现场修改。

平面设计：一件服装的基本设计技巧，有一点像建筑学上的设计蓝图。

平面设计款式：用平面设计草图设计出的款式，而不是用立体覆盖技术设计的款式。

搭配服装：需要和别的衣服一起搭配穿的衣服，一般一个服装系列会有好几套搭配好的服装。

手工：刺绣品或其他手工装饰物，这些都需要人工制作而非机器生产。

灵感源：可以带给你灵感的任何东西。

灵感板：针对某一种设计，将能给你带来这方面灵感的图形集中在一个板子上，可以是一块布料，甚至是一些小装饰品。

打结：使线和布料集结在一起，例如毛衣钩织。

市场操控：改变市场方向，创造新的设计风格。

市场营销：一门关于服装市场销售的艺术。

总体规划单：记录服装使用材料和样式，使众多设计师按规划进行设计。

销售规划：一门展示所设计的服装，将服装进行搭配，使其在销售点的服装柜台上显得光鲜亮丽的艺术。同时，也根据不同的顾客群体或体型设计不同款式的服装。

基调人物：可以给整个模特群体定下样式基调的一两个模特。

更多的术语：

细棉布剪裁试穿：用便宜的细棉布或纺织品制作试验服装，用于前期试穿。

新颖亮点：服装款式或小装饰品等，用来在传统经典服装款式的基础上做出创新。（例如在剪裁好的套装中加上一件缀满珠子的内衫。）

款式草图：画一种服装款式设计图的方法。

缝纫机：工厂用来缝纫的机器。

调研：在书中、杂志中或网上搜索有关某一主题或者能激发某一灵感的信息。

回顾：反映过去几十年内流行时尚的设计作品。

季度：流行时尚界的时间分区，每一季度都会有特别的服装集锦、展示会或者其他活动。包括秋季时装Ⅰ、秋季时装Ⅱ、假日巡游、春季、夏季和换季时装发布会等。

配穿服装：可以和其他衣服搭配在一起穿的服装。

款式：服装的样式。

尺寸样板：过去经典的时装元素被用来作为新的时装款式设计的基础参考。

规格：被精确计算过的设计图，尤其是海外发行的产品设计图。

特殊场合：为特殊的日子，如节日、婚礼或其他特殊场合特别设计的服装。

运动休闲服：个别群体服装之一，是比较休闲的款式。

风格：不同的服装的拼接或穿戴的方式可以看起来更时尚（例如，领子的翻起还是放下；系围巾、手帕的不同方法；帽子压下来盖在上方；系两个腰带，一宽一窄，一上一下；衬衫的下摆放进裤子里与否等）。

装饰：例如，飘带、蝴蝶结、蕾丝花边、宽边印花等，都是为了装饰服装。

怀旧衫：过去用过或制造的衣服，曾经是精品时尚。

机织织物：织布机上织出来的有经纬纹理的布料。

特殊场合穿的服装

设计师团队

主要的设计人员

会计员：负责掌管账目。

首席执行官：公司的总负责人，常常是雇用设计师，决定哪种设计要真正制作出来并销售。

裁剪师：利用机器裁剪多层布料。

设计协调员：是设计师同时也主管销售规划，协调设计师们进行某项工作。

设计组：两个或更多的设计师在一起共同进行某方面的创作。对于很多身处重要职位的设计师来说，能够与同行们和谐相处、相互配合、共同工作是很关键的。

面料设计师：有些公司聘请一些设计师，专门为买家已求购的纺织品进行款式设计，在这个专门行业中他们是高级专业人员。

服装打版师：对于设计师来说这是很重要的职位，因为他或她必须充分理解并且牢牢记住新设计的外观和规格。

生产经理：掌管服装的质量，一旦某种设计被采用，主管生产的人员要保证服装有耐久的良好质量。

销售人员：这些工作人员使设计的作品在各种贸易展览会上亮相。

样衣制作师：一旦打版师完成了他们的任务，样衣制作师就开始将服装的各个部分缝在一起，穿在合适的模特的身上。一家大服装公司有很多这样的样衣制作师。

更多的行业参与者

赞助商：如果一位设计师开一家自己的公司，那么他或她就会找一个愿意给他投资的人（赞助商）。一个有很高知名度的设计师也许会有很多赞助商愿意给他投资。

采购员：作为某商家的代表，采购员会看一看，并且买下一种新的服装设计。有的时候采购员会要求买下这一服装的独卖权，这种时候，如果这个采购员所代表的商家信誉高，设计师就会答应。

面料及装饰品销售员：这些人员经常把自己的商品展现给设计师们看，希望他们能够大批量订购。

生产人员：设计师们经常将某种服装的制作权包给某家独立的服装工厂。（一家能够按时并高质量地完成订货的服装加工厂，对于设计师来说是非常珍贵的。）

陈列室管理销售人员：一个著名的服装设计师也许拥有自己的服装陈列室，这样需要聘请一个专门的人来进行管理。有时候很多设计师们会联合起来开一家陈列室。这样的陈列室常常拥有这些设计师作品的独家代理权。

组合服装

第二章

时尚女性：

创造你自己的时尚模特

第一单元
时尚的头部

单元目标：

- 一步一步学会画出迷人的模特形象。
- 学习并实践从各个角度画出富有魅力的人物头部。
- 学会掌握不同种族的人物头部画法。
- 学会分析并画出最新潮、最酷的发型。

复杂的……傲慢的、幽默的或者年轻清新的……
然后还有点时髦的职业气质

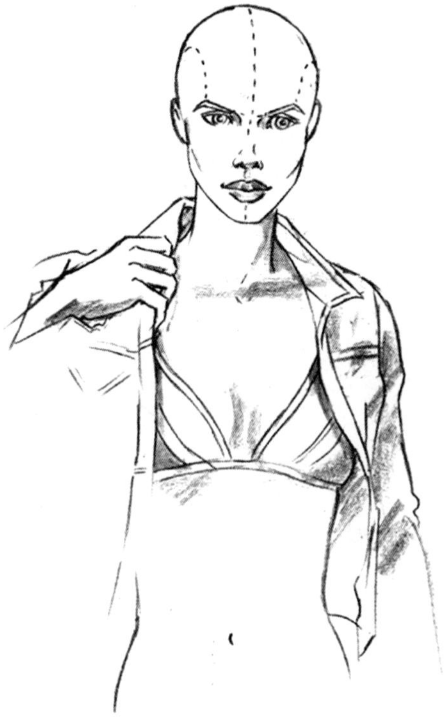

画出时尚的模特头部

在时装设计的展示会上，服装的设计往往比人物绘画本身重要得多，但是，虽然如此，模特的外形——她的发型、面容，可以为整体的效果添彩，同样也可以毁掉你的整个创意。我们从超级模特所得到的高薪就能证明我所说的是真的。设计师们需要好模特的特殊气质和外形来使自己的设计更加丰满。

怎样开始

1. 收集报纸上的头像照片，尤其是头像比较大的，你可以看清脸部细节。
2. 先从画单个的人物头像开始，这样你可以集中精力注意各个细节。
3. 用写实的方法画，然后再形成固定的风格，并用固定风格画。
4. 注意细节部位的安排，因为它们可以使你的人物看起来更加光鲜有风格。
5. 注意寻找好的表情，然后尽量把它们画下来。

剪报人物头部形象分析及美化

因为绝大多数的设计师在绘画的时候，并没有美女坐在旁边当模特，所以他们通常用杂志上剪下的图形作为参照对象。这样给为设计师们提供了比较宽泛的模特类型和各种不同的种族。

1.

临摹图像上的解析

当找到一张漂亮的合适的剪报之后，就开始临摹了。包括头、脖子和肩膀。可以从任何角度临摹。将头发画出大致的形状。

利用这个草图作为结构基础，开始将人物画得更加自然，富有表情并且将其美化。尽量抓住模特身上吸引你的表情和气质。

2.

在已有图形的基础上使图画更加自然

将你的画转到麦克纸或其他适合上色的纸上。着色是要简单，保持画面干净。你可以用Prisma彩色铅笔，加上一些麦克颜色来加重阴影效果。

3.

上好颜色的设计图

要时不时地与一开始的设计结构草图相对照，以确保你的人物比例仍旧正确。

眼部正面的时尚画法

在你试图设计整个头和脸的结构之前，你也许可以先尝试着练习局部五官的画法，比如说眼睛的画法。找到一张好看的头像，从各个角度画出大的清晰的脸部轮廓，然后削尖你的铅笔，我们要开始了。

个性眼部画法的步骤

1. 在你的脑海中，反复强调眼球是圆形的。在这个圆形的两侧四分之三交叉处，眼皮画成弯曲的椭圆形，围在眼球周围。
2. 一定要仔细观察一双有魅力的眼睛所具有的因素：有点夸张的长度、上翘的外眼角、整理得很好的眉毛、一点点睫毛的影子（睫毛通常不需要画出来）、微闭的眼帘和神秘的表情。
3. 一定要画出泪腺的形状，这样会使眼部的轮廓更加真实迷人。
4. 瞳孔一定要画得大，像珠子那么小的瞳孔没有光彩。用中性笔或油彩给瞳孔加上反光点。

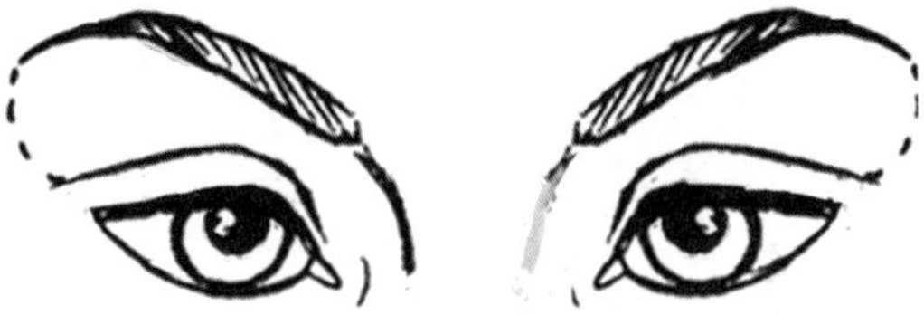

更加个性的眼睛画法

更加真实的眼部画法

正面的眼部画法

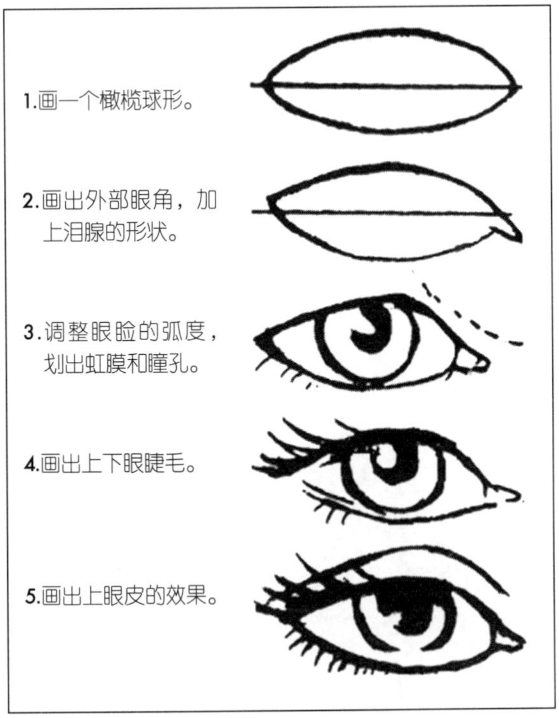

椭圆的眼球形状

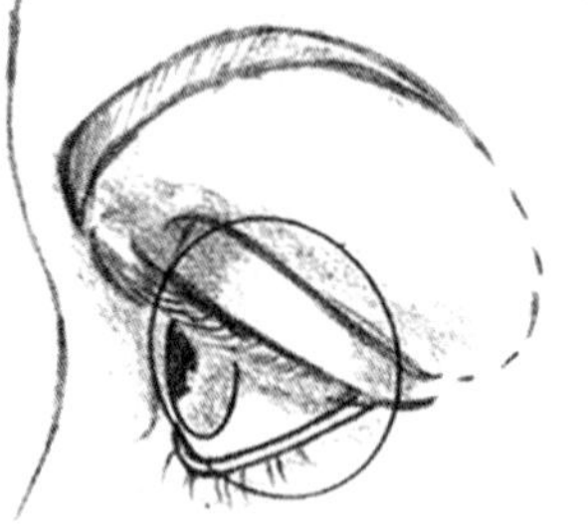

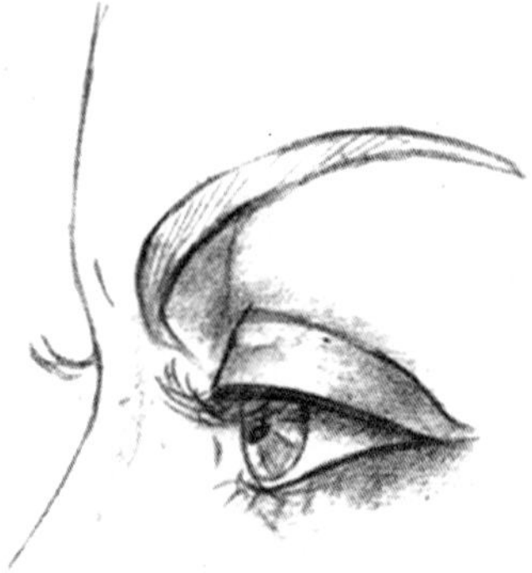

半睁的眼睛显得更加神秘

侧面的眼部画法

1.

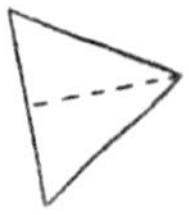

画一个倾斜的三角形。

2.

加上椭圆形的虹膜，在眼球周围画出弯曲的眼皮。

3.

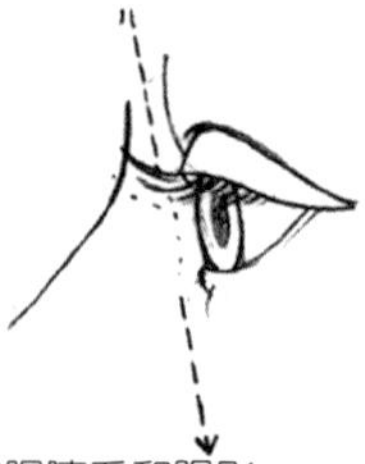

画出眼睫毛和阴影。

4.

注意眉骨是怎样弯曲的。

魅力眼部的画法步骤

1. 让眼睛半睁，露出更迷人的时尚目光。
2. 给眼皮加上更深的阴影，使之看起来很立体地包裹住眼球。
3. 让眉骨有点弯曲。
4. 画出眼线和睫毛膏的效果。

注意不要把整个虹膜都画出来，不然会使模特的神情显得惊恐。

眼部术语

虹膜：眼睛有颜色的区域。

瞳仁：眼睛中央颜色最深的圆形，为适应周围光线的改变扩大或缩小。

眼线膏：化妆品，画在眼睛周围，起强调眼部轮廓的作用。

泪腺：很小的粉红色凹口，在内眼角处。

漂亮的太阳镜可以代替眼睛

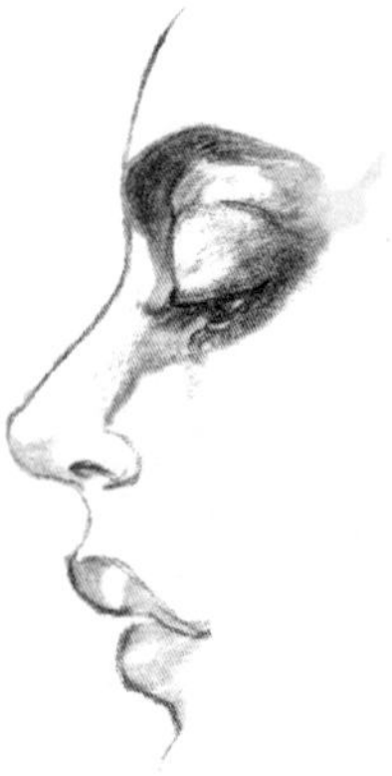

几乎闭上的眼睛却加大了眼睛的神采。

四分之三的眼部画法

1.画两个缩短了的橄榄球（注意两眼间的距离）。

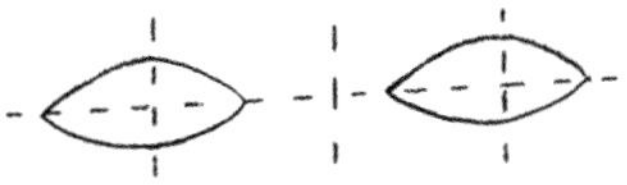

2.擦掉一边眼睛的外侧轮廓。

3.给每只眼睛画上虹膜，注意形状是椭圆形的。

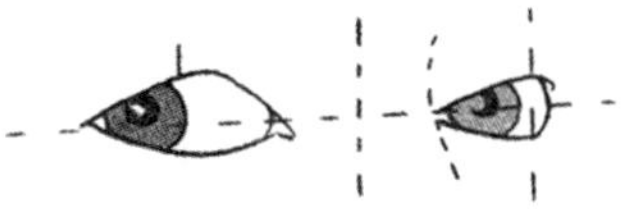

4.画出眉骨的弧形结构，注意和鼻骨的连接部分。画出眼皮的形状。

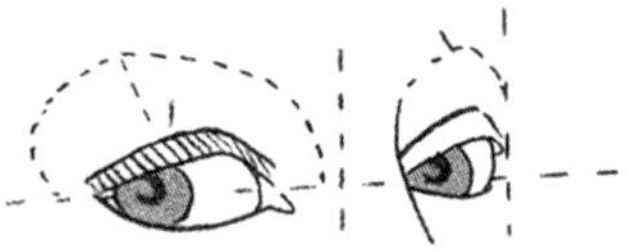

5.画出短一点眉毛。

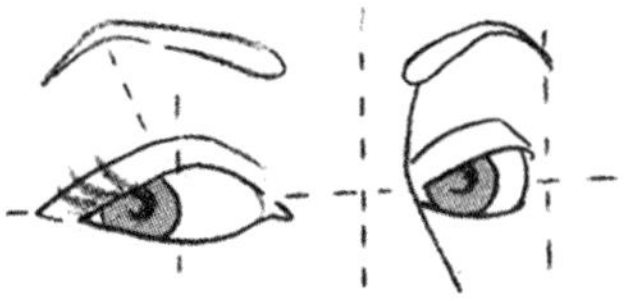

6.画出想要的阴影效果。

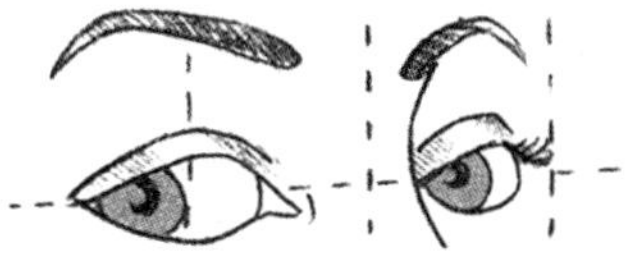

检查：

1.虹膜的方向要一致。

2.眉毛的弧度要一致，能够展现出眉骨的形状。

想要画出眼睛的侧面是很不容易的，你要仔细观察每只眼睛的角度，还要注意眼睛和鼻子的比例关系、位置关系等。

这幅图的侧面的四分之三的眼部画得很精致得体。

反方向四分之三的眼部画法

1.注意眼部基本轮廓的角度。

2.注意眼皮是怎样包裹在眼睛周围的。

3.注意眼窝周围总会有阴影。

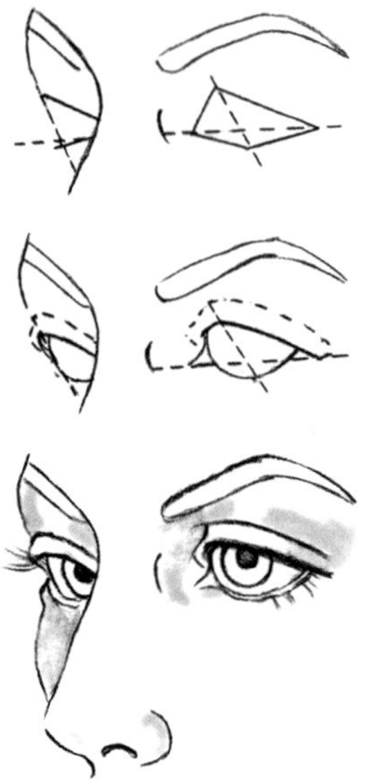

反方向微侧的眼睛

说一说彩妆

请在头脑中时时牢记，眼部的彩妆可能是一界时装季中最为重要且最为复杂的部分。（长眉毛还是短眉毛，有睫毛膏还是没有睫毛膏，深色还是浅色的眼影等）。注意杂志中所透露的信息，来创造最棒的模特表情。

时尚的鼻子

好看的鼻子可以被画得很精细，也可以只画两个鼻孔，叫人几乎看不出来。两种画法取决于你当时的画的风格。（请一定使用不同画法，不要拘泥于一种方法。）

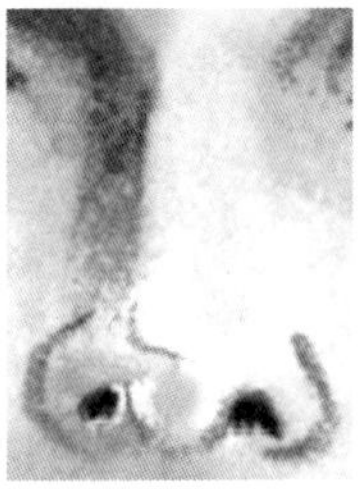

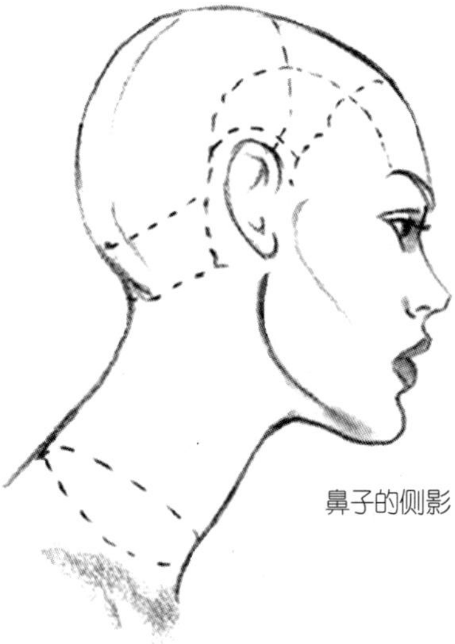

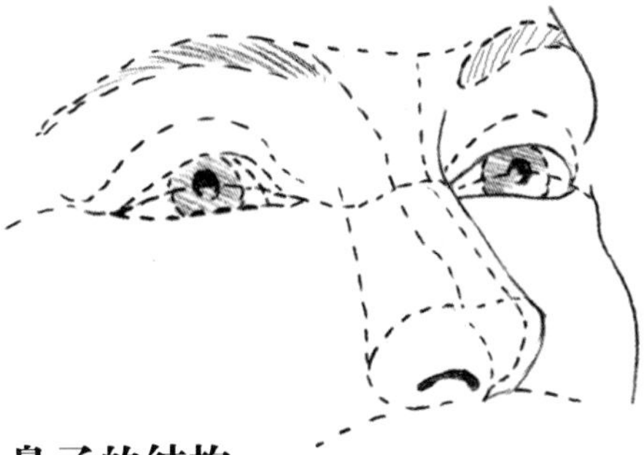

鼻子的结构

请一定记住，对于时尚界绘画来说，鼻子通常是最不吸引注意力的部位，随着我们年龄的增长，鼻子也在增长，但是大大的鼻子并不属于年轻的魅力女性。

鼻子的时尚术语

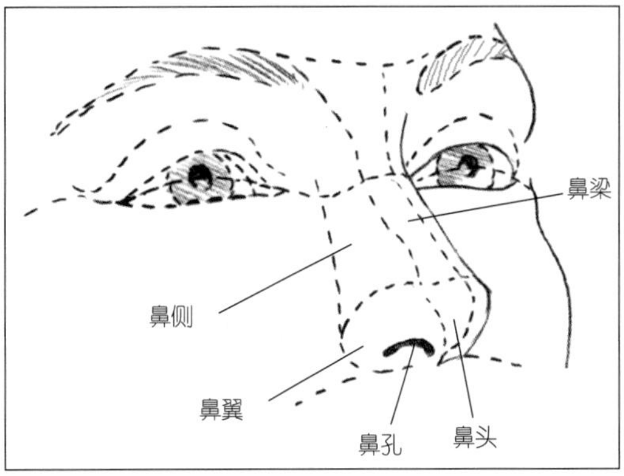

女性鼻子画法检查

1. 不要给两侧鼻侧都涂上阴影，不要太强调鼻梁。
2. 使线条柔和。
3. 短一点的鼻子使人看起来年轻。
4. 如果你突出有点往上翘的鼻头，会显得模特很年轻。
5. 微开的鼻孔看起来更加迷人。
6. 微侧或侧面的鼻子一定要画出鼻头，但是正面的头像一般忽略鼻头的部分。

耳朵的画法

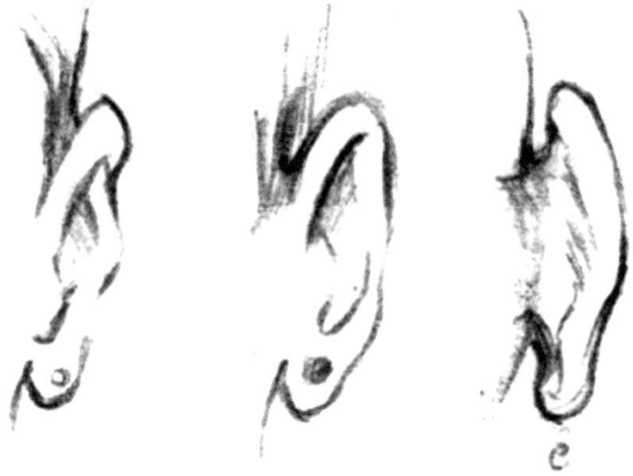

正面　　微侧面　　后面

想象一下耳朵是贝壳，有着漂亮的形状。

侧面耳朵的画法

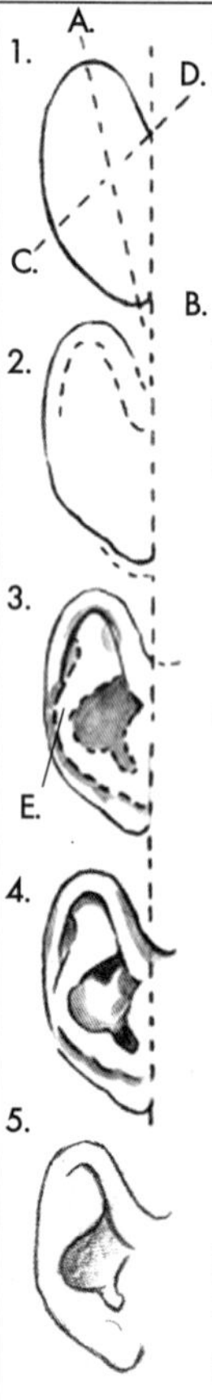

1. 微侧的耳朵有点短，请注意最长的线在AB线，最宽处在CD线。
2. 耳朵上有弧形的曲线，就像贝壳一样。请仔细观察它的形状，注意耳垂的形状。
3. 请注意E这一点，与耳廓相交。
4. 注意阴影可以显示出深度。
5. 画耳朵的最后一步是简化。就像画鼻子一样，你不能过分强调它们，所以就不能画太多的细节。

即使是正面的耳朵也要认真对待，防止它们像两块意大利面一样贴在头的两侧。

正面嘴唇

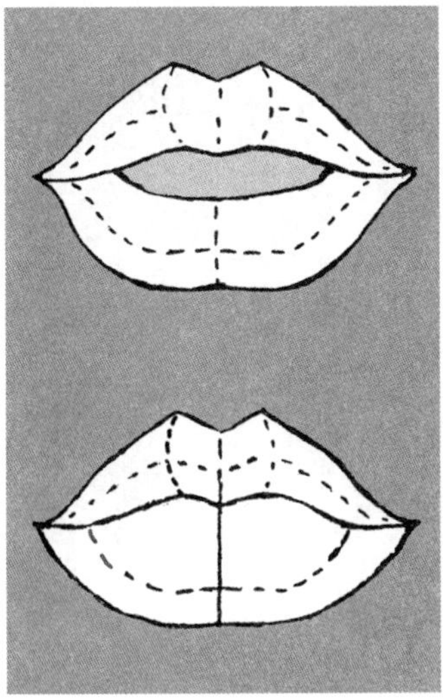

嘴唇有各种各样的不同的大小和形状。在看杂志或你收集的剪报时，请注意那些精巧美丽的嘴的轮廓。

女性嘴的侧面。

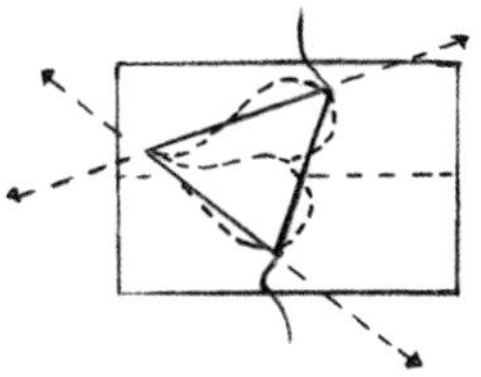

注意三角形是侧面的嘴的最基本结构。

练习：

1. 从杂志上收集十张女性嘴唇的剪报，要有不同的类型和角度。
2. 在一张纸上练习、研究这些嘴唇，用铅笔或麦克笔练习着色。
3. 从中挑选出五个最迷人的嘴唇，并且分析是什么因素导致它们这么迷人。

检查你画的嘴是否好看

1. 嘴唇不能画得太薄或太厚。
2. 注意嘴部位置要正确，靠近鼻子。
3. 上嘴唇颜色要比下嘴唇深。
4. 上嘴唇的中部要画得圆润，颜色较浅。
5. 嘴角不要下沉。
6. 两嘴唇中间的线条要有形，显出不同的表情。

微笑的嘴唇

嘴唇的正面画法

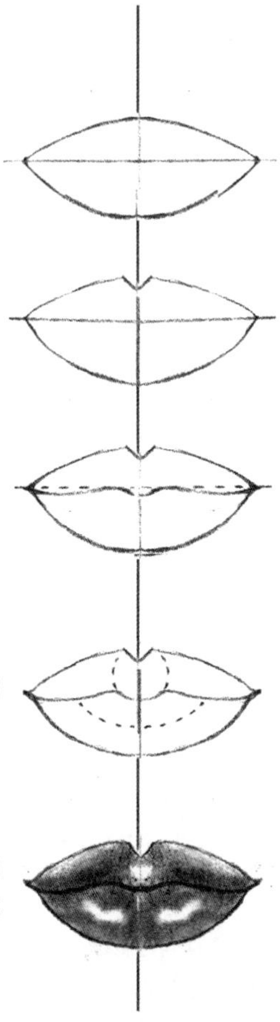

1.画一个有尖角的橄榄球。

2.在上嘴唇的中间画一个丘比特的箭尖。

3.画出上下嘴唇的中线。

4.画出上下嘴唇最突出的部位，如图所示。将嘴角上扬。

5.上色，保证突出部位的颜色浅，上嘴唇的整体颜色要深于下嘴唇。

四分之三嘴唇的画法

1.画一个稍短的橄榄球形，注意弧线的最高处在（B）那一边。

2.加上丘比特的箭尖，注意B那边的所有凹凸。

3.重新调整上下唇中间的线条（C），注意上嘴唇最圆润的中间部位。

4.加上阴影，留下一部分不要上色，用从显现上嘴唇中间的突出部位。注意嘴唇的B边颜色要深些，这样给人比较远的感觉。

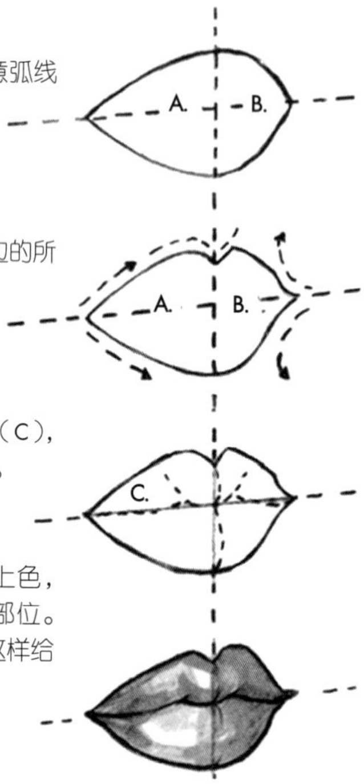

时尚的嘴唇

侧面嘴唇的画法

1\. 画出基本的形状。

2\. 擦掉一半，使上嘴唇更加丰满，修饰上部的弧线。画出中线，向下倾斜，下嘴唇方向向下。

3\. 修饰并加深轮廓线，将嘴角上扬。

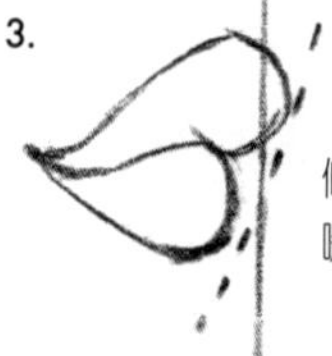

4\. 上色，使上嘴唇颜色深于下嘴唇。

嘴的侧面画法

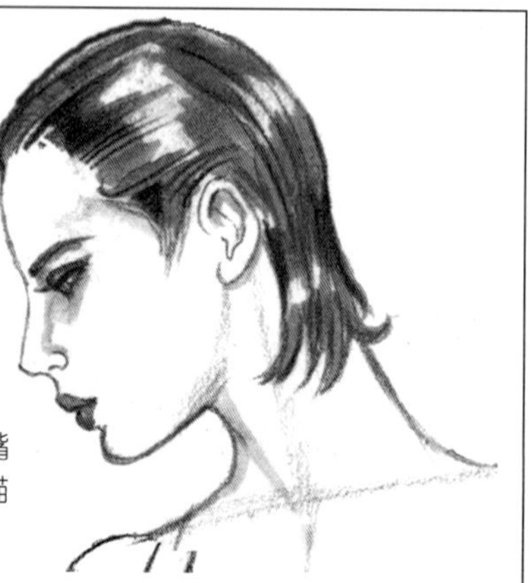

表情、比例以及嘴的位置同样可以描绘出脸部的神韵。

头部的正面画法

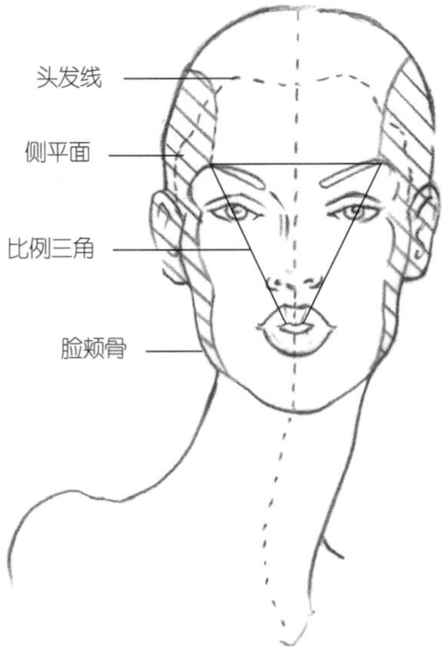

注意：正面的发线很复杂。不要画一条实线，但是将头发沿一条想象的大致的线画上去。

头骨结构

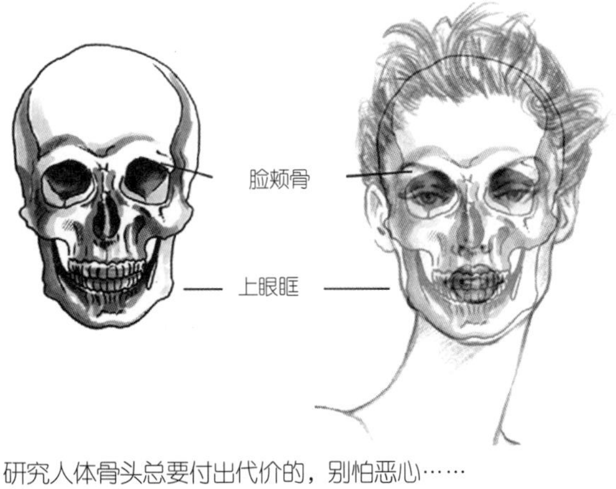

研究人体骨头总要付出代价的，别怕恶心……

比较年轻的面孔

检查正面脸孔画得是否正确

1. 正面的脸部是对称的。你可以用复写纸对折复制。
2. 只强调一边的鼻侧和鼻梁。
3. 仔细画脸颊骨改变脸部线条角度的地方，并且保证女性的脖子比脸颊骨窄。
4. 鼻头总是上扬的。鼻孔有微微的弧线形。保证眼睛和嘴唇是整张脸的焦点。

头部的正面画法

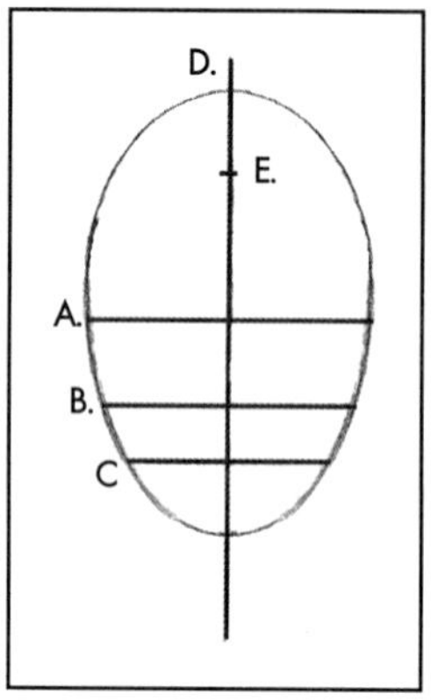

1.画一个椭圆的鸡蛋形状。

（A）是眼睛的位置线，用直线将蛋形垂直和水平地分成两部分。

（B）是鼻子的位置线，将A线分割出来的脸的下半部分在画分成两个部分（上部面积稍微小一点）。

（C）是嘴的位置线，从鼻线以下，再将剩下的面积分割成两部分。

（E）点在眼睛的位置线上方，从上到下三分之一处。

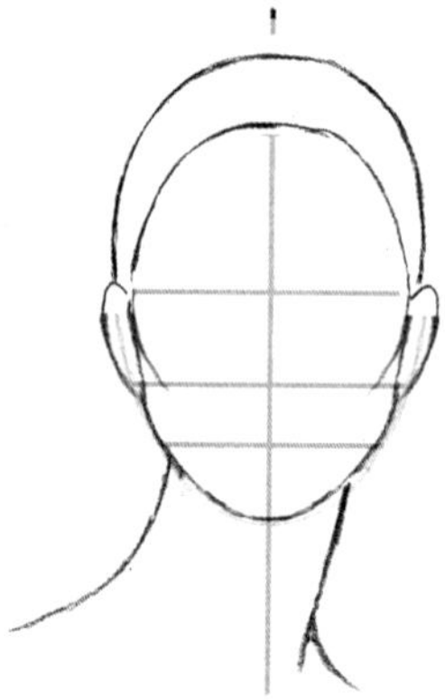

2.给脸部定形。

画出颧骨、脸颊和下颚的形状，大致描绘出柱形的脖子。

注意：脖子比脸颊骨窄。

3.画出五官。

画出眉毛线和眼睛的形状（分别画出每只眼睛），画出鼻子的下边和嘴唇的形状。

4.继续添加描绘，直到画出时尚的五官。画的时候要考虑彩妆和各部分的比例关系。画出头发，尝试用线条画出头发的波浪效果。

5.如果有必要的话就给画上色，不用在女性的脸部画过浓的阴影效果（否则会显老）。

微侧的头部轮廓

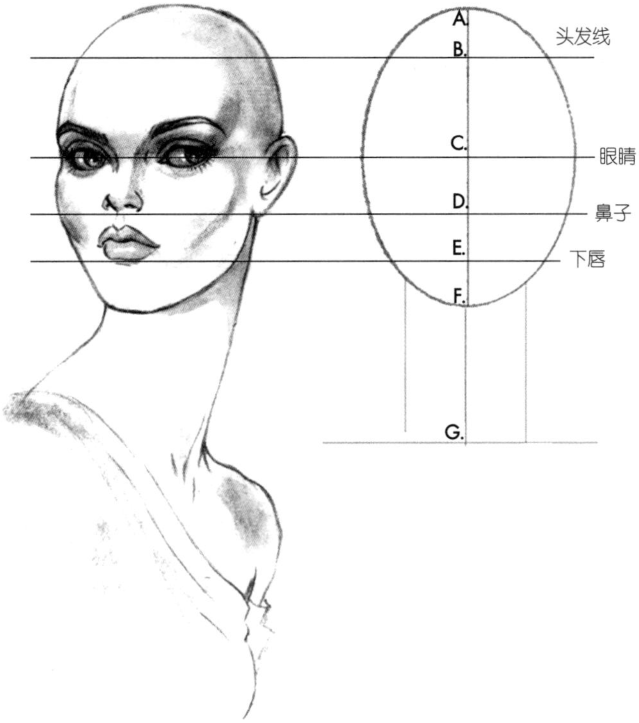

脸部的比例结构

1. 从A到C是整个头部的二分之一，眼睛在正中央。
2. 从A到B是从A到C的三分之一，这是头发的最高位置了。
3. 从C到D小于从C到F的二分之一，好看的鼻子通常都小小的。
4. 从D到E是从D到F的二分之一，下唇就在这条线的位置上。
5. 从下颚到喉咙的小坑是脖子的位置（从F到G），大概是头部长度的二分之一。

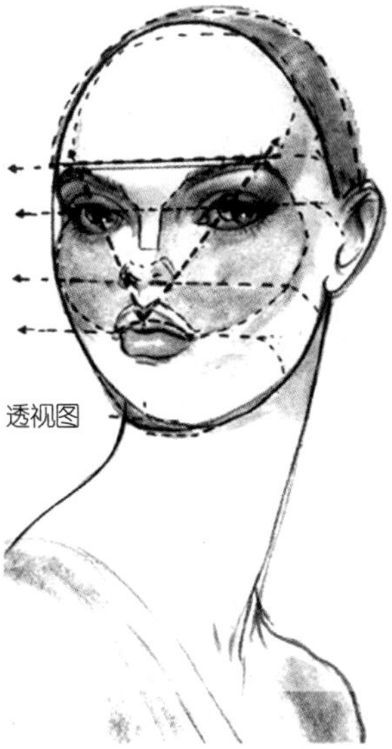

比例三角

这张草图向我们展现了从嘴部的中心到两眉的距离和两眉之间的距离是相等的。

侧面轮廓线

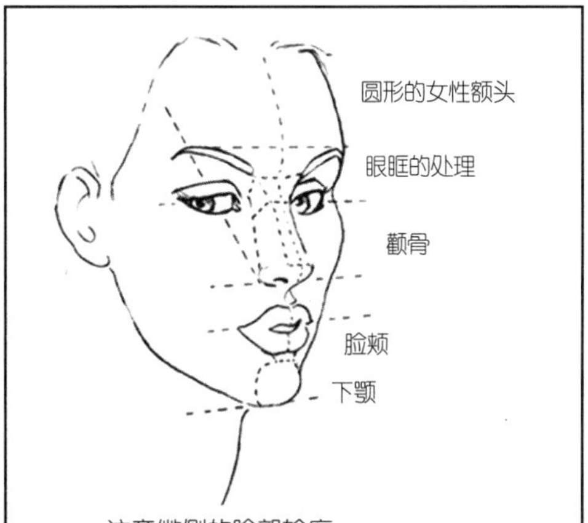

注意微侧的脸部轮廓。

从背后视角看头部

可供选择的角度

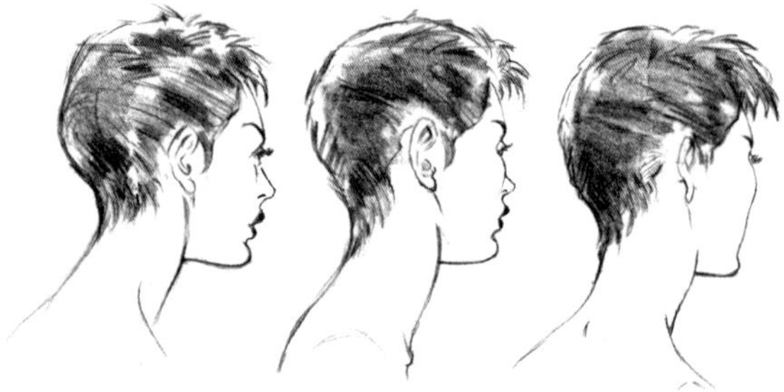

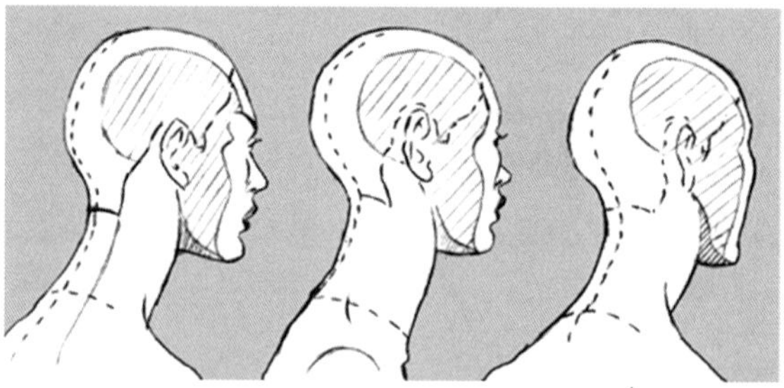

检查：

1. 头部的扭转角度必须符合现实。
2. 斜方肌（A）部的线条显示了脖子的扭转动作。
3. 有些脖子的部位看不到，不要画，但是你必须要画出在你的视角处所能看到的那些多出的部分。

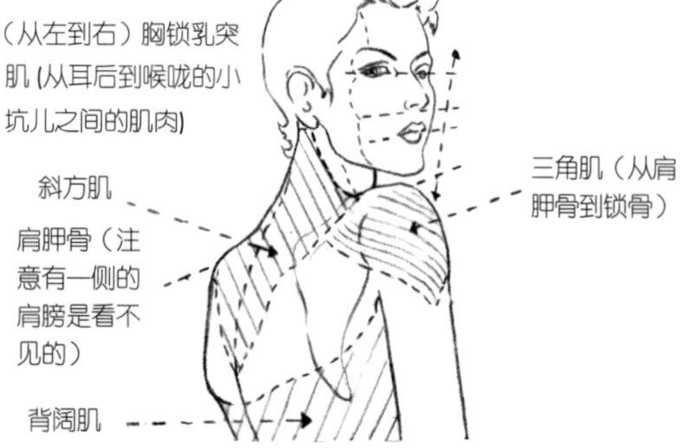

当你从这些角度画脸时，首先要画从颧骨到脸颊的曲线，然后是别的部位。注意由于角度的不同，其他部位和耳朵位置的变化虽然很小，但是还是有的。

可供选择的脸部角度

直立角度

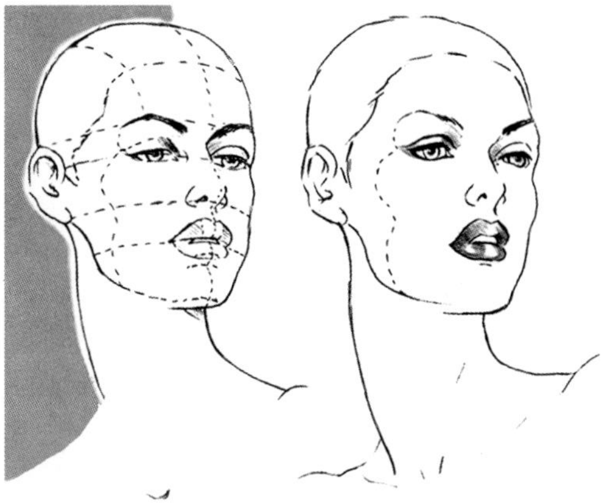

微微抬起的头（有点戏剧的效果）

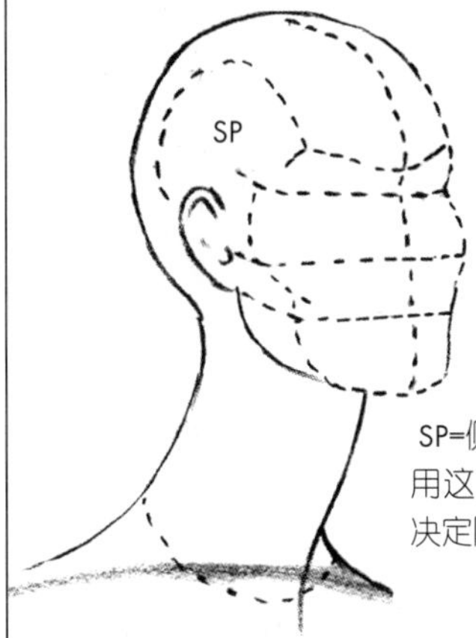

SP=侧脑骨
用这里的形状来
决定阴影的画法

平面结构图

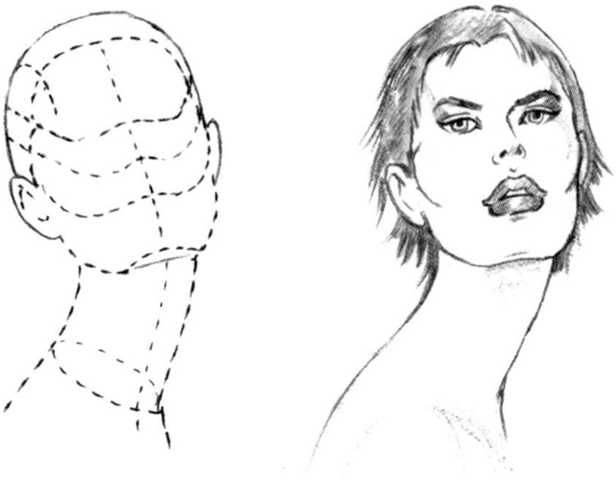

平面结构图 稍稍向后仰起的头（更加戏剧化）

步骤：稍稍昂起的头部画法

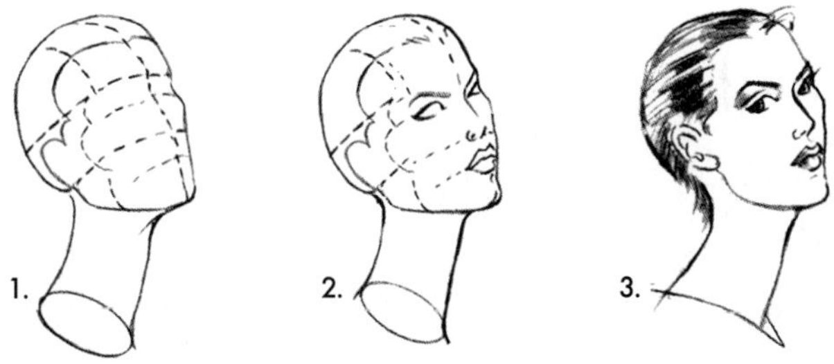

检查：

1. 轮廓线是否清晰。
2. 五官是否体现了不同的线条和角度。
3. 耳朵的位置是否找对了。
4. 颚下的曲线是否隐约显现。
5. 鼻子是否太突出了。

注意缩小的五官形状的比例。

反向侧面角度

直立的头部视角

微微低头的角度

比较复杂的头部角度

这些可供选择人物头像画起来比较具有挑战性。为了把她们画得更好，你既要注意轮廓的曲线也要注意五官比例的缩小。无论如何，这样角度的人物头像画都会使你的作品更具有可视性，而且能够掌握一种新的绘画技巧是很鼓舞人心的事情。

检查：

1. 定位线和轮廓微微向下倾斜。
2. 五官都在定位线上。
3. 因为头部是向下低着的，所以脖子有些部分是看不见的。
4. 更多的头顶显露出来。
5. 耳朵的位置更高。

步骤：略向下低的头部画法

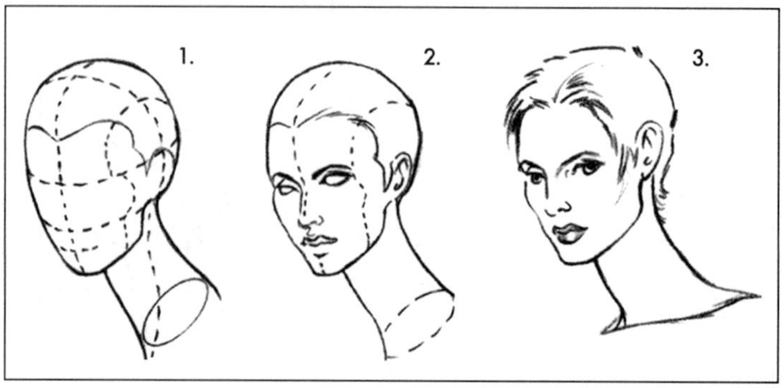

时尚的侧脸

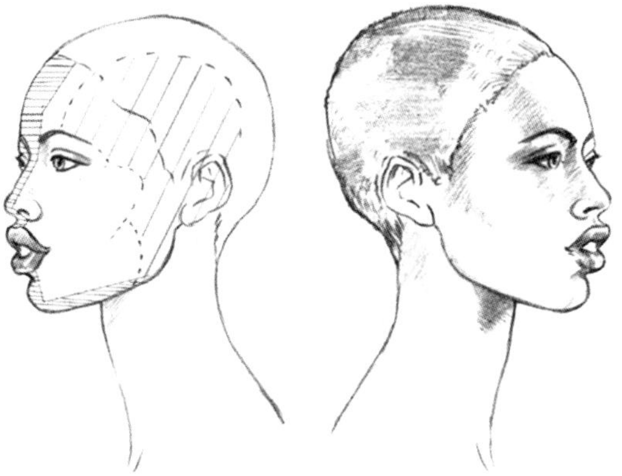

侧过去二分之一的脸部画法

这幅图画并不是完全的侧面，因为离我们远的那只眼睛还在视线内。而且，如果是画侧面头像，画图中阴影的部分也不应该存在。注意，丰满的上唇甚至快要和鼻子碰到一起了。

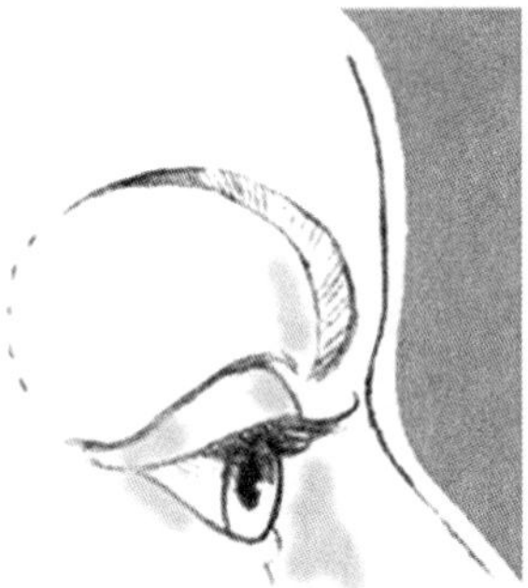

侧面的眼睛

虽然侧面的眼睛实际上就是一个三角形，你仍然要牢记眼皮是包裹在眼睛周围的，是有一定弧度的。

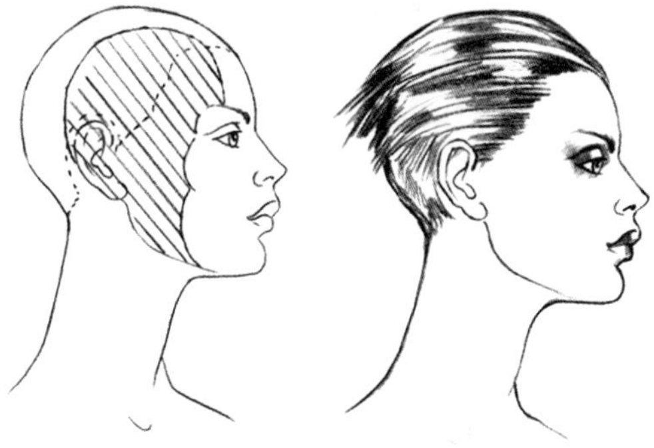

完全的侧面

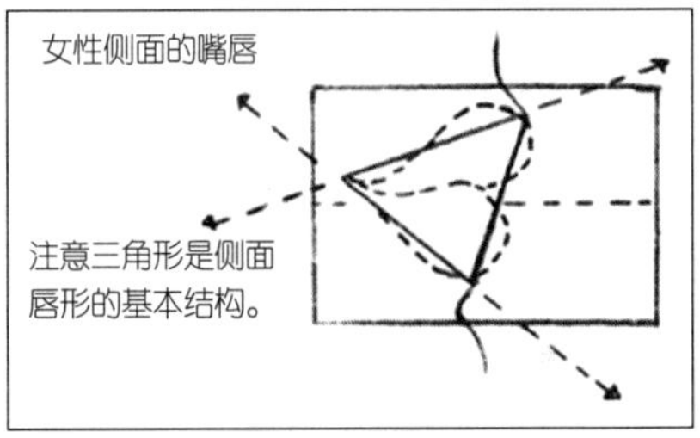

侧面的嘴唇

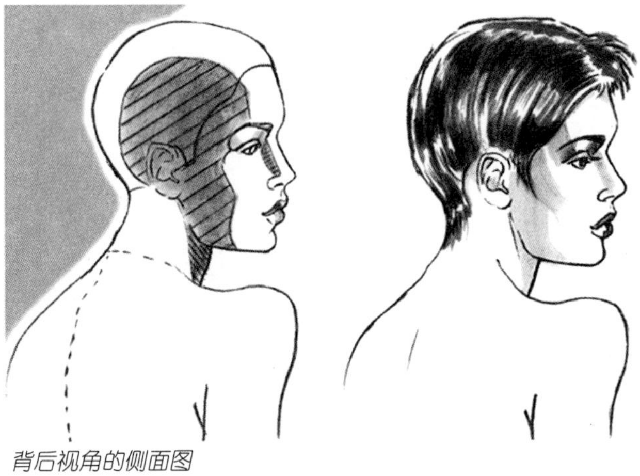

背后视角的侧面图

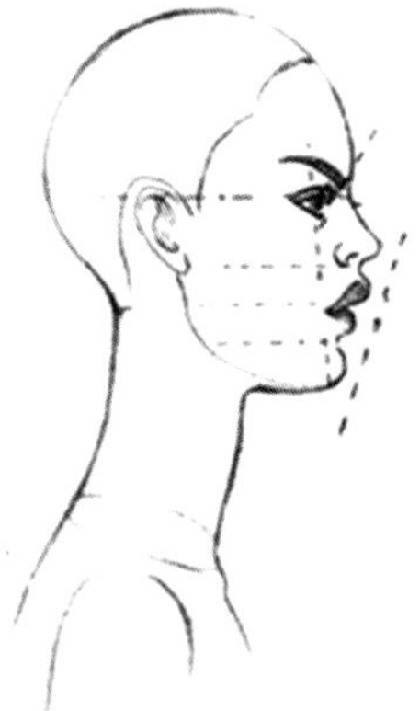

从鼻子到下颚，角度是向下斜的。

侧面的头部画法

1.

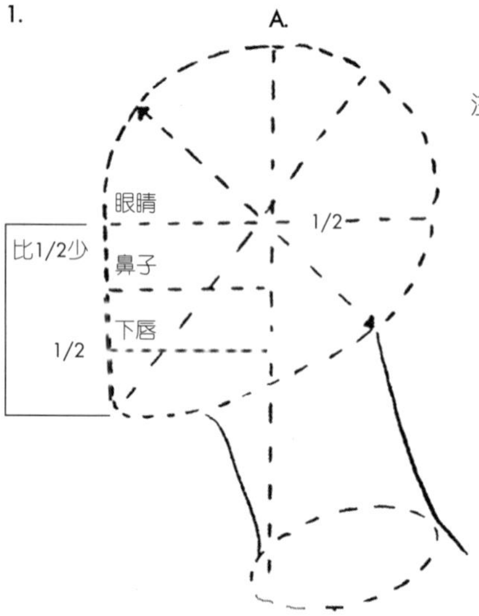

简单地画出头和脖子的形状，像图上那样分区。

2.

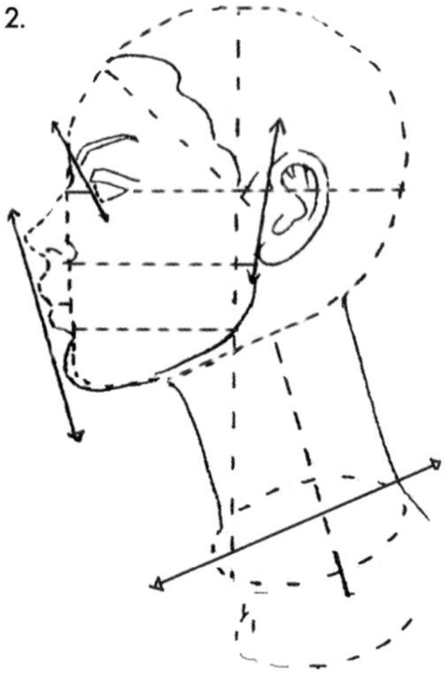

简单地画出五官，加上比例辅助线。注意眼睛的角度、从鼻子到下颚角度和耳朵的角度。

3.

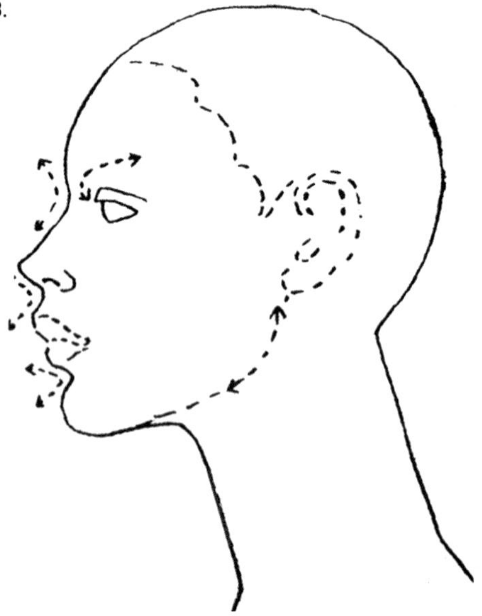

这一副草图十分强烈地强调了女性头部五官之间曲线。但是，如果这些弧线变得更加有棱角，整张脸就会显得更加阳刚。

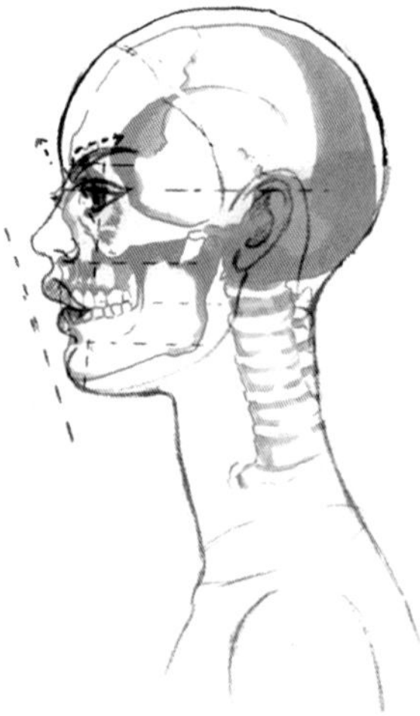

骨骼结构

我非常喜欢画侧面的人物图像，因为可以只画一半的五官。

不同人种的头部特点

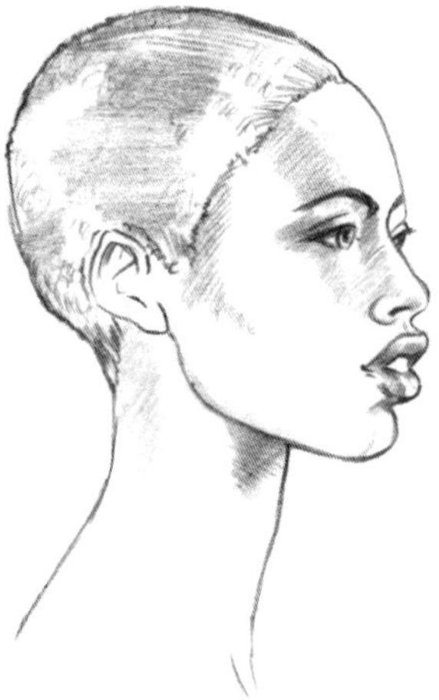

美国非洲裔模特

1. 浑圆的额头。
2. 较大的眼睛。
3. 稍显宽的鼻子。
4. 非常厚实的嘴唇和大嘴。
5. 高颧骨，尖下巴。
6. 头发则多有不同，有密密的小卷发，有直发，有牙买加塔法里教的长发绺。

安格鲁人的脸

安格鲁（欧洲民族）模特

安格鲁文化多种多样（因为太多了，在这里就不赘述了），在本书中的其他章节中也有实例。安格鲁人有着不同颜色的头发和眼睛。我们可以概括出他们五官的大致特点：嘴巴有点小，鼻子窄窄的（有的时候很长），头发浓密。

亚洲模特

1. 眉毛和眼睛的弧度很大。
2. 单眼皮。
3. 鼻梁比较平。
4. 鼻子有点平，有柔软的圆圆的鼻头。
5. 嘴巴丰满柔软。
6. 柔软而长的直发。

不同人种的面部特点

亚洲人和拉丁人之间存在着很多区别（很多有拉丁血统的人都是金发碧眼），以上这些知识概括性地介绍了各民族人种之间，在五官上表现出来的最明显的特征。

拉丁血统的模特

1. 浓黑的卷发。
2. 深深的眼窝。
3. 深色的眼睛。
4. 厚嘴唇。
5. 外扩的鼻孔。
6. 肤色较为复杂，有比较苍白的浅色皮肤，也有较深的橄榄油色。

不同的风格

常见的时尚女性头部

略带漫画效果的人物头部

1. 更强的灯光效果和更深的颜色。
2. 线条和轮廓更加有棱角。
3. 表情更加夸张。
4. 用刷子上色而不是铅笔。

日本漫画人物头部

1. 重点是在夸大眼睛上。
2. 像桃心形状的脸形，有尖尖的下巴。
3. 更显年轻。
4. 蓬乱稍有定型的头发。
5. 不太清晰的唇形。
6. 服装受军服的影响，有些军队的元素。

时尚女性头发画法

描绘头发或者给头发上色是比较艰巨的工作，那是因为头发看起来就很复杂而且总是在不断地变化。有时闪闪亮亮，有时波浪起伏，有时随着风改变形状，有时改变了颜色。要想设计出独特的发型和自创头发的画法，确实需要一段时间的努力。

但是，事实上想要画出完美的发型也不是那么困难，特别是因为时尚需要设计师自己独特的风格，而且有的时候越简单就越完美。作为一个服装设计师，我们的注意力始终要在服装上面而不是头发。

但是，事实上，发型设计师为了打造出漂亮而时尚的发型投入了大量的时间和资金，因为漂亮的发型是形象的关键。如果发型显得过时（当然不是有意的复古怀旧），或者与整体风格不符也是会毁了你的作品。

简单的线条

简单的形状

怎样开始

1. 要关注发型：要清楚发型沙龙里都在发生什么样的改变。
2. 先考虑“型”。注意发型所散发出来的气质。（发型不要太大也不要太小）。
3. 加上简单的反光。这样可以使你的模特头发有反光效果。
4. 上色要淡，颜色不要过于浓重（平面展示图除外）。你甚至可以用Prisma铅笔画头发，然后用麦克笔混合画轮廓线，使线条不至于太过清晰，这种方法可以使头发看起来自然而柔和。
5. 注意头发的方向，上色时要顺着头发的方向。当你画头发的时候要用一些线条显示出头发的方向。

麦克笔画出的效果，少量的反光。

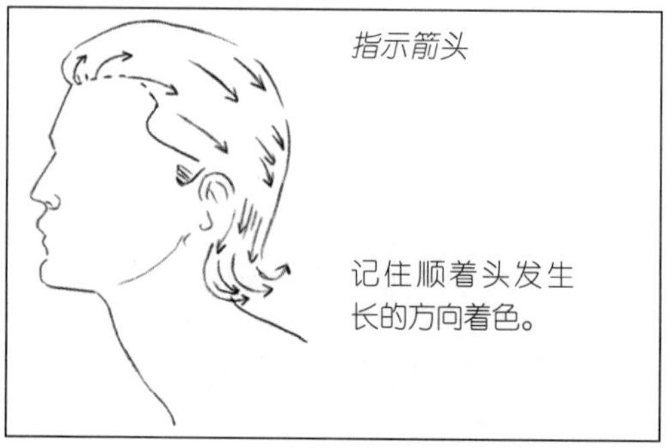

头发的绘画和上色

第一步

第二步

第三步

第四步

第五步

第一步： 用铅笔的侧面或者大一点的刷子来画头发的基本形状。当然，你可以直接在头部素描上添加头发，也可以在头部素描上覆上一张描图纸，在描图纸上画头发。

第二步： 加深轮廓线，画出发尖（假如这是一头直发）。

第三步： 用Prisma铅笔的侧面画出有颜色的区域，留出有反光的区域。

第四步： 用浅颜色的铅笔（比如灰色），来将颜色画匀。我用电动橡皮擦增强反光效果。

第五步： 记住头发是可以烘托出脸部轮廓的。通常情况下这种轮廓很柔和，但是如果你画的是图解或展示图的话，可以有一些戏剧效果。

头发的侧面画法

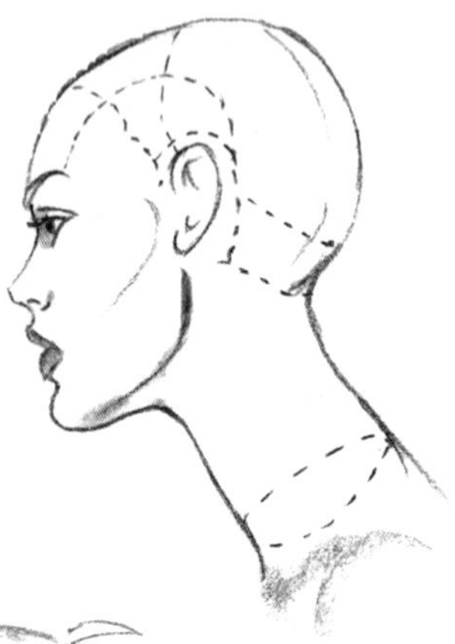

就像你所看到的，因为不同的发型，同样的头部可以有各种不同的外观。反光可以使头发看起来健康轻柔。

卷发

当你要画时尚的卷发的时候，请记住卷发的样式越不对称越能吸引人。例如不对称的发型总是很吸引人的注意力，虽然它已经不怎么流行了。

小卷的卷发

柔软的卷发

三十岁左右、外表时尚的女明星们总是有这样的发型。

密实的卷发

检查卷发画法正确与否：

1. 先从形状开始。
2. 用深浅的对比来显示发卷。
3. 离脸部近的头发颜色较深。
4. 波浪和小卷时时变换。

卷发的画法步骤

1.

第一遍上色：先尝试勾勒出一个发型的大致轮廓。

2.

第二遍上色：用深一点的颜色给靠近头部的头发上色，再将发卷画得精细一些。

3.

第三遍上色：画出一些卷发线条，在第三遍上色时突出发卷。

4.

第四遍上色：用刷子把赭黄色和白色含树胶颜料给顶部的发卷刷上淡淡的颜色。

直发

分层的卷发效果
头发垂直落下之前先有一个稍稍向上的弧度。

垂直落下不分层的头发
给人一种“Morticia”（电影中人物）的感觉。

当你画头发的时候，一定要保证头发的方向和形状是合情合理的。如果你不知道某一部分的头发是怎样生长的，那么你画出来的就好像头套一样。

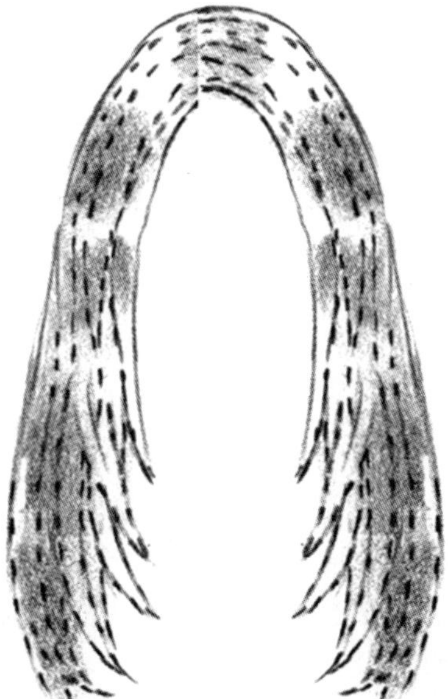

分层的直发
由发根部垂直落下。

波浪形的头发线条
如果想画出富有动感的、层次分明的直发线条。那么可以尝试在发型内部画一些彼此平行的波浪线。注意有些线条可以交叉，有些则需要相互平行。

动感的直发

检查：

1. 线条是有韵律的，形状是美丽的。
2. 至少有些线条是交叉的。
3. 动感的头发可以让人有立体感。（比如，好像风吹过的样子）。
4. 但是发型的细节并不是你整幅作品中最重要的。

高高梳起的发型

1. 仔细分析这个发型的整体结构。它真的好看吗？如果不，改变起来方便吗？
2. 确保头发梳起的方式符合实际，发线开始的方向要清晰。
3. 如果把发型画得更轻松随意一些，整个发型会显得更加时尚。
4. 用阴影效果来体现层次性。

注意背后角度的头发线条。

反光点要能够体现头发的方向。

本质上说，其实并没有什么真正发线，头发是从头皮处向外长的。

有的时候杂志上的发型看起来很好看，但是一旦画在纸上会不尽如人意。

蓬乱的头发也很漂亮。

辫子有它特殊的结构，在画之前要先仔细地研究一下。

有的时候，整套服装越华丽，发型应该越简单。

少女的脸和头发

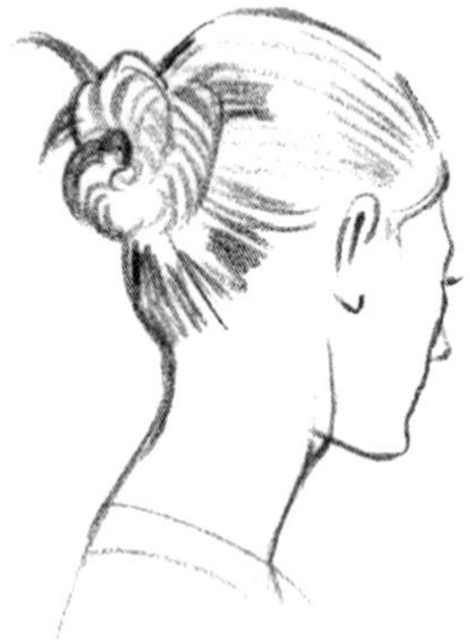

让头发扎个马尾辫或盘在脑后像个小面包圈，但是在发根处拉直到发尾。

即使只有阳光，太阳镜里一定也要反射点什么。

这个头部高高昂起，所以头顶的部分就有很多看不到了。

少女的头部画法

脸部的结构和五官要精致：柔和的下巴、小巧的鼻子、大大的眼睛和蓬松不定形的头发。

漂亮的侧面像也可以用很少的线条描绘出来。

时尚的帽子

牛仔帽

西部牛仔帽是美国的独特传统，不管是在北部还是在南部都是这样（想一想高卓人）。牛仔帽你可以低低地带在头上，也可以高高地扬起。但是在画帽冠的时候要注意它的形状，不要把它画得太空了。注意边缘翘起的样子。

俄国毛绒帽

浅顶软呢帽

浅顶软呢帽是一款很经典的帽子，男士和女士都适合。它简单，剪裁讲究，看起来很有品位。

宽边帽

贝雷帽

工程师帽

馅饼帽

步骤：给正面的人像加上帽子

1.

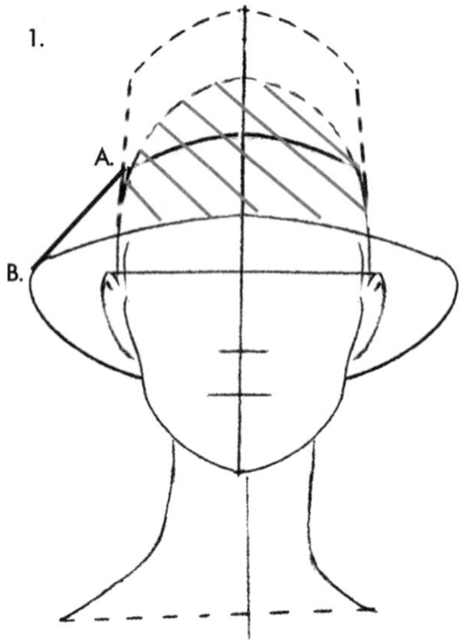

注意，帽冠的一半在头上，另一半空出去。通常会发生的错误是，帽子画得太高，没有落在颅骨上，或者相反。

2.

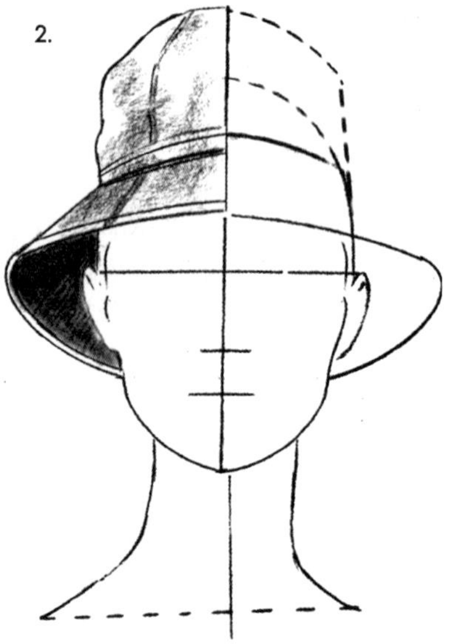

注意布帽子是有接缝的，还要注意，帽檐的下方颜色要深，制造出阴影效果。

3.

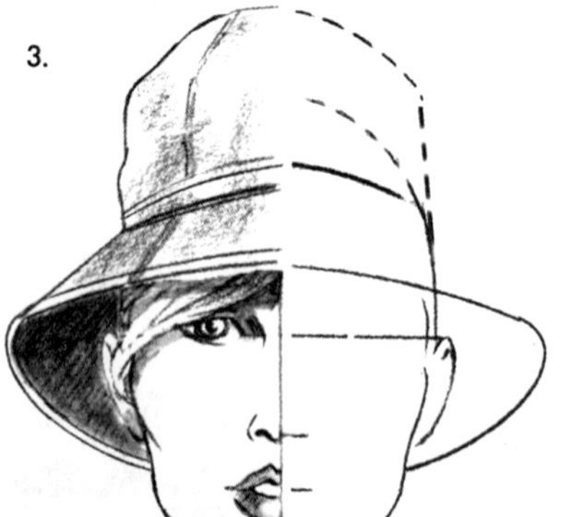

带沿的帽子会在脸部留下阴影。圆圆的脸会使模特看起来更加年轻。

4.

我用Photoshop软件将帽子的另一半画了出来。但是用手工在纸上画另一半也很容易，把纸对折，然后拓出另一半的帽子。

女性头部画法模板

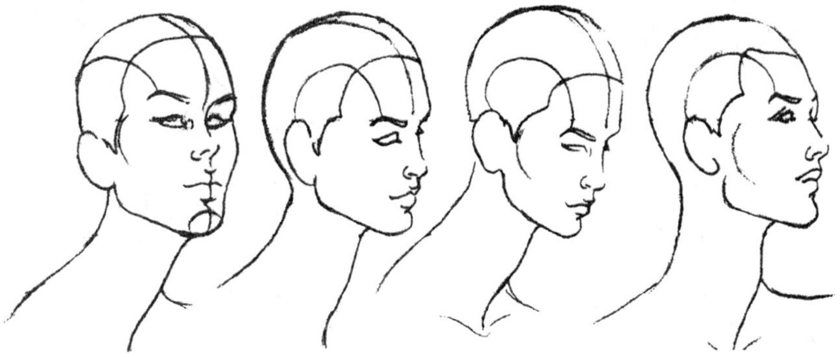

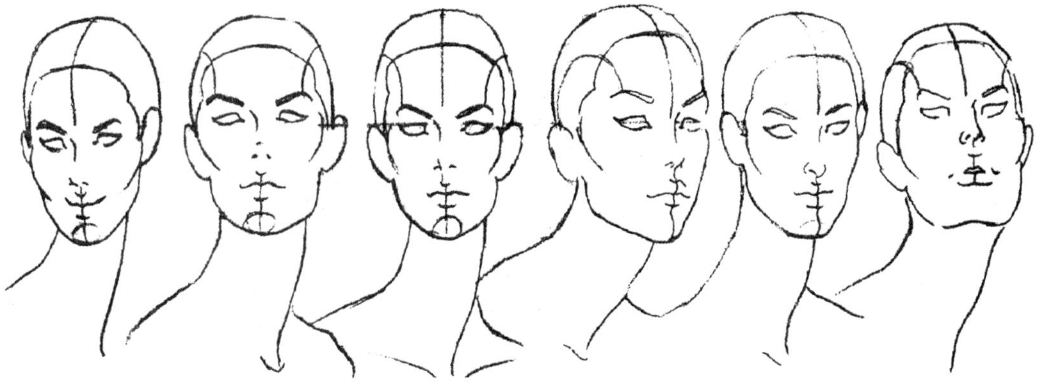

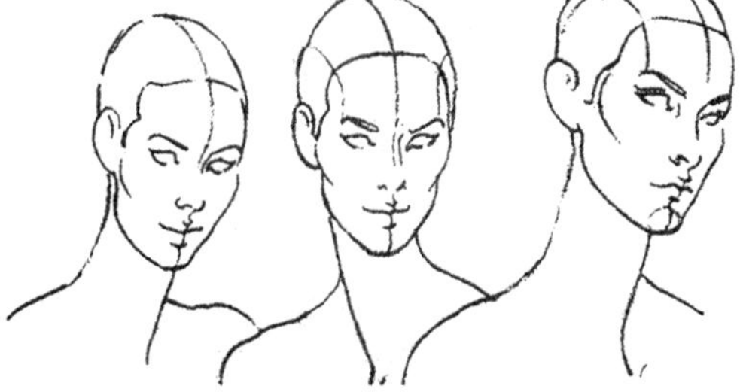

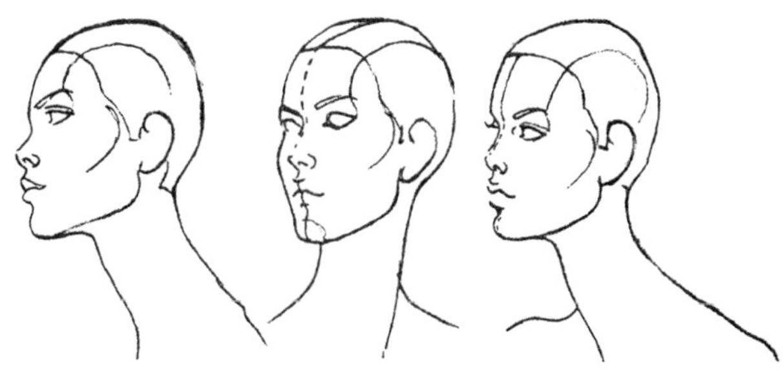

这些模板给出了很多不同角度的头部，你可以把它们用作参考。如果头部结构是你最不拿手的部分，那么请你按照这些模板反复进行练习，直到将它

练习：
从你的剪贴集中找出五种不同角度的头像。在模板中找出与之最为相似的头像，用硫酸纸练习描摹这些头像。

注意：在练习之前，你也许应该将这些模板扩印，因为它们实在太小了。

第二单元
时尚的手臂和双手

单元目标：

- 按步骤地学会画手部图形，其实画起来并不像看起来那么复杂。
- 观察手部和手臂不同的时尚姿态。注意有些基本动作是很关键的。
- 练习、练习、再练习，练习能够增加你的自信心。

1.

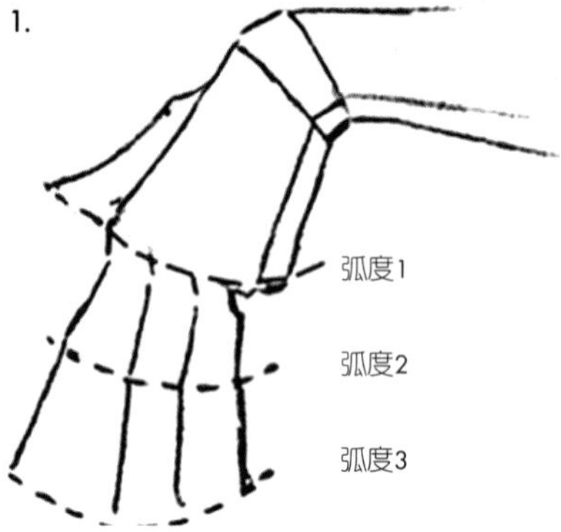

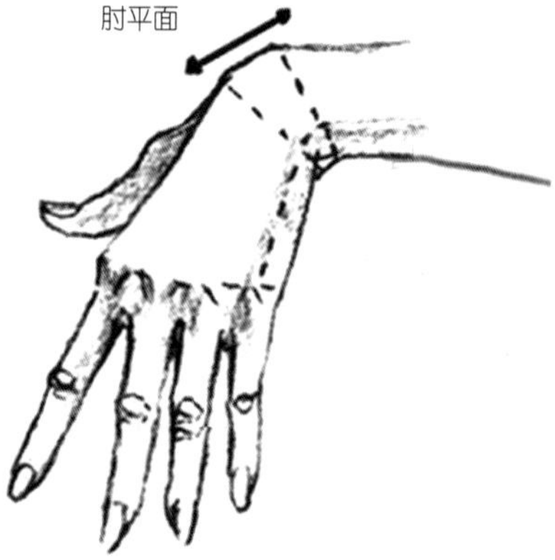

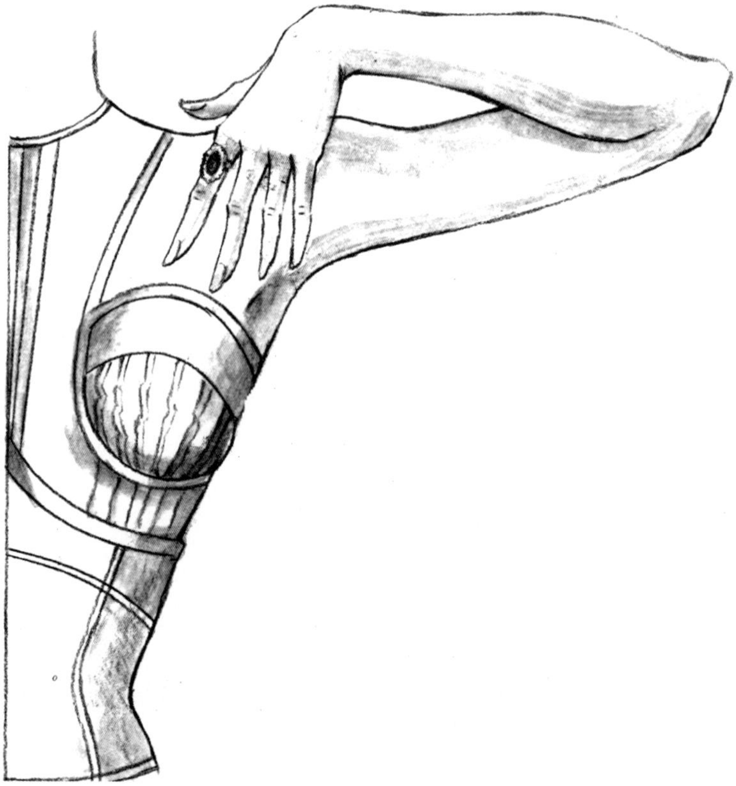

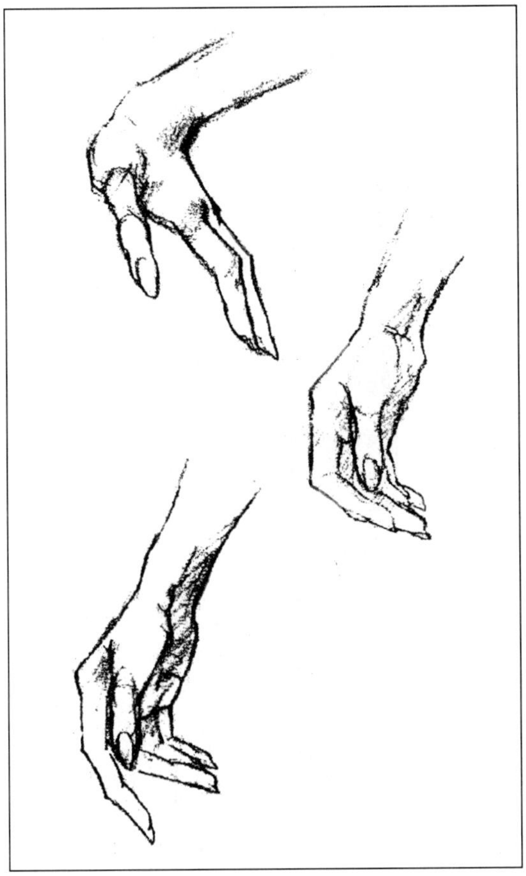

手部和胳膊姿势展示

比起身体的其他部分，很多时尚艺术家们在开始的时候都很惧怕画手。在绝望中，他们将模特的手放在后面或者插在兜里。但是，就像其他任何困难一样，“手部恐惧症”也可以克服，只要你勇敢地面对它。如果你坚持不懈，你最终会画出完美的手，到那时你自然会觉得无比自豪。

怎样开始

1. 研究手的结构。但要开始描绘一种手部姿势的时候，先将它分解成不同的结构形状。
2. 尽量多地画各种姿势和模样的手，包括你自己的。
3. 收集好看的手部图形。
4. 强破自己画有意思的手部姿势，并且花时间多加练习。
5. 练习简化了的手部姿势。

- 时尚的姿态透露出高贵。不管模特的手是放松状态还是摆姿势都会很有韵味。
- 在手部的背后用阴影效果，可以增加手部的空间感。
- 指甲常常可以使模特的手看起来更加修长、高贵。但是，在画的时候只要画出大体形状就可以了，切忌不可画得过于细致。

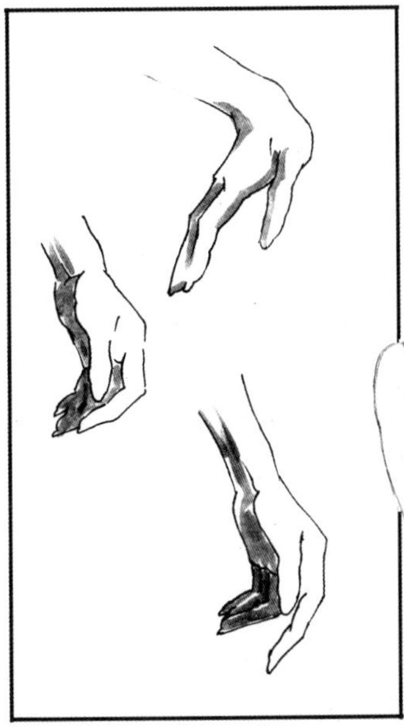

简化的视图效果

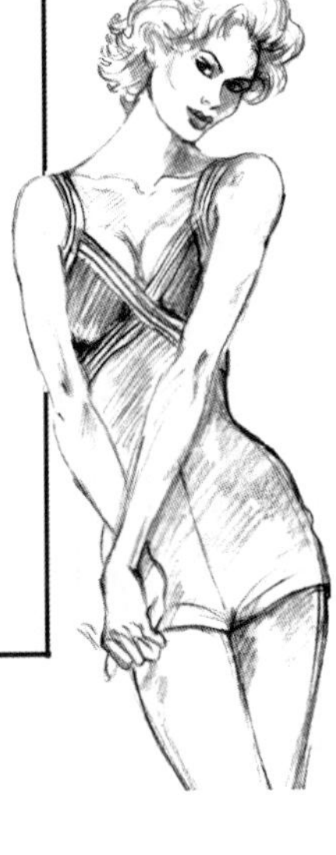

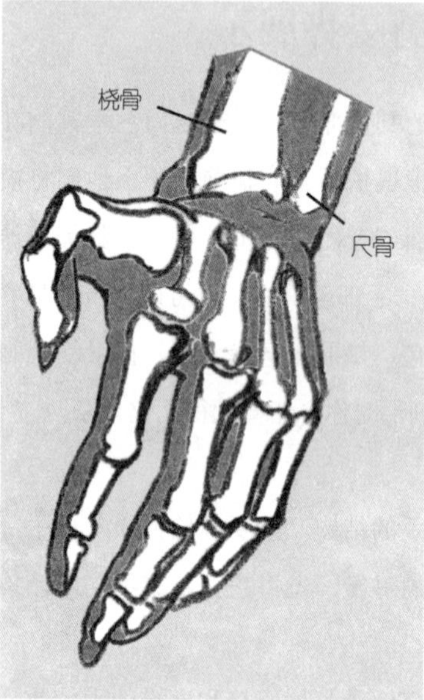

1. 研究手部的骨头结构。手部的肉并不是很多，所以骨头的形状是很容易看见的，而且对于画出典雅修长又时尚的手部轮廓是至关重要的。

手部结构

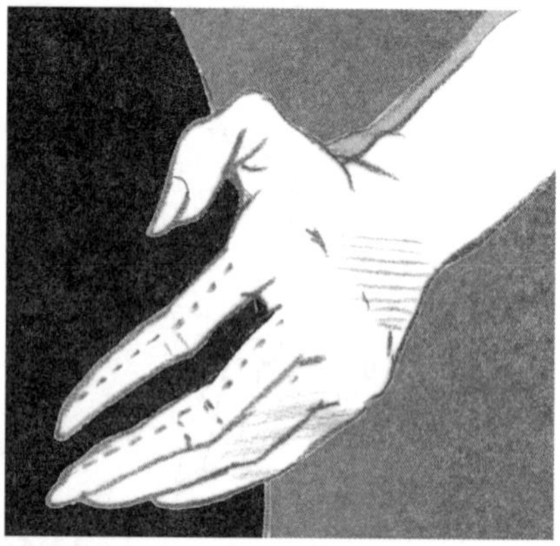

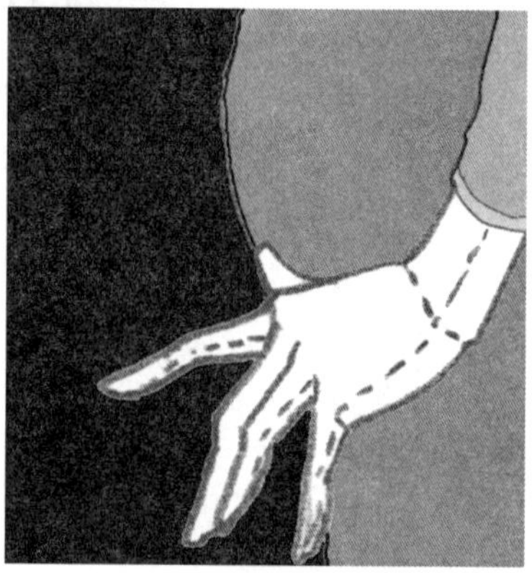

2. 注意研究手指和关节的弧度，能够很好地掌握这些关节的角度，就能很好地画出漂亮的手部形态。

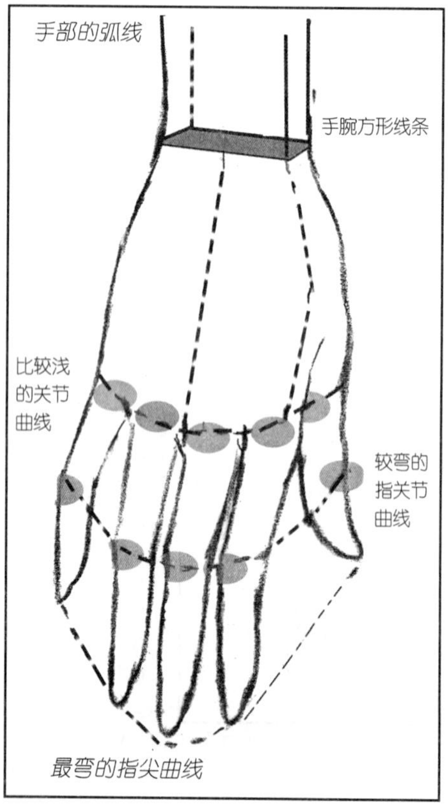

3. 研究一下手和手腕的连接，方形的结构能够根据手部的位置和姿势改变角度。

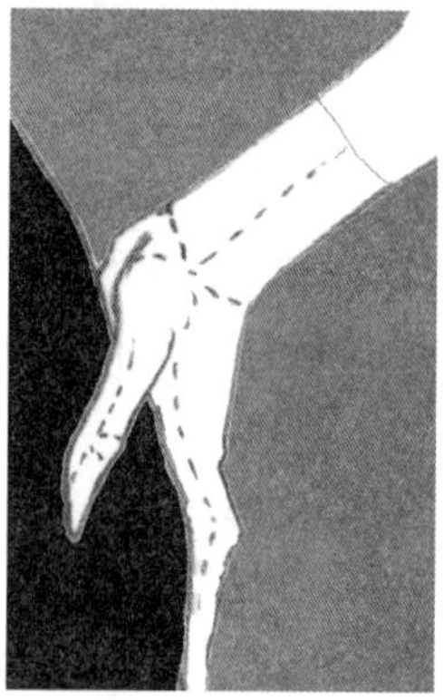

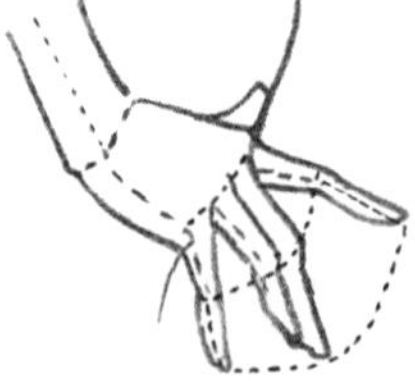

可以建立自信的练习：

从剪贴簿上临摹十张手部的素描，加上平面结构图（包括手腕），每幅素描最少有三个弯曲。

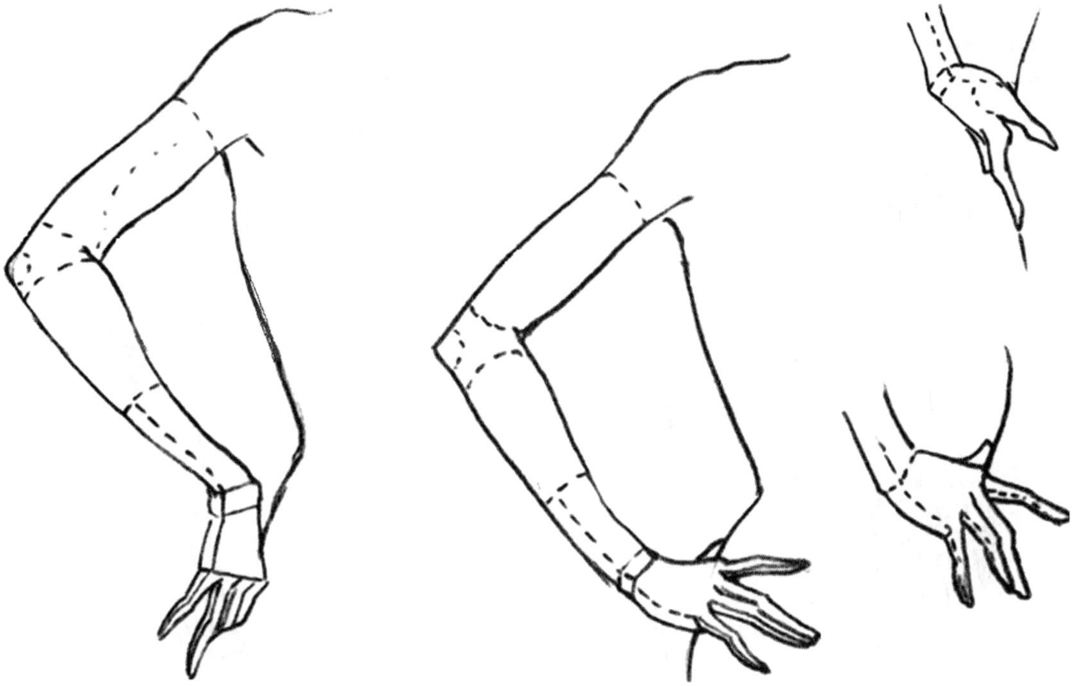

时髦的姿态

检查：

1. 找到合适的姿势。
2. 画出轮廓。
3. 加上细节的部分，比如，指甲的形状和着色。

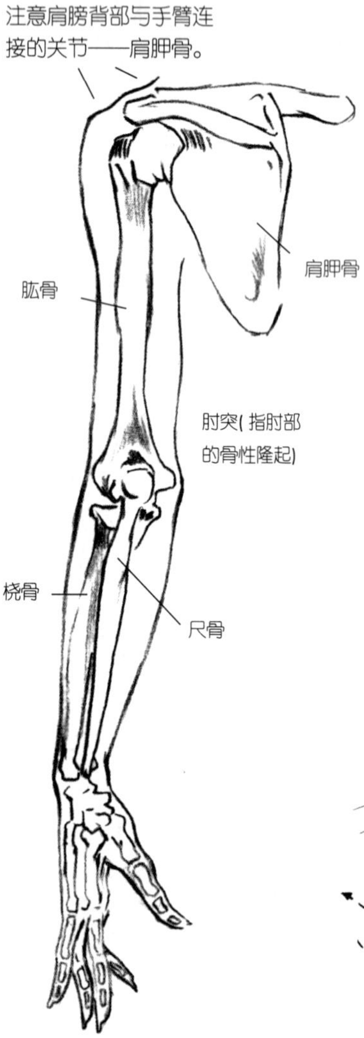

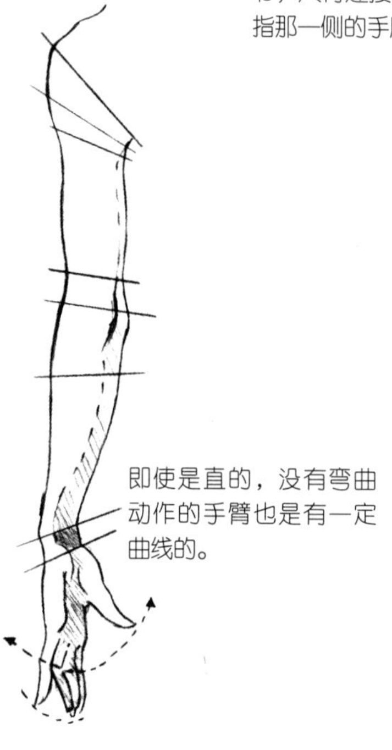

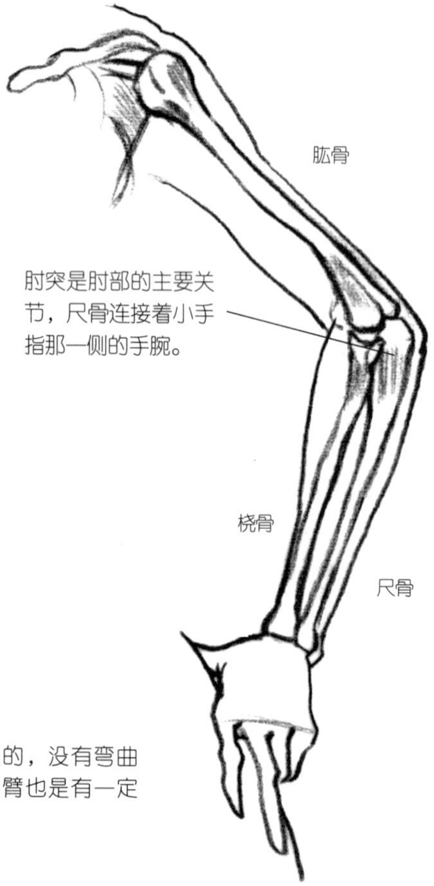

时尚好看的胳膊

胳膊的结构

想要画好模特的胳膊可以说需要一定的技巧，因为手臂上的很多形状都很细致多变，尤其是前臂的很多弯曲都涉及到不同的比例关系。如果我们不细细地分析手臂的结构，手臂还有双腿就会像面条一样奇怪地挂在模特的躯干上。

研究生理学知识能够帮助我们画好手臂。

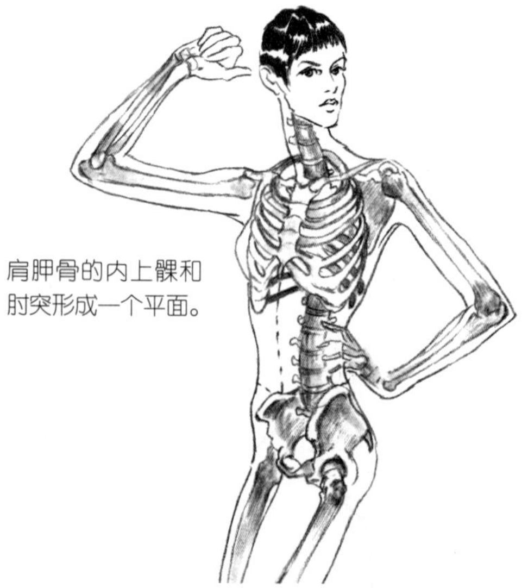

在胳膊的线条轮廓中没有直线，可以说身体像一个篮子一样被编织在一起。

步骤：学习画经典的手部姿态

注意：这两个手部姿态用起来非常方便，任何放松着的手臂几乎都可以用这样的肘部姿态来搭配。

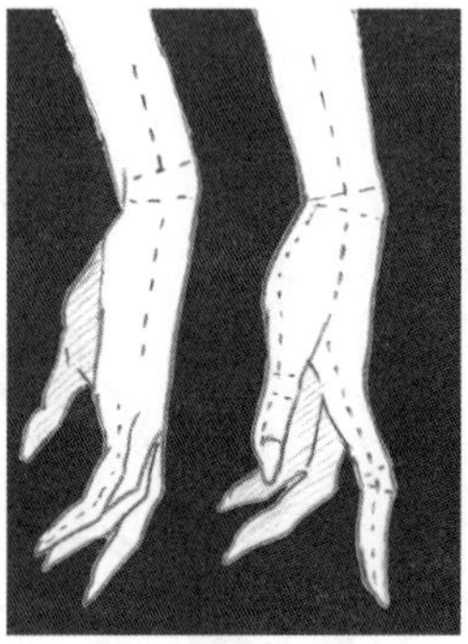

1.

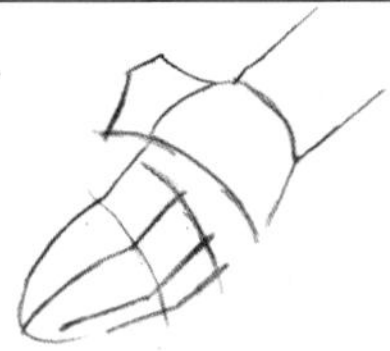

注意形状，注意手部弧线。

2.

描绘出重点结构部位，包括关节。

3.

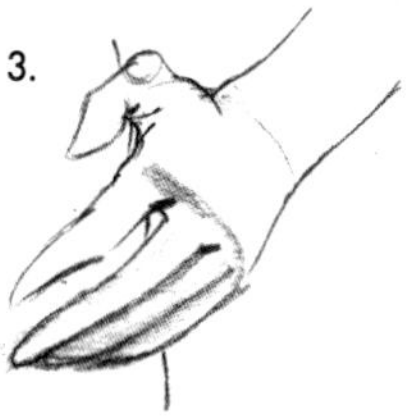

将手指形状画得再精细些，隐约画出关节的形状，注意手指间的连接蹼。

4.

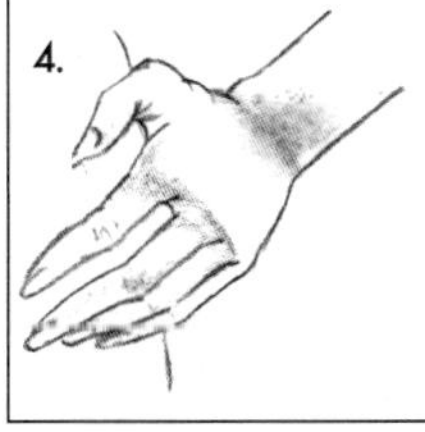

画出隐约的指甲形状，上色已分出层次。

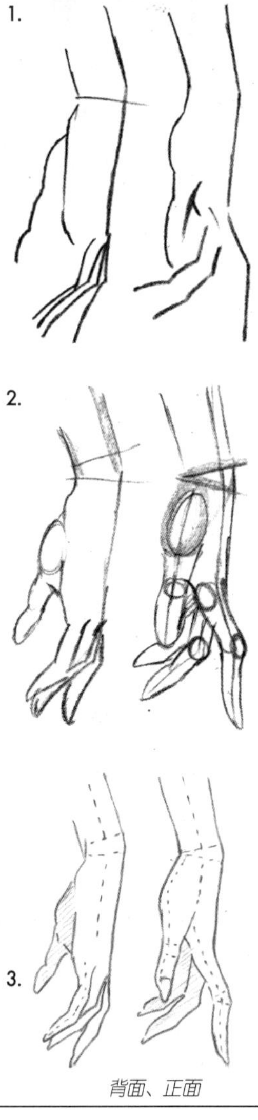

背面、正面

学会画其他装饰品

好的装饰品和身体姿态可以使你的模特显得更加自然，出彩。如果能画得再魅惑则人物形象更为丰满。

怎样开始

1. 收集好看的包包和那些包包模特的剪报。
2. 确保服装和衣服之间的搭配协调。
3. 选择模特的姿势时，原则不会遮盖住你设计的服装太多。
4. 使颜色简单自然。
5. 鞋子或靴子应该与包搭配。

第三单元
腿，腿，腿——当然还有脚

单元目标：

- 学习腿部和脚部的结构，不同角度的构造。
- 研究时尚的腿部结构风格。
- 浏览和练习绘画不同种类的鞋子和靴子。
- 亲爱的同学们，请不要忘记，鞋子可以使整套服装完美，也可以毁了你的全部设计。

“Harriet”，你猜得没错，就是这个牌子。他们的款式又瘦又长，甚至有点可笑，但是，这些靴子却使我们的设计看起来更加完美。

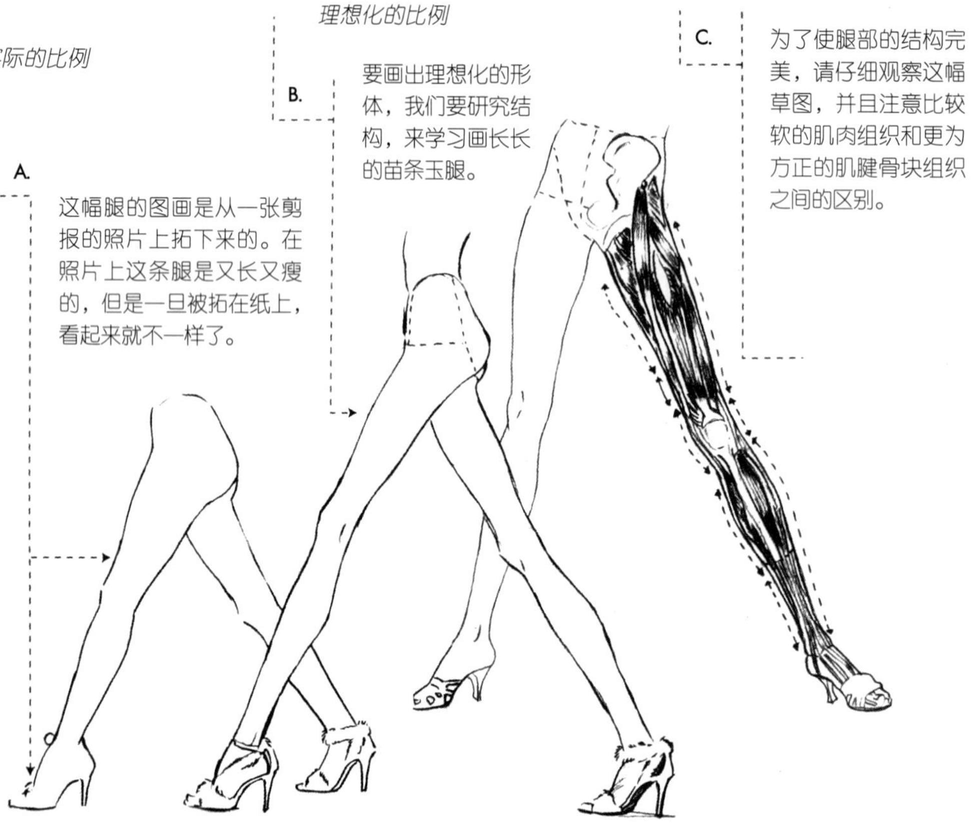

腿，腿，腿

我们的文化好像偏爱苗条长腿。这就是为什么不断地有很多女士要买那些异常折磨人的增高机。年轻的女孩子们喜欢穿时尚的超短迷你裙，而且泳衣和其他很多类似的服装都可以衬托腿部的纤细线条。所以，又长又瘦的美腿变成为了打造理想模特的重要因素。

看起来，好像我们只要拓写杂志上的美腿就可以了，但是正如你在例子A中看到的一样，当一旦拓写在纸上，双腿的样子就完全不一样了。所以我们必须自己创造美腿，在原有的基础上增加一倍或两倍头长（就像B或C那样）。当然，画什么样的双腿完全取决于你的模特的整体要求。

画这样的纤细美腿困难之处就在于，如果没有好好研究腿部结构解剖学，我们的模特就会看起来像是踩在高跷上。这两条腿也就会变成不成形的多余品了。所以，学习和研究腿部的基本构造和结构角度关系是我们学习这一单元非常重要的部分。

怎样开始

1. 学习形体解剖结构。不用学会所有的解剖术语，但是要学习主要的骨头和肌肉组织结构，这样可以使你明晰很多细节，从而使你的作品更加有说服力，效果更佳。
2. 试着把模特的身体想象成有空间立体感的两三种形状，当然还要将它们和穿着衣服的人体模特相联系起来。一个好的设计师总是能够多角度立体地思考，这么做可以提高你的绘画技巧。
3. 从杂志上收集各个角度的魅力双腿剪报。
4. 有时间就练习和设计腿部姿态。
5. 画的时候要考虑到在衣服里面的腿是怎样的形态，而且要用衣服的形状或阴影效果来体现腿部的状态。
6. 要学会适应画脚和鞋子，因为它们也很重要，不容忽视。

时尚美腿

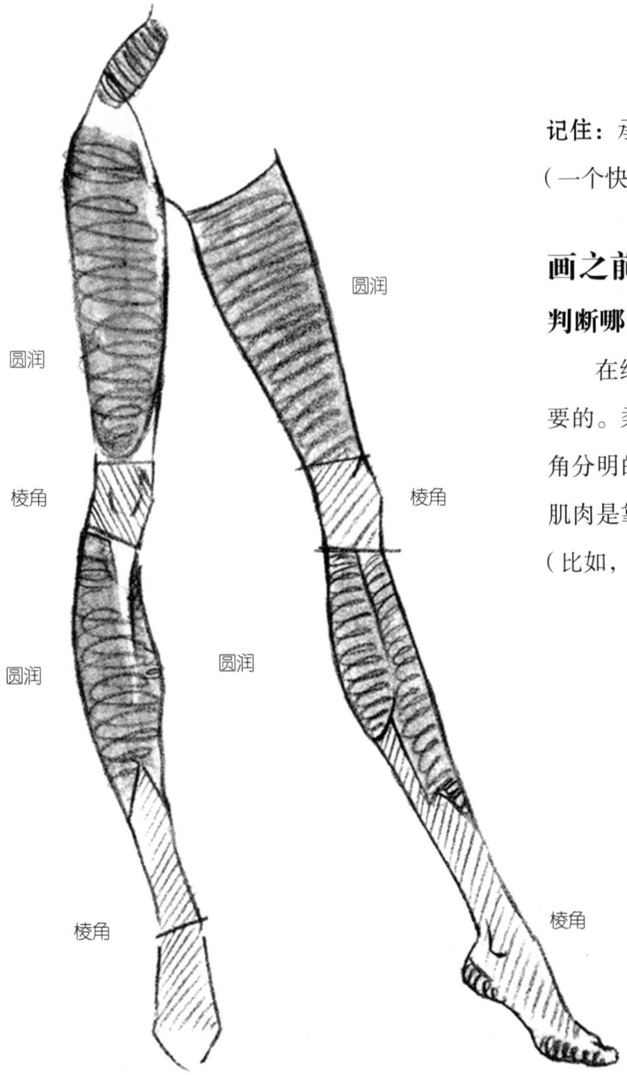

记住：承重腿的位置是摆姿势时保持平衡的关键。（一个快要跌倒的姿势可不好看）。

画之前先分析！

判断哪部分圆润，哪部分棱角分明

在绘画的时候，能够区分圆润和棱角是很重要的。柔软圆滑的部位是由肌肉组织构成的，棱角分明的部位是由关节、韧带组成的，这些地方肌肉是靠骨头与骨头或骨头与肌腱连接在一起的（比如，膝盖部位）。

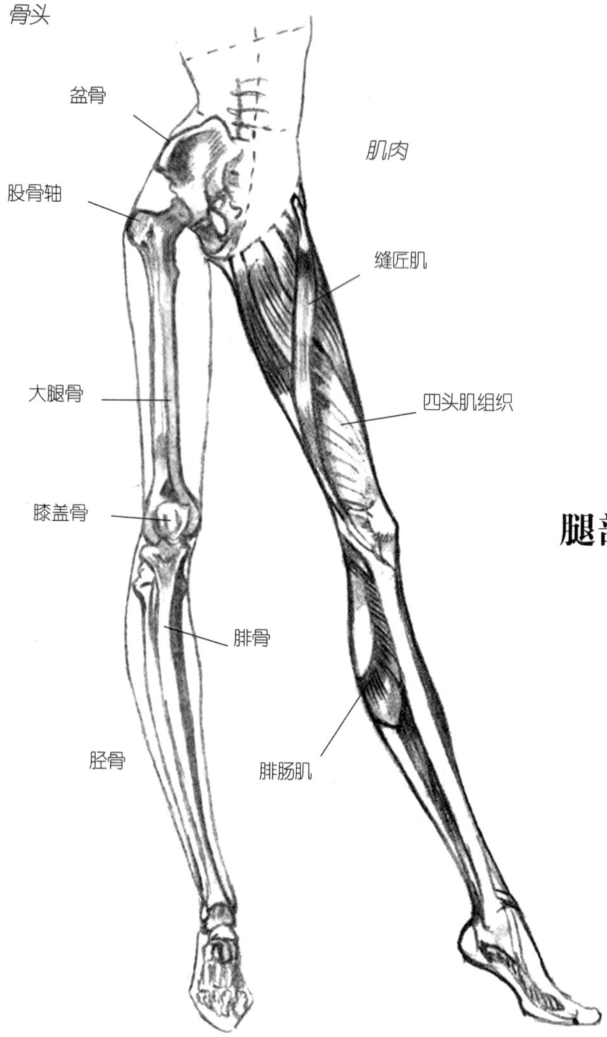

腿部解析

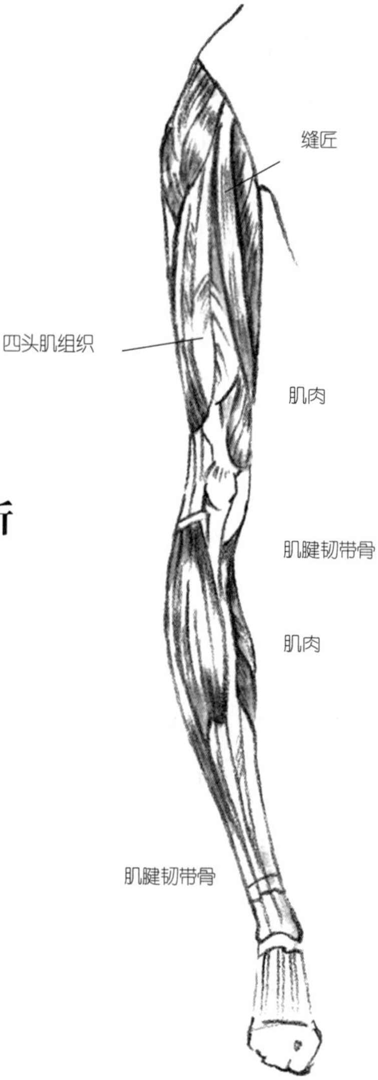

腿部解剖结构

> 你对于腿部结构知道得越多，你画出的腿就越好看。

注意：重心腿骨头、韧带和肌腱是棱角的原因，肌肉能够给人更加圆润的效果。

术语

韧带：连接骨头与骨头的组织。

肌腱：连接骨头与肌肉的组织。

骨标：这是我自己的说法，指的是那些可以直接反映和制造出身体形状、轮廓的骨头，例如，锁骨、肩胛骨和膝盖骨等。

重心腿的经典画法

重心所在的腿是时尚姿态绘画中最重要的部分之一。如果画得不正确，或者没有反映出重心所在位置，你画的姿态看起来就会不稳或者显得笨拙。

所以学习重心所在的腿部的结构就显得尤为重要了，可以帮助你把它们画得修长稳健。

检查：

1. 臀部突出的部分是盆骨。
2. 最显著的突出角度是股骨转子。
3. 大腿很直，用来支撑身体，使整个姿势看起来很稳健。
4. 膝盖处有一个曲线。
5. 小腿弯曲，在重心垂直线后。
6. 如果你画的重心腿可以连成一条直线，那就说明你画得不对。
7. 胫骨是比较高的内侧脚踝骨，腓骨是比较矮的外侧脚踝骨。

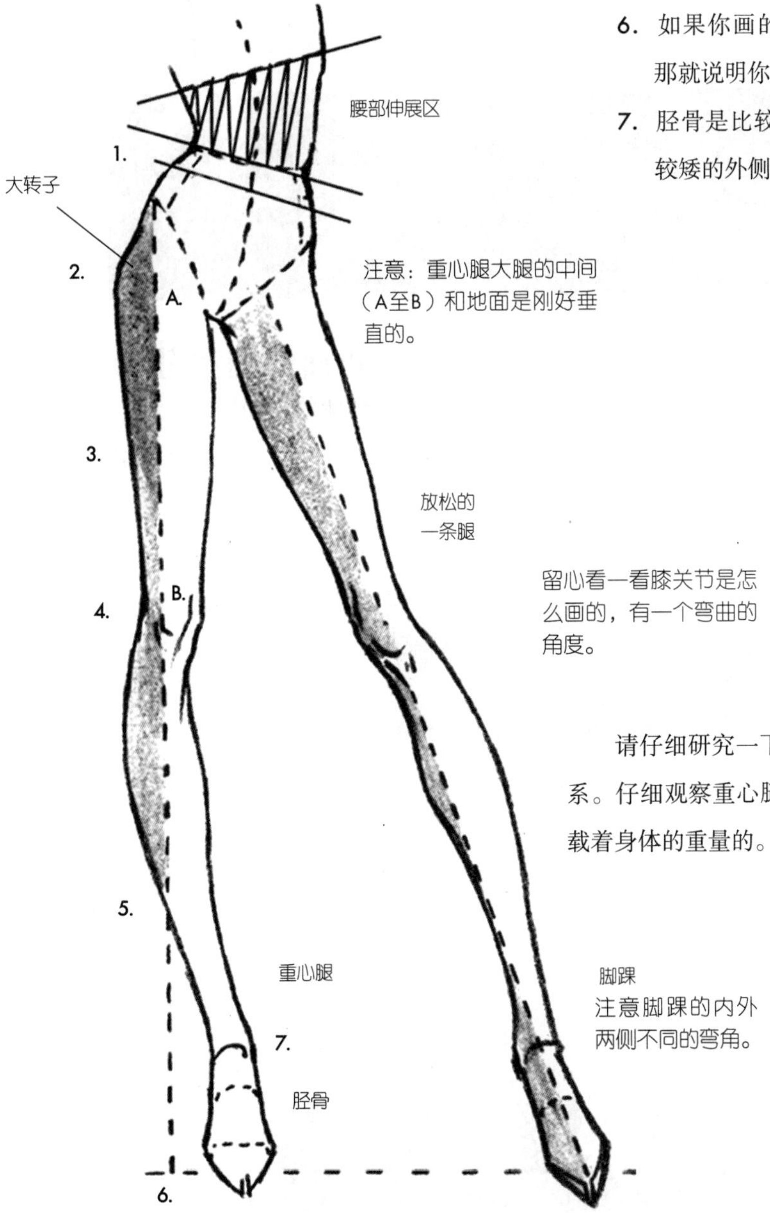

请仔细研究一下腿部的轮廓和虚线的位置关系。仔细观察重心腿的曲线轮廓是怎么表现它承载着身体的重量的。

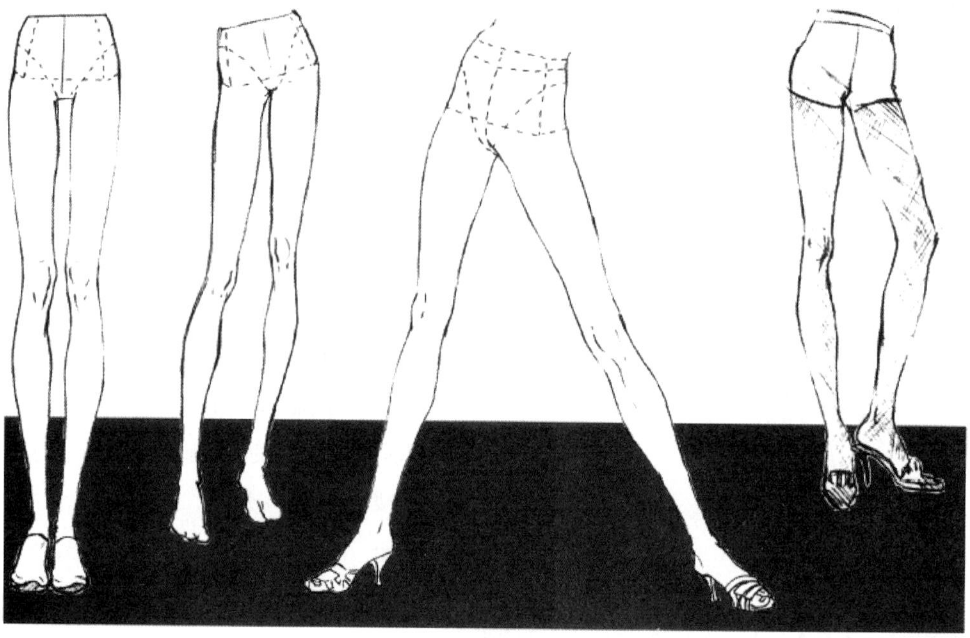

女鞋
微侧角度

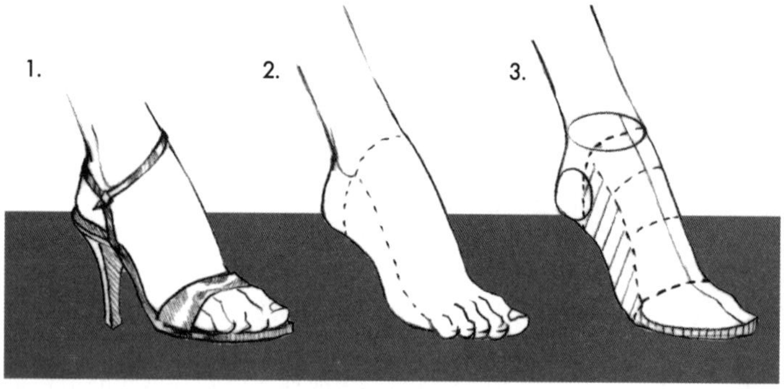

正面的腿和鞋子

微侧的脚和鞋子

画脚，这个角度可能是最难的了。一定要注意最高点和侧面的平面，注意脚和地面的夹角，注意只露出一点点脚的正面，这样才能显出这是微侧面。

女鞋
脚尖微侧

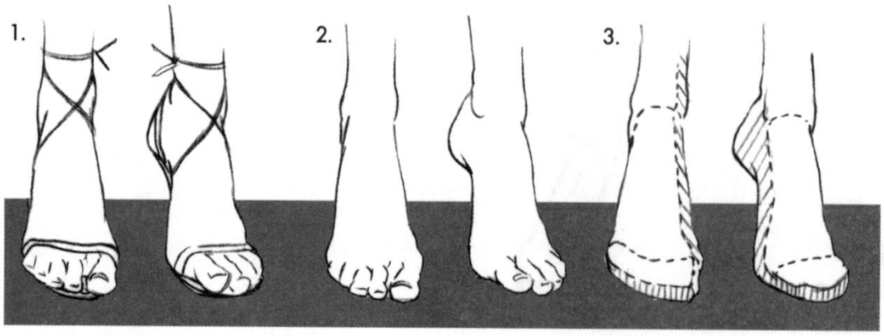

不同类型的鞋

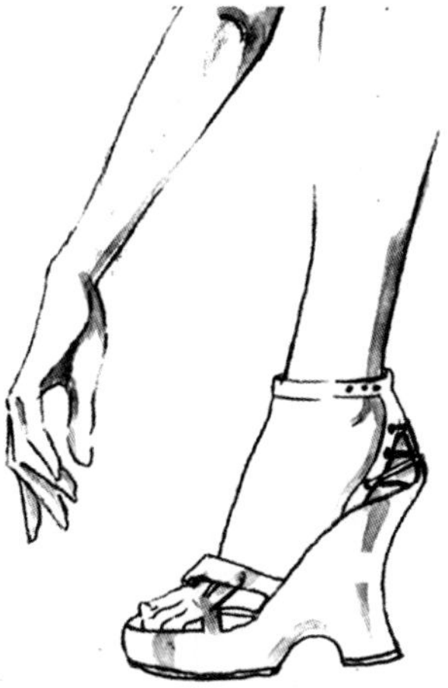

坡跟鞋

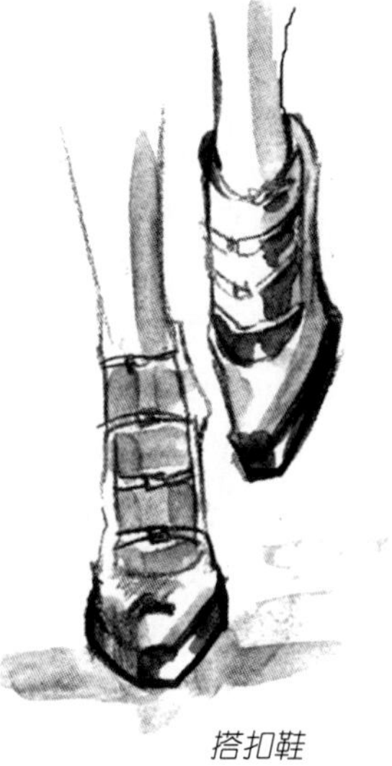

搭扣鞋

带皮带的坡跟靴

平底鞋

海盗靴

香奈儿高跟鞋

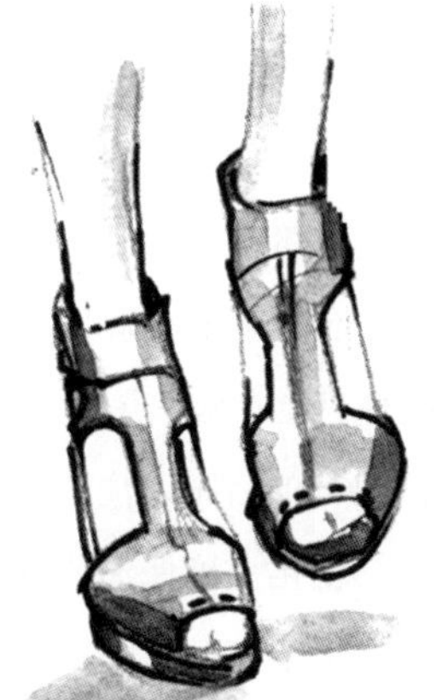

厚底鞋

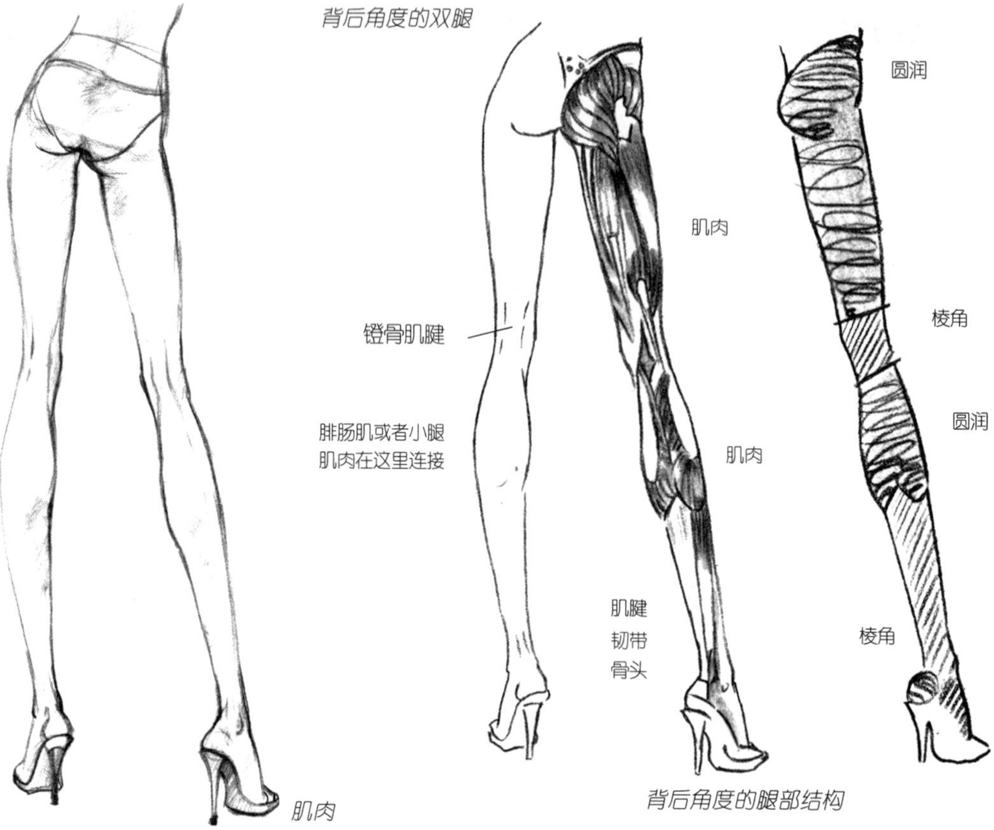

步骤：腿和鞋子的后视图

女鞋的后视图

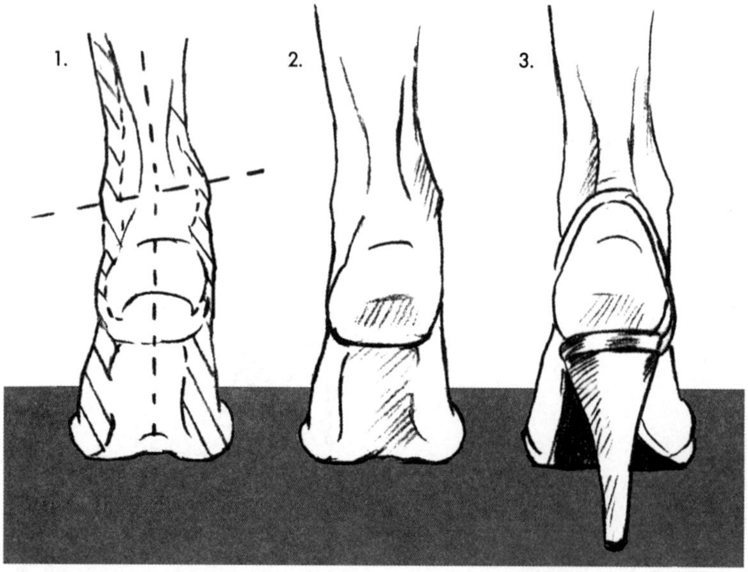

步骤：高跟鞋的后视图

后视角度的鞋画起来要有些技巧，但是没关系，跟我一步步画就可以了。

1. 画脚后跟时，要拖长跟腱。
2. 画出脚的弯曲弧线和一些鞋底的部分。
3. 画出你能看到的脚趾，即使你只能看见一点点影子。
4. 画出鞋的后跟，注意上下粗细变化。确保你的鞋跟够高。

双腿和鞋子的后视图

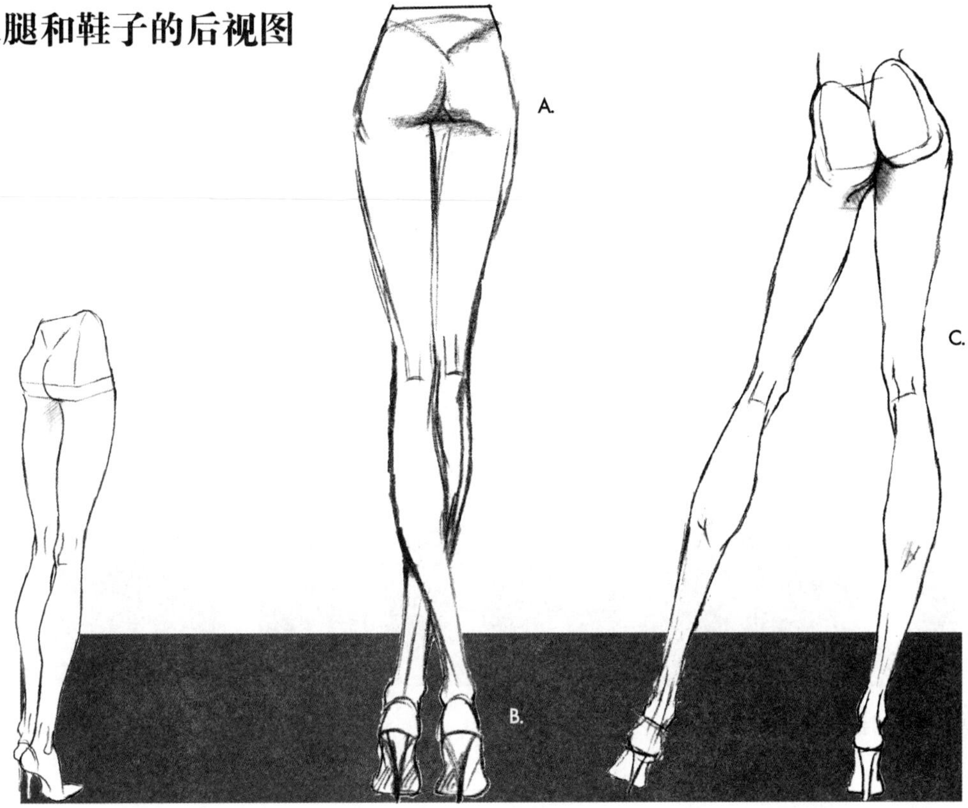

背后视角：

1. “屁股”要比两腿的分叉处低。臀部下曲线要上扬而不是下沉（就像一片耷拉的尿布一样）。鞋子后面的弧度与臀部的弧度正好呼应（A与B）。

2. 就像画正面的膝盖一样，你也要画一个马镫形的肌腱组织，从这个组织你可以看出两股小腿肌肉。

女鞋的后视图

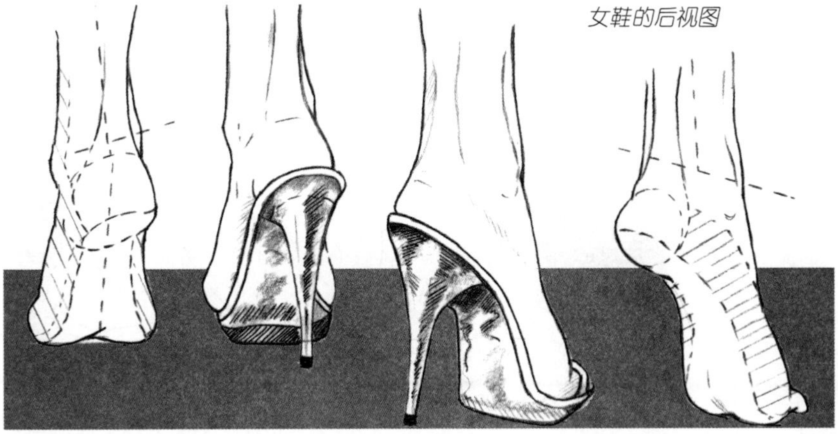

注意踝骨的棱角和脚跟底部上扬的曲线

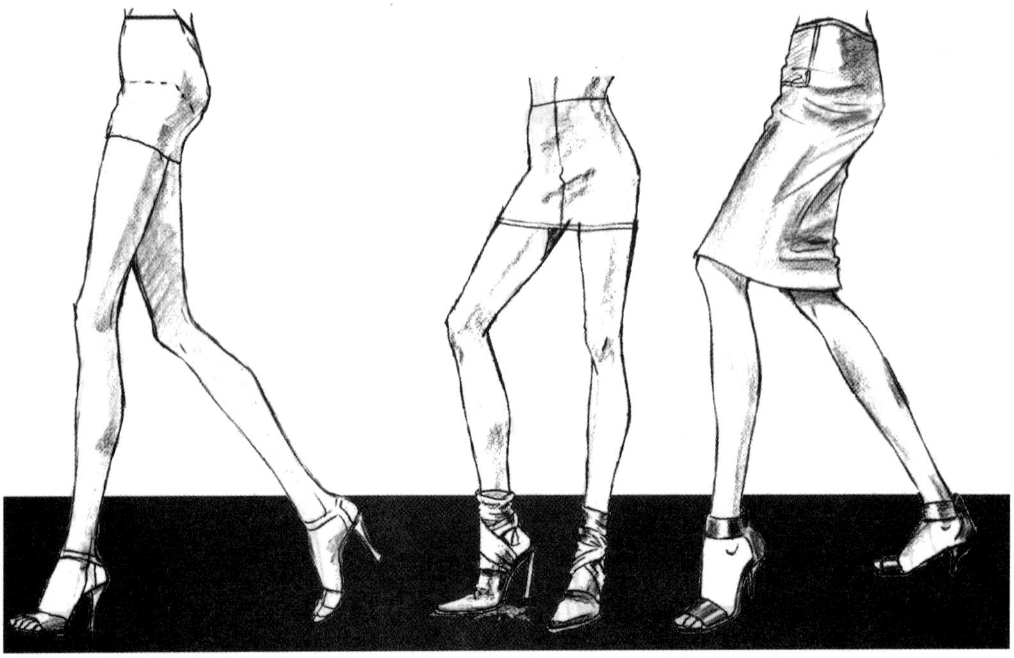

腿和鞋子的侧视图

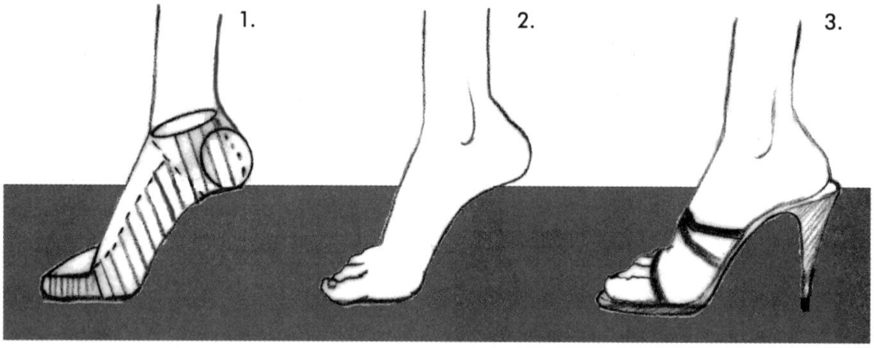

侧面的鞋子

低跟

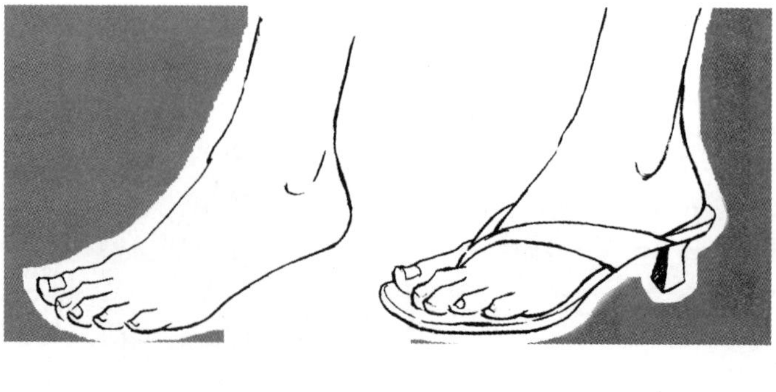

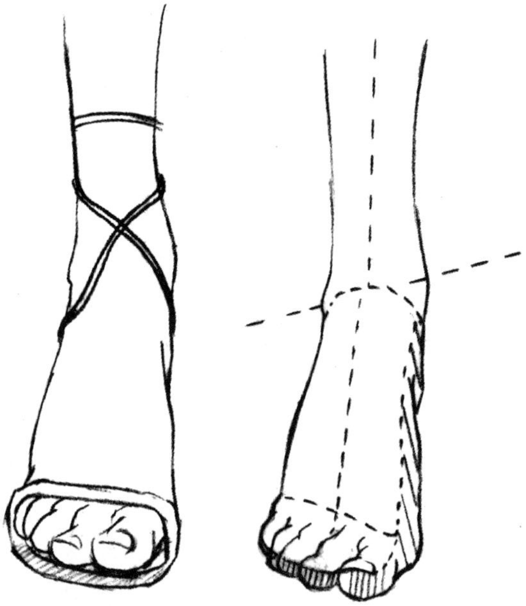

正面的脚
稍微有一点向外撇。

脚趾的弧线

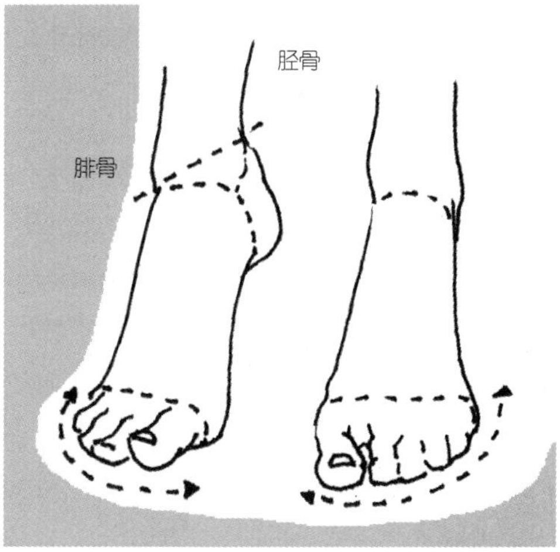

注意，小脚趾在整个脚趾弧线中所处的位置有多么的靠后。还应该注意到大拇趾总是偏向食趾。

时尚好看的脚

时尚好看的脚

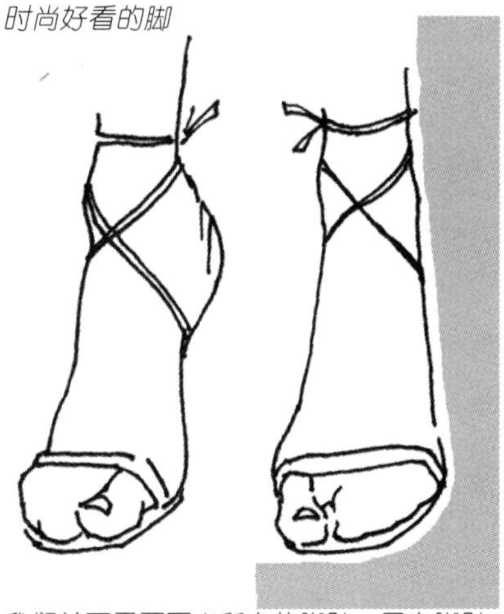

我们并不需要画出所有的脚趾。只有脚趾的形状轮廓就可以了。

女性的脚
侧面角度的脚

第四单元
时尚模特造型

单元目标：

- 构建起时尚模特的相关比例关系。
- 观察身体的结构——嗨，那些骨头和肌肉可是绘画的关键。
- 一步一步地画出一种模特姿势。
- 从几种不同角度观察各种姿态。
- 揭秘：给出一些关于怎样画出特殊外表和气质的小窍门。
- 检查你画的各种姿态。

她是要去吃早餐、午餐，还是要去参加一个非常重要的商务会议？是去参见女王陛下（如果那样就要穿特别的晚礼服了），还是去俱乐部，出席奥斯卡？或者只是和朋友们出去玩玩。所有的这些事情都要求设计师绘画出与之相配的独特的姿态。

时尚姿势的入门介绍

模特的时尚姿态有什么共同点吗？姿态最主要的目的是展示服装。这表明模特们并不会躺下来或者弯下腰去。相反，她们做的姿态前提都是不挡住衣服。这就是说大约95%的姿态都是站姿，胳膊和腿部的姿势不挡住任何衣服的细节。但是动作又要简洁，给人干净利落的感觉，重心靠在一条腿上的姿态最常见了。这个姿态手臂常常上扬，臀部上翘。肋骨倾斜和盆骨方向相反。这就是我们所说的“S”形曲线。

常见的重心腿姿态

S型曲线

最经常使用的姿态是正面的姿态，对，就像你想象的那样。收集一打正面姿态的资料是很必要的。我们可以反复使用一个姿态，但是要改变头部，发型，胳膊等的姿势。如果头部的方向有所改变，整个姿态看起来会很不一样。

基本结构元素

画出身体的形状

在时尚设计的世界中，最重要的元素之一就是形状——尤其是身体的形状。如果你能够很好地掌握这些形状，那么你就可以描绘出更加复杂的身体形态了。

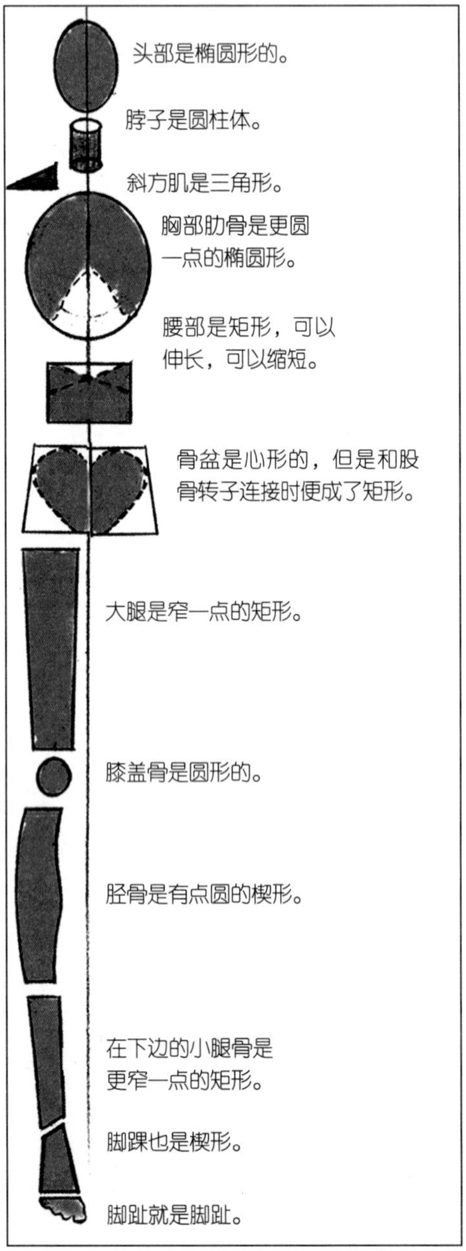

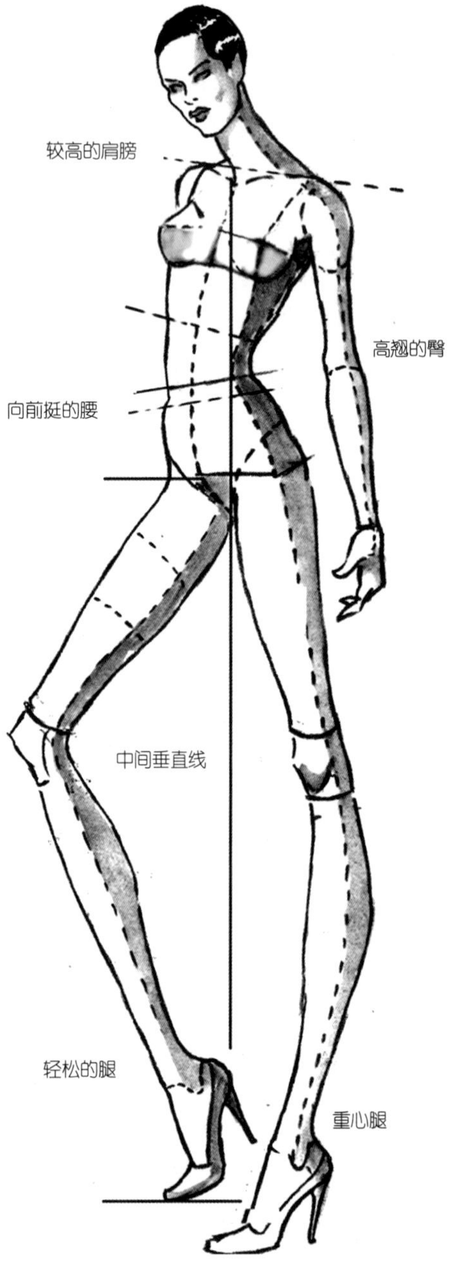

A.

结构线

画上结构线（A），可以帮助你更加准确地把握身体的构造，加快绘画的进程，使在模特身上画出衣服的工作更加顺利。

垂直中心线

所谓的垂直线就是和基础底线相垂直的一条线，它能够帮助我们掌握任何姿态的平衡状况。这条线从模特的喉部开始，然后垂直地落在地上。

如果是一个真的“重心腿”姿态（就是重心完全落在一条腿上的姿态），垂直中心线就会落在重心腿的脚跟部位。如果是重心平均分布在两腿上的姿态，垂直中心线则会落在两腿之间。

如果你面前站的是真人模特，那么拿起你的笔比一比喉咙和重心腿的位置关系。这样可以帮助你画得更加精确。

如果你画的是剪报上的人物，那么在上边画出垂直线，从人物的喉咙到直的下边缘，然后确定脚和那条垂直线的位置关系。

重心偏离姿态

这是一幅画得很好的重心偏离姿态。

观察这幅图的垂直中心线，落点在重心腿的内侧。所以，我们可以得知重心并不是完全落在重心腿上的。怎样才能如此准确地掌握不同姿态的细微差别呢，那就是要多观察并且抓住不同姿态所展示出的不同特点。

关于结构形状

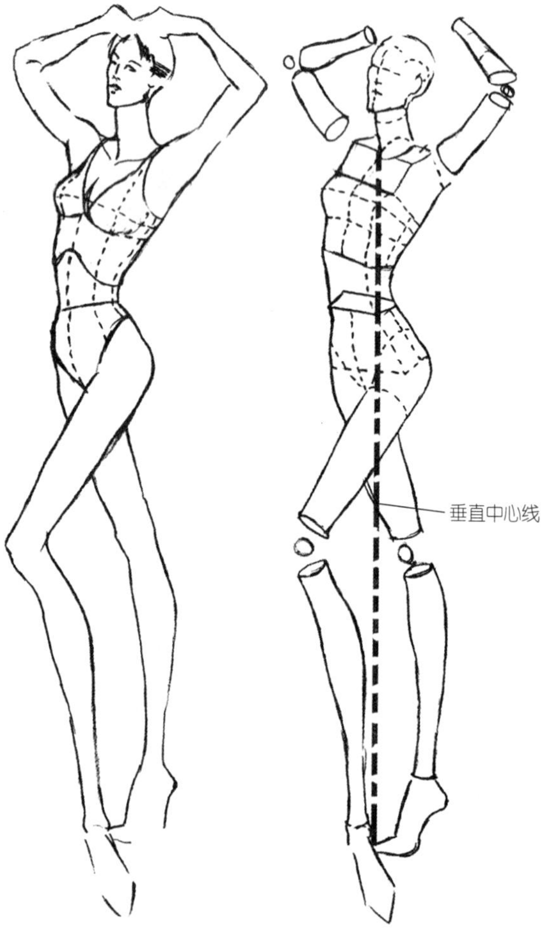

各种不同的姿态

如果你能准确地画重心腿的姿态，那么改变另一条腿的姿态则不会影响到身体躯干的整体效果。右图中的A能有效地展示裙装，图B则能更好地展示裤装。同样，在画好重心腿之后，你也可以改变胳膊、脸部的姿态以及发型等，相信我，虽然没有什么实质上的改变，但是你的人物看上去却会焕然一新。

膝盖向内　　*膝盖向外*

垂直中心线其实并不是真正地落在重心腿的脚后跟上，除非模特是转身姿态。如果你画的是微侧身的模特，那么就画一条垂直中心线，看一看它会落在脚的什么地方。

垂直中心线

画真人模特的时候，记得用你的笔比一比垂直中心线，确定一下双脚和垂直线的位置关系。

身高比例关系

由于潮流在不断地变化，设计界中有很多东西也在跟着变化，例如，模特的姿态和身体比例关系等。纵观我这些年来的教学经历，我们曾经使用过不同身高比例的模特，就像你在图中看到的一样，但是我们都是以头部的长度来作为测量尺度的。最矮的身高曾经是9个头长，最高的，通常是为了展示晚礼服的模特，身高有15个头长之多！（实际生活中的女性平均身高为6至7个头长）。

虽然，模特的身高在过去高得如此夸张，但是最近的时尚潮流更加倾向较现实的风格。尤其是现在，时尚休闲装越来越流行，年纪小的模特越来越多也是较主要的原因。这一页的展示图画的是9个半头长的人体身高，下一页则会为大家展示更加复杂一点的10个头长的人体身高比例。但是，就像我曾经说过的，对于任何事情来说，都没有百分之百的一定，所以，设计的时候也不要过于死板专一了。要经常大胆试验，使自己的思路开阔。我们欢迎能够带来新灵感的新方法。

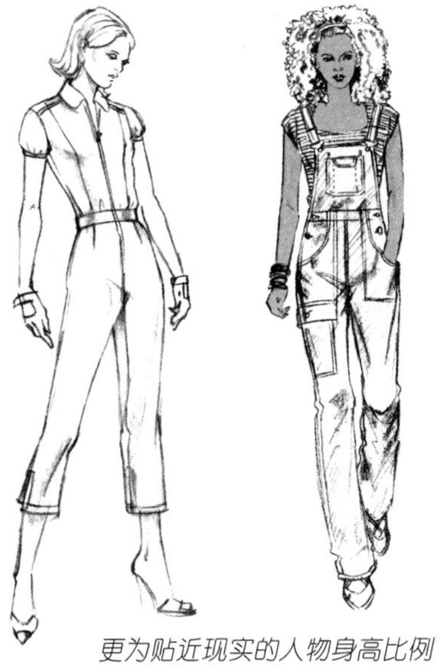

更为贴近现实的人物身高比例

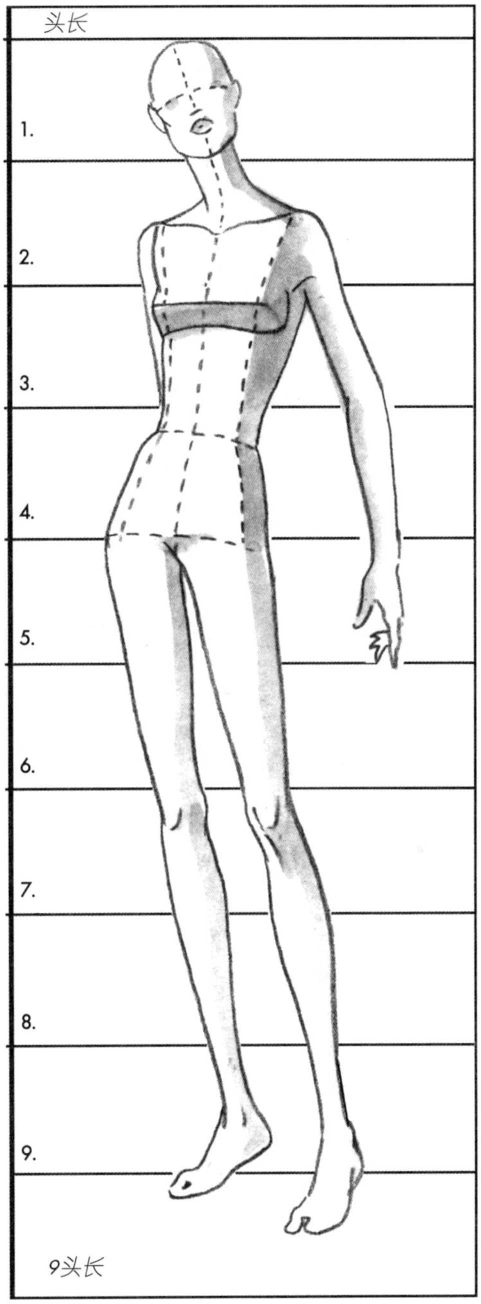

注意：这个图画的是模特穿着高跟鞋时的身高，脚跟高高抬起，所以会显得比9头长更高。

10头长的模特比例模板

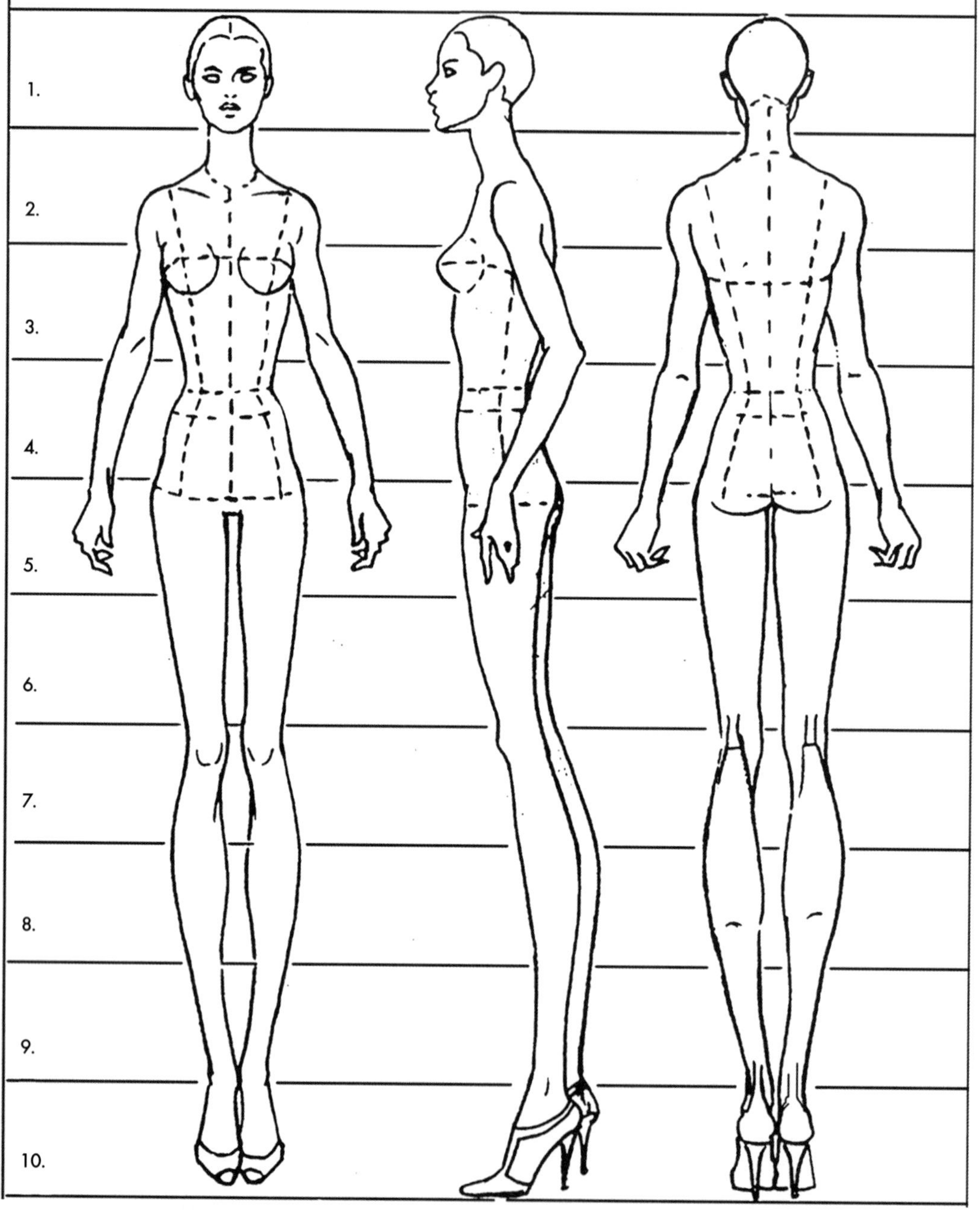

可以使用这个模板提供的比例作为人物造型的开始，但是，在这之后你要不断画些不同比例的人物，看看各种比例会产生哪些不同的视觉效果。

身体的骨架结构

画好时尚人物的关键之一就是画好肋骨和骨盆之间的相反角度关系。即使我们在画重心腿和放松腿的姿势时，肋骨和盆骨之间的角度也是相反的，两条腿重心一致时更是这样，见图A。

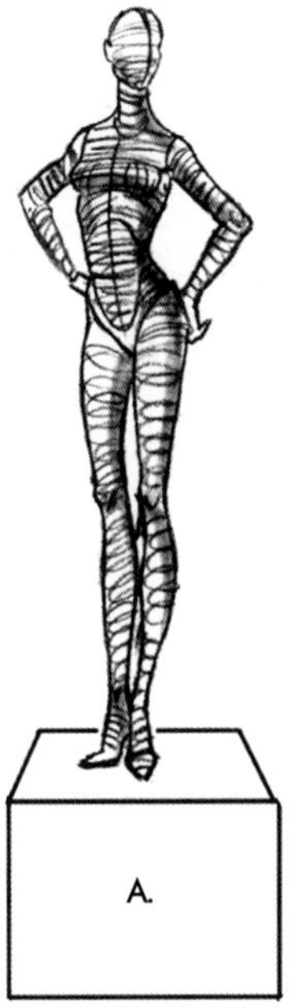

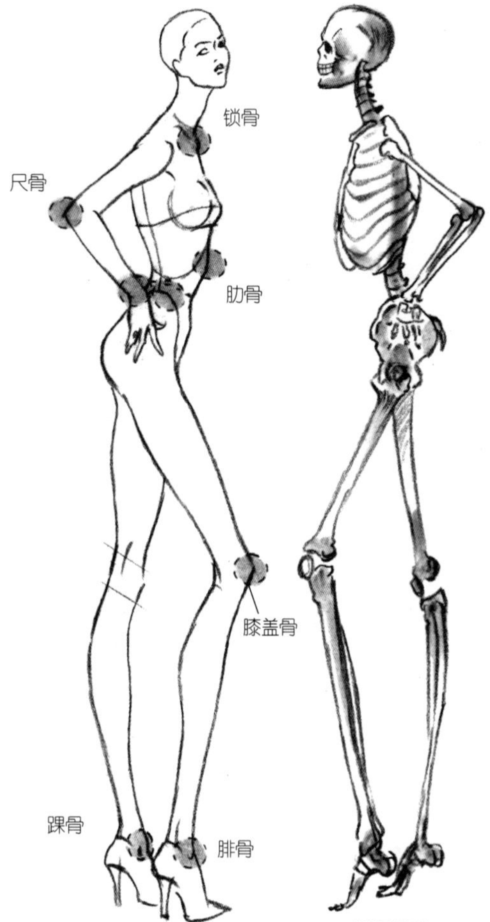

侧面角度

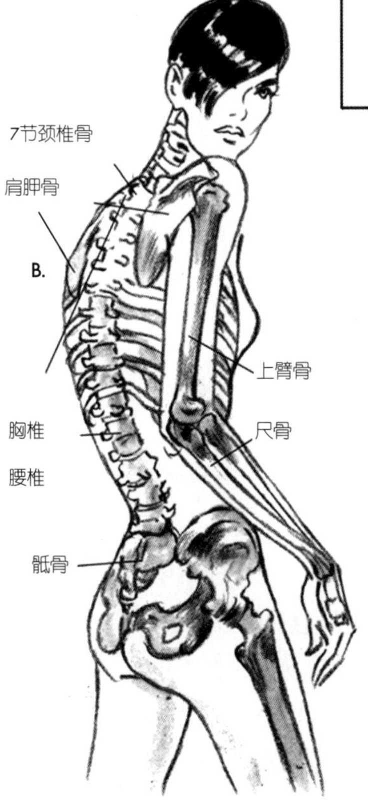

骨架结构

1. 脊柱由24节椎骨组成。
2. 头部由7节颈椎支撑。
3. 最下边的第7节颈椎就是一个标志性的位置，它总是固定在一个点上。
4. 颈椎下的脊柱由12节胸椎和5节腰椎组成。
5. 骶骨是三角形的，外边就是臀肌。
6. 肩胛骨连接着上臂骨，并且和胳膊一起运动。
7. 如果从微侧的角度看上去，肩胛骨构成了背部的外部轮廓（见图B）。

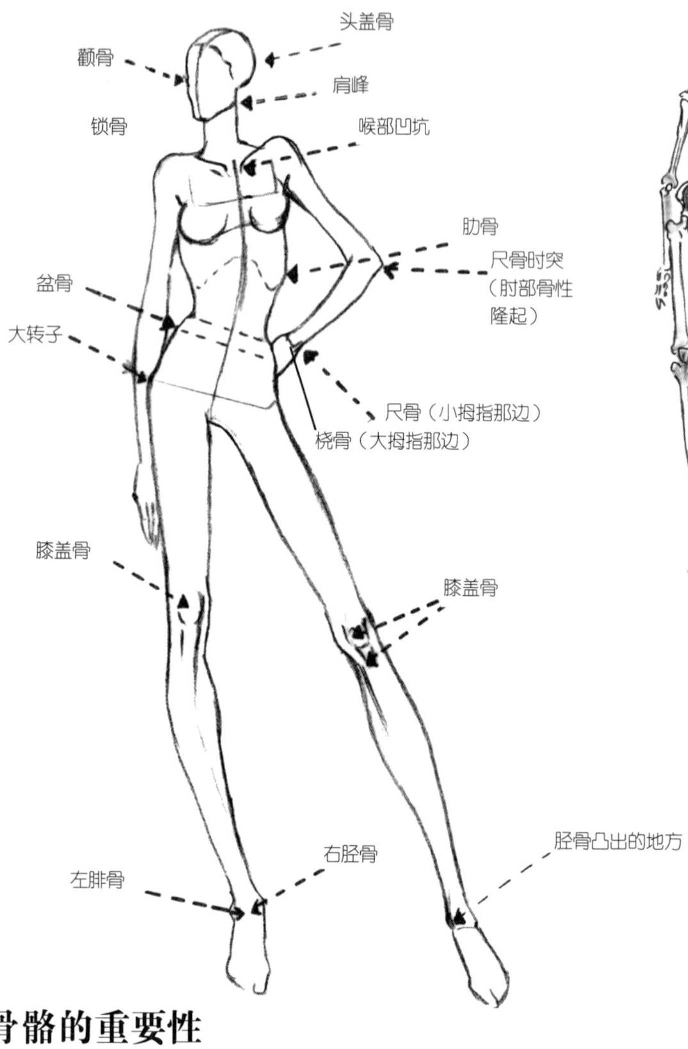

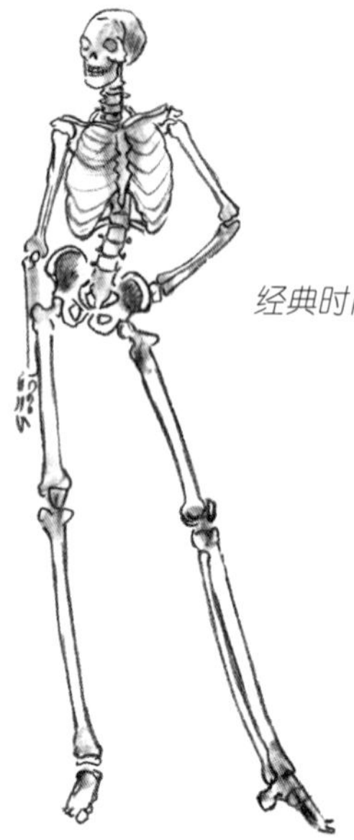
经典时尚重心腿姿态

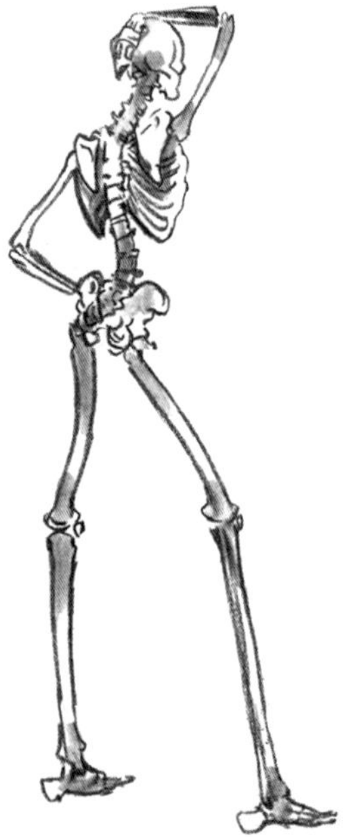

骨骼的重要性

1. 它是各种姿态的基础。
2. 有些骨头很突出，从身体外表上看去也能看到这些骨头。
3. 如果没有骨骼，我们看起来就是一堆肉而已。（那副样子可不怎么好看！）

注意：有一些骨头的形状，例如膝盖骨，总是可以看得出来的，即使是在身体运动的时候它们也会非常明显。还有一些骨头，例如大转子，当胯部摆动或翘起时会比较明显，但是在当臀部肌肉很放松的情况下，就隐藏不见了。

练习：

从你的剪贴集或本页书中挑选三种人物姿态。参考翻阅一下你的解剖学教科书，然后画出你所选出的人物姿态的骨骼结构。一定要特别注意那些接近皮肤表面的骨骼（就是所谓突出的骨头）。

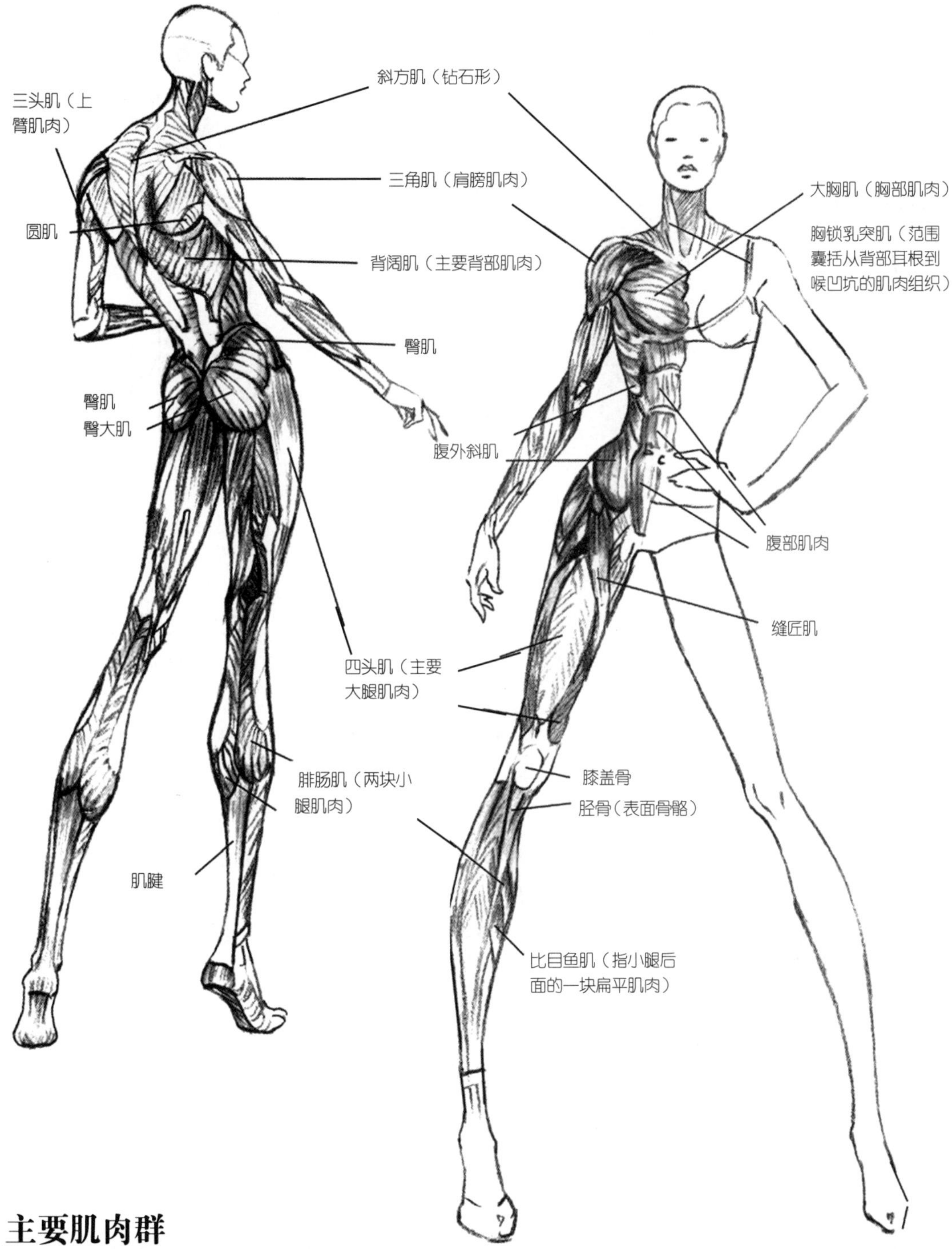

主要肌肉群

如果你熟知人体的肌肉组织，那么这将使你的作品活灵活现。如果你没有条件临摹真正的肌肉，那么就依靠你的剪贴本吧。

1.

线条构图

2.

形状构图

3.

结构构图

4.

轮廓构图

5.

完成的构图

步骤：身体姿态构图

1. 先用线条勾勒出身体姿态的基本构架。
2. 你也可以用剪影的形式练习创造人物构架。
3. 画出垂直中心线来确定重心腿。画出结构轮廓，头脑中想象着人物造型的角度。
4. 要想真正体现人物造型的立体感，就给身体轮廓加上更多的轮廓线。
5. 最后加上点缀部位，例如，五官、头发、服装和其他装饰品。

正面构图

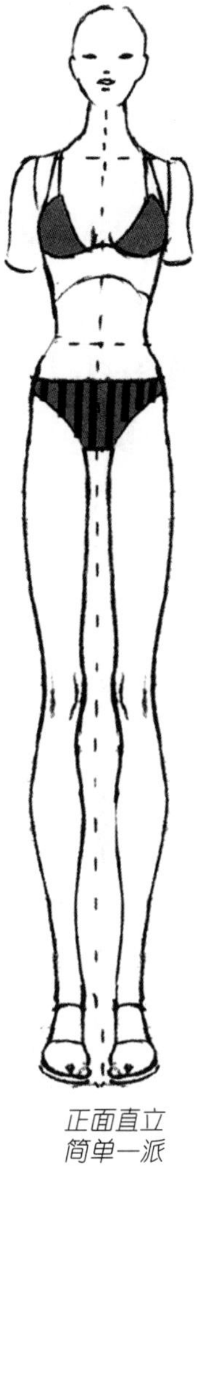

正面直立
简单一派

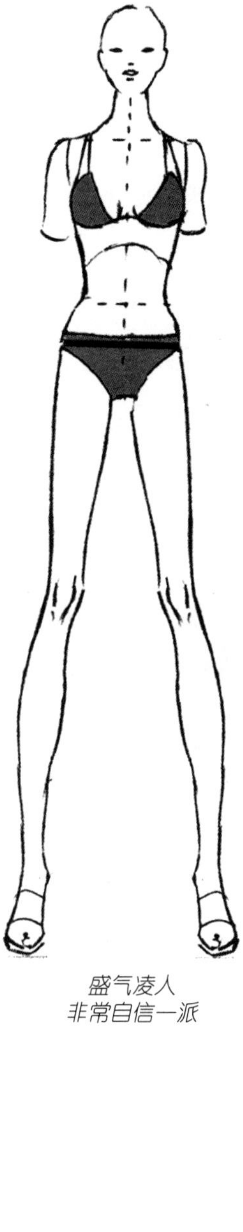

盛气凌人
非常自信一派

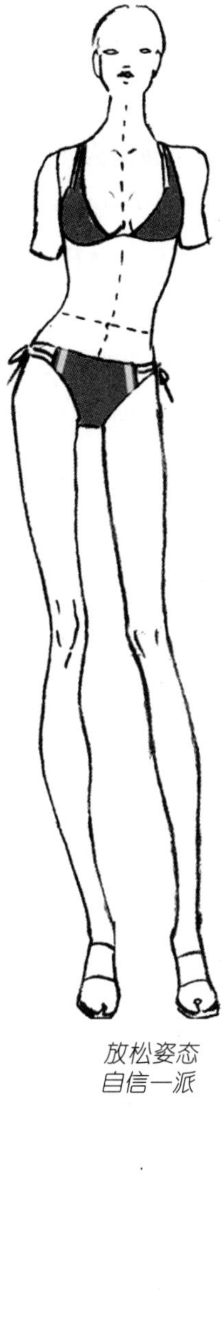

放松姿态
自信一派

用腿部姿态展现人物性格

正面人物也许是你展示服装时最常用的姿态模式，所以，利用各种元素，例如，不同的腿部姿态，来使你的设计更加完美是必要的，这样可以丰富人物性格。

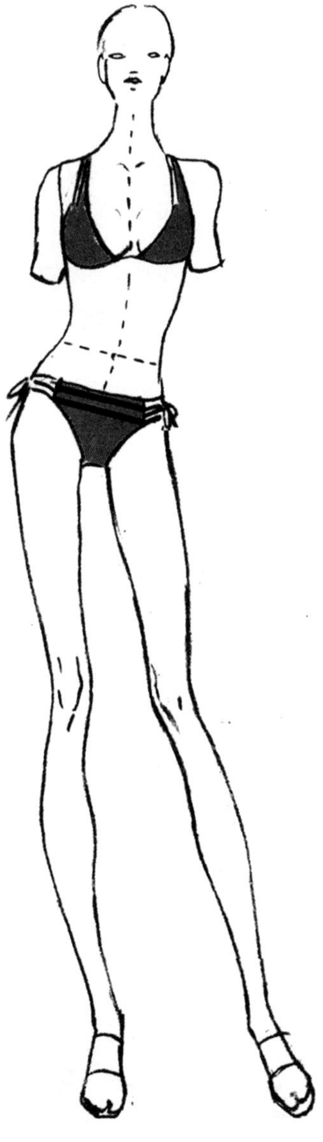

真正的放松状态

能够体现情感的姿态

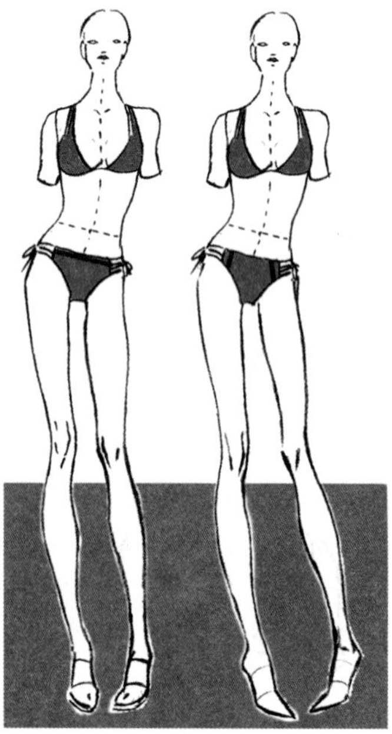

脚趾转向内侧

注意你把脚趾转向内侧的角度越大，人物看起来就越年轻，清纯甚至笨拙。但是，如果你要画一个非常复杂的女人，这个姿态也可以使她显得直爽而有风情。

腿部向前伸的姿态
这张素描展现了人物的自信和成熟。

请仔细观察放松的姿态是怎样体现人物的成熟感的。

时尚的前视姿态图

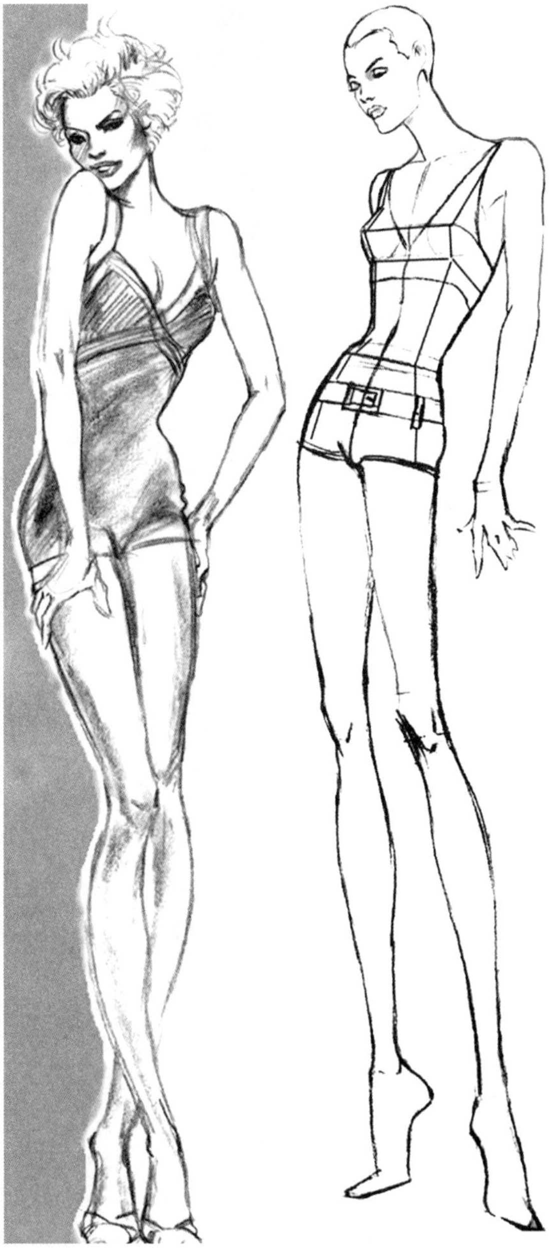

正面的姿态总是被作为最能展现服装的姿态。选一款最能体现你时装性格的正面姿态吧，它可以帮助你尽情展现最终想要的设计细节。

从不同的杂志上收集经典的姿态，这样你的设计才会展现不同的性格。

步骤：简单素描的进一步加工

1.

选一幅适当的姿态图，人物最好不要有很多衣服。

注意躯干的上部有轻微的弯曲。

2.

将图拓制下来，分析各个棱角，画出垂直中心线。

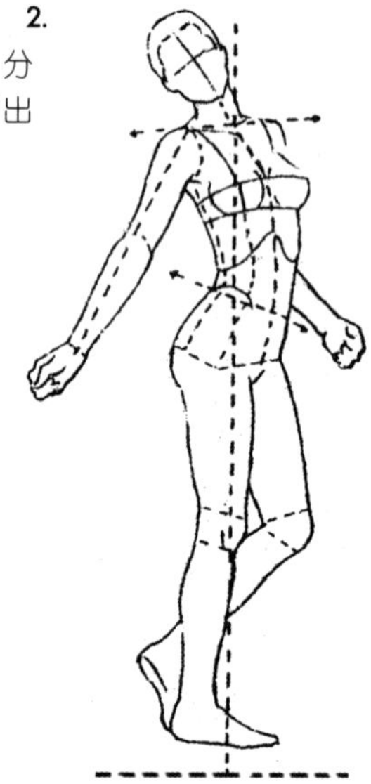

3.

快速画出基本形体结构比例图，确保要保留原作所体现的人物性格。

4.

用线条反复修改填充你的人物，直到你对它的立体感满意了为止。

5.

用这种放松的方式来完成你的临摹，记住要加工细节部位。

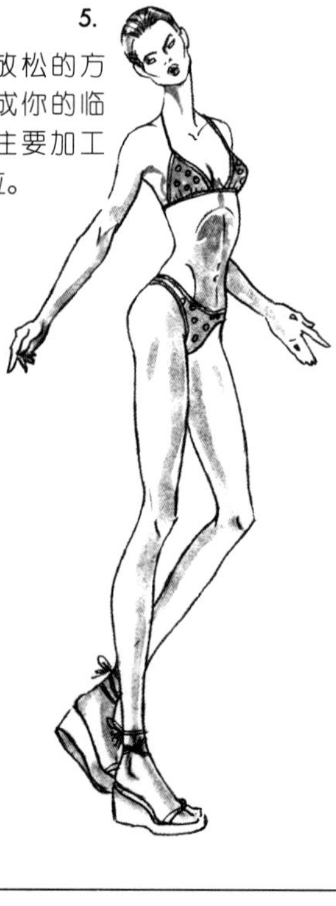

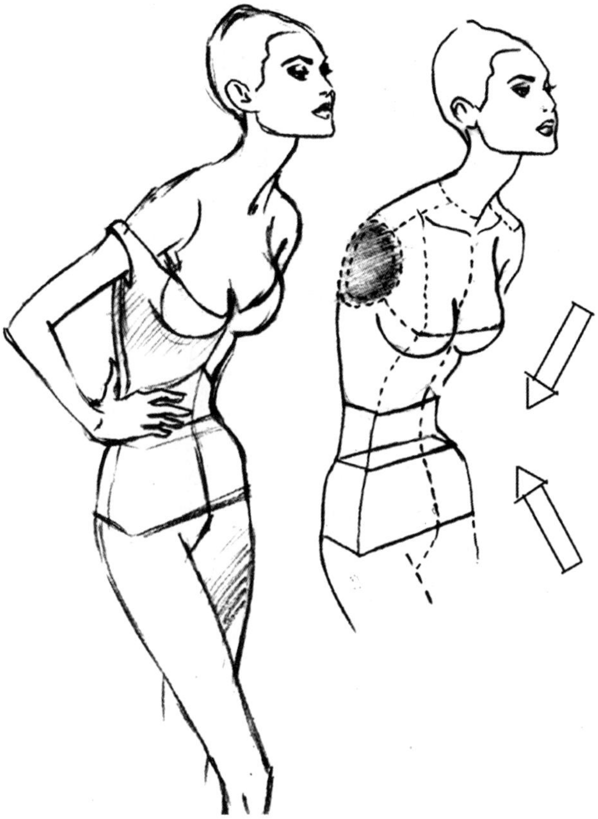

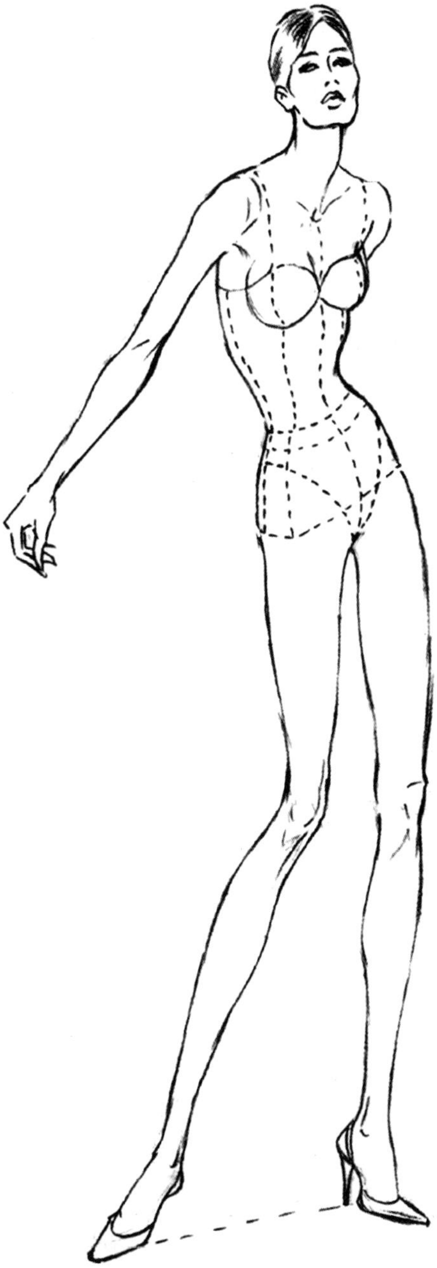

反方向姿态

图上所显示的姿态和经典的姿态的差别在于肋骨和盆骨的方向相反。但是这两种姿态在本质上是一致的，只是突出的方向不同而已。

因为肩膀是向前突出的，所以肋骨就会更加凹陷，胸部的轮廓就会向下弯曲，而不是向上。这个动作在十九世纪二三十年代非常流行。它能够使垂感很好的斜裁晚装显得更加完美，这在Jean Harlow年代是非常时尚的设计。

在那之后，这种姿态还经常时不时地被使用。这个姿势和上文提到过的盛气凌人姿态正好相反，很能显示出女性的柔弱。

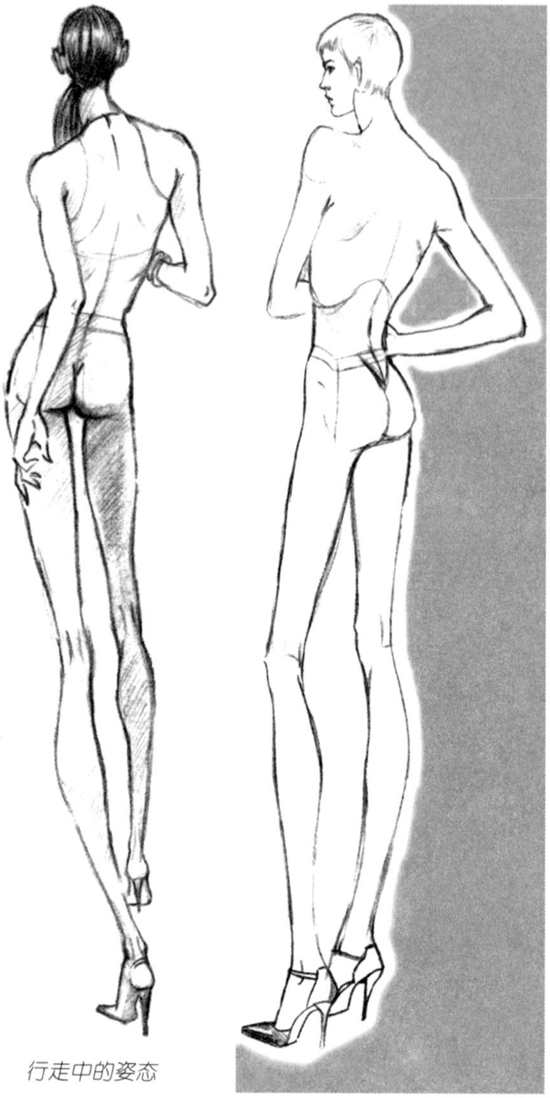

行走中的姿态

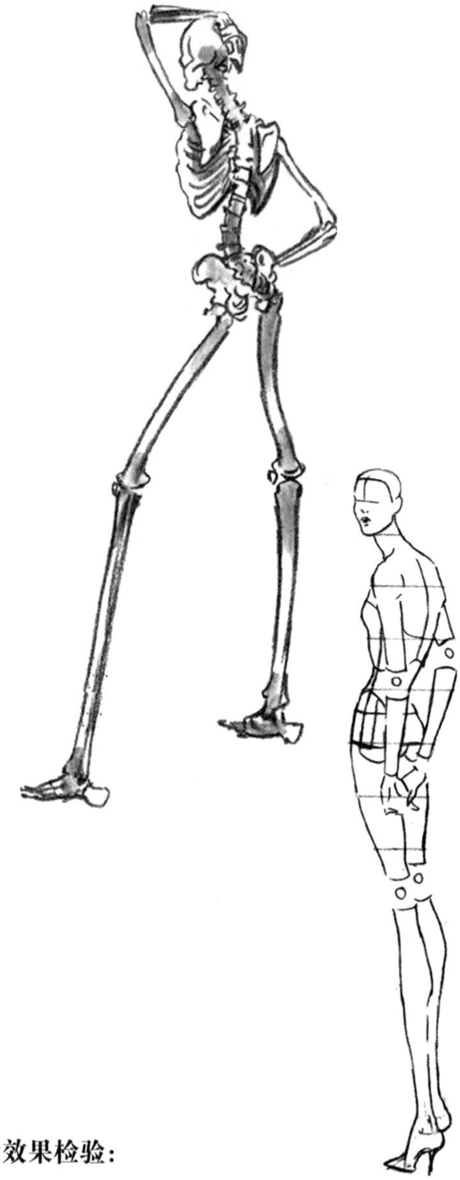

检查后视效果

一个只考虑服装前面视觉效果的设计师，其实只能给棺材里的死人设计服装。好的服装设计可以体现完美和完整的结合。所以，即使正面效果很实用，能够掌握好背后角度的时装设计也是非常重要的技能。

背后效果检验：

1. 从后边看，颅骨的比例要减小。
2. 耳部形态不一样了。
3. 脖子的曲线上扬使得肩膀看起来倾斜。
4. 胳膊占了很大空间，并且肘部突出。
5. 手的方向相反。
6. 臀部轮廓变得圆圆的。
7. 腿部结构也有所改变。

夸张角度的人物

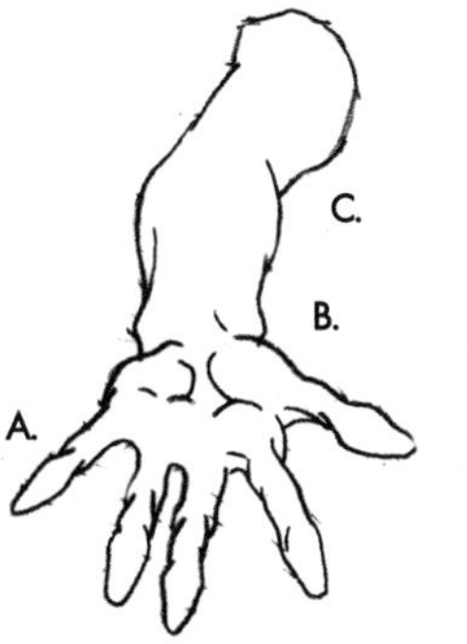

注意，手指是多么的平，手掌前部轮廓的重合要垂直于后边的部分（见A、B、C）。

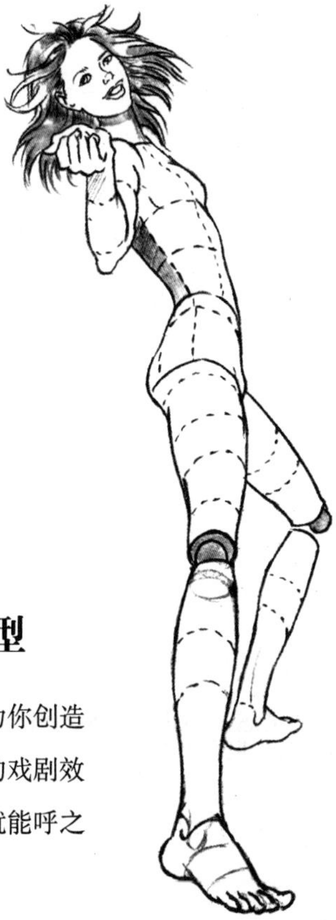

夸张角度的人物造型

这个角度很有意思，因为你创造的人物充满活力，很有可视的戏剧效果。如果画得好，你的人物就能呼之欲出，牢牢抓住观众的视线。

动态姿态

布鲁姆女服是第一款专为女士设计的运动服装之一。

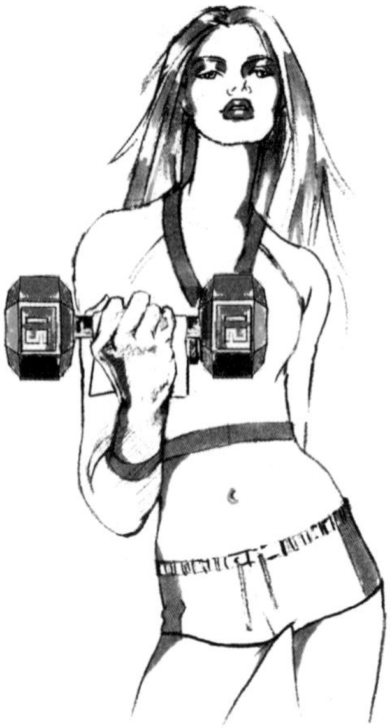

举重

收集各种女性的运动姿态，因为现在很多年轻女孩们都很喜欢玩橄榄球、滚轴溜冰、冲浪等。这些女孩儿们在运动方面绝对不会坐冷板凳，屈居人后。所以，设计师们也要考虑到她们的需要，设计出适合她们的休闲运动服装。

年轻富有活力的女孩

她很动感，她正在快速地滑行，她可以追上男孩子们，甚至超过他们。

更多的动态姿态

姿态素描练习

腿部向后踢姿态（侧面）

有一些特定的服装，像这一款有褶饰边的裙子，需要用动态的姿态来显示衣服的高质量和相应的人物性格。

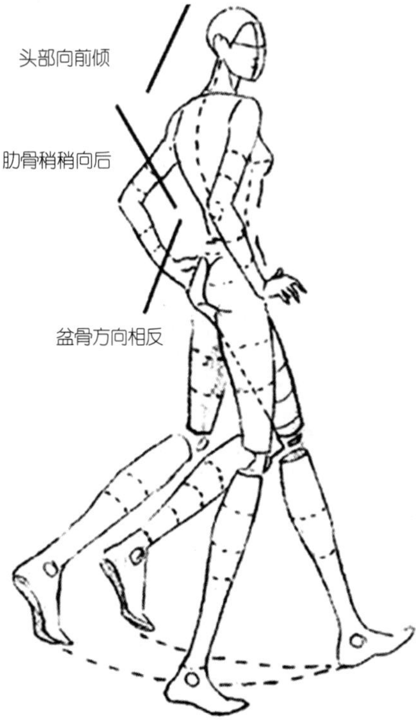

走路姿态背部角度

注意：双腿分得越开，模特就显得走的越快。

更多的模板

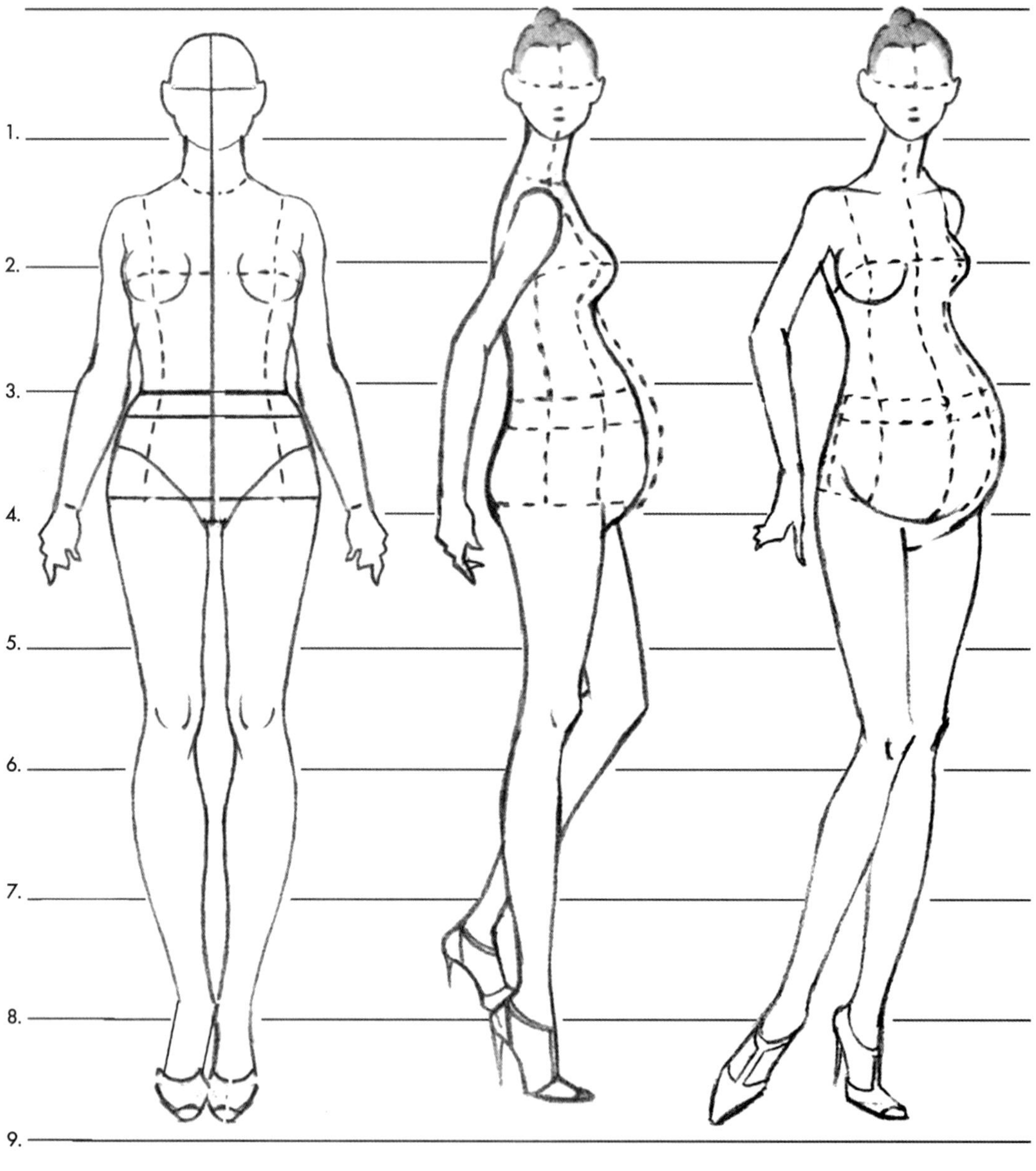

大号服装模板　　　　*孕妇服装模板*

加肥、加大号服装和孕妇服装市场也是很有利可图的，这两种人群都希望她们的衣服既时尚，做工又精巧。所以如果你给这些人群设计服装时可以参考以上提供的模板。

第三章

时尚女装

第一单元
概述：服装、服装设计师及其最基本的结构

单元目标：

- 对于时尚的服装设计有一个整体宏观的了解。
- 对最基本的褶皱有一定的了解，并且知道它在服装构造方面的作用。
- 学习并画出衣服的接缝、各种褶皱、卷边、坠边和三角形布；纽扣和系带；间线和法国来去缝；衬里和垫肩（决不能画成二十世纪八十年代的样式）等。

高级女装

如果离开了高级女士时装，我们几乎不能探讨时尚的问题。但是我们之中的很多人在使用到这个术语的时候，并没有真正理解它的含义。（当然，我本人也没有在时装店工作的经历，所以我手中的也只是二手资料。）

首先，高级女装（haute couture）源于法语，haute的意思是“高档”或是“高贵”的意思，而couture就是表面意义上的剪裁。这些形容词概括了一种独有的服装款式或时尚风格，众多的时装精品坊和时尚俱乐部每时每刻都在针对全世界的有钱女性，设计和销售这种定做的高档服装。

那么一个设计师怎样才能成为时装精品坊的一员呢？首先，一家这样的时装精品坊每年要雇用至少15名设计师和举办每场至少有35套（或比这个数字多出两倍）的新品服装款式的发布会。这个数字比几十年前要少了很多，但是，一场针对特别定做服装的发布会的投资却很大（如果服装是纯手工制作的，高金额会更多——多数是纯手工制作）。而且很多小型设计机构或个体都被排除在像时尚高级女装代理局（Syndical Chamber de Haute Couture）这样的机构之外（时尚高级女装代理部属法国工业局）。有意思的是，这家机构是一个英国人——查理·沃斯于1868年首创的，目的是为了防止混迹于兴旺的服装手工作坊中的盗版。这家半行会、半联盟的机构主要作用是打击盗版，积极和海外进行交流合作，并且培养新一代年轻设计师。

这家机构由不到20个下属公司组成，其中包括著名的“时尚之神”。这些下属公司每年平均的销售额多达10亿美元，雇用了2000多名裁缝师，他们其中有不少人身怀缀珠或羽毛的高超的专业技能。

在高级女装风行的黄金年代，也就是第二次世界大战后，约有一万五千名妇女拥有高级女装。有些达官显贵甚至包揽下整场发布会的设计。直至今日，高级女装的固定消费者也是数以百计。设计公司必须事先准备好成套的服装以及与之配套的香水或其他装饰品。以至于高级女装成为了其他相关产品的营销工具。

高级女装公司并不像过去那样有势力了。它们在发布会上的服装样式并不能左右整个服装季的潮流了。而且，现如今它们不仅要和纽约、伦敦、东京、米兰的同行们进行激烈的竞争，还要和年轻人的街头文化相抗衡，要知道那可是席卷全球，影响各种服装风格的新势力文化。

虽然服装界时不时会宣布高级女装消亡的消息，但是，高级女装设计公司还是存活了下来。为什么？ Ruth Lynam在她的《高级时尚女装》一书写道：“女人的身材是不尽相同的。”因为不管差别多么细微，还是会有种种的不同。只有定做的女装才能更好地展示女性光彩的一面，但是仅仅一部分能负担起奢侈品的女性才能购买它们。因为一件高级女装需要数百个小时的制作，最多15次的试穿和花费两万六至十万美元。当然能够穿得起这么一件衣服是非常的荣耀。尤其是对于成功的艺人来说，她们的每一个细微的举动都逃不过镜头的捕捉，能够成为穿着最时尚的女王是无价的奖赏。

当然了，并不是每一件在时装发布会上展示的服装都会被生产出来。但是每一件高级时尚女装所具有的魔幻魅力，与许多其他经典服装一样能够带给全世界的设计师们源源不竭的灵感。很多大型的服装公司聘请了很多特立独行、个性十足的年轻设计师，他们从更新、更加激进的视角，使高级女装在服装领域里能够站稳脚跟，重新焕发活力光彩。

巴黎时装大师年代表

十九、二十世纪巴黎曾经有过很多有影响力的高级女装设计师，本书只列出了其中最为耀眼的几位大家。

1858：**查理·弗雷德里克·沃斯**(Charles Frederick Worth)

查理沃斯于1825年出生于伦敦，1837年曾在一家著名的商店内当学徒。在那期间，他喜欢观察有钱人，学习关于各种纺织品、装饰品和记账的知识。他还仔细研究过经典的绘画作品。1845年，他移居巴黎，为一家时尚用品商店工作，后来他娶了店里的一个女孩为妻，并自己动手为妻子裁剪衣服。1858年沃斯开了一家自己的服装商店，店址在派克斯大街。是他第一个发明了裙衬，一种有点像笼子一样的箍，可以架起相当大的华丽裙摆。从那时起，他开始为贵族设计服装，从而成为了第一位高级时尚女装设计师。沃斯还创造了长度到脚踝的行走装，这一款的服装设计在当时是相当大胆的。1866年，沃斯自己结束了他建立起来的带裙衬的高级女服热潮，取而代之一种新时尚——窄裙长袍。

1904：**保罗·波烈**(Paul Poiret)

保罗曾经作为服装设计师为沃斯的孙辈公司工作。他设计的服装没有束胸，更为时髦，这为他带来了荣誉。同时，波烈设计出一种配套穿的宽松长裤，灵感来自于波斯帝国的嫔妃们。

1922：**让·巴度**(Jean Patou)

致力于为解放了的女性设计服装的让·巴度，设计出一系列适合运动的服装。同时巴度还开创了使用室内模特的先例，他从美洲找来六位美女作为他的室内模特。

1922：**可可·夏奈尔**（Coco Chanel）

其设计的风格更加休闲，贴近生活。她为女性设计了更为现代的发型，上提的裙边，还告诉女孩们要晒太阳才能健康。她改掉了衣服上过多冗余的设计，增加了更多的珠宝装饰。

1923：**麦蒂莲·维奥内**（Madeleine Vionnet）

维奥内以其卓越的不对称风格，顶级的剪裁和精细的手工制作而闻名。她的服装风格如此独特，如此原创，以至于没有人能够模仿。维奥内于1926年首创斜裁这一风格。

1924：**爱德华·莫利纽克斯**（Edward Molyneux）

莫利纽克斯的风格主要是简约而富有现代气息。他和可可·夏奈尔同样享有现代高级时尚女装顶级设计师的盛名。

1931：**曼波谢尔**(Mainbocher)

一位在巴黎的美国设计师，他曾为温莎公爵夫人设计婚纱。他是第一个设计出了无带晚礼服的人。

1934：**爱尔沙·夏帕瑞丽**(Elsa Schiaparelli)

夏帕瑞丽1896年出生于罗马，她是第一个将拉链应用在高级时尚服装上的人。受美术的影响，尤其是受超现实主义的影响，她首次创作出了晚礼服。同时她还给衣服加上了垫肩。夏帕瑞丽还和美术大师萨尔瓦多·达利合作出过印刷品。

1934：**埃里克斯——格里斯夫人**（Alix, or Madame Gres）

很善于服装造型。

1937：**巴隆夏盖**（Balenciaga）

西班牙设计师，改变了整个二十世纪五六十年代女性的穿衣风格。他认为别致一词的精华在于简约。

1946：**皮埃尔·巴尔曼**（Pierre Balmain）

巴尔曼以其戏剧和电影服装而闻名。

1947：**克里斯迪安·迪奥**（Christian Dior）

迪奥之所以闻名大多来自于战后他颇受争议的新时装风格，作为一个知名的、勤勉的设计师，迪奥每个时装季都会设计600个左右的服装草图。

巴黎设计师作品风格展

1958年	1892年	1904年	1919年	1922年		1923年	1925年
查理沃斯	帕奎因先生和夫人	保罗·波烈	爱德华·莫利纽克斯	让·巴度	可可·夏奈尔	麦蒂莲·维奥内	马谢尔·罗莎

沃斯时装公司，1922年

帕奎因，1910年

保罗·波烈，1911年

可可·夏奈尔

莫利纽克斯

维奥内

夏帕瑞丽，1939年

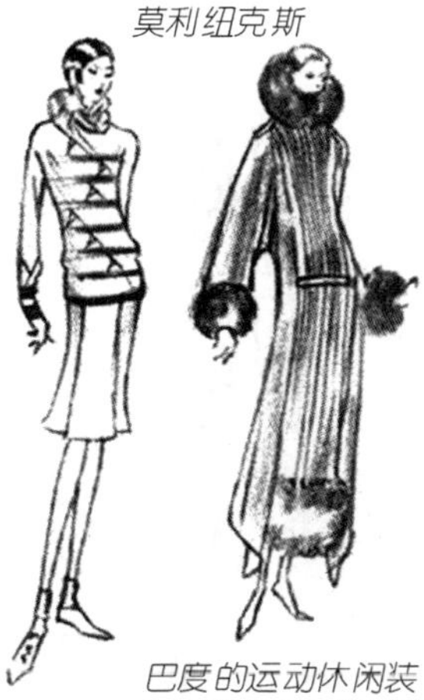

巴度的运动休闲装
19世纪30年代早期

曼波谢尔

1926年	1931年	1934年	1937年	约1945年	1947年	1961年	1965年
爱尔沙·夏帕瑞丽	曼波谢尔	埃里克斯——格里斯夫人	巴隆夏盖	巴尔曼	克里斯迪安·迪奥	安特·古莱特	艾曼纽·安佳洛

平面设计草图

建筑工程师在开始建造高楼大厦之前，要先在设计图上画出整体蓝图，同样的，服装设计师们在开始正式地设计之前，也要先画一些服装的样式模板，我们叫做平面设计草图。刚开始的时候，画设计草图是技术性很高的绘画，有的时候很多不必要的细节也要画出来（所以会没有画在漂亮的模特身上显得精彩）。但是，这种方法可以教会你怎样在一定的空间内绘画，以及怎样在草图上加上有意义并且符合实际的内容。

具体地说，你可以想象一下，在商店里有一件夹克衫。你觉得它的版型很好，所以你就想试穿一下。但是一旦当你穿上了之后，却发现这件衣服的大小很奇怪，穿在身上并不显得很漂亮，也不舒服。衣服的口袋很隐蔽，或者缝得太高了，你的手够不到。而且扣子也系不上，所以你只能让衣服敞开着。领子更是别扭，一边和另一边完全不对称。质地很轻，衣服不成型。整件衣服的颜色也很特殊，与其他衣服颜色都不搭。更糟糕的是，衣服上没有任何有意思、独特的细节之处，比如，与众不同的缝纫线条或是手工缝制的装饰等。种种的这些缺点使得价码上标的300美元显得十分荒谬不可思议。你为什么花大价钱买这么一件衣服呢？真不知道设计师在设计之初想什么。

换句话说，服装被设计出来并不仅仅是为了某些最基本的用途（比如，口袋和扣子）。是为了用一些审美元素使整件衣服达到视觉上的完美效果。所以我们也可以说设计根本没有固定内容可言。一家服装公司高薪雇用设计师，并不是为了设计最基本的衣服部件的。不管一件衣服在外表上看起来多么简洁，好的设计师都会在它上面嵌入一些惊人的元素，也许是一种与众不同的布料，也许是一种新型的领子，抑或者是些巧妙的图案等。

所以时装设计就意味着好看的服装造型，不断变换的细节，新颖的款式，实用的功能以及服装与身体的完美契合。用平面设计图来设计服装可以帮助我们轻易地发现问题，巧妙地设计细节之处，帮助我们掌控服装比例和设计流程等。

如果要为一场时装发布会设计一系列的服装，那么设计师就要将所有的设计图和构思集中在一张主要的设计图板上，这样可以使整体风格保持一致，例如，统一的面料、外形轮廓等。

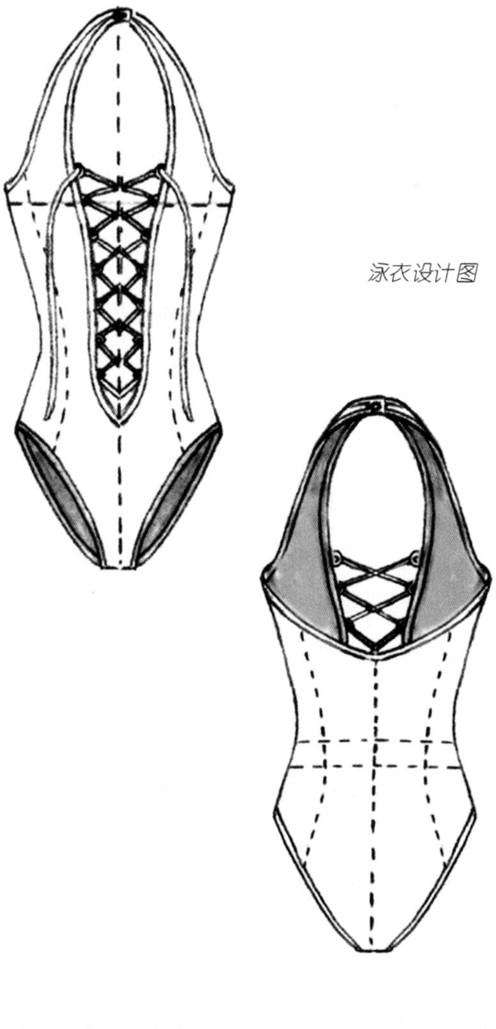

泳衣设计图

设计草图的检查方法：

1. 首先，在素描纸上画设计图，便于反复修改。然后，你再把它们临摹到素描板上。
2. 纸上的设计图要排列整齐，而且要画得干净。所以很多学生用自动铅笔画平面设计图。
3. 如果你想设计左右对称的衣服，你的设计图也要这样。在素描之上画设计图，你可以先画一边然后将纸对折，描摹出另一边。
4. 你也可以用一些现成的服装样式模板，本书中就提供了很多。这么做可以帮助你节约时间，因为许多问题已经被解决好了。例如，如果你想设计一件夹克衫，借助模板的话，夹克衫的比例、领子结构、肩膀宽度、口袋位置等就肯定已经是确定的了。
5. 可以有很多种间面线的缝法。可以就缝一条直直的实心线，也可以断断续续地缝像“破折号”一样的线。缝外衣的时候，外面的间面线条要比里边穿的衣服的线条粗（分别用三号和五号的自动铅笔画）。如果你用实心的线条画间面线，那么线条的不完整可以表现衣服的内部层次。（例如，裙子的褶。）
6. 但是，如果是男士服装，间面线要用虚线画，这样会使衣服显得更完整统一。
7. 如果你将很多设计草图放在一起，那么这些草图的比例、大小应该保持一致。怎样检验比例是否一致呢，可以将草图叠放在一起，就像给娃娃穿衣服的游戏一样，看看这些衣服是否合身，是否比例一致。
8. 设计图和与之相应的服装，二者的大小没必要一样（实际上，我更喜欢将设计草图画的小一点儿），但是一定要能够正确显示服装的比例。
9. 设计草图在纸上要按逻辑合理安排（上装在上面，下装在下面），看起来要好看。
10. 如果你要显露一部分服装的内部，例如衣服的衬里或是皮带的背面，那么就要用浅灰色的麦克笔将那部分画出阴影。
11. 也可以在服装的一侧染上一些麦克颜料，（就好像阴影的效果），使服装的设计在纸上更加凸显。当然，要不要这样做随个人的喜好而定。
12. 如果你想画服装背面的设计草图，那么最好利用正面的设计草图，在那上面修改可以省时省力，而且能保证精确度。

学习画设计草图

分隔线

1.

2.

3.

4.

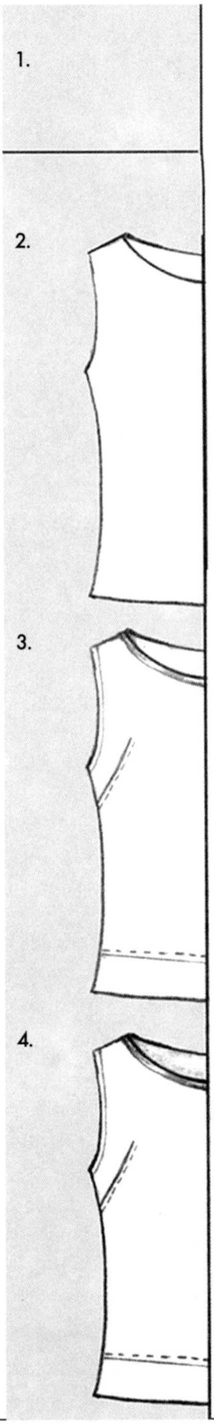

画一条分隔线，要和纸的下边线垂直。

用粗线画出衣服的外侧轮廓。用直尺或曲线尺使轮廓线画得更加精准。在画的过程中要时刻考虑到比例。

画出衣服内侧的细节，颜色要柔和，可以用较细的铅笔画。（如果你不更换铅笔，可以减轻画时的力度。）

5.

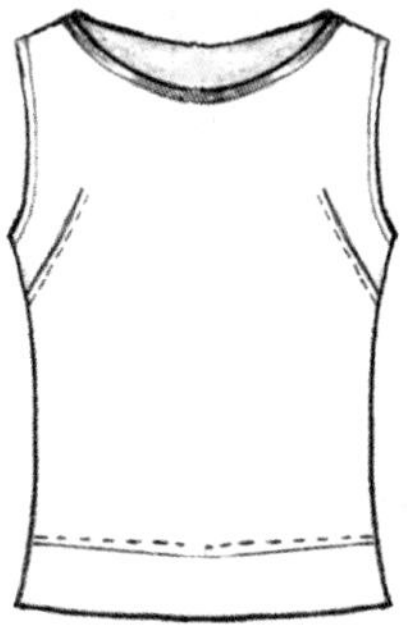

将纸沿着分隔线对折，拓出衣服的另一半。（当然你也可以直接从现成的模板上拓取）。这么做可以节省你的时间，不用再画一些细节了，例如领子之类的。

7.

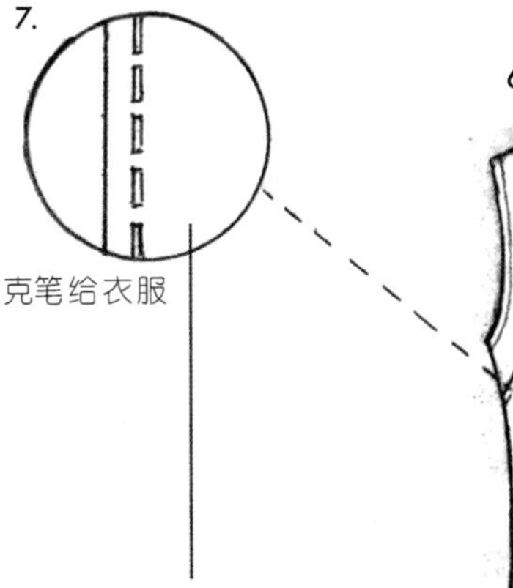

用浅灰色的麦克笔给衣服的内部上色。

加上一圈细节的修饰，这样可以应付任何对具体部位的放大处理。

6.

可以用麦克笔给草图的边缘上色，使其在纸上凸显出来。

注意细微之处

好的缝合线可以说是这个设计的重要之处。当你加上一条缝合线时，你也必须考虑到它给你的服装设计带来的改变（褶皱、垂边等也一样）。所以也要仔细描绘出设计草图上的这些细微之处。

怎样开始

如果想把服装设计图画好，你要很好地理解和把握一些很关键的元素：

1. 第一要素就是服装的悬垂性。怎样才能够使布料从一个地方或几个地方下垂呢？如果对下垂的布料进行斜裁会有什么样的效果呢？如果将垂下的布料扭褶或加上闪闪的镶边又会是什么样子呢？镶边从不同角度看效果又会是怎样的呢？
2. 还有一个元素，可以说是和悬垂性同等重要的元素是：面料。要对各种面料及其特质了如指掌。

a. 衣物纤维会有多强的支撑力？（支撑力指的是衣物形成的力度）比如硬纱，它的支撑力很强，衣物面料就很挺，而薄纱支撑力就很小，容易懈。

b . 衣物面料的贴身性是怎样判断呢？（厚羊毛料与细羊毛料比起来则不容易贴身）

c. 当人运动时，衣服上出现了褶皱，那么这种布料的褶痕是又软又圆的呢（例如奶油色皮革），还是干脆而有棱角的呢（例如生棉或塔夫绸）？

d. 布料有弹性吗？所有编织的布料都有弹性，有些编织物也可以。

e. 一小块布料也能完整展示出它的特性（无论是粗糙的牛仔裤或是公爵夫人的晚礼服）。

注意：我建议你每一种面料都收集一小块，这样当需要的时候，你就可以亲自观察布料的质地了。

3. 你需要了解和掌握的第三大元素是如何使你的设计图好看。比如，一件合身的衣服被你画成麻袋状，或者把一件衣服设计得过紧，让你的模特穿起来像个香肠，那么你的设计就是失败的。细节是重要的，如果你发现了一件你喜欢的衣服，一定要仔细地观察观察它。嵌入的袖口有多宽？夹克衫的正面应该有多少颗扣子是最合适的？在现实生活中，你可以把一件迷你裙做得有多短？什么样的领子看起来又新颖又好看？如果你一直思考着这样的问题，并且在你的周围不断地寻找答案，那么你对“服装的理解度”就会大幅度地提高，同时你的绘画水平也会不断提高。
4. 要掌握和理解的第四个元素是服装的层次。薄衣服搭配的衣服也要是薄的，厚衣服则要有厚质地的衣服与之相配套。例如，衬衫外边可以套厚毛衣、配厚羊毛领带，配厚羊毛手套等。如果能清楚地知道什么款式的衣服配什么样的配饰或者配什么质地的面料层，可以使你的设计更加出彩。某件有很多层的服装，一定要薄而贴身；冬天穿的大衣一定要看起来够厚、够暖和、质量好。仔细观察你的周围，看一看人们身上的衣服是怎样搭配的以及为什么这样搭配。
5. 理解和重点掌握的第五个要素是细节之处：不同的扣子，按扣和拉锁；腰带的环扣应该设置在什么地方；口袋应该设置在什么地方；女性衬衫和男性衬衫的扣子有什么不同。尤其是扣子的设置至关重要，因为没有人喜欢在坐下来的时候，在不适当的地方漏出点什么。

步骤：怎样画垂褶

多层斜裁女装

1.

先画出基本的结构和垂褶（这些垂褶一定要自然地受重力作用，因自身重量而垂坠）。要尽量让衣服的褶皱和层次产生一种高雅的韵律。在褶与褶之间不要太平。斜裁的裙子要在臀部处设计成紧身，从臀部褶皱开始下垂，这是为什么这种设计这么富有魅力的主要原因。

2.

注意胸部的褶皱能够很好地展现胸型。

增加一些拉褶（例如在胸部），还要给垂褶加上与之相配的底边，这样可以让垂褶微微地弯卷。可以画出第二层垂褶了，第二层的密度可以和第一层不同。

3.

画出精细的细节之处，给大褶和小褶画出阴影。

基本褶皱形状介绍（一）

1.

半锁褶

2.

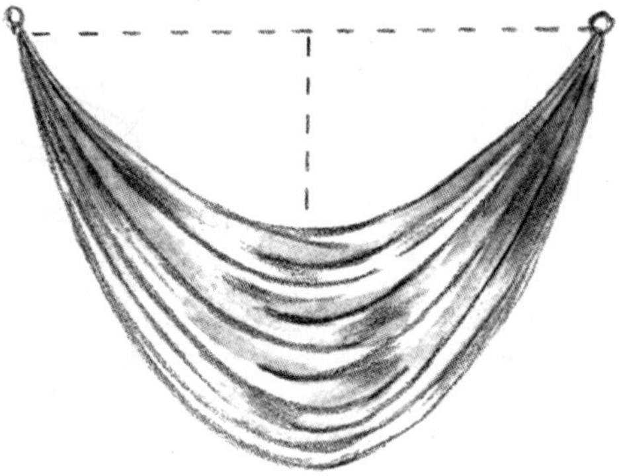

兜帽褶

3.

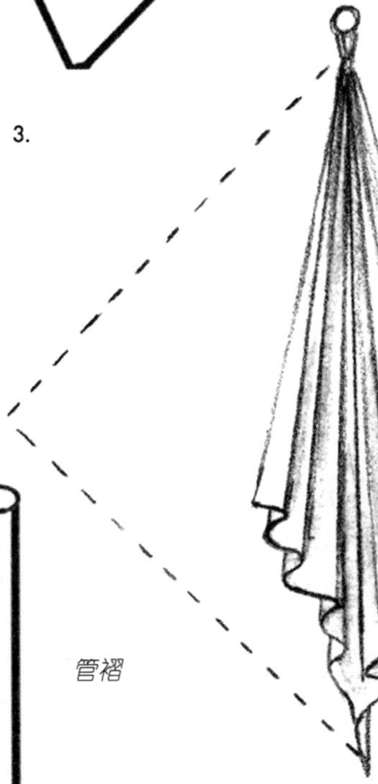

管褶

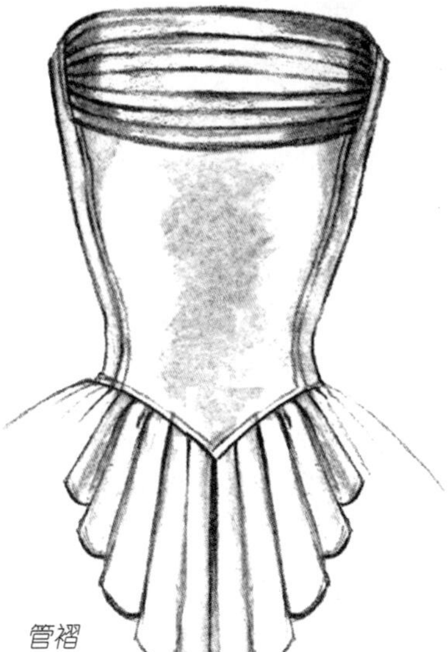

管褶

管褶，从两边依次伸展开，中间处最宽。

了解几种基本褶皱的结构，不仅仅是服装的，还要观察窗帘、被褥和家具上的褶皱。这样可以帮助你一眼就能了解精美服装的构造，还能帮助你自己设计出美丽的服饰。

基本褶皱形状介绍（二）

A.

4.

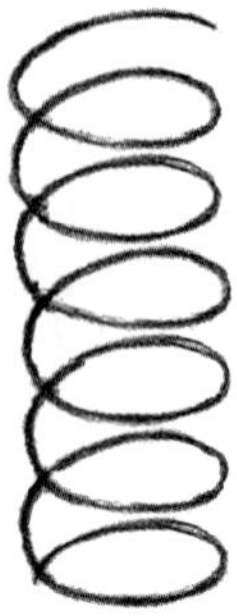

螺旋褶

这种螺旋褶可以用在袖子上，例如图A，或者有的面料自己就能聚拢起褶，形状也是螺旋褶，例如图B。

B.

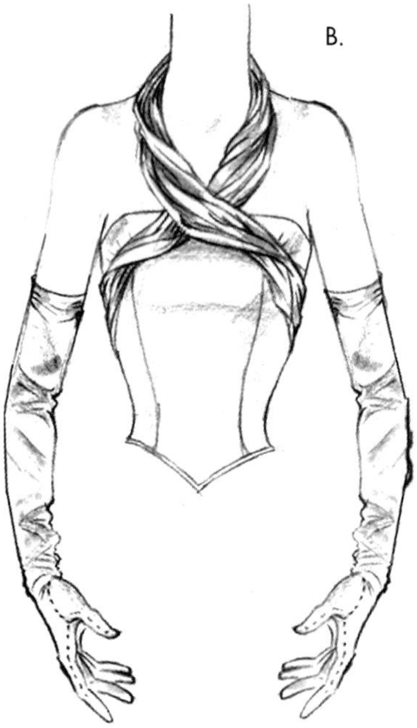

5.

“之”字形褶

6. *斜坠*

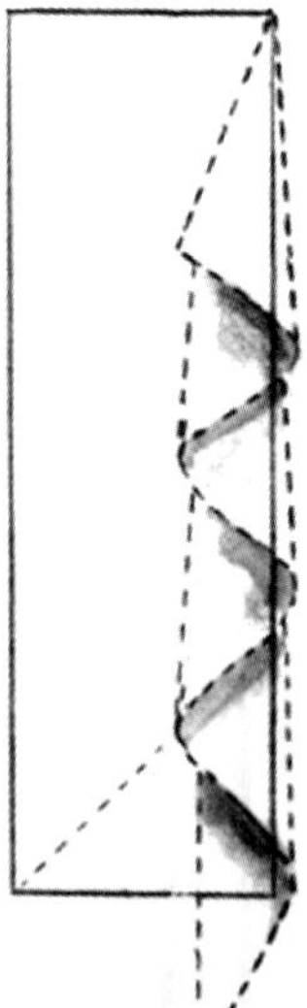

碎褶

画出碎褶就是给服装画出规则的、固定的层或褶。你可以从以下这些例子中了解到，有多少种利用碎褶的方法完全取决于你的创造力和想象力。碎褶是很漂亮的细节，所以它们值得你花时间仔细地研究和描绘。

在接下来的几页中，我们可以看到很多关于层、褶、碎褶和其他很多衣服细节的图例。我们的目的是在你需要的时候为你提供材料，最大程度地激发你的灵感和想象力。

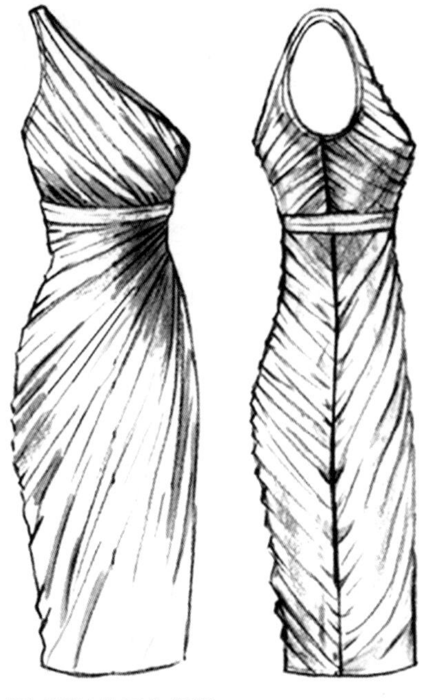

经过设计整理的管褶

这些管褶已经被“加工设计”过了，左边很细窄，右边却比较宽。这样的设计方式对于一个设计师来说是可以自由掌控的。

罗纹针织衫碎褶

细绳腰带

绕领裙，有管褶碎褶（设计草图）

设计练习：

用三种不同的褶皱，设计一款在正式场合穿的短裙。要考虑到突出重点部分和衣服的韵律感。

额外练习：

设计一款普通的服装，重点突出肩膀部位。

更多的碎褶

在垂直的褶与褶中间画上阴影。

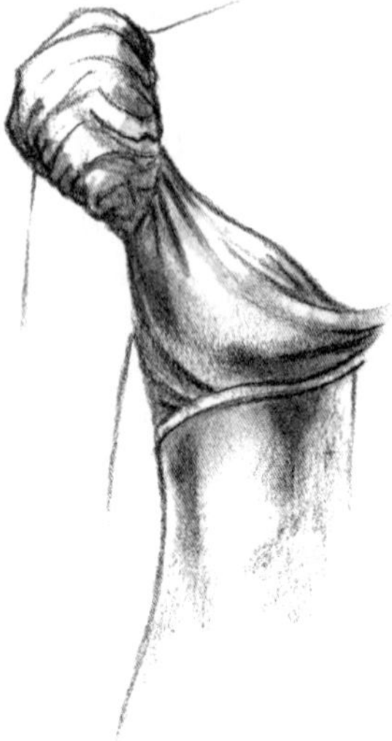

在水平的褶下面画出阴影。

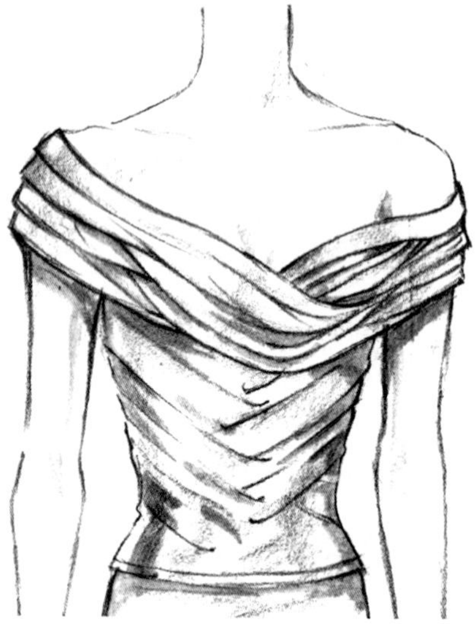

褶皱与褶皱之间可以做十字形的交叉。

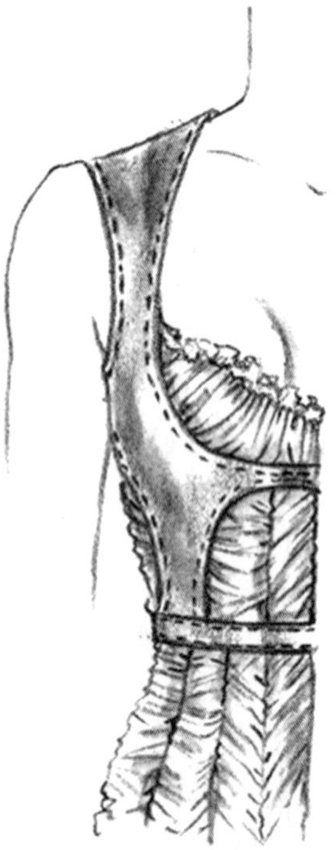

只有上好的面料才可以产生这么精细的褶皱。

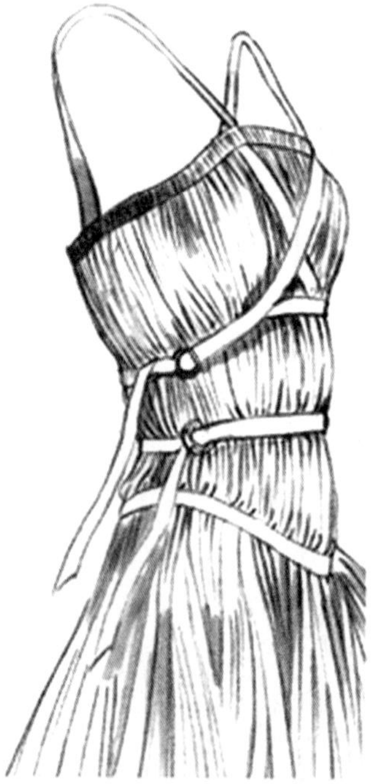

各种各样的系绳或腰带可以使褶皱的效果更加明显。

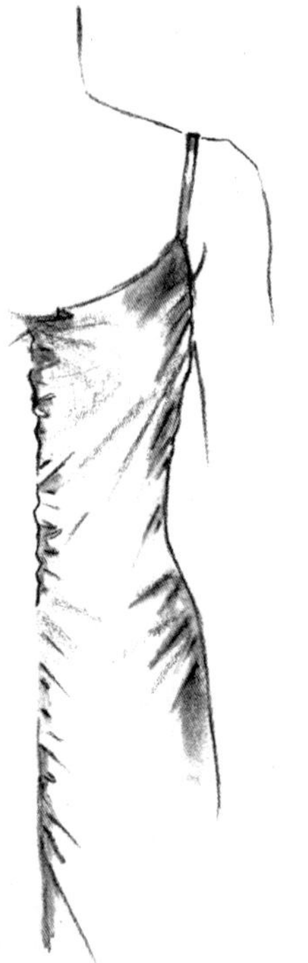

由于缝线缩紧而产生的褶皱也是众多褶皱中的一种。

柔软的面料

当然，柔软的面料能够更好地显示模特的身材，在服装展示会上，这种面料的套装一定是敞开穿的，除非外套不是前开襟的。

总的来说，一种面料越柔软，那么它所勾勒出的线条就越精细。当然，反言之，更多或更细的线条也显示着这件衣服面料的质地。

罗缎绉

丝绸或人造绉纱非常柔软、贴身。作为女装的材料非常合适。

罗纹布

注意罗纹布的毛衣边是什么样子的。毛衣的图案越多，起伏凹凸越明显。

皮革面料的袖子之所以这么合身，完全依靠嵌在衣服里的直条针织物。

针织紧身上衣

这件里克·欧文斯设计的套装看起来非常地柔软合身，但是每一处又都不是紧贴皮肤。外套是小羊皮夹克，上装和下身裙子都是质地非常轻的丝绸针织面料。

缝合线上精致的抽褶让整条裙子呈现了褶皱垂坠的效果。

更多的垂褶

垂褶的起伏

1. 要让褶皱的大小和形状多样化。
2. 一定要考虑到褶皱的起伏是什么样子的，是怎样凹下去，凸出来的。
3. 收集经典的有垂褶的服装。
4. 要让衣服的褶皱起伏和一边的褶皱保持一致。

你所使用的面料越重，服装褶皱越具有下悬感。

手提着裙子所产生的褶皱可以使服装看起来更加丰满、耀眼。

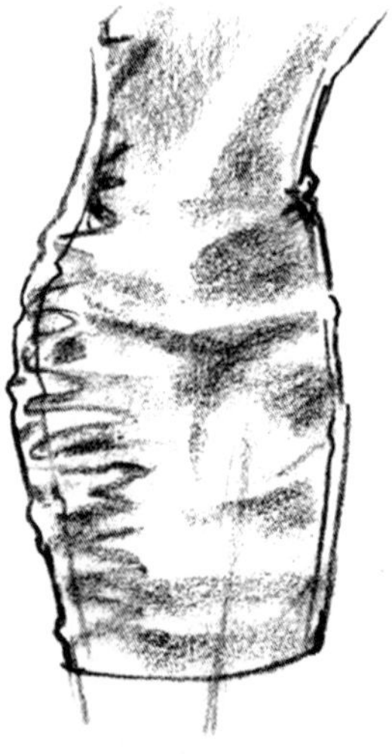

紧身抽褶贴身的裙子

注意：如果服装很紧，服装的褶皱就会产生从一边拉向另一边的效果。

装饰与润色

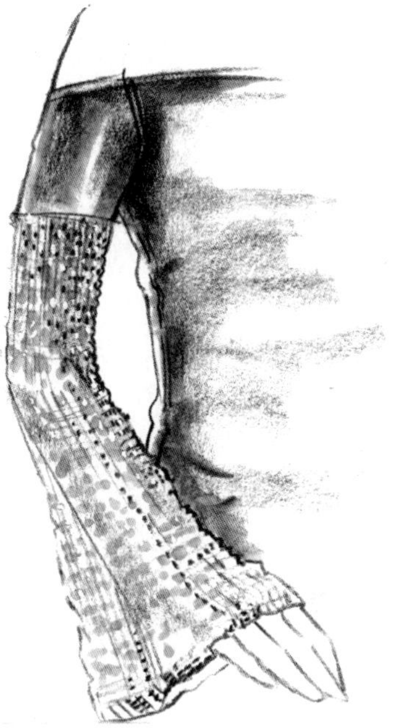

锁子甲和牛皮

锁子甲很贵，但是会时不时地用到，大多用于女装或戏剧服装上。锁子甲的一部分要非常精细地划出，另一部分只要暗示性地画画就可以了。

高密度针织物

褶很多又很精细，像罗纹。注意毛衣穿在身上时，扣上的扣子所造成的周围的褶皱效果。

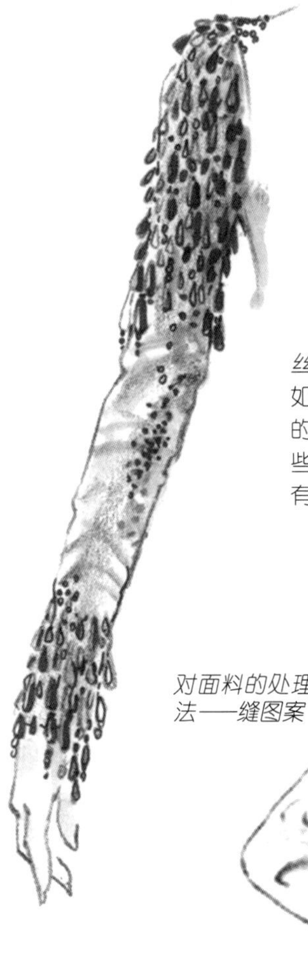

丝绸上的玻璃珠

如果用上各种不同的珠子，会使你设计的服装在视觉上更加有趣。我常常花一些时间把珠子涂上颜色，这样珠子就会有质感了。

缎子边饰

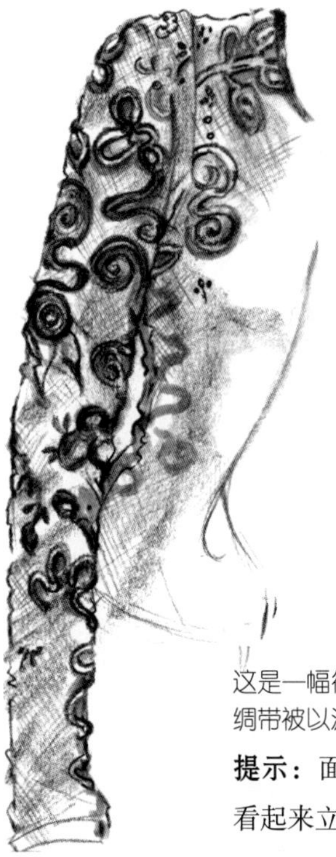

这是一幅很漂亮的作品，面料条或绸带被以波浪的形状缝在衣服上。

提示：面料条或绸带的形状要看起来立体一点。

对面料的处理方法——缝图案

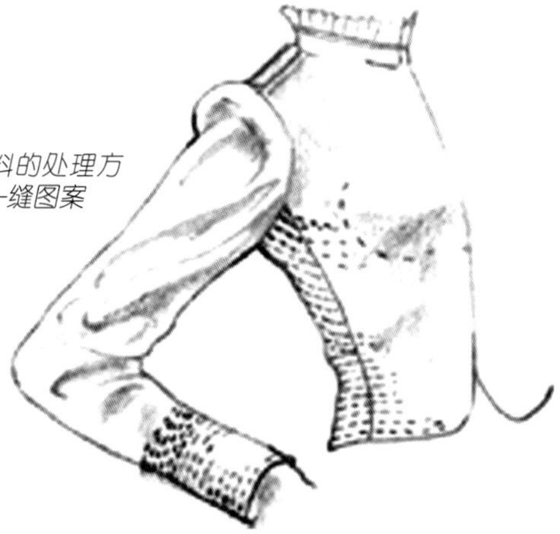

柔软的丝绸或者缎子或多或少都会有一些褶皱，但是如果你想在上面缝上图案，例如像图上所示的直线条图案，面料反而会很僵直，并保持特定的形状。

缀金属片薄绸

薄绸，垂坠感相当好，给人以飘动感。但是，如果缀上了贵重的珠子或是金属片也会给人以重感。

注意画金属片的时候，有的地方要画得精细，显得厚重，有的地方则隐隐暗示就可以了。用白色树胶水彩画出高亮反光。

双宫绸

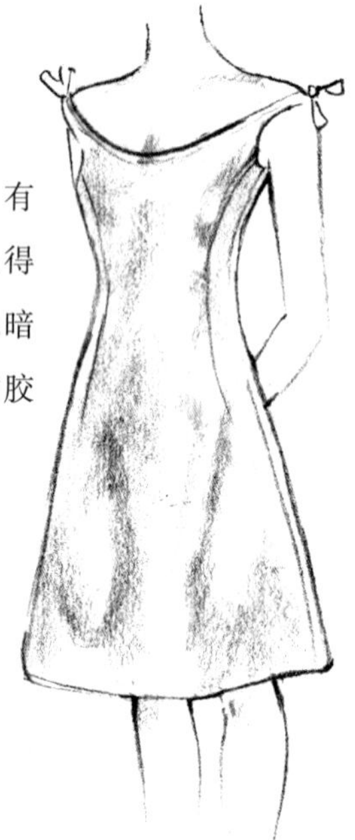

如果是一个简单明朗的外形，丝绸或缎子的重量会使布料贴身，勾勒出完美的形体。

公爵夫人缎子礼服

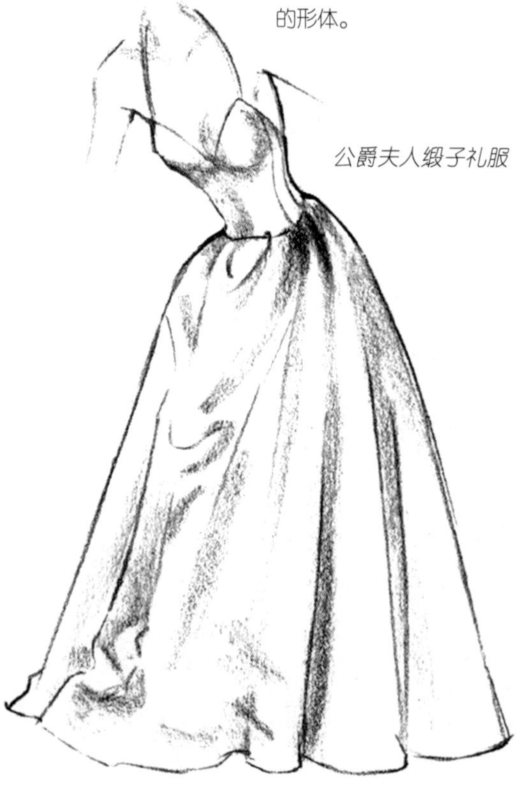

服装：夏奈尔
工具：Prisma铅笔、麦克笔和白色树胶水彩
注意：膝盖处向前突出，这样会使整个裙子的感觉比实际上更紧。还要注意薄绸洒在地上的波浪。大胆地用麦克笔画出阴影，仔细勾勒整体轮廓。

重重的丝绸或缎子上会出现漂亮的圆褶效果，如果这种褶被打断了，就会出现很柔软的棱角。

沉重的亚麻布和生丝
这些布料都是有“节”的，所以可以很好地保持形状。褶皱简洁，线条单一。

锦缎
锦缎面料的支撑力较好，因为刺绣的图案使面料表面变得僵硬。

面料和形体

厚羊毛的布料形状保持得非常好，出现的褶皱是圆的，布料的边缘有厚度。不会出现细小的褶皱。

沉重的羊毛料子
我在画纸的下面垫上砂纸，用Prisma铅笔的侧面来画出阴影的效果。

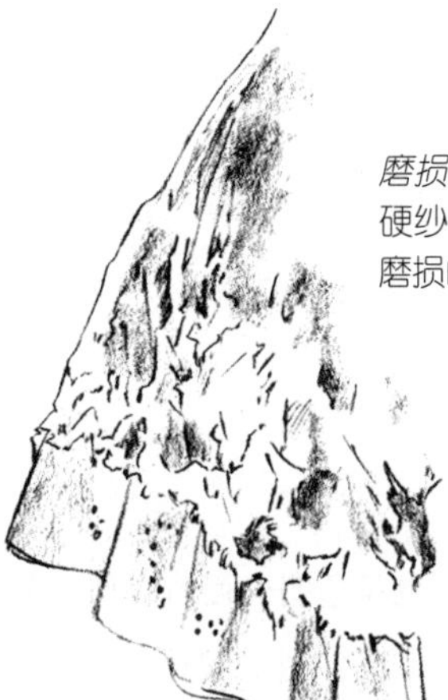

磨损的硬纱
硬纱有一点过于坚硬，所以磨损的边缘会比较有棱角。

透明的面料

在描绘或给比较透明的服装上色的时候请一定要记住，有些地方模特身体和皮肤的颜色会比其他地方明显。有时候，服装的颜色要加深，因为出现了皱褶；有时候，要在衣服的后面画出身体的形状尽管我们总喜欢在处理这种透明面料时清晰地勾勒出皮肤线条，但要注意多层面料时的处理，颜色要加重。

这种布料很柔软，垂坠性很好。薄纱或者是乔其纱。

注意：袖口、领口的捆绑会使皱边形成固定的形状。

当你的人物在走动的时候，薄纱会飘起来在空中舞动，出现非常美丽的垂坠感。所以你的线条必须柔和有曲线。

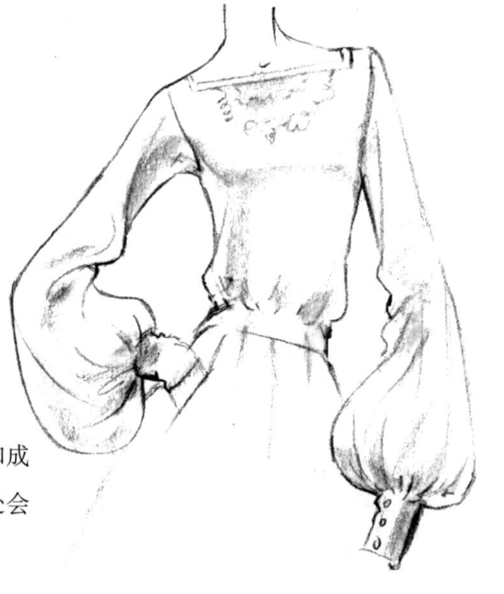

透明硬纱也是透明的面料，但它的支撑力和成型性较强，就像你在图中看到的一样，在袖口处会形成蓬松的效果，而不像薄纱那样自然下垂。

羽毛

画羽毛最难的事情就是不要让它们看起来像皮毛。记住，皮毛的方向总是一致的，而羽毛则是向外展开的，它们会零乱地相互交错着，并且相比于其他皮毛，羽毛的形状更加独特、多变。

白鹭羽毛
不幸的特许皮革制品

设计师：芬迪

细节

鹳的羽毛

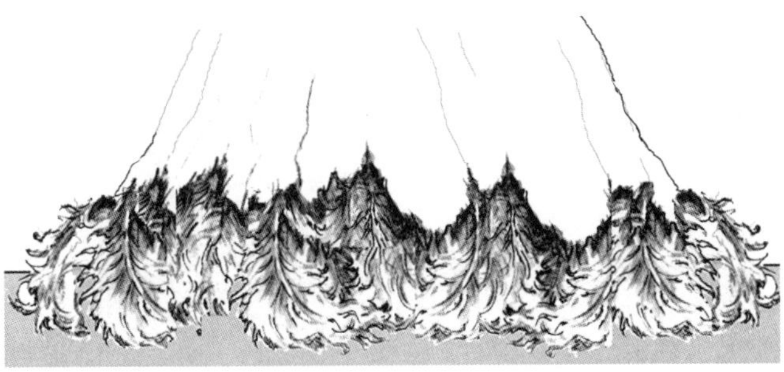

鸵鸟毛

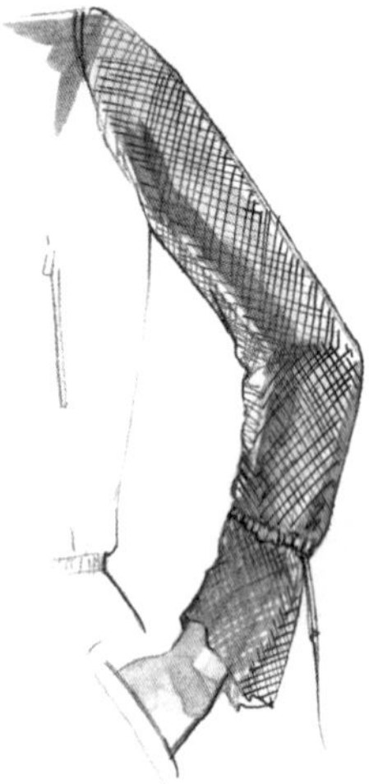

宽松的网眼袖子

紧身网眼袖和紧身胸衣

网眼是很实用的服装元素，特别是当作为游泳衣或紧身编织上衣上的镂空图案时。可以买到原色的也可以买到染色的网眼。

提示：网眼服画起来要像是人物的第二层皮肤，但是在肘部或手腕处则有不同，因为会有褶皱聚集在那里。

网眼这一类的面料

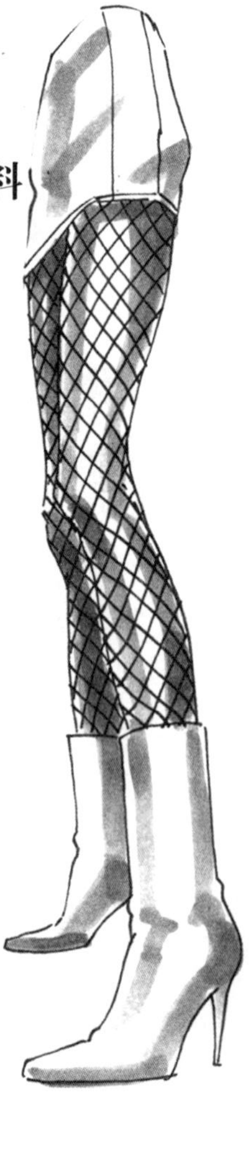

渔网袜

一般来说网袜的斜纹角度是45度，但是画的时候线条的弯曲一定要体现出腿部的轮廓（想一想理发店门外的旋转杆子）。

薄纱

薄纱也是网眼织物，精致而多层次，比别的网眼面料硬，可延展。画法和其他网眼面料相似（但是要画出非常细小的网纹线条）。

不同之处在于服装的倾斜条度和形状

面料

无光针织物

无光针织物（柔软型）

高质量的无光针织物实际上比它看起来要沉很多。作为一种针织面料，可以延展，有伸缩性。但是它也很贴身，能够体现身体的每一处曲线。所以，这种面料并不是传统意义上的“正统”面料，而是比较性感有诱惑力的，可以展现身体线条的面料。

因为这种面料实在是很重，所以当不穿在人身上的时候，这种面料就会由于自身的重量而笔直地下垂。

柔软的垂坠VS 脆直的垂坠

棉皱面料（脆直型）

缎子面料有支撑力（丝硬缎不会，因为比较沉），但又轻盈。垂坠性非常好，表面光滑亮丽，当然面料和织法的不同会产生不同的效果。

注意观察贴身的部分（虽然一般没有吊带的款式，在胸部的地方衣服都会比较紧），面料并不是紧压身体，而是在身体上轻轻掠过。还要注意怎么用阴影效果来展现衣服下面腿的形状。

还要注意垂坠是从膝盖骨处开始的。这种利用骨骼上的结构来设计褶皱的观念在高雅服装设计领域是很普遍的。

垂坠后边的部分有一个很大的蝴蝶结，它不是简单地缝在衣服上的装饰，而是由衣服前边的一束自然垂坠边系成的。

棉皱衬衫和缎子裙子

给蕾丝花边上色

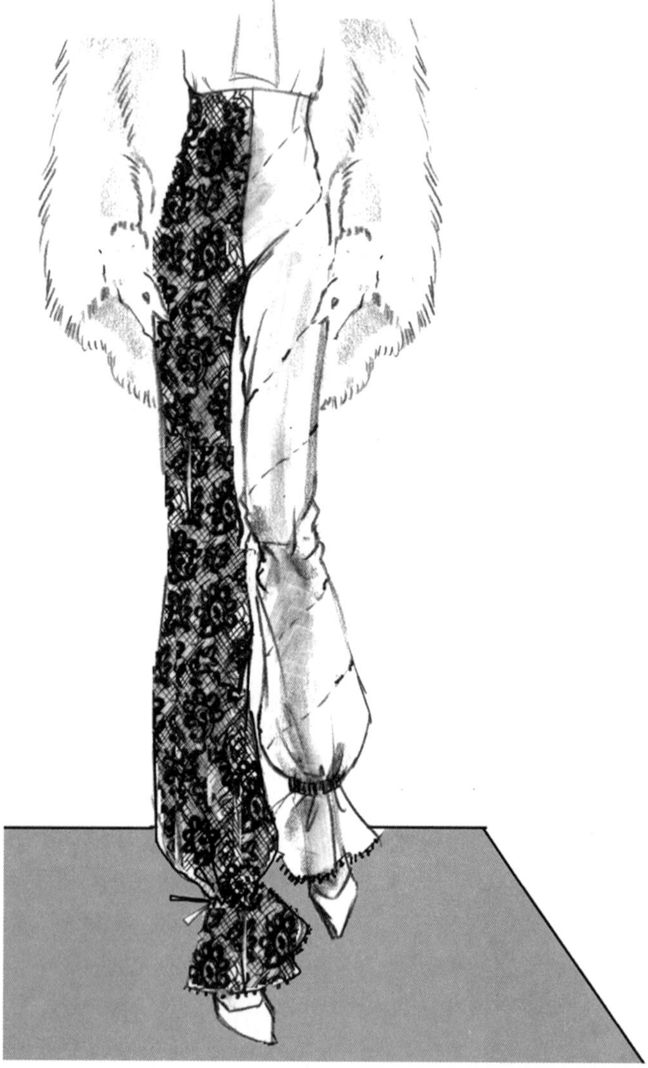

请注意蕾丝花纹的斜向设置角度。
蕾丝花纹的背景是薄纱或者网眼布。

蕾丝花纹常常是在半透明布料的背景上镶嵌的花纹图案。左图上的蕾丝花纹很明显是和另一种面料编织在一起的，因为我们并不能透过面料看见人物的腿。

当我们用透明的面料设计服装时，我们必须决定这种布料的透明度，即可显露皮肤的程度，并且还要决定要不要在衣服下面加衬或是加层来作为掩饰。

第二单元
泳装女孩

单元目标：

- 学会了解各种不同游泳衣所体现出来的不同的个性和情绪。
- 学会创造不同的可以展现泳衣个性的人物身体姿态。
- 学会给人物添加类型线和各种细节。
- 练习使人物个性化，利用诙谐和夸张的手法。
- 学会使用泳装设计模板帮助激发有创造性的设计。
- 学习设计泳衣的各种知识。

一件复杂的泳衣或是一件小巧的比基尼泳衣……

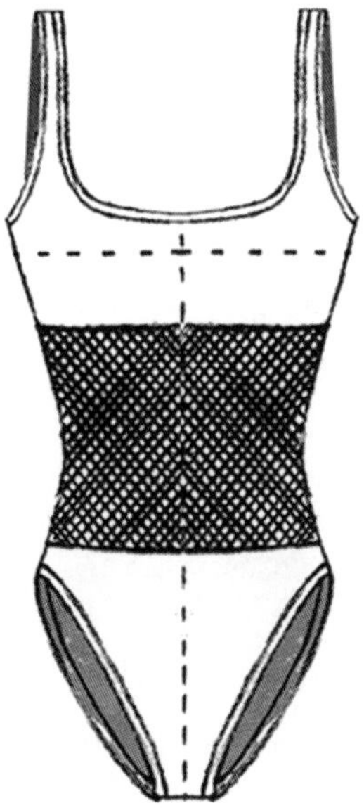

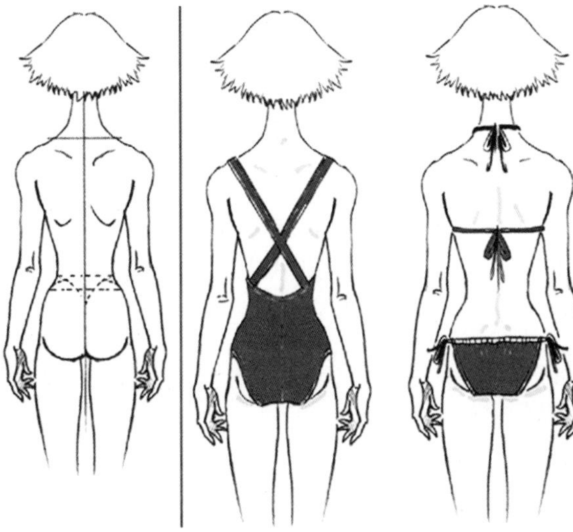

泳装设计大事记

开始的时候，游泳就要摆脱束缚在身体上的衣服。

大约公元前350年：

希腊人游泳时穿的短小浴袍，虽然很笨拙，却是人类最早的游泳衣。

罗马早期：

罗马人很有创意。有的壁画上描绘的当时的罗马妇女们的服装，很像现代女性穿的上下分装泳衣。

罗马以后的时期：

当时的欧洲人认为游泳和沐浴有治疗的作用。男性和女性的游泳场所是分开的。

十七世纪：

游泳或沐浴的妇女必须穿上冗沉的帆布衣服。袖子超长，像牧师的长袍。

1850年：新的游泳套装问世。宽松，羊毛纺织而成，很像毛衣。裙子由大约八英尺的面料组成，当湿了的时候有30磅重。除此之外，女性还要由厚厚的黑色袜子和蕾丝花鞋“装饰”起来。

1907年：澳大利亚的游泳选手安妮特·凯勒曼因为穿了一件宽松的连衣游泳装而被捕。

1925年：可可夏奈尔促进了一种轻松的户外服装风格。人们首次认为把皮肤晒黑既时尚又健康。衣领线逐渐下降，带子代替了袖子，但是端庄的淑女裙样式不断翻新，在二十世纪六十年代之前仍是主宰的款式。

二十世纪三十年代：像Jantzen 和Speedo这样的针织服装公司采用新型的纤维面料，生产更为时髦的时装款式，例如为1930年的奥林匹克运动会设计“田径运动服”。

二十世纪四十年代：带骨架结构的游泳衣开始成为流行趋势。为了更好地烘托身体的曲线，泳衣中镶有金属线的骨架。

1946年：法国一名工程师路易斯·瑞尔德（Louis Reard）发明了他的新型游泳衣，他参照着原子弹试验地的名字为他的发明命名——比基尼·阿托尔。小巧精致的比基尼实际上就是用绳子连接起来钩在一起的四个三角。路易斯的创新掀起了一场时装革命。

二十世纪七十年代：露迪·格恩瑞（Rudy Gernreich）设计了没有胸罩的比基尼和丁字形泳裤。

二十世纪八十年代：整形手术取代了衣服的骨架，帮助人们改变面貌和体形。

2000年：比皮肤对于水的阻力更小的新型纤维面料被创制并采用。这样就形成了游泳衣史上的圆满循环，因为在奥林匹克运动会上，耐克公司生产的泳衣再一次将游泳的人从头到脚裹了起来。

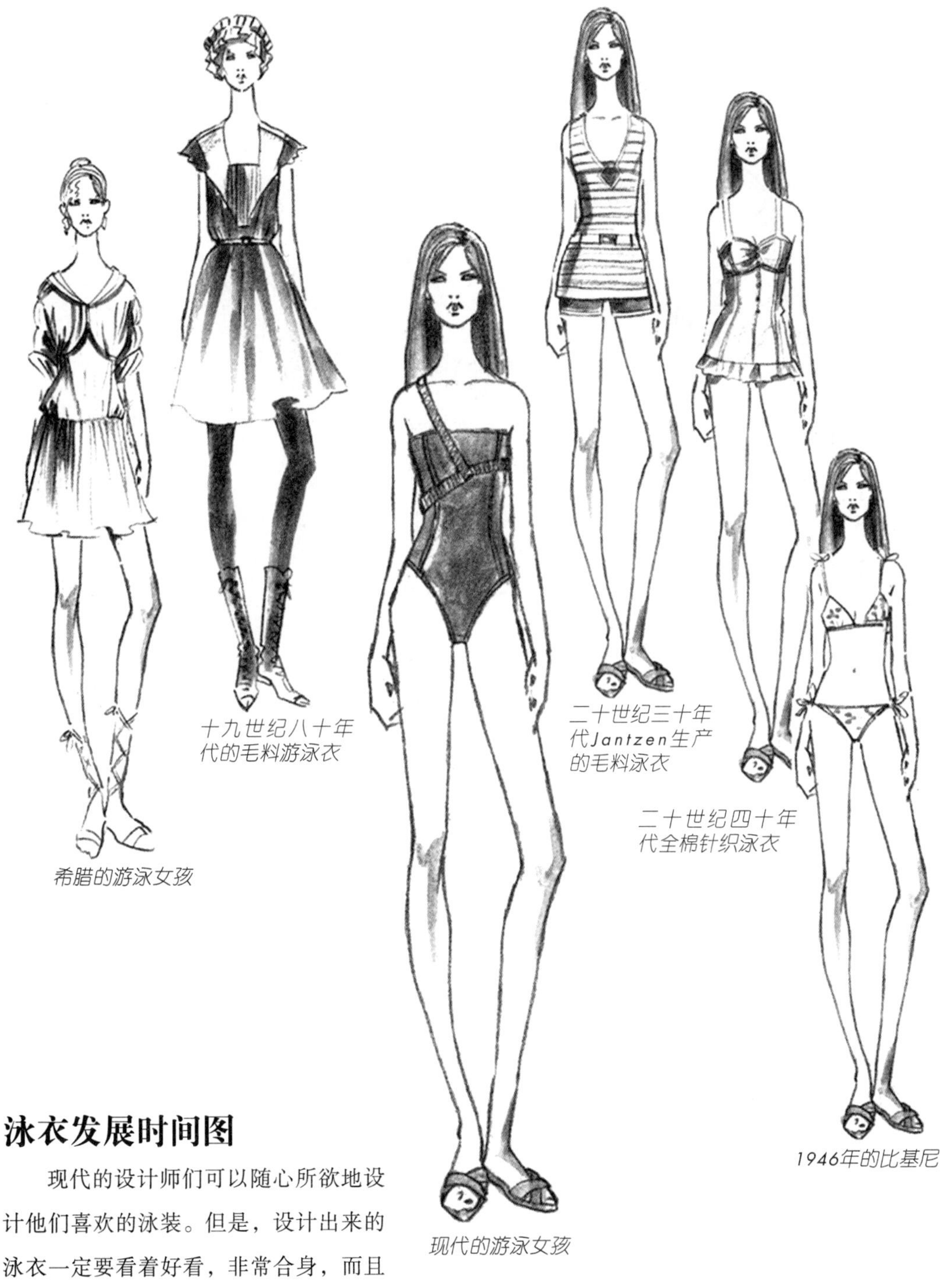

泳衣发展时间图

现代的设计师们可以随心所欲地设计他们喜欢的泳装。但是，设计出来的泳衣一定要看着好看，非常合身，而且无论在水中还是在太阳下都要很有形。

有延展性的面料

怎样开始

当我们谈到泳装或运动服的时候，我们就会谈到有弹性的面料，例如莱卡或斯潘德克斯。画这些面料，好消息是如果你能够画好身体，那么你没有必要为服装花更多心思，因为衣服上不会有什么褶皱或是垂坠，那些都是宽松的衣服带给我们的挑战。一身很好的贴身泳装就好像是人的第二层皮肤。

最不容易的部分就是合身的针织泳装要和身体的轮廓曲线达到完美的一致。所以要花时间和心思仔细观察，不要想当然地安置带子或镂空图案。花点儿时间让它们更加完美吧。除此之外，你还要仔细地画好衣服的边缘部分，因为如果没有弹性的边缘，就会不贴身了。

设计泳衣草图

- 如果你的时间很紧，不能非常仔细地画设计草图，那么请一定用自动铅笔。
- 要用两种不同粗细的铅来画，这样可以确保设计草图的外轮廓线比较深。3号笔可以用来画粗线条，5号笔则适合画针迹线。
- 要用箭头来指明设计草图本身不能清楚说明的地方。
- 将重要的细节放大，使设计图更清晰易懂。
- 如果你不是非常精通此道就请不要草率地画设计草图。因为设计草图就像计划蓝图一样，一定要既精确又清晰。
- 一定要保证你所有的设计草图比例一致。

注意：这些草图模板能帮助你围绕人体体形来设计。

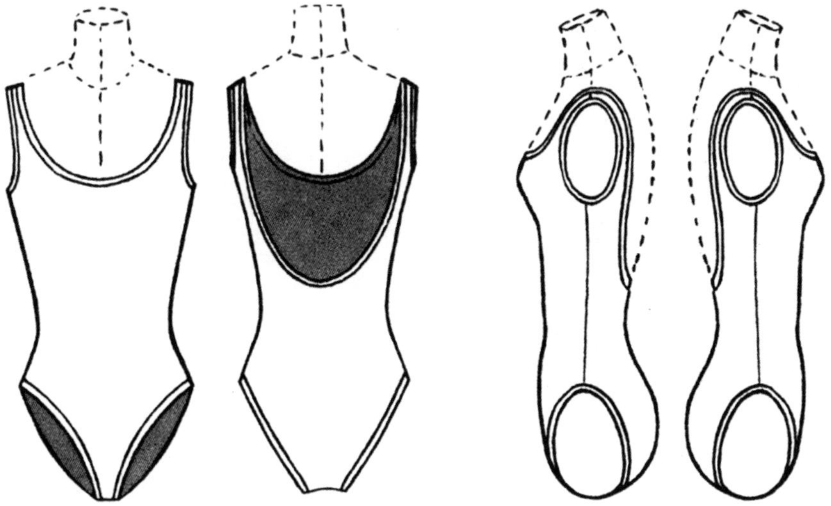

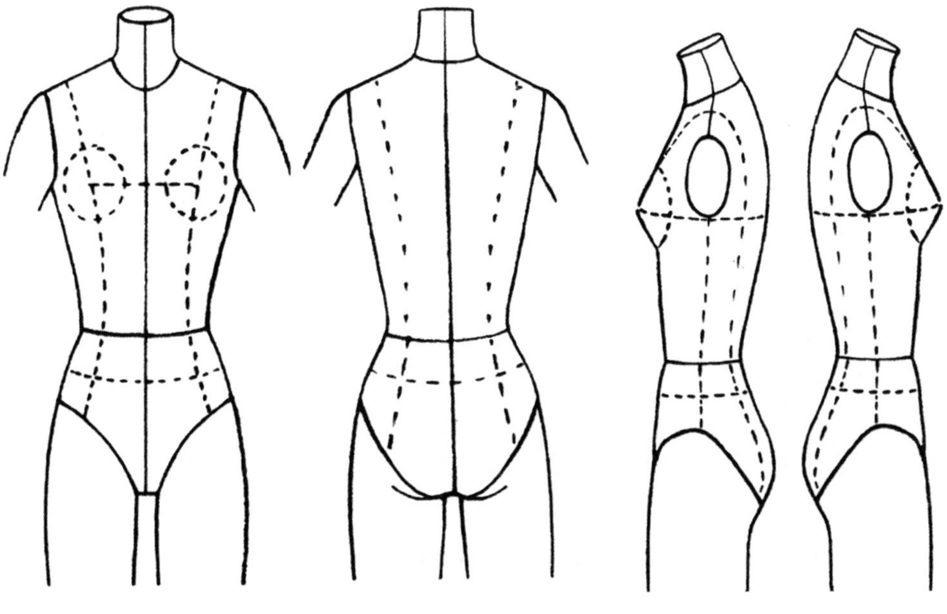

形体轮廓

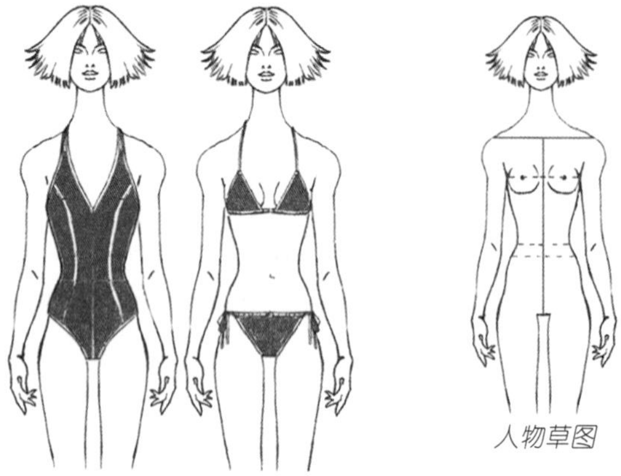

挂颈低领泳装 吊带比基尼 人物草图

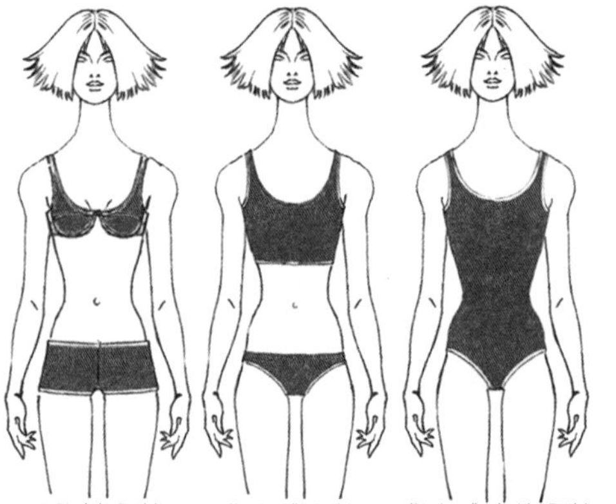

平脚裤泳装 背心式泳装 背心式连体泳装

为什么要用可延展的面料?

1. 因为适于所有体型，贴身且舒服。
2. 相对比较而言，好穿好脱，即使在湿着的时候也是如此。
3. 很容易晾干，而且形状保持完好。
4. 不会缩水。
5. 质地很轻，游泳的时候很方便。
6. 针织面料像腰带一样，可以束形。

泳衣设计注意事项

设计泳装需要一些特殊的技巧：第一，设计师必须了解专业的泳装面料。第一件泳装面料是机织织物，到现在为止，几乎没有哪一件泳装不是针织的（主要是莱卡）。设计师必须了解这种面料在含有氯的水中浸泡后或经太阳晒干后会产生什么样的变化。

第二，晒太阳浴的人和游泳的人对于泳装有不同的要求。游泳的人们希望它们的泳装合身，身体可以自由活动，当然也不要自由到泳衣会不合体。晒太阳浴的人们希望穿着它们的泳装躺在太阳下会很舒适，而且他们不想最后身上有很奇

注意：如果你画的模特不是全身像，那么考虑将隐略的腿或胳膊用逐渐消失的过渡画，比突然截断效果要好得多。

泳衣设计元素

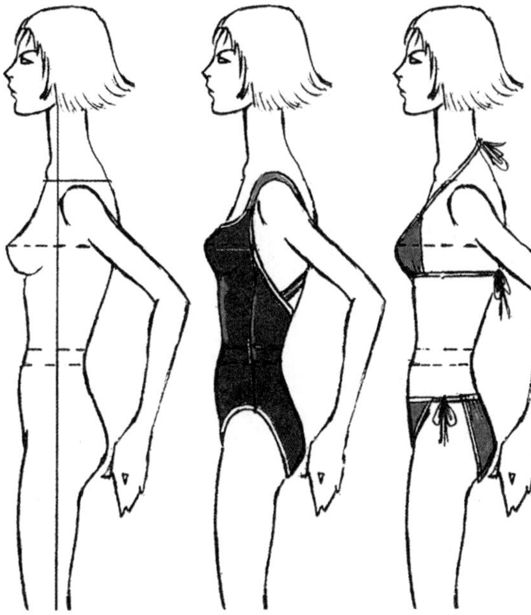

1. 泳装设计师们必须从各个方面进行考虑，一定要确保泳装的每一部分和其他部分的连接是牢固的，例如吊带和胸杯的连接，保证人们在游泳的时候，泳衣不会滑落。
2. 对比和比例是你要时刻记在头脑里的两个重要因素。比如，你设计的泳衣上装很小，那么下装你可以试试新款及腰的底裤，或者是紧身的四角平底裤。但是，如果你设计的上装在胸前的遮挡比较多，那么你就可以设计很露背的款式来达到使人意想不到的对比效果等。
3. 泳衣的上装可以是无骨架、柔软的，也可以是有填充物带钢圈的。你必须考虑到你的顾客们的需求——或者创造一种新的款式。
4. 现如今，我们已经有了众多的泳装款式，而不仅仅是连身或分身。我们在本书接下来的几页中也将会尽量地向你们展示。而且还可以改变底裤裤脚的高低，使你的作品款式更加多样化。
5. 在其他服装设计领域里，不对称的设计是如此地流行，所以如果不尝试设计不对衬的泳装就显得很不聪明了。

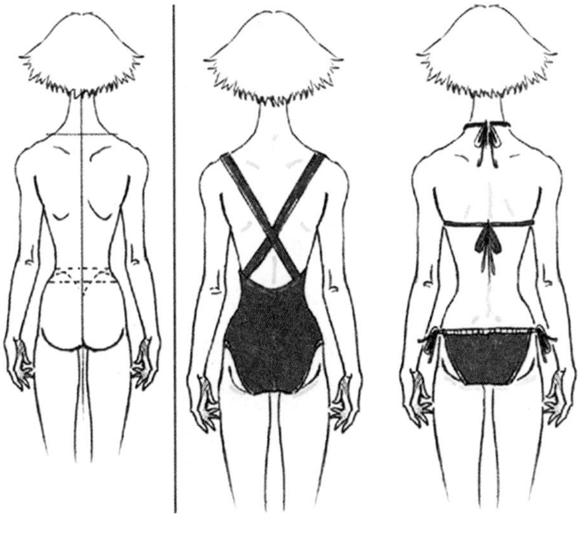

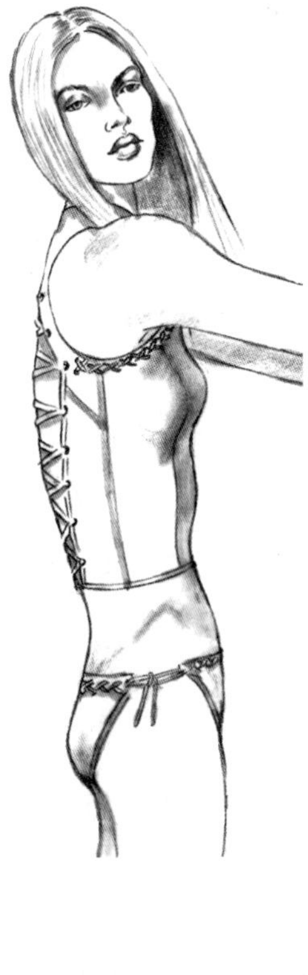

正面泳装设计

正面人物泳装设计线

就像我们前面已经讨论过的，你会发现正面人物设计是多种多样的，尤其是对于更加复杂或不对称的服装设计。这些模特人物年轻，身材苗条，还有完美的身体曲线。她们的胸部圆润突出，前挺而不是展向两边。肩带处于斜方肌、锁骨和三角肌的交叉处。

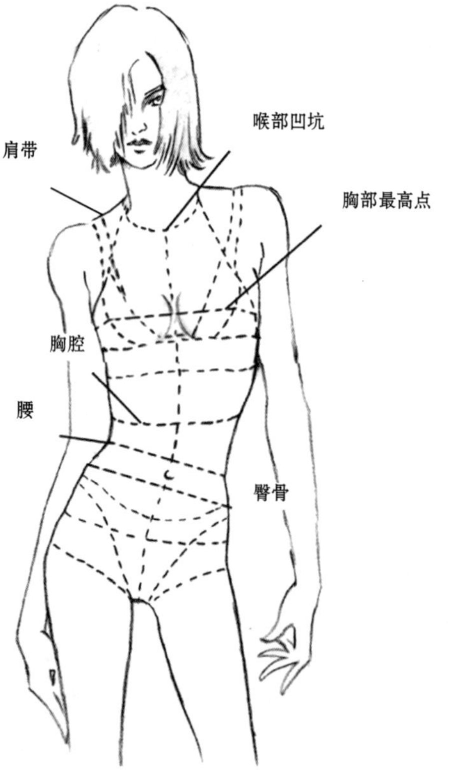

怎样开始

1. 找一个看起来不错的姿势，然后加上适合你的设计的人物表情。
2. 画出你所选定的姿势的基本构架。哪边的肩和胯比较高？垂直中心线和重心腿的位置关系是怎样的？头和身体的角度又是怎样的？胳膊的位置对于你的设计是很必要的补充吗？（如果不是，就把它们换个姿势。）
3. 确保你画的胳膊和腿有很柔和的曲线，而不是僵硬的。
4. 确保你设计的泳衣和人物身体的轮廓能够很好地吻合。
5. 花点时间把手和脚画得精细一点。

正面轮廓

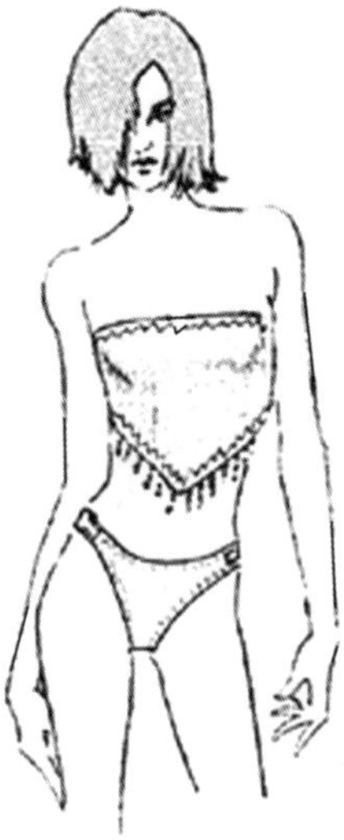

二十世纪七十年代的风格

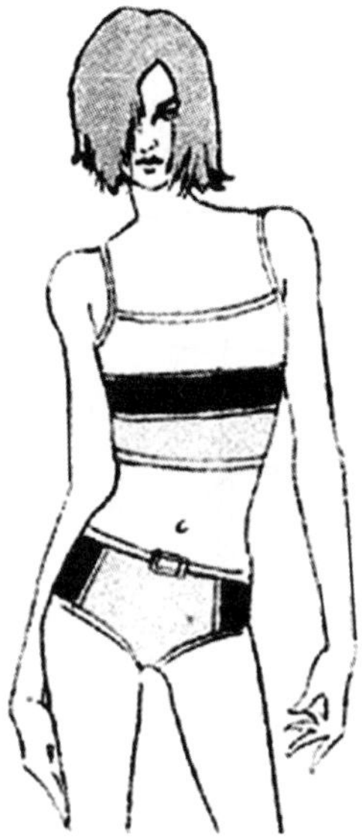

背心式泳装

这些泳装的设计和模特的气质情绪相吻合吗？如果给她们穿上更能突出曲线的泳装，效果会更好吗？

克里斯汀·迪奥

圣·罗兰

设计大师们的设计

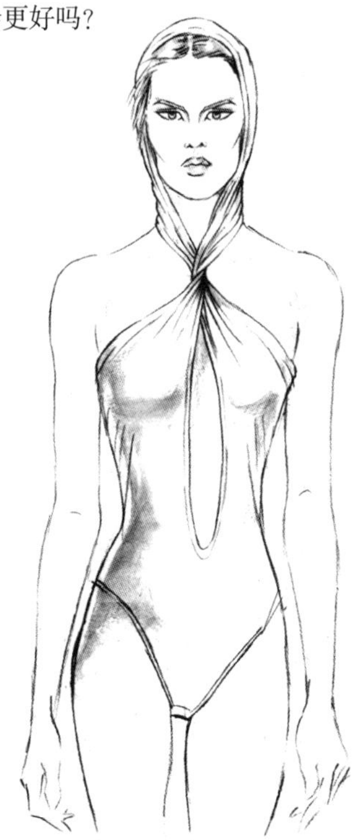

注意：
这个帽兜被整身泳装拉得很紧，所以它和头部贴得很合适。也可以设计很舒适的垂到肩膀的宽松帽兜。

微侧角度的泳装

侧身角度

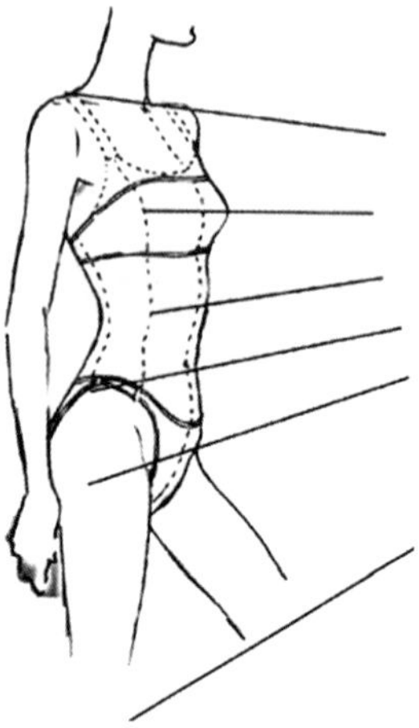

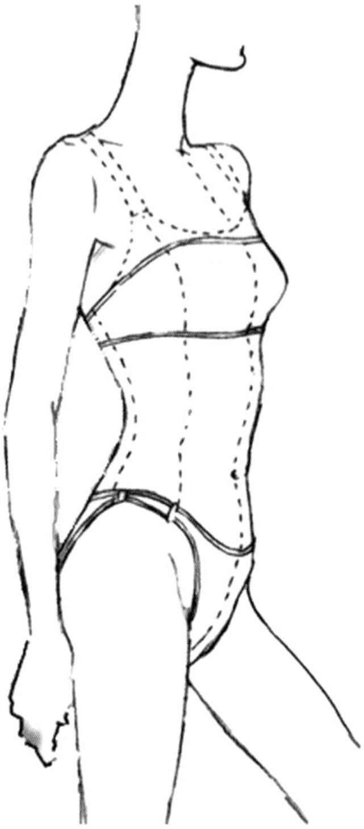

人物侧身的角度越大，人物的透视感就越明显。

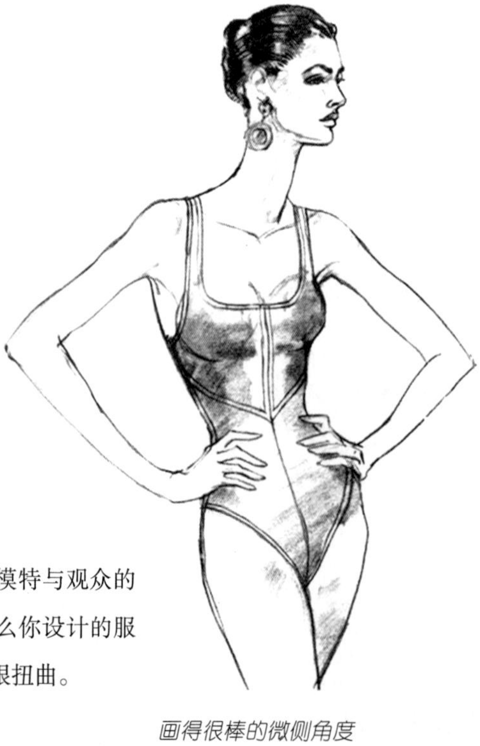

如果你不注意模特与观众的位置远近关系，那么你设计的服装在观众看来就会很扭曲。

画得很棒的微侧角度

设计线

1.

2.

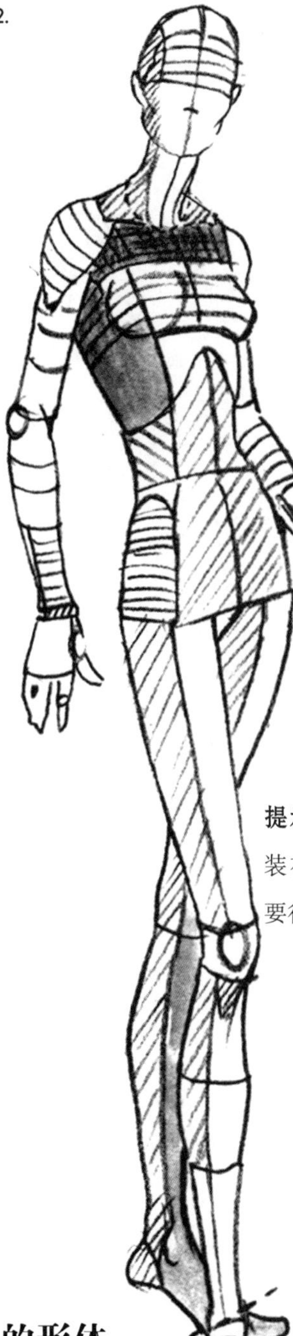

3.

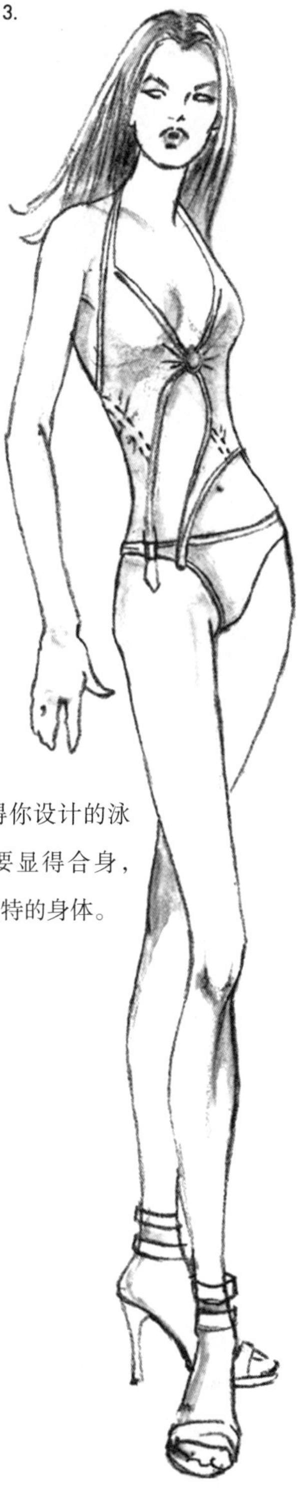

提示：始终记得你设计的泳装在模特身上要显得合身，要很好地包裹模特的身体。

进一步探讨微侧角度的形体

如果你真的了解人体的立体结构，你的绘画会非常得棒。这样的技能也会在你设计的时候帮助你全面的考虑问题。上面的这些例图可以帮助你了解人体的几何学结构。

背部角度的泳装

线条

背部角度的模特姿态

很多学生都试图避免画背部的设计图，因为画起来总是很不顺手。但是很多情况下，泳衣或晚礼服的背部设计是服装设计很有意思的一个部分。记住，当重心集中在一条腿上的时候，承重腿这侧臀肌的曲线是弯曲的，显得很圆，另一侧的臀肌则显得很放松。

着色过的人物

背部视角泳装检测：

1. 斜方肌的角度改变要正确地画出来。
2. 脊椎的形状要柔和地表现出来。
3. 肩胛骨要用阴影衬托。
4. 泳装的曲线要能够体现身体的曲线。
5. 肩带很紧。
6. 整个身体形态要显得很放松，而不是很僵硬。
7. 胳膊不要挡住整个设计。
8. 腿部的角度要能很好地反映身体的角度。

背部和侧面角度的设计线

背部视角，一定要和一定不要

1. 一定要在你的剪贴本中找到好看的背部发型。因为这个角度的发型很难凭空想象。
2. 一定要仔细地设计你的手臂姿态，要让它们看起来不做作。
3. 一定要画出脊椎骨和肩胛骨。
4. 一定要画出起作用的处于紧张状态的臀肌，要体现它与放松一面的臀肌的不同。
5. 一定要想一些可以使你的设计看起来更加自然的细节。
6. 不要怕困难而不画背部角度。它们可以使你的设计图更加生动。

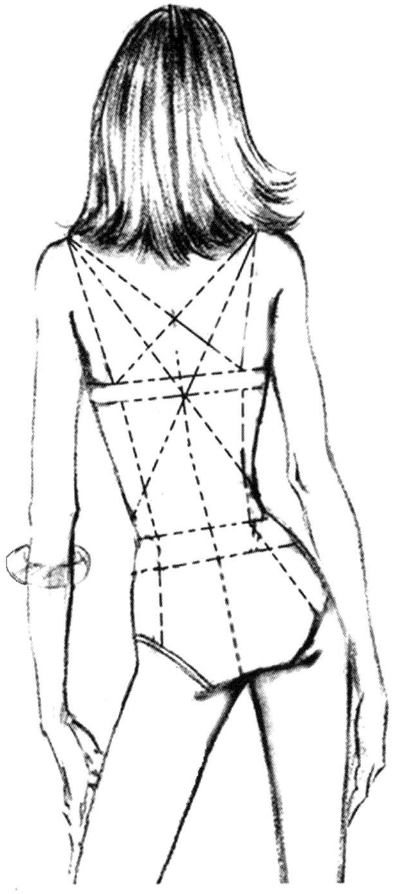

背部角度的设计线

侧面设计线

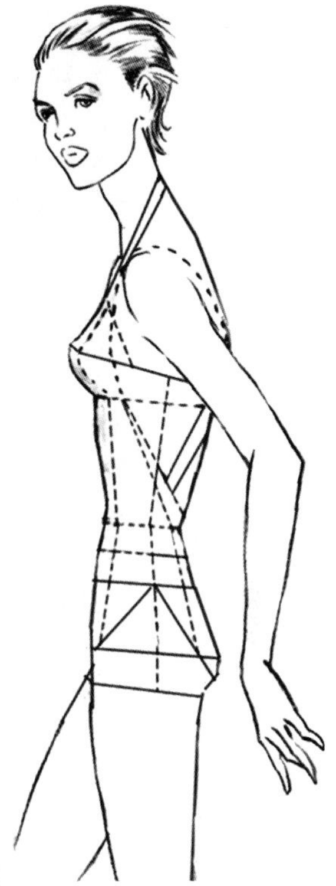

泳装的设计线

在设计泳装的时候，各个角度都是很重要的，因为你不能仅仅考虑到泳装的前面和后面，各个方面你都要认真设计。你可以用这些不同角度的人物帮助设计肩带或其他小细节。

泳装的设计练习：

1. 在时尚服装杂志上找到三张好看的泳装相片。挑一张设计线、角度和书中所给最接近的，然后给这个模特画上泳装。
2. 再选一张，给这个角度不同的模特画上同样的泳装。
3. 设计一件你自己的泳装，利用你的剪贴簿带给你的灵感。从各个角度进行设计，前面、侧面、后面。要使用上设计线。

泳装外罩衫

两个方向相反姿态相同的模特可以有效地展示你设计的泳装及泳装的外罩衫。

注意：如果你设计的模特头发是黑色的，那么同时你要使你的泳装颜色同样浓重，这样才可以在视觉上相搭配。否则，模特的头发就会成为整幅画的交点了。

现在，几乎所有的衣服都可以作为一件泳衣的外罩衫。一块方形的面料可以变成一条布裙，一件T恤衫、一条长裙或长外罩都可以作为遮掩。当然也有专门为某款泳衣设计的罩衫，尤其是为那些有钱的顾客们，但是，为了节约起见，我们可以用任何运动衫来代替。

泳装设计草图模板（一）

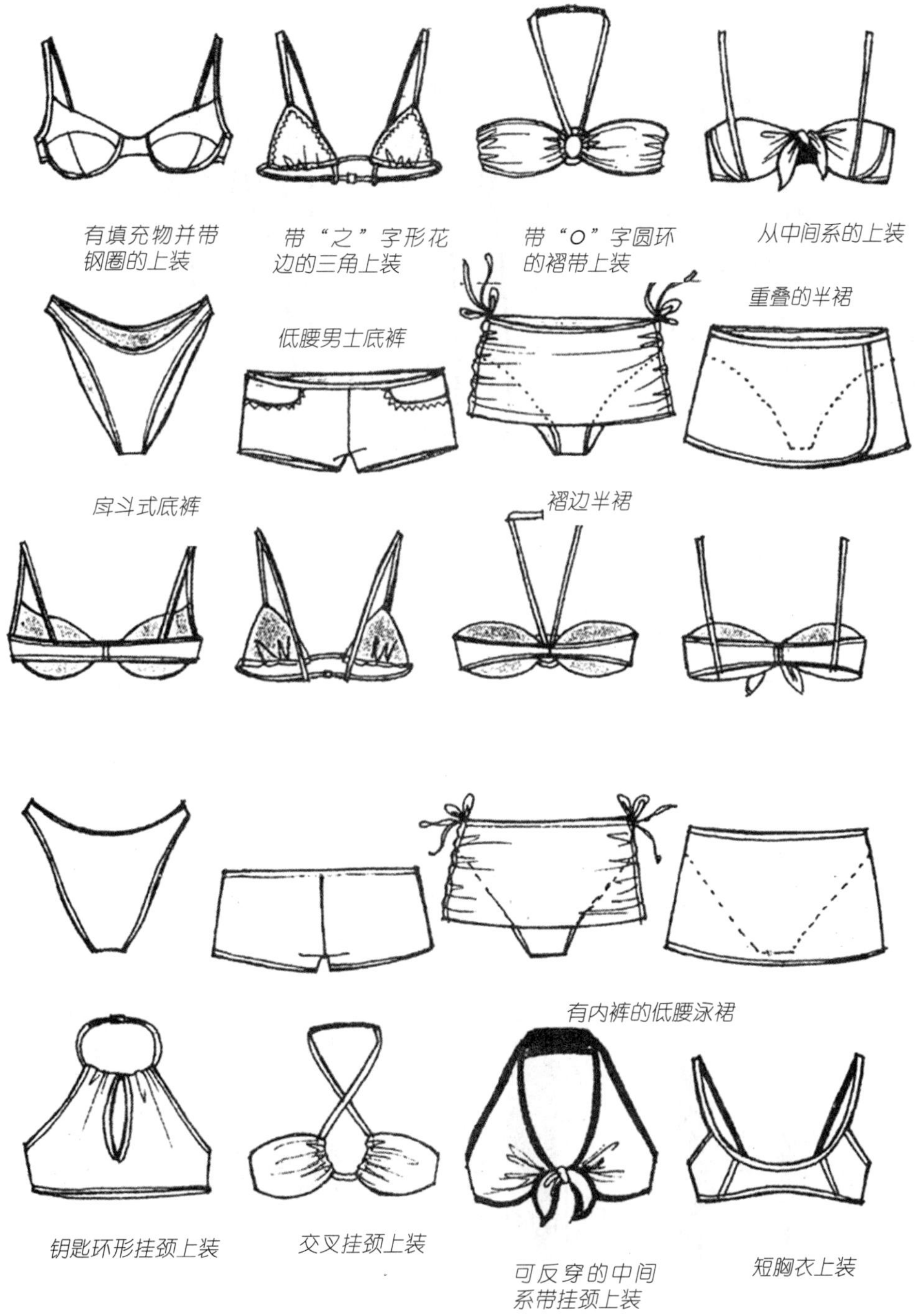

Sumi Lee的泳装设计草图

泳装设计草图模板（二）

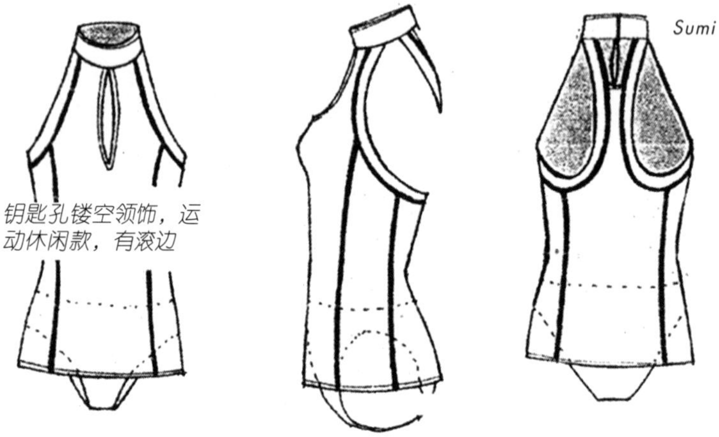

Sumi Lee设计的服装草图

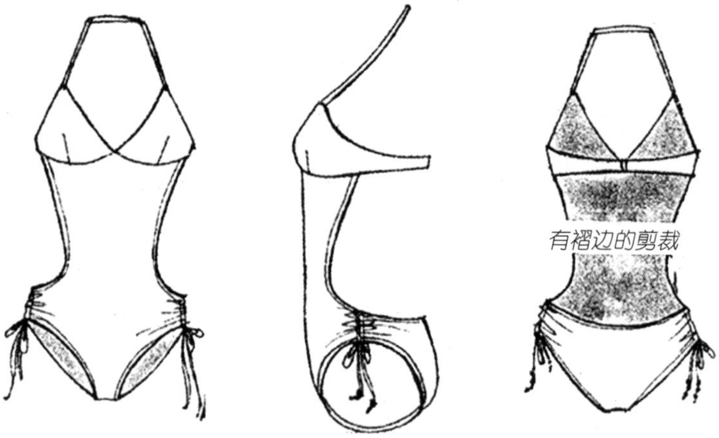

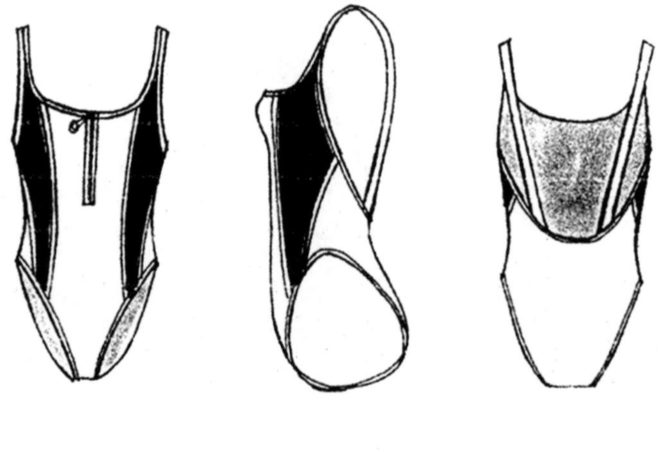

这三张草图向我们展示了怎样立体、全方位地考虑泳衣的设计。

大色块条纹泳装

女性贴身内衣

TEDDY

女性贴身内衣练习：快速电脑设计
为你的人物设计五件可以互相搭配的内衣，然后将它们用Photoshop软件放在模特身上试穿，编排一页“内衣专页”。

女士内衣包括胸罩、底裤、腰带、束腹、连裤袜、高筒袜、吊袜腰带、连衣衬裙、下身衬裙、衬裙、裙子、睡裙和长袍。

女士内衣和泳装有很多相同之处，它们的材料都是可延展面料，都需要衬托出好看的胸形，都要能够最好地掩盖人们身材上的缺点。二者之间最大的不同之处在于，女士内衣没有必要紧贴皮肤——要有一点空间（但是胸罩和底裤则不需要）。

女士内衣的设计在过去的十几年间变化最大是内衣外穿的趋势在增强，人们越来越能够从外边看见内衣。比如说，常常有人在外套下不穿衬衫而直接穿胸衣；或是把连衣衬裙作为裙子穿。年轻的女孩儿们有时候常常故意漏出胸罩的肩带，或是让人们能够从牛仔裤的边缘看见里面穿的内裤（就像男孩子们穿四脚裤的方式一样）。

另一个现象就是内衣专卖店越来越多了，比如“维多利亚的秘密”（Victoria's Secret），或Agent Provocateur（维维安·韦斯特伍德的儿子创立的品牌）。女人们都纷纷购买名牌内衣，而这些专卖店也能够理解顾客们的需求。

注意：你也可以用泳装的设计模板来设计内衣。

文胸的小历史

现今的文胸结构很复杂(最多有43个组成部分),为得就是更好地衬托时髦女性的胸部。但是,当二十世纪二十年代文胸刚刚被发明出来的时候,它只是两片简单的三角布和一些连接它们的带子罢了。

二十世纪三十年代杜邦发明了尼龙,这使内衣的制作和保养都变得容易多了。尼龙面料很好清洗,干得很快,而且还不用熨烫。

作为时髦别致的露背装的产物,第一款无吊带文胸在1934年问世。很多的服装设计大师们都设计了自己风格的文胸,用来在时装发布会上和它们设计的时装相配套。

蕾丝背心

1948年,好莱坞的弗雷德里克发明了第一件托高纹胸,利用金属丝的结构将胸形托得更完美。

二十世纪六十年代,自然成为了比较时尚的话题。金属骨架和填充物用得少了。作为一种女权主义和反性别歧视的象征,很多女性甚至不再穿胸衣了(扔掉甚至烧掉)。

二十世纪八十年代,时尚潮流朝转向了奢侈的缎子和大量的花边。自从高提耶和圣罗兰的设计问世以后,内衣的功能也越来越多了,就像外衣一样。

二十世纪九十年代,Wonderbra(品牌)的内衣问世,内衣市场扩大,很多不愿意做整形手术的女孩子们不用再丢脸了。

与此同时,维多利亚的秘密(Victoria's Secret)每年通过邮购的销售额已经达到了30亿美元。内衣已经成为了时尚界的主流之一,而且现在是将来也会是很大的时尚产业。

运动休闲服

斜条纹

搏击

泳装和运动服有很多相似之处，它们都很紧贴皮肤，都是针织的面料，而常常要露出很多皮肤。

第三单元
裤子和上衣

单元目标：

- 对于裤子在性别政治历史上的关键作用有一个大概的了解。
- 观看裤子的各种不同模板，并且练习画出效果好的设计草图。
- 掌握不同款式裤子的设计特点，设计出更富创造性产品。
- 学习几种能够更好地展示裤子设计的时装姿态。
- 学习能够设计出多样裤子款式的策略。

我们会涉及紧身裤、条纹裤、宽摆裤、短裤、长裤、中裤甚至可以透过裤子看到皮肤的裤子。

灯笼裤

关于裤子的术语

直到十九世纪，只有男人才可以穿裤子（在西方文明中），这一服装领域里的所有词汇都是指向男士的。但是现如今，所有的这些裤子款式都同样适合女性的时尚。

喇叭裤(Bell Bottoms)：裤腿向外展开，是二十世纪六十年代皮尔卡丹引导的潮流。

百慕大短裤(Bermuda shorts)：英国军队为了凉爽但同时能够保卫帝国领土（包括百慕大岛）时穿的一种长及膝盖的短裤。

灯笼裤(Bloomers)：十九世纪晚期，由艾米利亚·布卢姆为夫人和小姐们设计的一款裤子。 有一条短裙和一条长裤组成，裤腿在脚踝处扎紧。

马裤(Breeches)：1760年左右开始流行，男士们穿的一种从腰部到膝盖的较为紧身的裤子，还要穿袜子遮盖住腿的下部。

Britches：英语口语中说的“裤子”。

斜纹裤（Chinos）：军用裤子，无褶，锥形裤腿。为了适应美国士兵在菲律宾群岛作战而从英国卡其裤改造而来，布料是坚韧的棉布或斜纹织物。

衬裤（Drawers）：男人或男孩儿们穿在外裤里面的裤子。

骑马裤（Jodhpurs）：骑马时穿的裤子。传统的骑马裤在膝盖以上的部分非常宽松，从膝盖以下到脚踝的部分则紧贴身体（比较适合穿骑马靴）。

卡其裤（Khaki）：金黄的褐色。和军用斜纹裤是同义词。

工作裤(Overalls)：一种传统的美国宽松裤，有很大的兜口和可调节长短的肩带，通常是穿在其他衣服的外面。可以是时尚的服装也可以是实用的工作服。

法兰绒长裤（Oxford bags）：二十世纪二十年代牛津大学校园里学生们穿的裤子，裤口宽松肥大，裤腿有四十英寸长。

潘特隆裤（Pantaloon）：英国花花公子博布卢曼发明的剪裁合身长裤。他在脚下绑了带子，这样可以拉直裤子防止起褶（就像滑冰裤一样）。

短裤(pants)：从Pantaloon一词分离出来，这种裤子是十五世纪意大利著名小丑Pantaleone穿的一种宽松小丑短裤。这个词在英国也是指内裤。

自行车裤(pedal pushers)：长及小腿的女士裤，常常在骑自行车的时候穿。

休闲裤(slacks)：这个词是二十世纪四十年代海格公司发明的，意思是休闲放松时穿的裤子。

弹力裤：(stretch pants)：尼龙或双织面料裤子，在裤子的边缘有松紧带，可以踩在脚底下，可以使裤子紧绷于腿上。

长裤（trousers）：这个词来源于苏格兰的盖尔语。意思是伸长。通常是男士或男孩外穿的衣服，从腰部到脚踝分为几个部分。

改良的骑马裤

裤子发展小史

裤子是权力的来源。

——弗朗西斯·普鲁兹（France Prose）

1350年前：当时欧洲文化下的男士们穿长袍，女士们穿束腰外衣（一种很普遍的，社交场合穿的服装）。

1350年以后：男士开始穿裤子到处游走。然而，仍然穿着行动不太方便的裙子的女性们，则继续和孩子们留在家中。

1850年：工业革命。男性开始穿上了显得更为严肃一体化的工作服。受到特殊待遇的女士们则越来越成为了“衣服架子”，随着财富的积累，她们穿上了层层叠叠的裙子。

1914年：当代的战争真的能够改变很多事情。第二次世界大战期间，男人们都上战场了，女人们，要么是在工厂里做工，要么是待在空空的房子里。她们的衣服是很实用的工作服。穿着舒适的衣服和裤子对于女人来说也是可能的了。当时，女士们还能涂口红，开车，露出她们的腿，甚至还能竞选。

1920～1930年：一种剪裁更为讲究的“男式”裤子问世了。受到广泛的争议。直到女明星玛林·迪特里奇（Marlena Dietrich）首次试穿男式燕尾服大获成功，才打破了僵局。

1940年：第二次世界大战的时候女性士兵的军服中也包括裤子。

1947年：由于克里斯汀·迪奥的极端女权主义，欧洲的女性们突然开始穿着大胆和新潮了。但是这时的美国女性们还很保守。

1950年：美国的青少年文化开始成为带有革命性的潮流。休闲服开始风靡全球，最终人们为这种潮流起了一个名字“美国街文化”。粗布牛仔裤成为了人们可选择的又一种时尚。

1960年：战后科技迅猛发展，新型的可延展性人工合成面料问世。女性开始穿可以随着身体自由活动的紧身针织服装了。像古莱特和卡丹这样的超前主义艺术大师设计出了极简单的长西装裤，颜色多为柔和的淡纯色配有奥普风格的艺术画。

二十世纪六十年代晚期：当男士们走进一家中性风格的服装用品店，为了配他们的喇叭裤而购买样式飘逸的上衣时，服装上的性别混合更加明显了。

1970年：高档服装设计师卡尔文·克莱温投身于为年轻人设计时尚服装的工作中，将传统的长牛仔裤截短。他还雇用波姬小丝为模特，他在一件衣服上就花费了上百万元设计费。

1980年：职业的女性们穿上了所谓的三件套“权威服装”。同时，玩Rap的艺术家们也用他们的毛衣配运动休闲鞋影响着服装界的发展。

1990～2000年：主要是这之前几十年的服装潮流的循环流行。女性紧身短裤和喇叭裤再现于世。整个服装潮流越来越朝着个人个性化的方向发展着。

裤子

说实话，现代女性穿裤子的时间比穿裙子的时间长得多。她的衣柜里会有成打的裤子，而且款式众多，绝不重复。宽的、窄的、正式的、牛仔的、闪亮的、贴退裤、运动裤、工作裤，或是仅仅周六晚上出去玩穿的裤子等。所以我们要设计的裤子必须既要非常的合身，又要时髦吸引人。

怎样开始

1. 从观察你周围的人开始，看看他们都穿什么样的裤子。穿在身上合身吗？裤子有多长？裤脚是覆盖住了鞋面了呢，还是刚刚碰到鞋面？裤子的剪裁是什么样子的？是宽版的还是窄版的？注意裤子上的褶皱，看看他它们是怎么样真实地体现人的形体的。如果我们尝试着了解每一款裤子的形状和大小，我们就能够让我们设计的裤子在模特身上显得自然而正确。
2. 想一想男士们是怎样穿裤子的，男士们穿的裤子和女士们穿的裤子有什么不同之处？女士们又是怎么模仿男士们的穿着的？
3. 仔细地观察和不断地练习都是很必要的，可以帮助你顺利地给一位真的模特设计衣服。但是同时，设计图模板也很有用处。
4. 仔细认真地研究每一季裤子款式的细微变化。最好把这些变化体现在你的工作当中，即使没有体现在你的设计中，至少你也能增长了见闻，扩大了信息量。
5. 你可以从过去的服装款式中寻求灵感，但是也要注意你的设计能够体现现代元素。（例如，虽然我们从二十世纪八十年代汲取了设计灵感，对于衣服肩膀处的设计，设计师们也不会设计出同那个时代一样的款式）。

我建议大家尽量从好的杂志上多临摹一些服装款式，从骨子里体会时尚！所以，现在让我们赶快来看一些裤子的设计并且开始着手画吧。

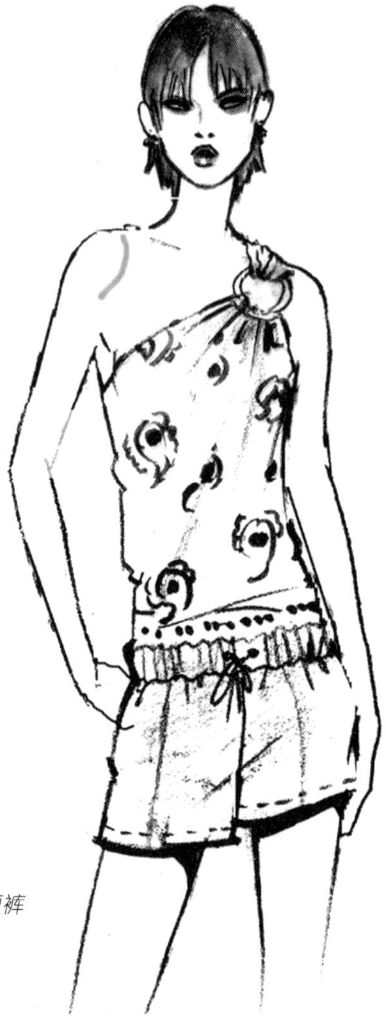

亚麻短裤

裤形

检查:

1. 胯裆处的线条体现了臀部的姿态。
2. 裤子的缝边体现了腿和脚的轮廓。
3. 阴影可以告诉我们在裤子里的腿的形状。
4. 很多高档女士裤的拉锁,在缝线边的右侧。（很多休闲裤或牛仔裤并不是这样的）。
5. 短裤会给腿和脚遮上阴影。

就像你所看到一样，这些裤子画得非常简单，但是能够精确地体现模特的动作姿态和面料的质感。哪一种面料看起来不那么垂坠？哪一种看起来像针织的面料？哪一种更正式？哪一种更休闲？什么样风格的上衣配什么样的裤子？什么样子的裤子配什么样的上衣？ 这些问题的答案都应该体现在你的设计中，这样观看设计的人才能够从你的绘画中得到足够多的信息来充分理解你的好想法。

宽边裤　垂坠褶边紧身裤　九分裤

在身体上画裤子

在身体上画出衣服的最令人头疼的一个问题是，你必须画出身体的哪个部分和衣服的哪个部分有接触，而哪个部分的衣服又要不接触身体，比较独立的出于悬空状态。而这些又都不是固定的，随着衣料的剪裁和重量的不同而不同，裤子是直裁的呢还是斜裁的？模特是站着不动的还是在运动中的？你必须要考虑到这些，因为衣服是妥贴地在身体上，还是飘在一旁都会对整件衣服的形状起到影响。

检查：

1. 面料是轻盈地紧贴身体的，还是有鼓起的褶皱？
2. 模特的动作形态是否会影响裤子的外观。
3. 裤子的剪裁和款式是否会使衣服更加合身。
4. 裤子是否长及鞋子，如果是，具体的形态是如何的。

虚线的部分是裤子不接触身体的地方

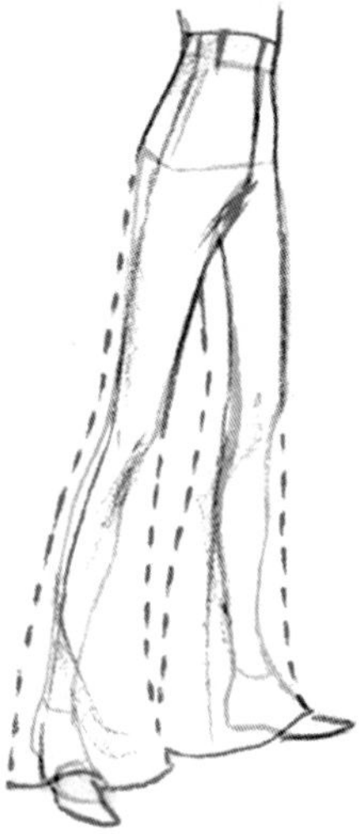

很向外张的裤子

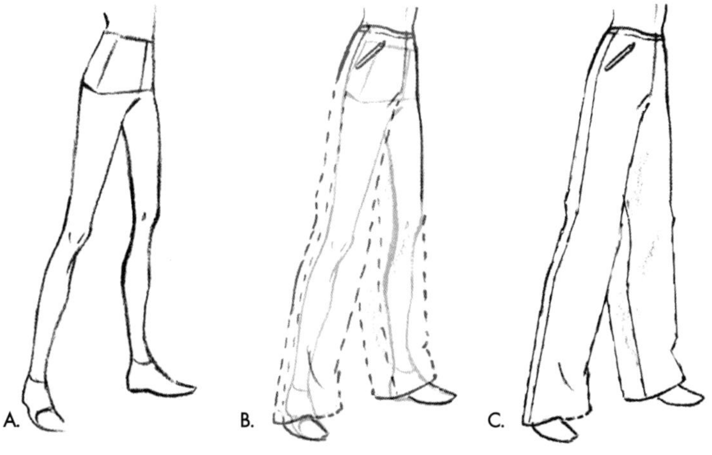

A. B. C.

运动裤

实线的部分是身体和裤子接触的部分。

像纯棉、尼龙，这些都不是柔软的面料，所以这种面料的裤子多半在人体运动时才会接触身体。

运动裤侧面角度

正面裤子的画法

柔软的长裤

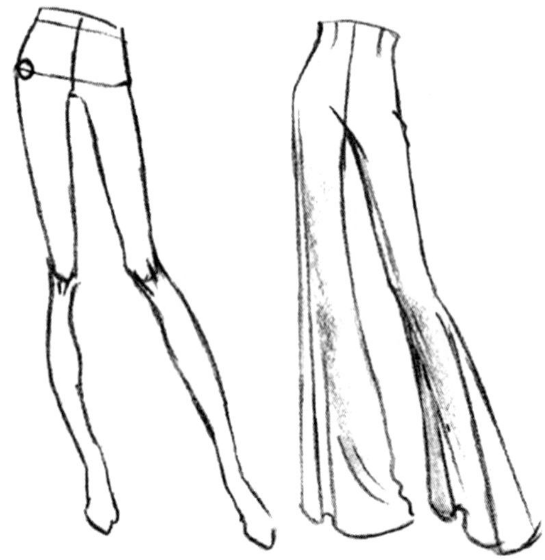

裤边垂到地板上

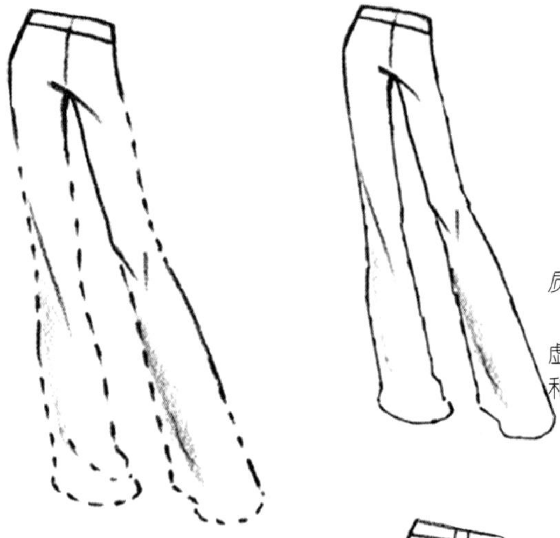

质地轻薄的喇叭裤

虚线的部分表示裤子和身体没有接触。

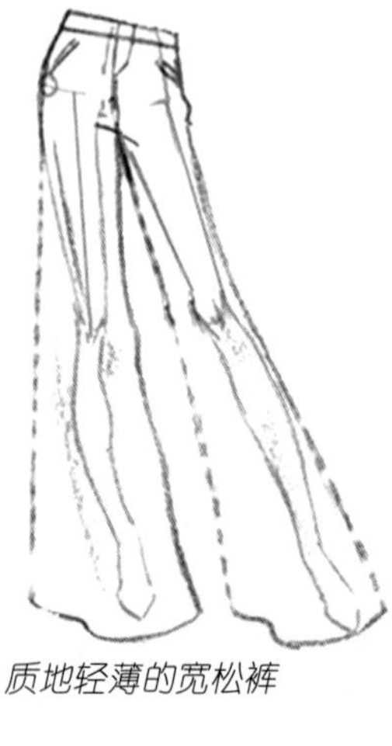

阴影告诉我们腿的位置。

质地轻薄的宽松裤

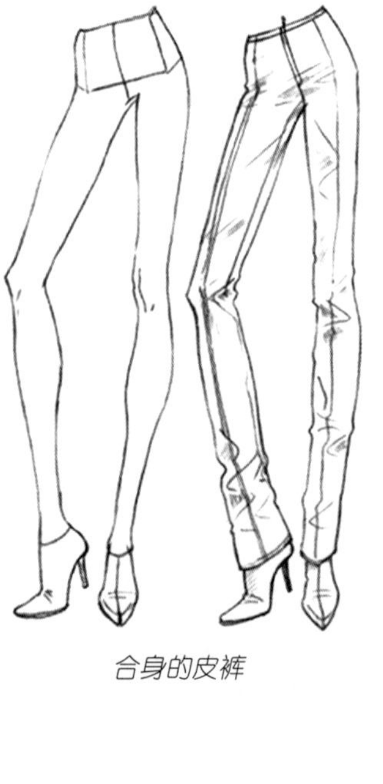

合身的皮裤

步骤：在身体上正确地画出服装

第一步：翻领和腰带

A. 领子是有弧度的，围绕着脖子的周围。

B. 口子就在翻领的驳口下面。

C. 翻领上的斜纹线条要平行。

D. 画出腰带，确保弧度看起来是真实的，注意系扣要在正前方。

E. 袖子与肩膀的接口线条可以告诉人们身体的转动角度。

第二步：夹克衫、袖子和裤子

F. 注意袖子可以反映肩膀的形状。

全图

G. 注意什么地方身体和衣服有接触。

H. 因为胳膊是弯着的，所以要画出褶皱。

I. 注意袖口边和胳膊的轮廓保持一致。

J. 确保从拉链到胯裆的中缝线在正中间的位置。

K. 在胯裆的地方可以有一点多余的宽松空间。

L. 在胯裆部增加行缝线。

M. 要让腿上的裤子有一点宽松的余地。

N. 裤子的缝合线要和腿的弯曲轮廓保持一致。

O. 在膝盖处画出阴影或者褶皱。

注意：尝试着给设计的衣服另一侧画出相同的部分，注意如果模特是侧身的，那么侧面的缝合线观众也会看得见。

1.

2.

3.

比较精细的正面姿态

中心偏向一边的腿的姿态要画得比侧面的姿态更加精细，更加复杂。图中的人物整体比例比较短，躯干和四肢比较长，这样的画法现在很流行。

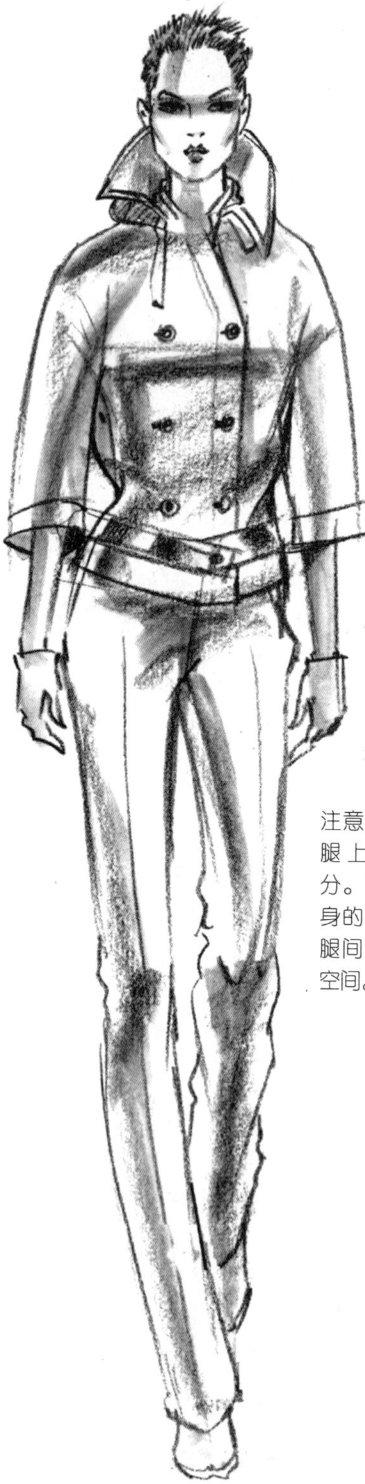

注意看后边那条腿上的阴影部分。如果是很贴身的裤子会在两腿间留下一定的空间。

服装设计师：
Narcisco Rodriguez

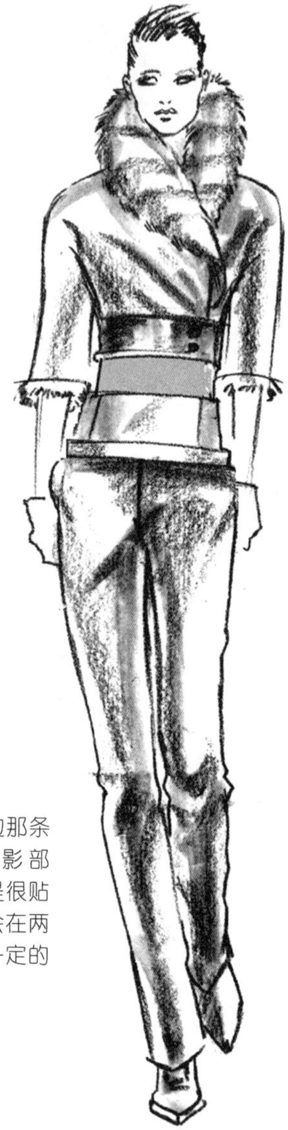

比较宽松的裤子两腿间的空隙会比较小。

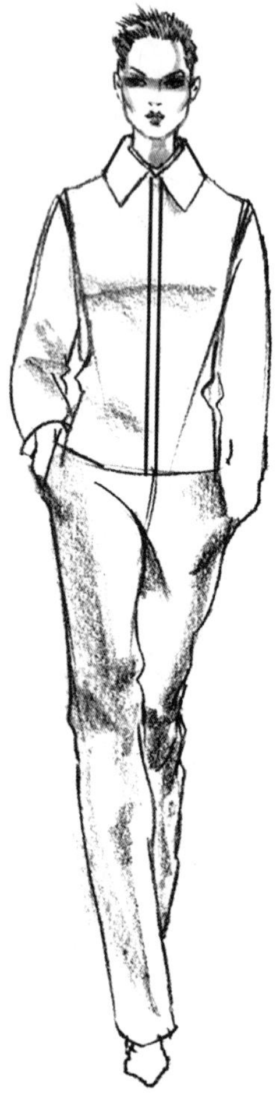

这是一条比较宽松的针织裤子，这样行走时，两腿中间不会留有空隙。还要注意两条腿的位置，有一点交叉。

裤子和行走姿态

这些服装受了建筑学的影响。肩膀的形状和宽宽的袖子是关键。如果你想画一幅好的设计，那么在你真正成功之前请不要轻易满足。

年轻模特的比例

多层搭配

宽松的大裤子

布袋裤和束腰外衣

初步检查：

1. 头稍微大一点。
2. 圆圆的脸，鼓鼓的脸颊。
3. 大脚。
4. 有点小幽默感和小可爱。

注意：阴影是怎样显示衣服里面的身体的。

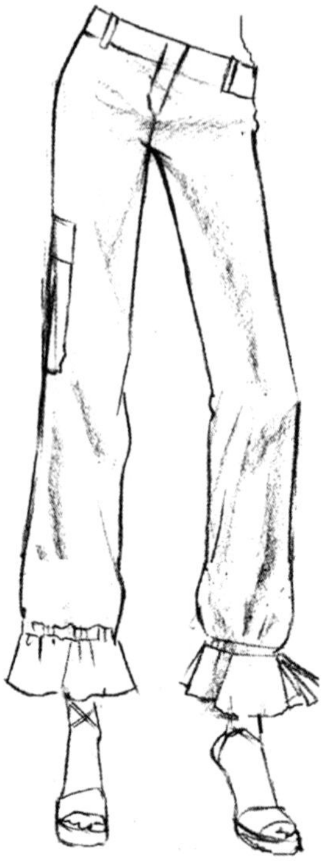

弯曲的膝盖，裤脚的一些碎褶会增加设计和绘画的难度。

裤子的画法

下端重的布料做成的裤子，形状会保持得非常好。所以，你的设计画起来会很简单，只要注意基本轮廓和一些小细节就可以了。当然上色这个步骤很重要，但是通常你只需要画些阴影和布料的纹理就可以了。

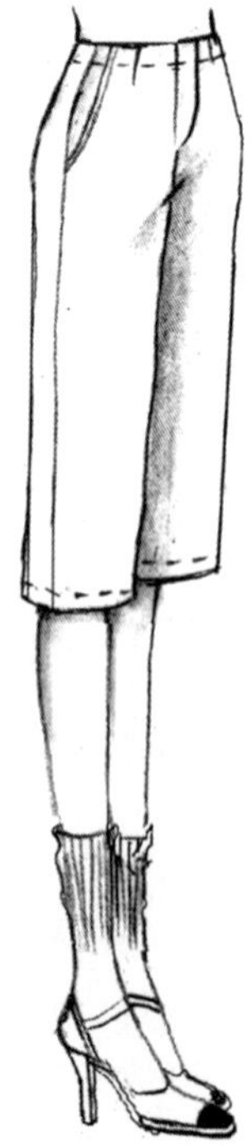

你可以加进一些比较可爱的元素，比如，一些身体姿态，或配饰。

更多的年轻形体

步骤：侧面角度的姿态

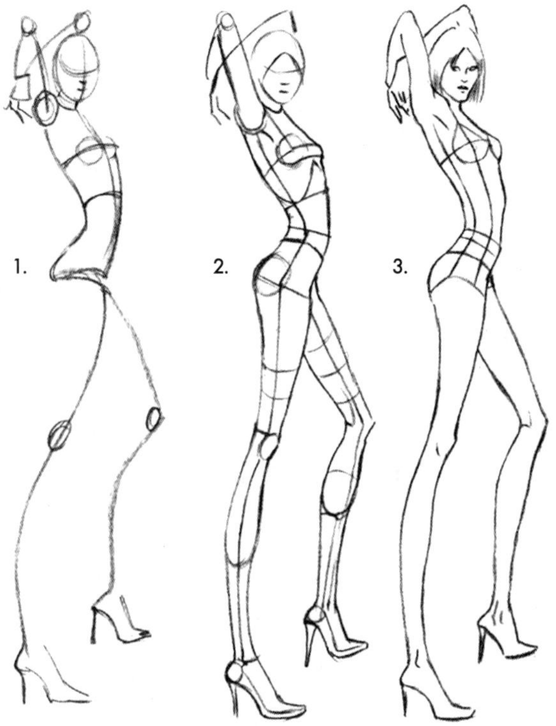

首先，要抓住这个姿态的本质。注意躯干的极致伸展使腿部形成S的形状。

轮廓和结构线可以帮助你给人物加上衣服。确保人物的五官能够正确显示人体的角度。

在画衣服之前，先画出领口线，肩膀袖子接口、袖口、衣边等，这样会给下一步画衣服带来很大的方便。

怎样开始

A. 找一张比较合适的侧面像剪报。

B. 在剪报上铺上硫酸纸，然后画出头部、躯干、手臂和双腿的角度。利用这张结构分析图画出初步的人物结构。

C. 然后把这张硫酸纸再次放在剪报上，修整轮廓线，画出整个身体姿态，直到这张图的结构看起来比较正确为止。

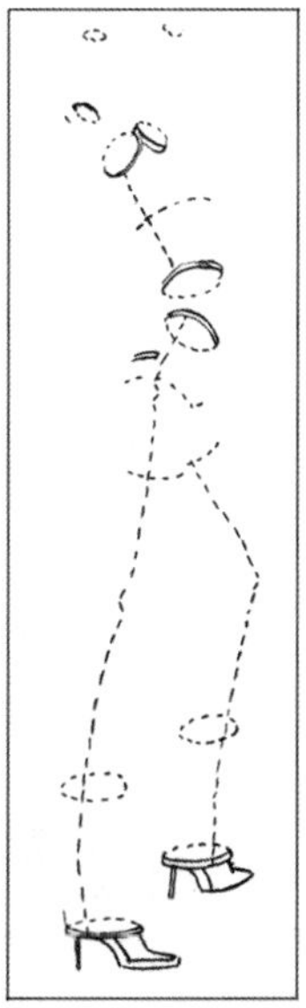

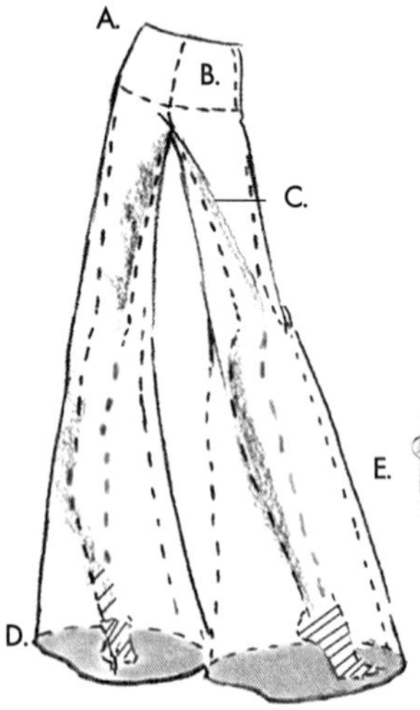

宽裤管女裤

背后角度

姿态

步骤：画宽裤管的女裤

1. 确定腰线的位置（A）。
2. 确定缝合线的位置，这条线有一点点随着向外弯曲的腿而弯曲（B）。
3. 画出阴影，确定裤管中腿的位置，特别是从臀部到膝盖的一段（C）。
4. 确定裤边线，这个款式的裤子裤边垂地，所以裤边不受鞋子的影响（D）。
5. 画出裤管中的腿，确定身体的什么部位和裤子相接触。同时，这种面料的裤子不是特别软，很多地方完全可以与身体分离（E）。

年轻的模特

背部的裤装形态

1．找到比较好的背部裤装姿态的剪报。这样的剪报不太好找，所以一旦看到了就马上把它收集起来。如果可能的话，你也可以找人做你的模特，用一次性的相机拍一些背部角度的照片。
2．我想要展示的是宽裤管的女裤，所以模特的姿态一定是两脚分开站立的，这样就可以避免设计图看起来像裙子了。
3．当我画腿部的姿态的时候，最开始画的线条一定要能够强烈地体现姿态的轮廓曲线。注意重心所在腿的画法，一定要正确，否则你的人物看起来就会奇怪的倾斜。

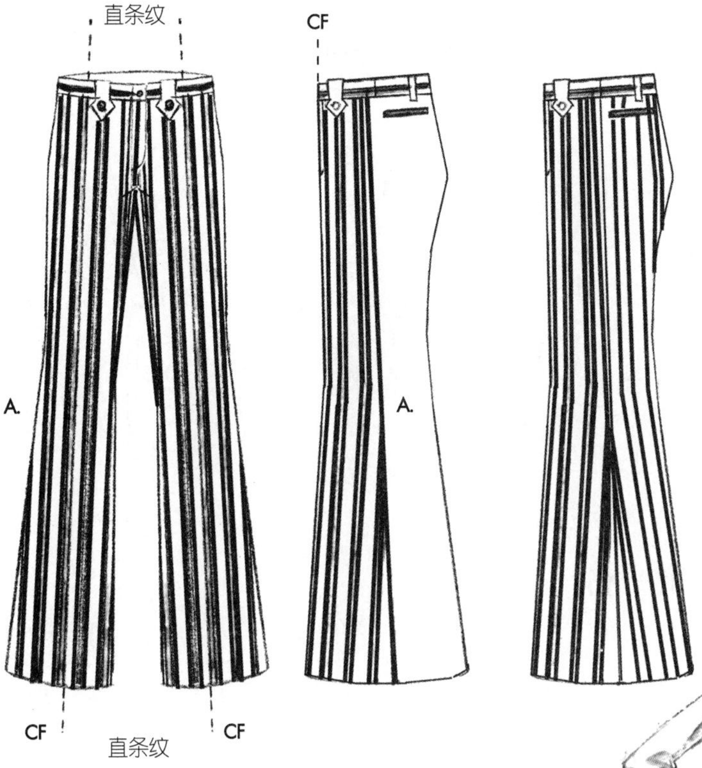

条纹裤

1. 画正面裤子的时候，一定要先画两个裤管正中央的那两条线。（要画得笔直，除非你要画斜线条）然后再添上其他的线条。

注意： 你可能会在另一张纸上单画出这些条纹并且测量它们的长度。

2. 注意保持条纹间的距离相等。不要随着裤子的形状而改变。
3. 边上的线条也许会和边线交叉或重合。

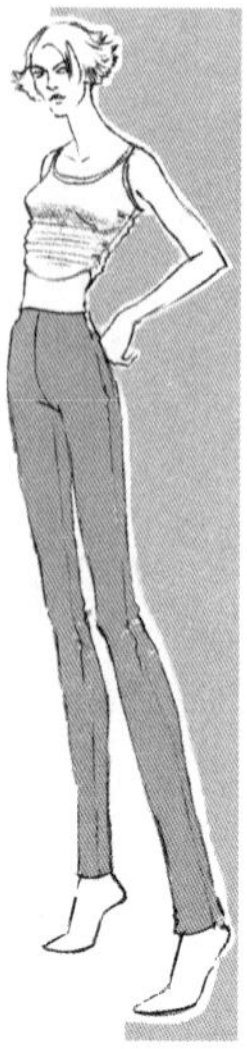

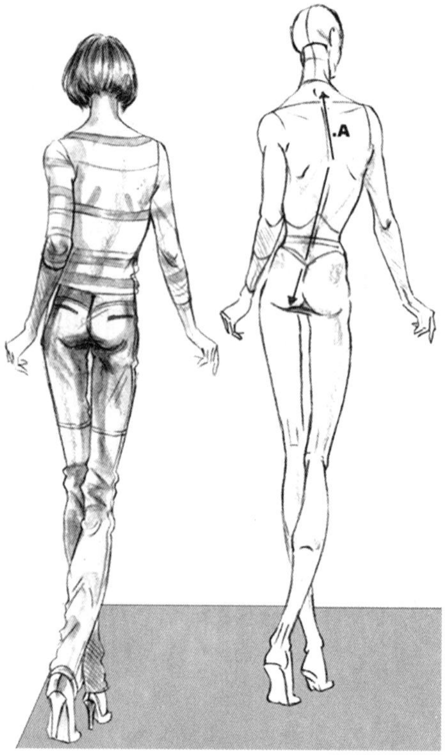

紧身裤

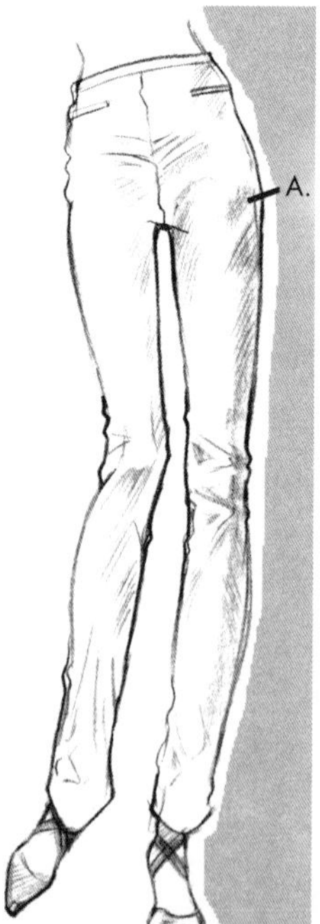

向上或向下的面料条纹告诉我们腿和脚之间的角度改变。

女式皮裤的前视效果图

检查：

1. 确保臀部的轮廓很明显，特别是股骨大转子的轮廓要突出。
2. 注意裤子的那个地方相对来说比较松。好看的裤子从臀部到脚踝都不是很紧身的。
3. 注意膝盖部位的褶皱，可以用简单的阴影表示。

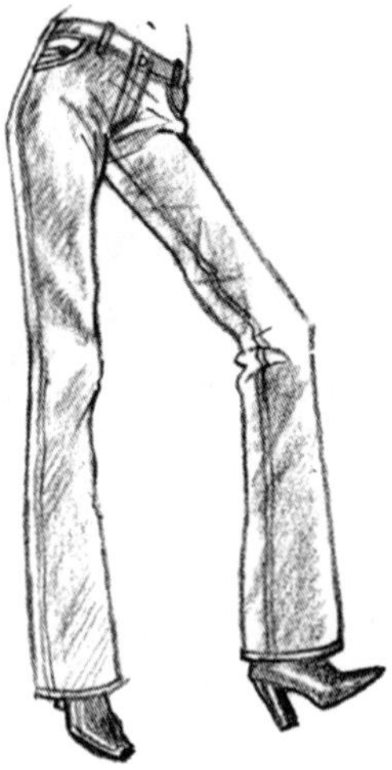

二十世纪七十年代复兴款式

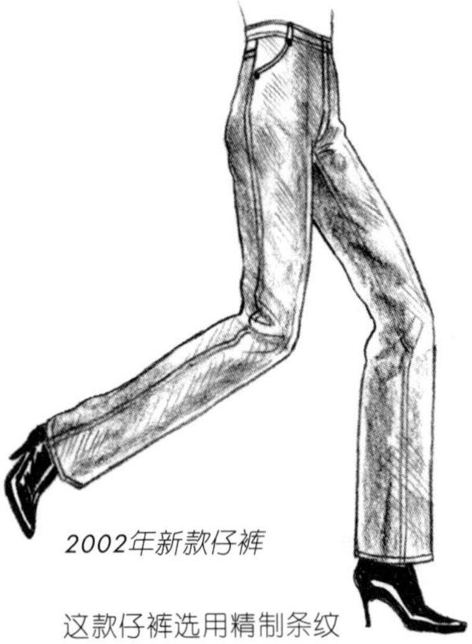

2002年新款仔裤

这款仔裤选用精制条纹面料，高腰靴裤。

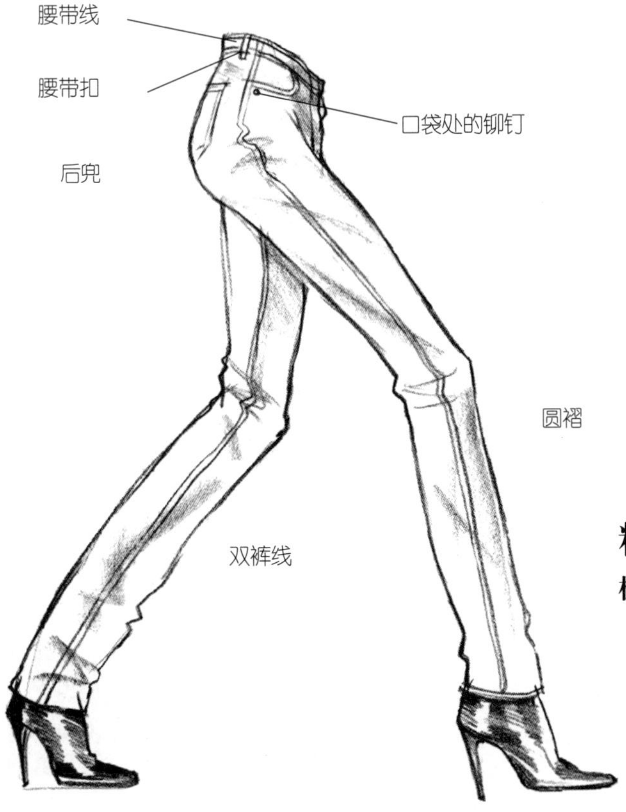

粗条纹牛仔裤

检查：

1. 软褶。
2. 双线，注意在缝线上下的小软褶。
3. 口袋周围有铆钉。
4. 膝盖部位比较宽松。
5. 有斜纹。
6. 在胯裆部位有“微笑”形状的褶皱。

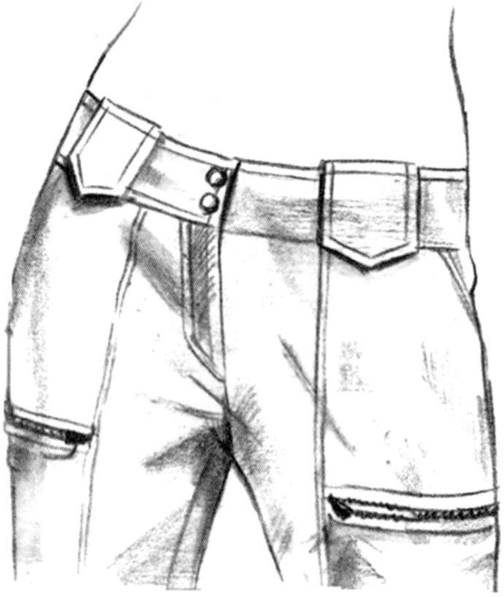

不同风格样式的腰带扣

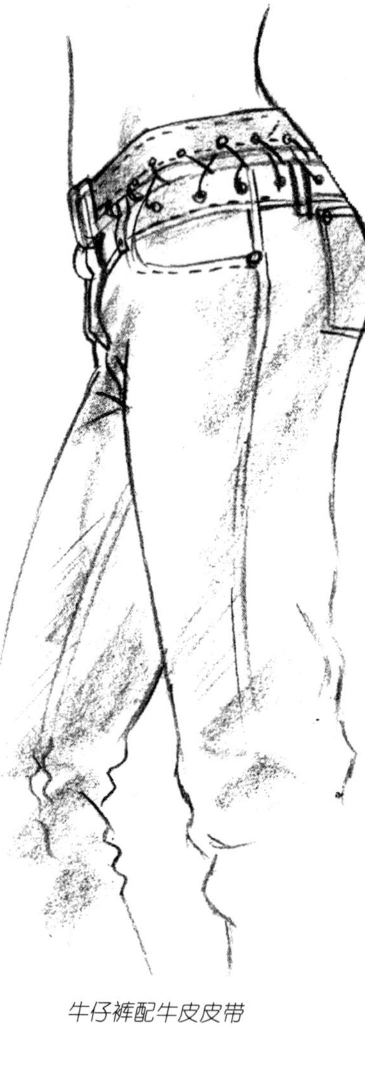

牛仔裤配牛皮皮带

贴身窄口的牛仔裤会这样套在脚上

牛仔裤上的细节之处

超低腰仔裤

这幅正面姿态对于展示裤装来说非常实用，因为模特的两腿是分开站立的。

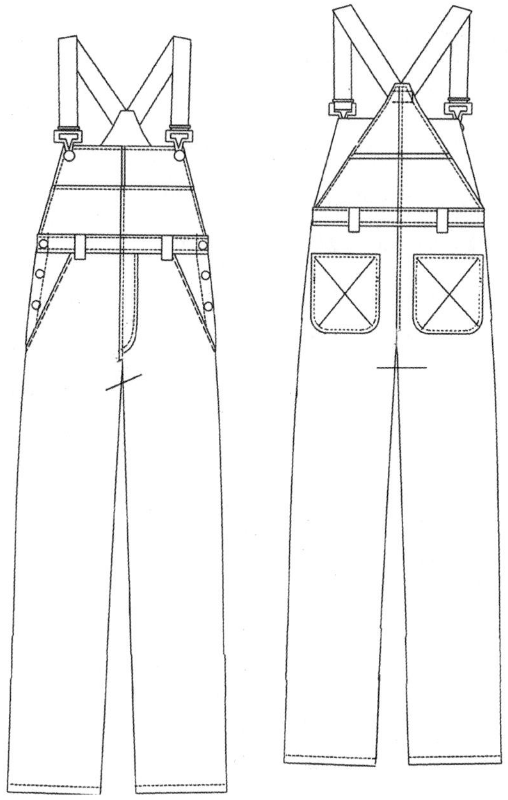

传统工装裤——平面设计草图

工装裤和连衫工作服

传统工作裤可以说是最受欢迎的连衫服装之一了。因为它适合任何年龄段的人，从小宝宝到十几岁的小青年，从年轻力壮的工人到老伯伯和老婆婆。图上所展示的连衫工作服看起来很吸引人，但是穿起来跳进跳出地，不太方便。但是，设计师们还在设计这样的款式，人们也仍然在购买，所以请不要将这种款式完全排除在你的设计的范围之外。

裤装设计提示

如果，在历史的某个阶段，曾经只有一种或两种裤子款式最受欢迎的话，那么这种情况是绝对不会发生在当今社会的。不同的设计和款式看起来好像没有穷竭之时，而且设计的灵感来源范围也越来越广阔，并有全球化的趋势。

甚至是极其普通的牛仔裤，款式也变得复杂多变了。设计师们用他们粗斜纹布不断地创造着，花样翻新。例如，去掉边线，换成环线，这样就使裤子看起来更好地包裹住双腿，更好地勾勒出双腿完美的轮廓。就连粗斜纹布这种面料本身也再不是单一不变的了，出现了很多独到的处理方法。例如，在布料上印上轮胎印或挖出子弹孔等。设计师们手中的牛仔裤再也不是简单地为了穿而穿的衣服，而是成为一件可穿在身上的艺术品，其中体现了不同文化，不同种族的独特内涵。

除此之外，人们固有观念中什么衣服应该相互搭配的想法也受到了颠覆。男士晚礼服上装和休闲裤、运动鞋（或者是英国人口中的软运动鞋）混搭在了一起。昂贵高雅的羊毛细条纹裤子配上了街头小孩们穿的体恤衫或功能形面料做成运动夹克上装。

这些现象意味着什么？因为在我们的这个时代，对于要展示什么，要买什么没有任何审美上的限制。好的东西就是好。颠覆传统才是真正的时尚。

但是这并不是说设计师们的工作就变得简单了。创新和过时只有一线之隔。有才华的设计师们并不仅仅让过去的东西填满他们的头脑，他们还必须用个人的内在审美视角来辨别过时款式中隐藏的新的时尚元素。

但是，怎么样才能做到呢？当然，对于这个问题的答案因人而异。但是，你一定要经常地注意你的周围，记住能够给你带来视觉上的灵感的人或文化，比如也许你们中的某些人会对约翰·加里亚诺（John · Galliano）的设计或法国文化很有感觉；其他人也许会对野兽派诗歌，表现主义绘画感兴趣；或者当地公园内的滑板运动和二十世纪五十年代的电视剧也会带给人们意想不到的灵感。

并没有什么正确或错误之分，只不过你的灵感来源越稀有，越独特就越容易使你的设计引人注目，独树一帜。但是，另一方面，你也必须真正地理解和吸收这些给你带来灵感的文化因素，因为你是要给现实中的真人设计真正的服装。这是服装设计最基本的要求，同时也是为什么很多元素和选择没有被设计师们选用的原因。我的建议是，大胆尝试给你带来灵感的每种元素，试验一下，看看它们是否能够让你真正地进入丰富多彩又实用的创造领域。

有了上述那些条件之后，设计师们往往会选择一家特定的服装公司，并且目标明确地为它们设计服装。而设计出来的裤装，不管款式上有多么的激进和叛逆，都会和其他的款式有一些共同的特点：有正面或侧面的开口，有可以扣紧固定物，有口袋（大多数的人都喜欢口袋），有一些皮带扣，还有两条款式花色相一致的裤腿。从传统意义上来说，一些垂坠性比较好的“下垂”面料比较适合做成裤装，而一些“上重”的面料则比较适合做成T恤、衬衫或其他上装。

好的“下垂”面料是羊毛制品或混纺织品（比如，印花丝毛料、华达呢、针织面料、法兰绒、双织面料、斜纹软呢等）；还有棉布面料，如灯芯绒，丝光斜纹棉布，宽幅精棉布和粗斜纹棉布；比较重的丝绸面料，比如，罗缎或粗丝绸；提花织物，主要是作为晚礼服的面料，比如织有金银丝浮花的锦缎、绉绸或者缎子。棉布或者丝绸的光泽在晚上看来也是相当闪亮的。

“上重”的织物包括蝉翼纱、透明硬纱、牛津衬衫布、平纹绉丝织物、薄绸、轻棉布和一些丝绸，如薄纱等。这些很轻盈的面料做上装或裙子是很合适的，但是如果要做裤子还是要用比较强韧的面料。

面料拼贴

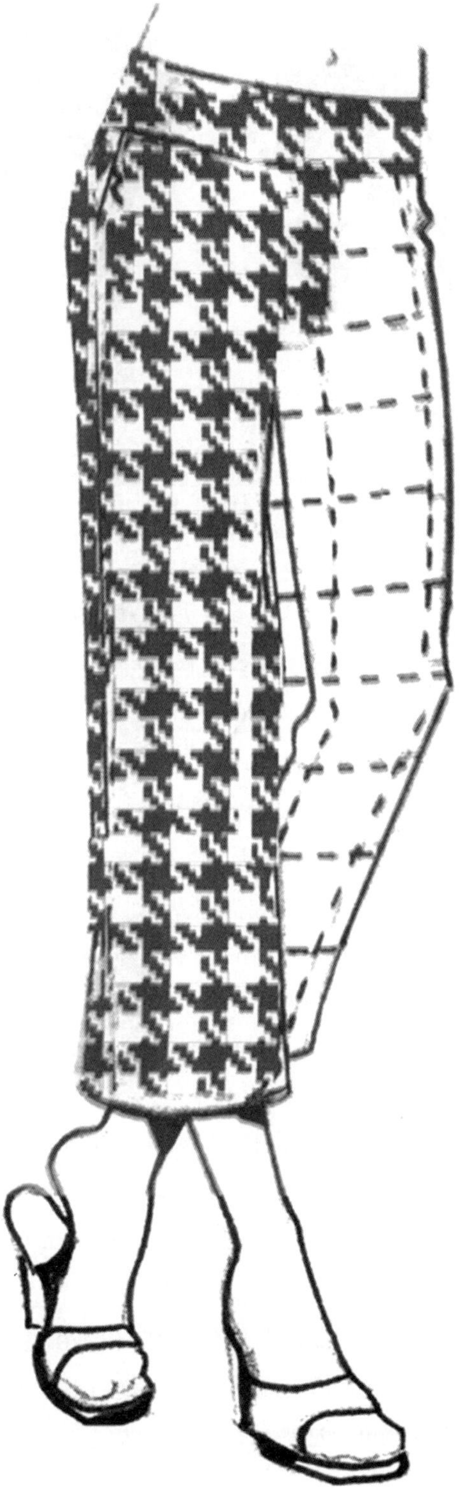

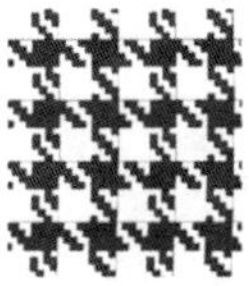

放大六倍

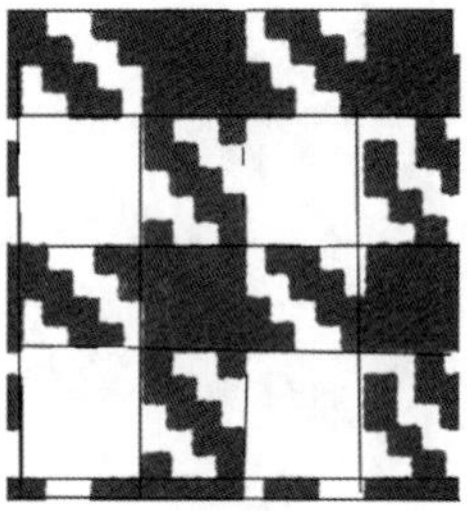

真实比例

拼贴布料样式

如果一种布料的花纹样式很复杂，图案又很小，你可以使用拼贴画的方法，这是设计师的一种独特的表现手法。

1. 把布料减裁到合适的大小，然后照相影印。你可能要照好几次才能照下完整的花纹图案，然后将它们拼贴在一起。这可能有点儿贵，要看不同的影印社而定。很明显的，如果你能够用你自己的电脑来制作，然后用彩色油墨打印出来，整个的过程就会简单许多也经济许多。
2. 把你设计的服装拓下来，确保衣服的缝合线画得很清晰。你可能要把你复制下来的彩色布料分别剪开，然后沿着缝合线拼贴起来。或者你也可以在复印的花纹上剪下裤子的形状，然后画上缝合线。
3. 把你拓下来的服装盖在彩色的花纹图案上，然后用刻刀精确地将服装的形状刻下来。
4. 用好的胶水将刻下来的花纹式样贴在要展示的设计图上。你还可以在上面加上一些阴影或者用细铅笔画上缝合线。

注意：我用我的电脑程序（Photoshop）来迅速地完成拼贴的工作，当然这也是你的另一个可以选择的方法。你可以将你的拼贴作品打印出来，然后再用灰色的麦克笔加上阴影。

大约是按原比例的六分之一或缩小16%的图案

花朵的实际大小

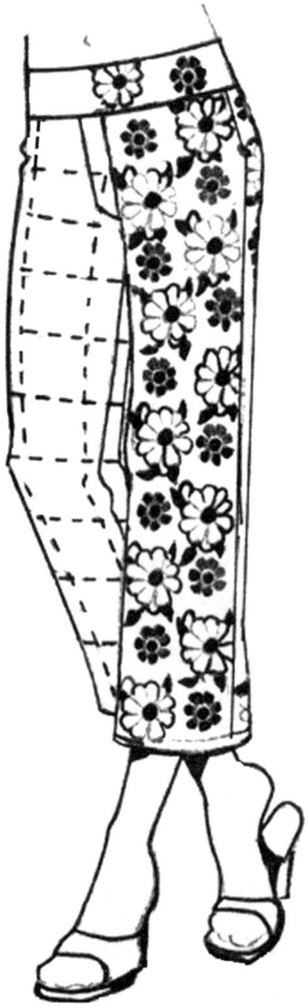

缩印

如果你使用打印的方法给服装上色，你必须使你打印的图案在服装上看起来合适。这就意味着图案的比例并不需要十分精确，但是花纹图案必须被正确地缩印，和服装能精确的配套，这样看的人才能够看到等到衣服真正被制作出来的时候是什么样子。

我的学生设计师的作品尺寸大概是28厘米高。如果你的女性模特身高是183厘米，那么你的展示作品的模特身高大概应该是真人的六分之一。这个比例也可以用在缩印上，（如果一幅图案太小的话，你就不要用这个比例了，否则就会让人看不清楚）。你可以把真的面料样品放在复印机里，把它缩小50%，然后再缩小50%，然后缩小8%，出来的结果就会很令人满意了。

你也可以拿布料比在身上，看看在你臀部或胸前有多少朵花或别的主要图案组，然后用这个数字来仔细检查缩印的图案。这种方法可以让你了解怎样在你的设计上安排图案。

缩印完了，你就要把一组图案摆在衣服的设计图上，然后其他的图案组也照这个样子依次排开，相信我，这是个很方便的方法。

方法：

1. 找到和你设计的服装形状最相像的模板图。
2. 把硫酸纸放在模板图上，用模板提供的形状作为你创作的基础。在必要的地方改变模板，画出你想要的形状。
3. 只靠模板画一半，然后把硫酸纸对折，画出另一半的外部轮廓。然后再添加细节之处。
4. 用直尺或曲线尺把线条画得更精确些。你的设计图应该又干净又整洁。

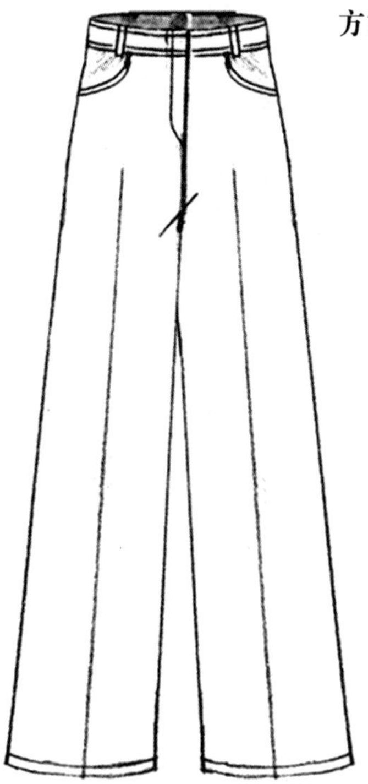

宽裤筒裤子

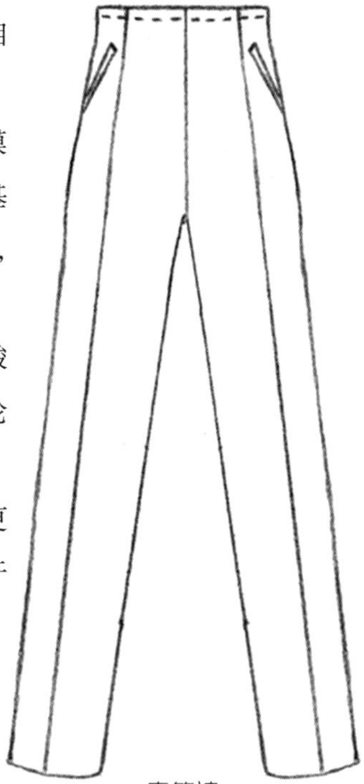

直筒裤

裤装的设计图模板

宽松式长裤

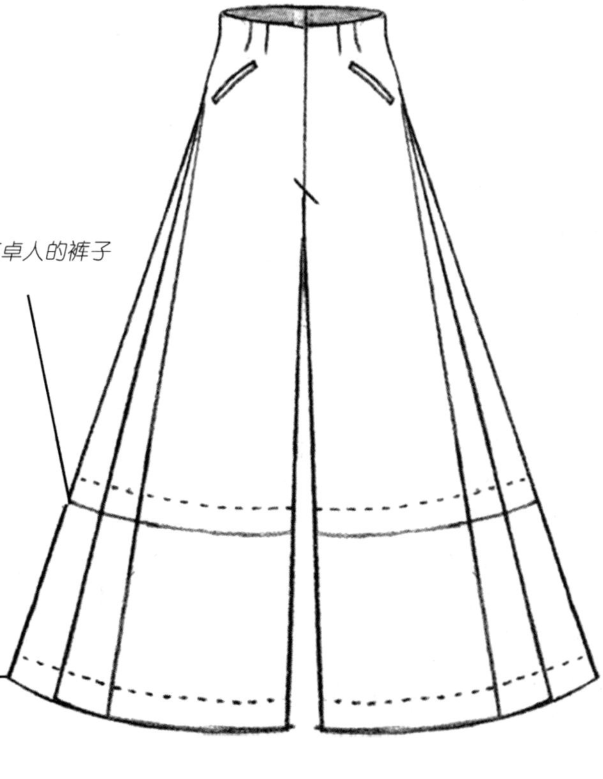

更多的裤子模板

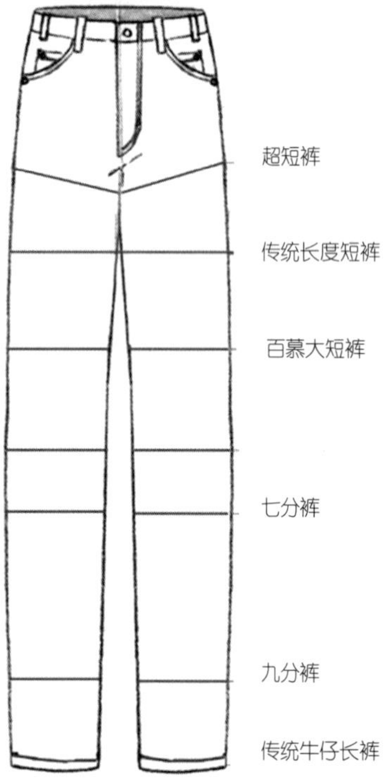

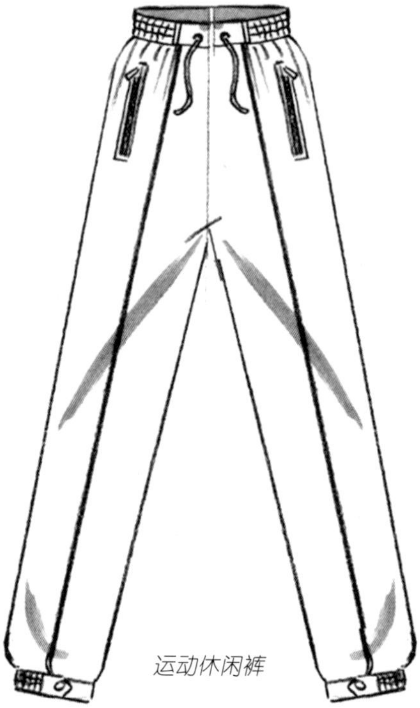
运动休闲裤

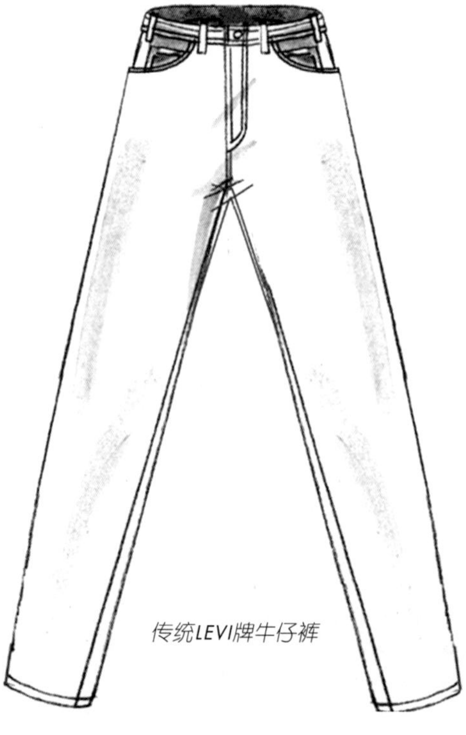
传统LEVI牌牛仔裤

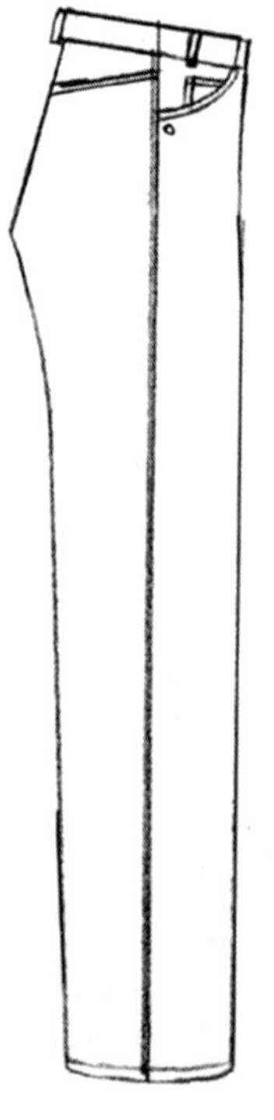

更多的裤子款形

传统方法剪裁的裤子

纸袋裤

细节图

行走姿态
设计者：埃斯伯格

短裤

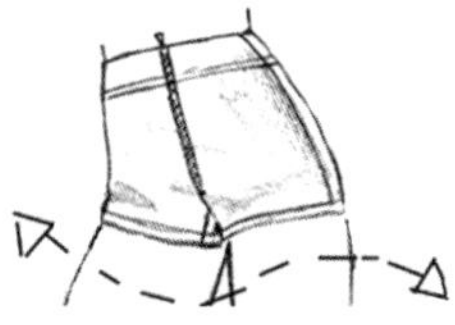
注意两条腿的不同方向

行走姿态

1. 手臂应该在摆动或者插在口袋中。
2. 确保走在后面的那条腿上会有阴影。这条后腿的裤边会稍微短一点儿。
3. 如果腿是弯曲的，要用阴影或褶皱体现出裤子中的膝盖。

设计提示：关于上衣

女士们一般都会为她们的每一款的裤子配三四件与之相应的上衣。这就意味着，她们买的上衣会比裤子或裙子多。所以，一个聪明的设计师应该为消费者们提供比裤子更多的上衣款式。上衣的制作成本比裤子少得多，因为上衣的用料比裤子少，而且上衣比裤子容易缝纫（没有拉链，口袋很简单，很少或几乎没有需要扎牢的细节）。

因为上衣或夹克衫离脸部比较近，所以上衣和夹克衫常常更能够体现一款设计的整体个性和情绪，可以被表现得很女性化，或是很顽皮、很休闲、很正式、很商业、很性感等。裤子的作用一般都是通过剪裁，面料或款式来配合上衣所创造的情绪。如果一个设计师可以设计出非常完美的衣领和漂亮的上衣曲线，那么她在时装设计界一定可以崭露头角，乃至叱咤风云。

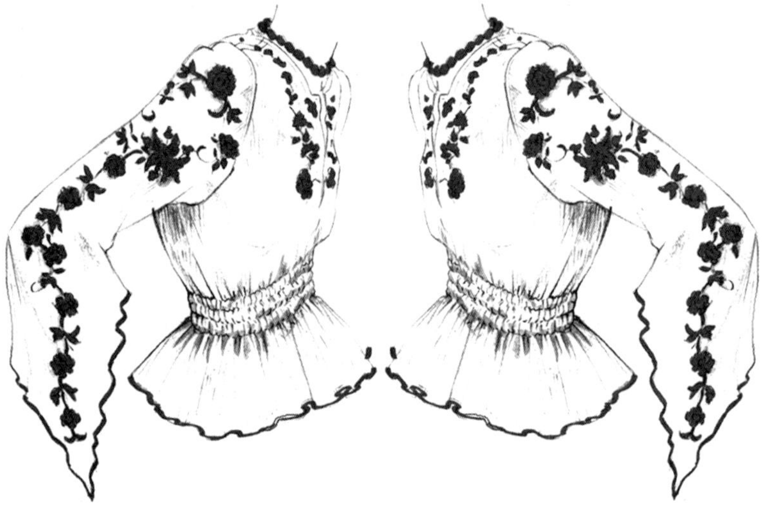

这件上衣的灵感来自于墨西哥或中美洲的乡间文化。这种文化的服装以漂亮的衣边和细微之处著称。腰部使用的是松紧的效果。

练习：民族服装设计调研

带有民族服装的元素（并不仅仅是西方中上层阶级的文化特征，更包括欧洲的乡间文化）在最近的时尚潮流中非常流行，每一间时装店都似乎如此，从精品时装坊到面向普通市民的时装小店。如果你精通各种不同历史时期文化风俗，会使你的设计更加多样化，多彩而富有内涵。

选择一个你所熟悉的国家或一种文化（秘鲁、尼日利亚、厄瓜多尔、乌兹别克斯坦、尼泊尔、新几内亚这些国家的文化宗教风格，例如哈西德、穆斯林、印度教等；或是部落文明，例如吉卜赛、祖鲁、阿拉伯等游牧文明）。在网上查找你要的信息，然后用最后搜索的结果激发你的灵感设计三种款式的上衣。明确你设计服装的消费对象和所使用的面料品种。

领子（一）

丝瓜领
包领
肖像领
贝尔蒙特领
丝瓜领
立领
哥萨克风格的领子
中式旗袍领
中式立领
翼形外翻领
披肩领
瀑布花边领
彼特·潘领
围巾形领
小丑领
方领
水手领
水手领
翼形领
钥匙孔领
荷叶领
哥萨特领
巴里莫尔领
褶边领

领子（二）

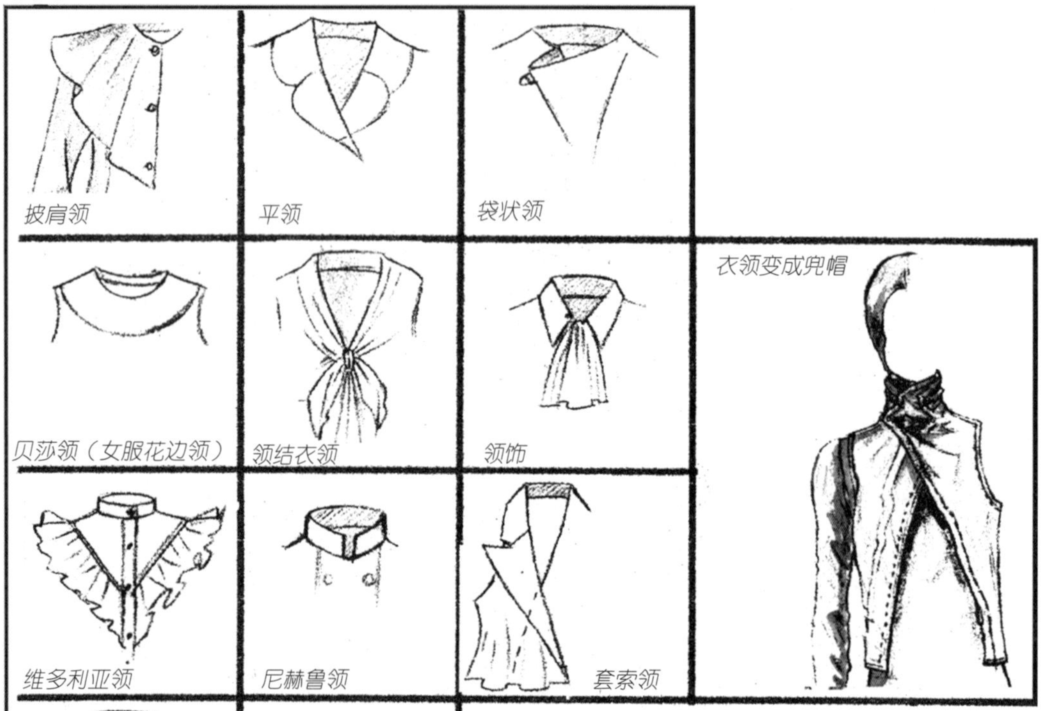

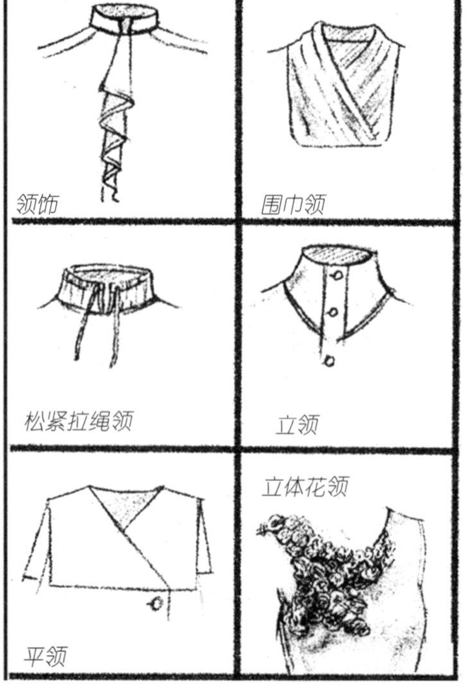

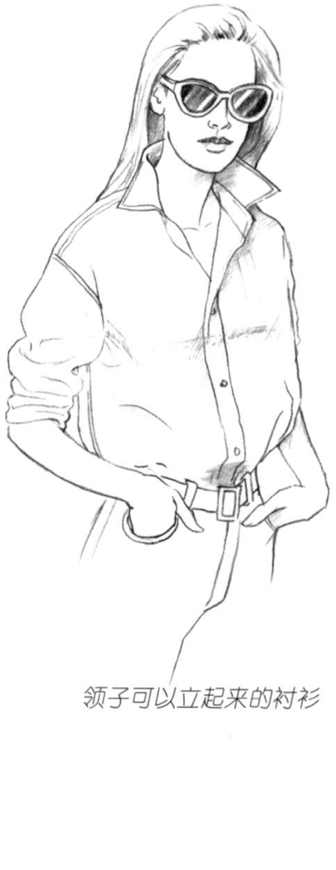
领子可以立起来的衬衫

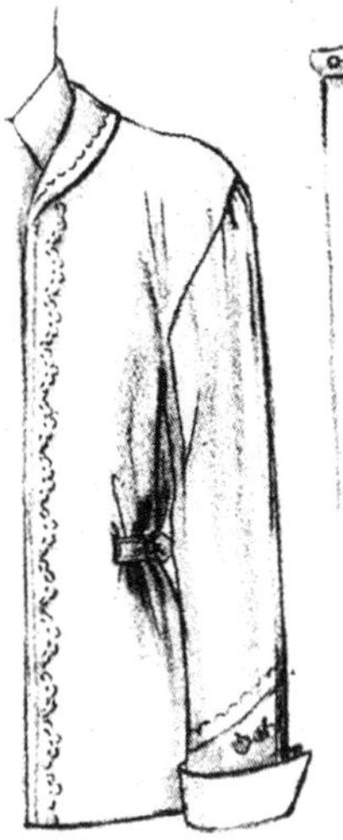
嵌花

卷起的袖子

有褶边的袖子

垂袖

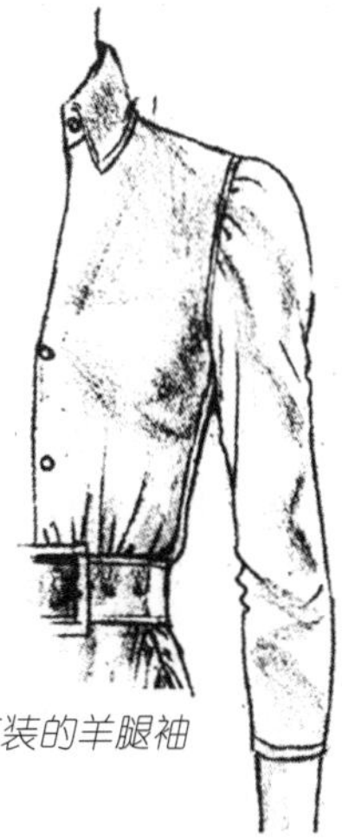
改装的羊腿袖

有紧袖口的缎子衬衫

带褶皱的松紧领圈

颈部和袖子的款式风格

这些只是极少数的例子，你要建立一个属于自己的领子、袖子大全。

围褶式套索领

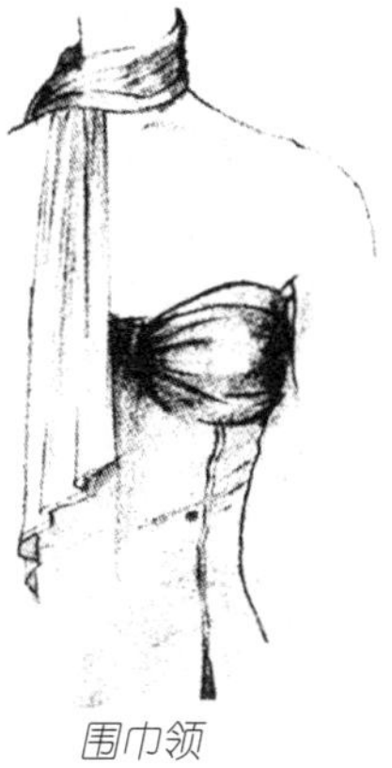
围巾领

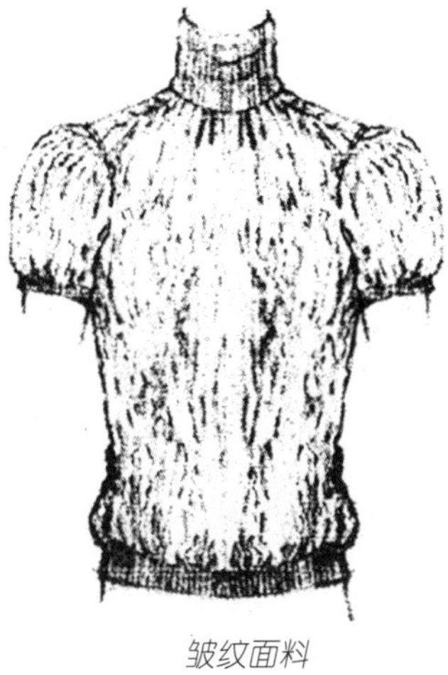
皱纹面料

透明束腰外衣

注意裤子下边裤脚处的螺旋形褶皱。

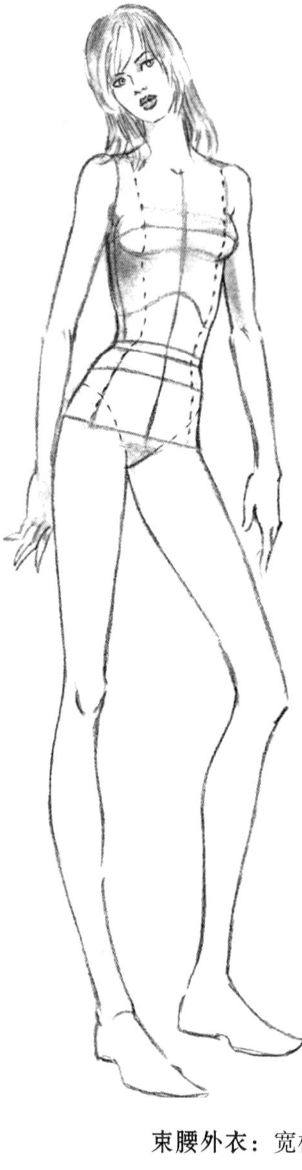

透明装饰

束腰外衣：宽松或紧身的女士外衣，比较长，可以盖住部分的裤子或裙子，一般长度在臀部以下。古罗马和古希腊人的服饰。

检查：

1. 画面料像薄绸等的透明外衣，线条要柔软圆滑。
2. 要画出透明面料和它下面的衣服的颜色对比。

服装剪影1914 — 1922

服装剪影1914 — 1922

从这些剪影你可以看出，曾经一度服装的边缘是可以在脚踝以上的，在那个时候，这个细节体现了重要的时尚元素。

其实，衣服的边缘高度直到今天还是一个重要的时尚元素。有意思的还有衣领、领圈、袖子等也是。当然，面料的选择也可以彻底地改变服装给人的感觉。但是，除此之外还有什么元素或想法也有同样的作用呢？

第四单元
连衣裙和裙子

单元目标：

- 搜集关于裙子的历史资料。
- 学习画各种不同款式的裙子，并且学习怎样将它们画在模特身上。
- 研究款式模板，学习画简单而漂亮的设计草图。
- 学习画很酷的模特形态，尽量使你的设计看起来更完美。
- 注意衣服的轮廓形态、褶皱、垂坠或其他细节。
- 练习，练习，再练习，为了更好地把衣服画在人物身上。

高雅美丽的，还是稀奇搞怪的，或者是时髦超前的……

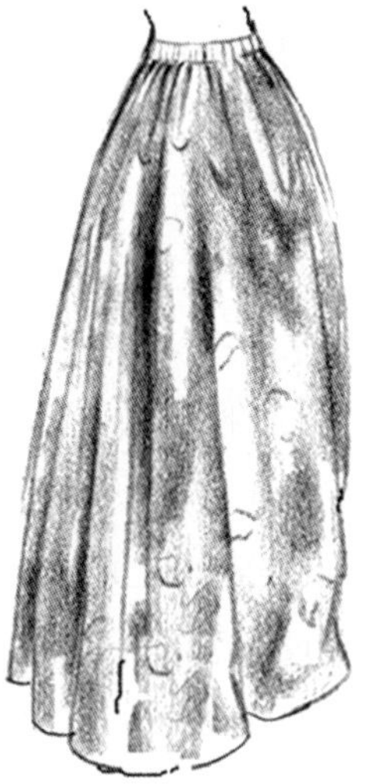

松紧腰

侧面角度

半身裙：从腰或臀部开始的裙子。

连衣裙或长袍：从上身开始的裙子。

裙装

怎么开始

1. 首先，你当然要收集很多关于裙装的剪报或杂志。刚开始设计的时候，往往从你比较偏爱的款式开始。
2. 设计裙装要求你要有比设计裤装时更好地画垂坠效果的技巧。（参见第三章第一单元）
3. 如果设计得不好，裙子会很容易让人显得邋遢。合适的裙子曲线应该是线条弯曲，流向感强，裙底边有起伏。（不对称的身体姿态会使线条的画法变得更加复杂。）

注意：如果你画的裙底边太直，你的整个设计就都被败坏了。

4. 因为裙装这种服装种类的特殊要求，你在设计模特姿态的时候，你需要考虑出一些模特两腿靠近的姿态。
5. 每种长度的裙装如今都会有消费者，所以在设计的时候，裙子的各种长度都要考虑到，别太局限了，设计者的眼光既要放在过去也要看到眼下。
6. 临摹一些你喜欢的裙装款式。因为你更能注意那一款式的精妙之处，这样临摹完毕，你才能看出自己是否真的抓住了这一款式吸引你的地方。如果你的临摹没有体现出这些地方，就重新再画一次。

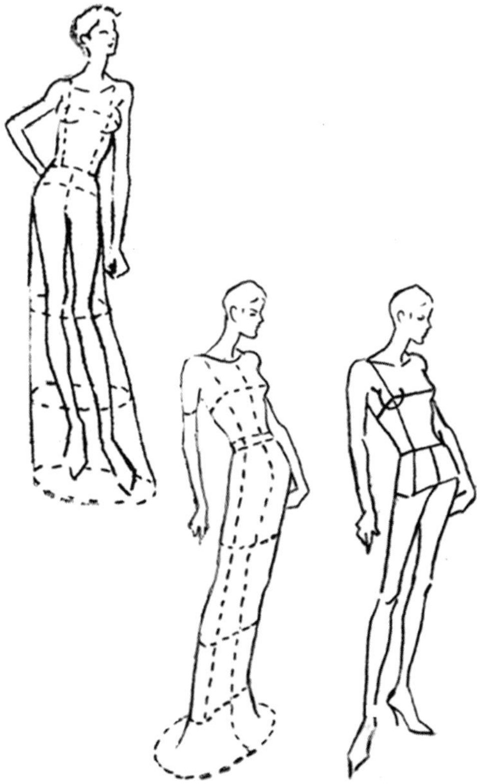

裙装小史

早期时尚：男人和女人都穿连衣裙或长袍：马来群岛的男女居民们穿的布围裙；印度人穿的腰布，一种围在腰上的裙子；苏格兰本土人穿的方格呢短裙，一种长及膝盖的、带垂褶的、花格子呢短裙；束腰外衣，宽外袍或是和服都是男士女士共穿的服装款式；此外还有牧师穿的法衣或和尚穿的僧袍等。

近代西方文化：即使是女性的衣橱中已经出现男士的裤装之后，裙子仍然只是女性的专属服装。

二十世纪前期：有钱有地位的女性阶级，她们的裙装下摆已经提升到了脚踝以上。查理·弗莱德里克·沃斯，第一位著名的服装设计大师，由于把尤金妮亚女王的裙摆提到脚踝以上以免她在泥泞中被绊住而闻名于世。

1911：紧腿裙风靡一时。即使是为了妇女获得政治权利而战斗的女性们在政坛上奋战时都穿这样的裙装。

第一次世界大战之后：几乎是在女性终于获得了选举权的同时，女性的裙摆也在一次的提高了。

二十世纪二十年代：当女性的裙摆终于再也不受限制的时候，裙摆的高度就开始大幅度提高了。Flappers（专指美国二十世纪二十年代不愿意受社会约束的年轻女孩儿们），剪短了她们的头发，露出了她们的膝盖。

二十世纪三十至五十年代：设计师们终于可以随心所欲地设计裙装下摆的高度了。文化在巨大的变动中。经济不景气的时候，妇女的裙摆曾又一度下降了，但是当经济又开始恢复时，女性的裙摆则再度提高了起来。

二十世纪六十年代：超短迷你裙成为了裙摆最高的极限。虽然迷你裙一开始只有年轻女孩穿，但是很快各个年龄阶层的女性们都开始穿露腿的裙装了，舞靴或高筒袜使裙装款式更加完整了。

2000年至今：设计师们不再为上流阶层的女性设计裙摆长度这一方式来引导潮流了。在时尚界，少数人和多数人融合在一起了。现今，我们工作的环境越来越休闲化，现代的女性在她们认为任何合适的地方都可以露腿，女性可以尽显她们的柔弱也可以不这样做，女性们再也不是时尚的受动者，不再一味被动地模仿设计师们设计出最新的款式，设计师们也不能再按照固定的模式引导世界潮流了。

宽外袍

爱德华七世的裙装 1890～1910

紧腿裙

狮子狗裙装

超短裙约1967年出现，此为1968年款

将时装穿在模特身上

脖子线条再长一点
会显得更加时尚。
帽子要再往下一点，
就会更好地戴在头上。
肩膀和袖子的接
缝线方向错了。
带子画得
太草率。
要画出上
臂的肌肉。
不能用阴影画出
整个胸部的轮廓。
领圈线不在身
体的正中心。
应该画出褶皱
的内侧阴影。
不要丢掉跨步的倾
角（大转子）。
竖线条多一点会
使模特显得更加
瘦，服装更加精
细。不要把毛衣
边上扬。
如果你要画手袋，就
花点时间找张好看的
剪报，然后仔细画出
手袋的样子。
不要画不必要的褶皱。而且
要使褶皱看来很柔，而不是
僵硬的直线条。用铅笔的侧
面，麦克笔的刷头或是画油
画的小刷子画阴影。
虽然用直线条画网纹
袜很整齐也很方便，
但是会使腿部轮廓线
的平板，没有立体感。
这个身体姿态是向外撇的，而且
脚的角度也错了，显得很卡通。
如果你是特意要这种效果是可以
的，但是这种卡通的效果要贯穿
设计的整体，保持风格的一致。
帽子更低了。
可以看出带子从
孔眼中有进有出。
柔褶可以显示
出肘部的上扬。
可以看出毛衣的经纬和图案。
下摆毛衣底边线条很柔和，线
条和身体的倾斜角度保持一致。
柔和的阴影可以帮助
展现衣服里面的身体。
膝盖处的褶皱和阴影。
裙摆边缘向下弯曲。
网纹袜的线条体现了
它是被穿在腿上的。
臀部抬高一侧的腿体
现了中心所在位置。
尝试着想像脚在
鞋子里的样子。
鞋子的款式应该和服装的整体
设计风格保持一致，所以花点
时间多设计设计吧。

高腰吊带
连衣裙

V字领，高背
缝紧身连衣裙

单袖土耳其式
迷你连衣裙

带垂坠和斜裁荷叶
边的紧身连衣裙

垂坠边吊带连衣裙

单肩高腰连衣喇叭裙

连衣裙款式和设计术语

一位好的设计师其价值是无法衡量的。所有的女性都知道，为每一个特定的场合配特定的服装是一件痛苦的工作，有的时候简直就是噩梦。各式不同的细节和形状、款式是很重要的，因为设计师们可以利用它们使一件服装看起来既新颖，又能符合不同消费者的需求。

传统衬衫式连衣裙

高腰收腰连衣裙

A字型小披风袖连衣裙

各式裙装

淑女装

记住，当你设计一个模特动作时，你同时也在创造一种可以和你设计的服装相配套的情绪。

妖媚的姿态

单肩机织连衣裙

顽皮的姿态

这个模特动作对于展示连衣裙装来说很实用，因为，虽然这个模特动作可以有很多不同的变换，但是它的腿部姿态还是不变的，两条腿始终并在一起，这样可以使裙装的下摆保持笔直。所以，根据这一点展示裙装姿态的重要提示，你也可以找一找其他具有这样特点的姿态。

检查：

1. 一件裙装的制作越精细，展示它的姿态就应该越简单。
2. 一种姿态不能曲解它所展示的服装。
3. 你可以利用裙装天然的垂坠效果。
4. 姿态的情绪应该和服装相一致。

步骤：行动中的垂坠效果

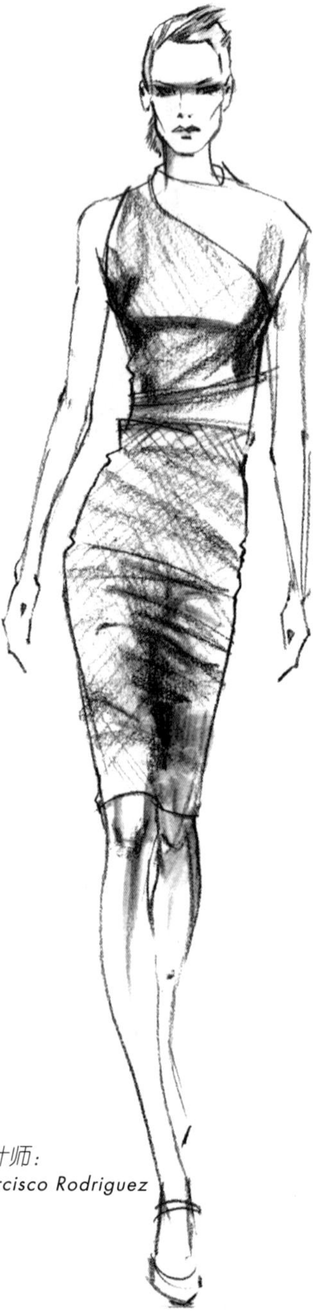

设计师：
Narcisco Rodriguez

即使是紧身裙，行走的姿态也是很棒的。但是要注意，模特的膝盖要稍稍内拢。

1.

在人物上画出一条腰线。

2.

简单地描绘出褶皱，确保它们不要太呆板，而且因为是在行走中，所以褶皱要能够体现人物的动态。

3.

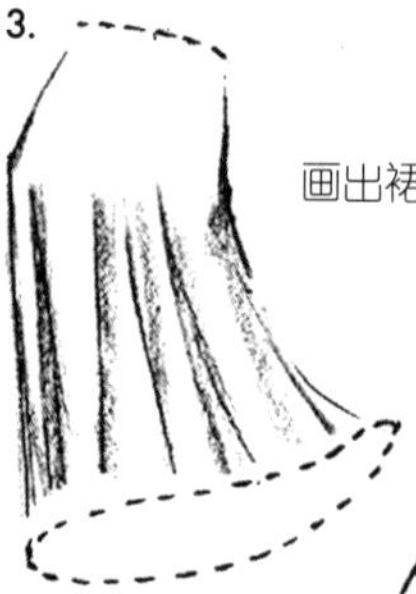

画出裙摆边。

4.

连接上褶皱，记住要“有起有伏”。

行走姿态

个性化的模特服装展示

检查:

1. 夸张的身体比例（这些模特的头很小，腿却很长）。
2. 好笑的表情（她看起来有点自大）。
3. 更幽默，有活力或者夸张的姿态（这个姿态显得有点僵硬，模特有点自以为是）。
4. 一些很生动的吸引人注意的装饰（图中的小孩了很出人意料）。
5. 夸张的服装比例（这些服装画得其实都很正常，你并不需要用上所有的个性化因素）。

绘画练习:

设计一个模特，用上三种个性化模特因素并给她上合适的颜色。

A.

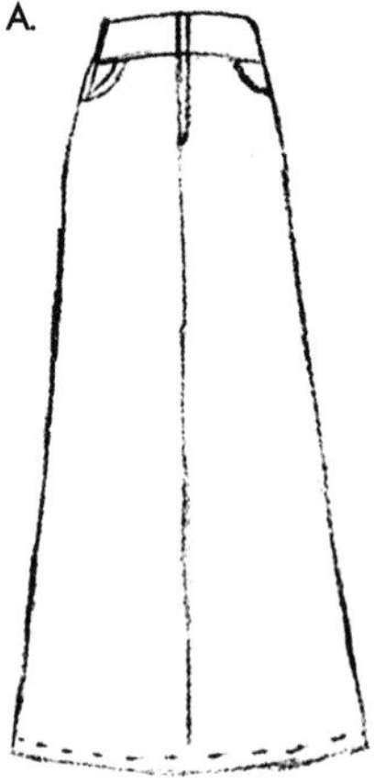

B.

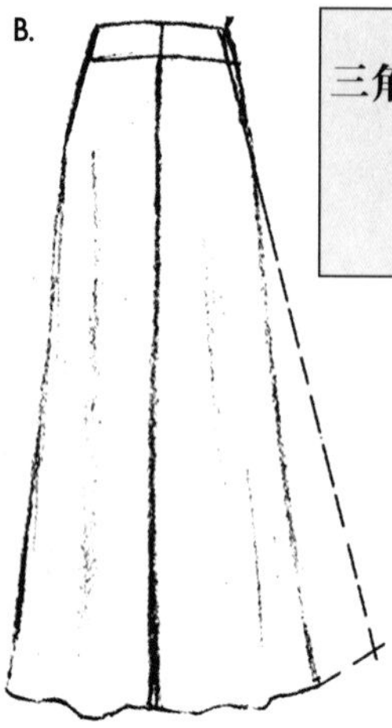

三角形布：

组成一件裙子的三角形裙布。

形状完美的三角形裙布使这件裙子轮廓非凡。

C.

测量宽松度

怎样开始

对于一个设计师来说，要测量一件裙装的宽松度很多时候是比较困难的。设计师必须决定（1）要用多少片三角形布？（2）每一单片要多宽？（3）每一片的形状又如何？你的设计应该包括上述内容。

四片裙

上边的每一条裙子都是四片裙，但是A没有坠褶，B有一些坠褶，C则有更多的坠褶。坠褶的多少取决于三角形布的多少和裙子的宽松度。

六片裙

八片裙

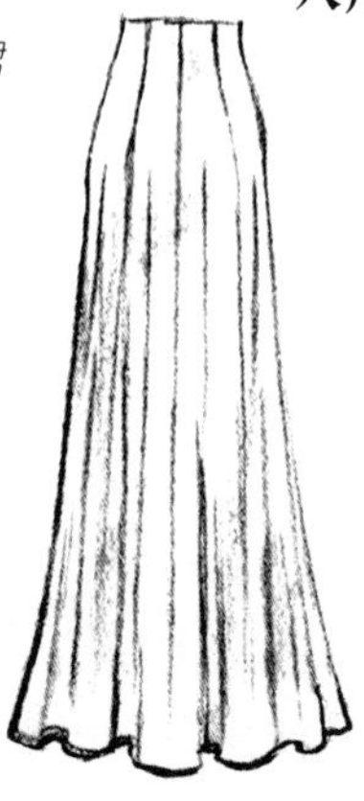

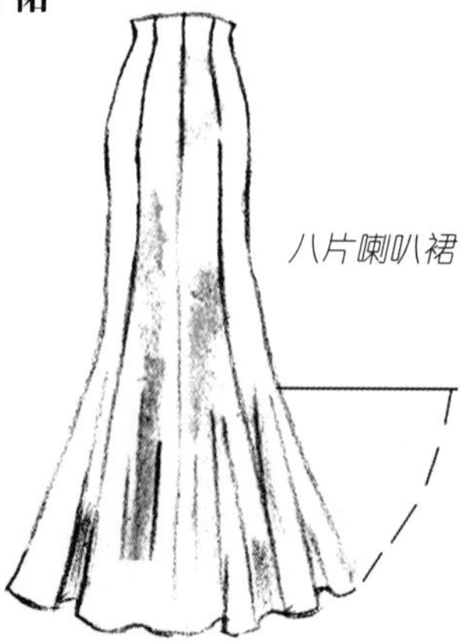

条纹

水平纹

注意：这些衣服要用针织的面料来做才能够贴身而且没有很多缝线接缝。

正确的画法

这些条纹看起来是扭曲的，因为第一条画上去的条纹就是扭曲的。

错误的画法

垂直的条纹

先画一条直条纹，要从上画到底，这条线要尽量接近模特正面的中心线（上图的标准中心线隐没在衣服中了）。然后再依次在这条线的旁边画上垂直的条纹，尽量保持间距相等。

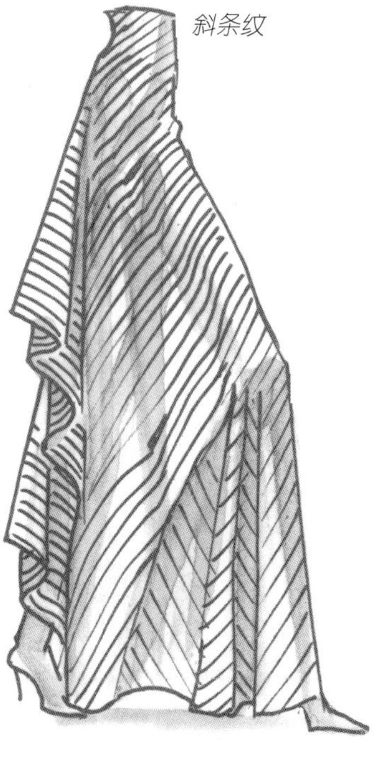

斜条纹

条纹素描

每一片裙布的条纹方向都是相反的，大约是45度角。

斜拼条纹

传统裙装

检查：

1. 机织面料的裙子要想从臀部开始就一直很合身的话，就一定需要暗针接缝。
2. 注意，A字裙真正开始向外延展的部分是从臀的下部，从两腿刚刚分开的地方开始的。
3. 腿部的裙子比臀部的要宽松得多，但是窄摆裙要非常紧。
4. 为了活动自如，也许应该加上开衩，尤其是在直筒裙上。
5. 在设计半身裙时请一定注意裙子的长度。

A字裙

注意从臀部到膝盖的拉力。

窄摆直筒裙

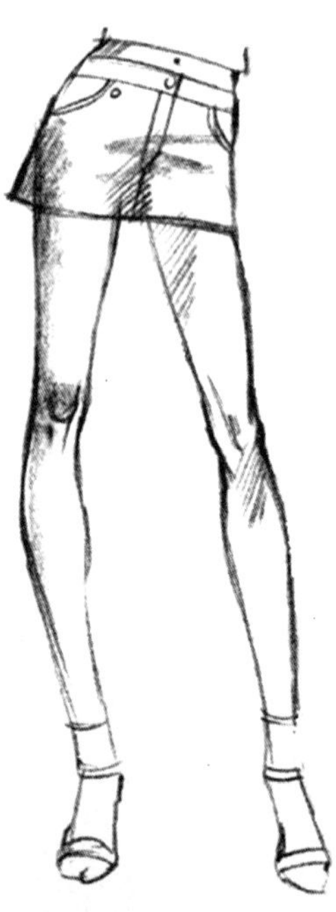

A字“迷你”裙

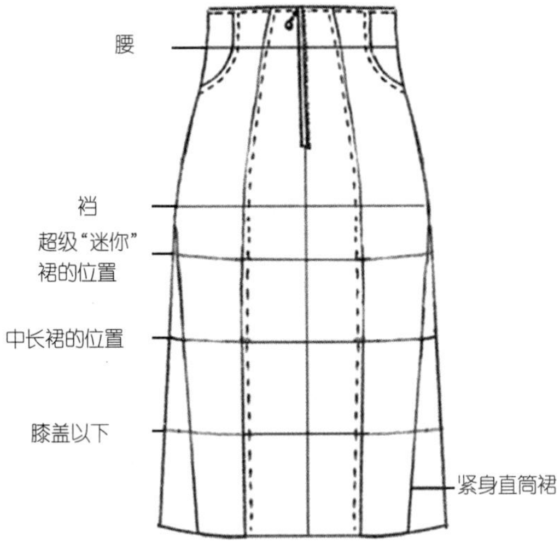

裙装设计模板（一）

喇叭裙

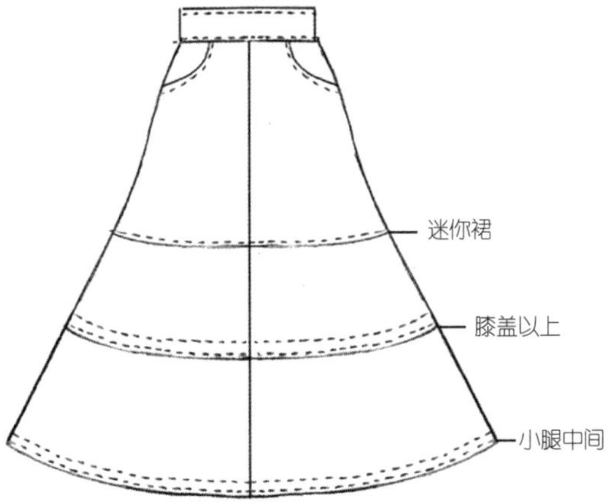

注意：当你设计一个裙摆比较宽的模板时，最好在裙子的一侧画出裙子的比例图，在另一侧画出真实的裙子的样子。

做法：

1. 简单的画出你的设计，但是在裙子的长度上要多花点时间。
2. 在现有的裙装模板中选出和你的设计相近的样例。
3. 把素描纸铺在你选出的模板图上，然后把模板拓下来作为你设计的基础。
4. 检查裙装的系扣，合身与否等细节。
5. 把素描纸折叠起来，在另一边拓下设计图，让你的设计草图两边齐全完整。如果需要的话可以用尺子来精确线条。

裙装设计模板(二)

阿尔卑斯少女装

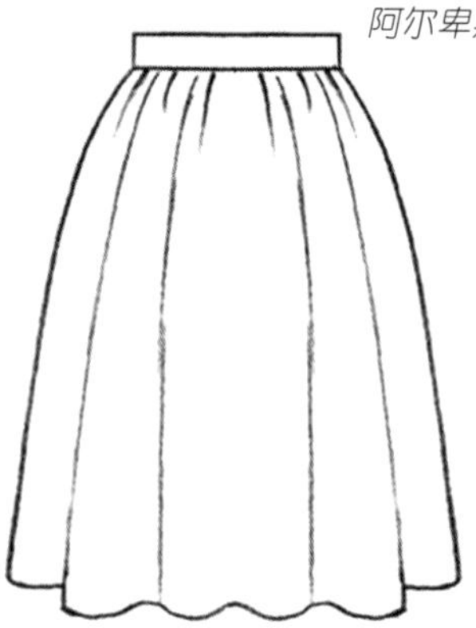

传统六片裙

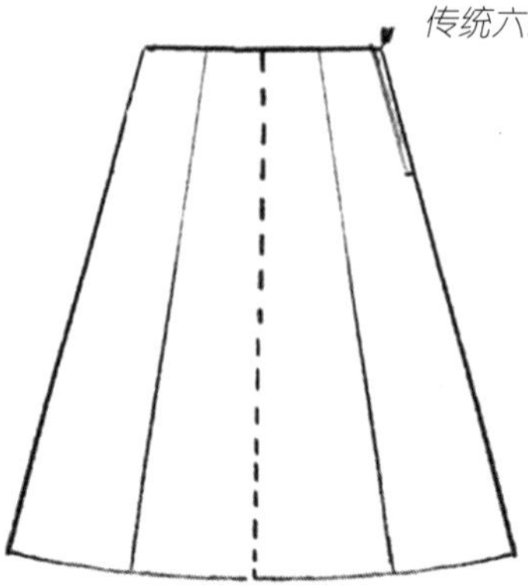

带间褶的六片裙

六片喇叭裙

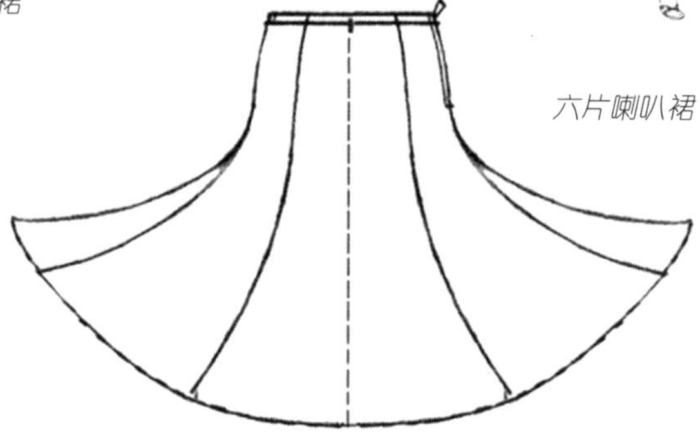

宽松直筒裙

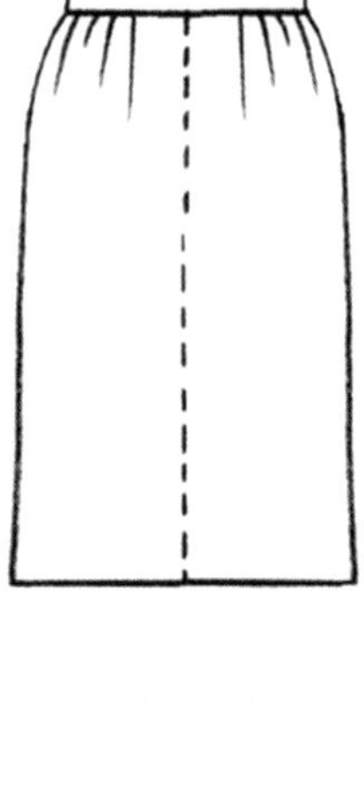

喇叭裙

褶（一）

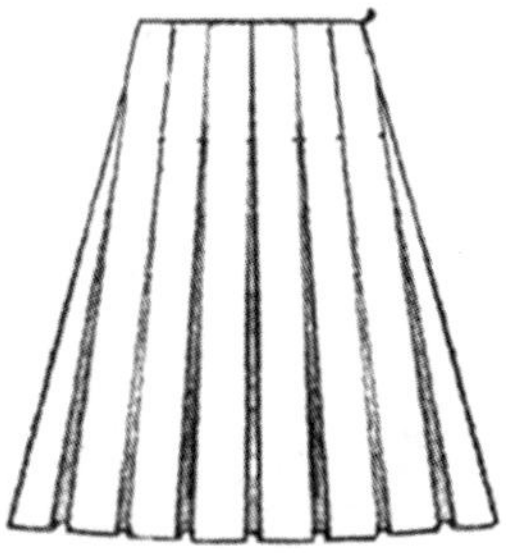

箱形褶裥

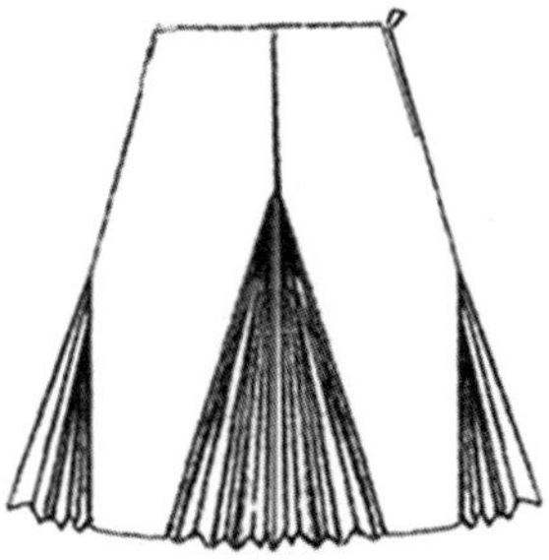

放射状褶裥

放射状褶裥也是一种均匀褶，它们都集中于一点。

中间是箱形褶裥的单向刀形褶

均匀褶

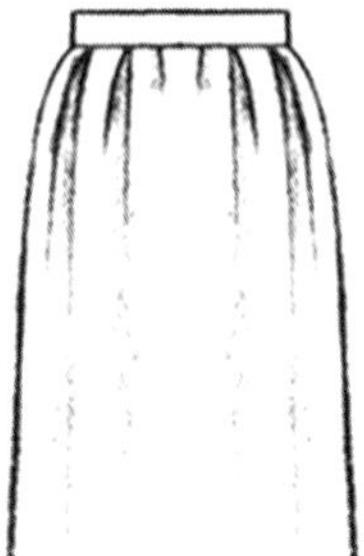

宽松褶

单向箭褶

水晶玻璃褶

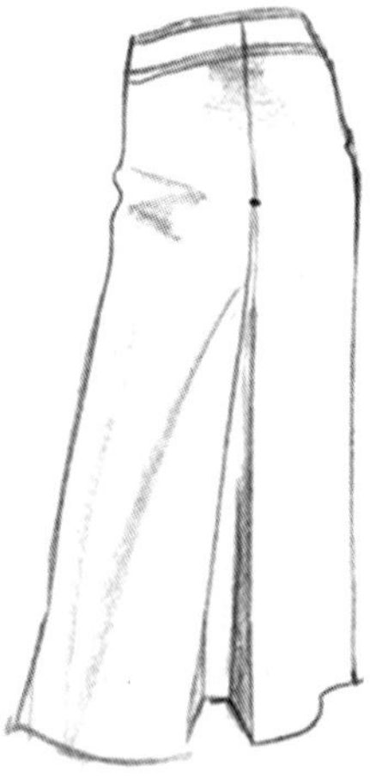

反褶

反褶也是一种箱形褶皱，只是方向相反。

褶（二）

箱形褶

单向褶缎子边裙

水晶玻璃褶

褶皱多种多样，几乎可以用在衣服的任何一个部分，从领子到袖口到底边。它们可以使服装看起来年轻活泼，或者高贵复杂。通常情况下，制作衣褶是机器的工作，当然要有技术高超的专业缝纫师操纵。如果你有机会的话，应该看一看专

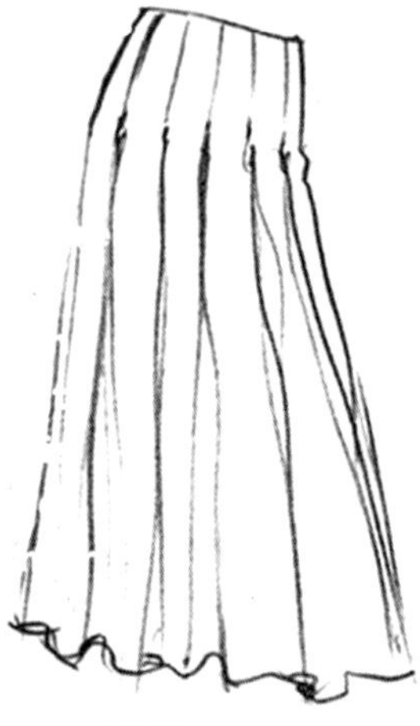

宽松褶

注意：画褶皱要很仔细，画出的褶皱要能够数得出来。但是要很松软自然，不能僵硬。

系带

检查：

1. 为了表现得更加真实，系带应该画得表现出从金属的孔洞中穿进穿出。穿的方法要符合实际规律，有些服装设计师画得系带真是乱得一塌糊涂（我觉得应该叫“乱带”）。
2. 注意系带的方式：两根带子应该交叉，一会消失在面料下，一会又从金属孔中重新出现，如此反复。
3. 系带可以有好几种用法。它可以代替拉链，可以做裤子的边线，可以做丈量面料的卷尺，可以做衣服或袖口的收边等。

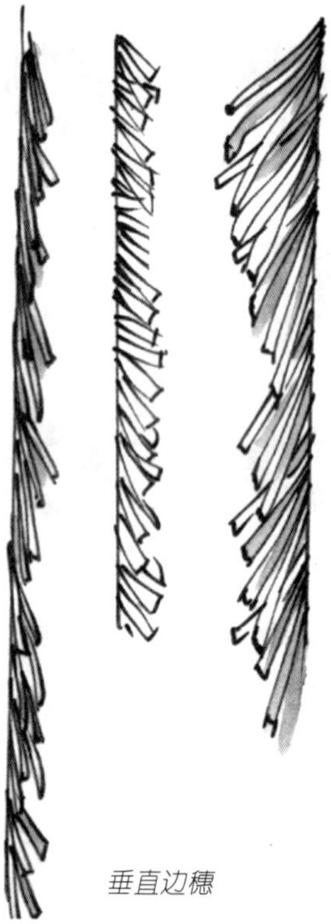

垂直边穗

步骤：边穗

提示：采用有动感的姿态可以使你的边穗飘动起来，使你的设计显得更加生动鲜活。

注意边穗在空中舞动的时候，每根与每根之间有交叉。

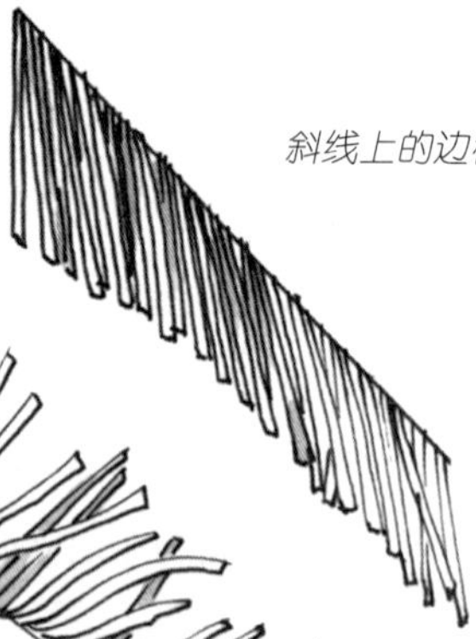

斜线上的边穗

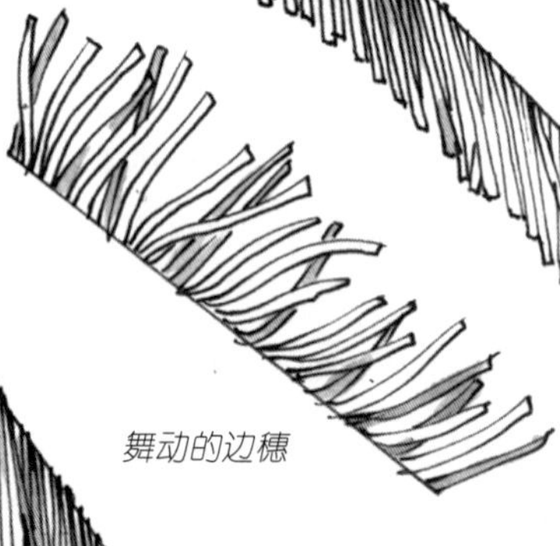

舞动的边穗

更加倾斜的边穗

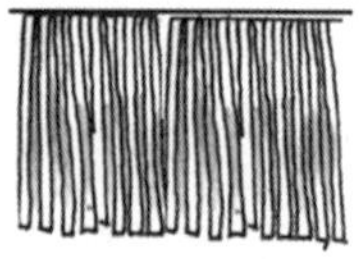

垂直的边穗

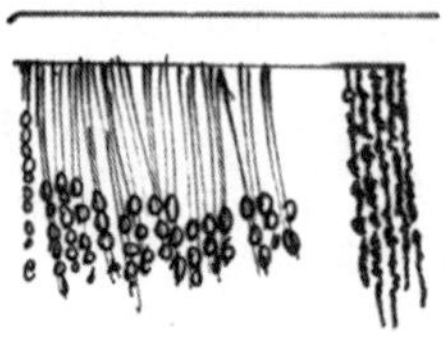

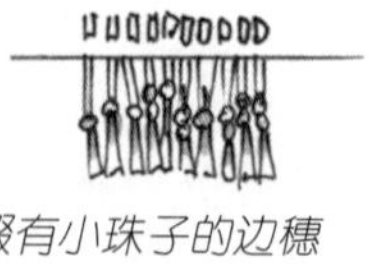

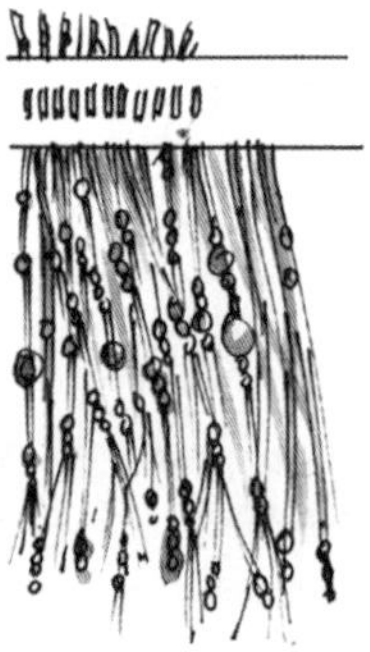

缀有小珠子的边穗

织物构造

机织连衣裙

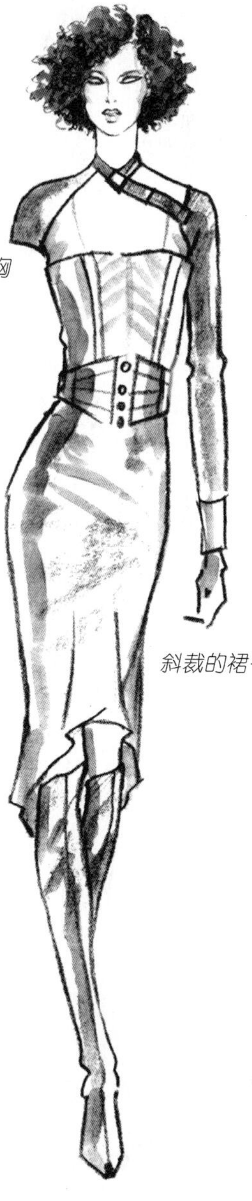

缝骨的束胸

斜裁的裙子

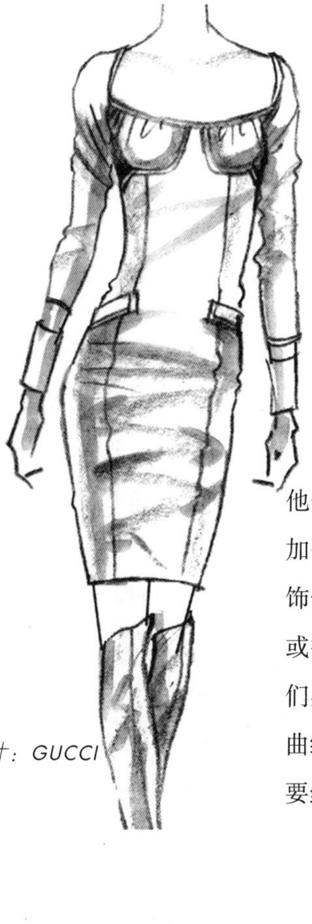

缝和碎褶胸杯

设计：GUCCI

注意了，设计师们经常会犯一个错误，他们在设计机织面料的服装时没有考虑到添加一些必要的结构设计。例如，斜裁，带装饰性的褶带等等，这些可以代替线缝的缝褶或接缝的方法。我们需要这些设计，因为我们必须在衣服上做点什么来符合女性起伏的曲线（胸、腰和臀）。所以从现在开始，我们要经常注意机织面料服装上的结构设计了。

设计：
Comme De Garcons

A.

土耳其长袍　设计：Miguel Andover

设计：
Chanel

检查机织连衣裙的画法：

1. 机织面料的服装比针织面料的服装需要更多的结构上的设计，例如，褶皱、接缝等等（当然，土耳其长袍除外）。
2. 这种面料的褶皱更加有棱有角。
3. 有些机织面料可能会很重，例如，上图中画的土耳其长袍，所用的面料可能就是我们室内装修使用的布。
4. 由于当今发达的科技，很多机织面料是有延展性的，所以本章所介绍的关于机织面料结构设计的方法也不是一成不变的。

休闲款针织服装，
最小化的结构设计。

针织面料

注意这件针织服装，没有袖子与肩膀的接线，裙摆起伏，从臀部垂下来的圆润柔和的垂褶由于裙摆的宽度而交叠在一起。

检查针织面料服装：

1. 要求比机织面料一点的结构设计。
2. 衣服上的褶皱圆滑柔和——一点也不硬脆。
3. 更加贴身。
4. 可以正式，也可以休闲。

花格子

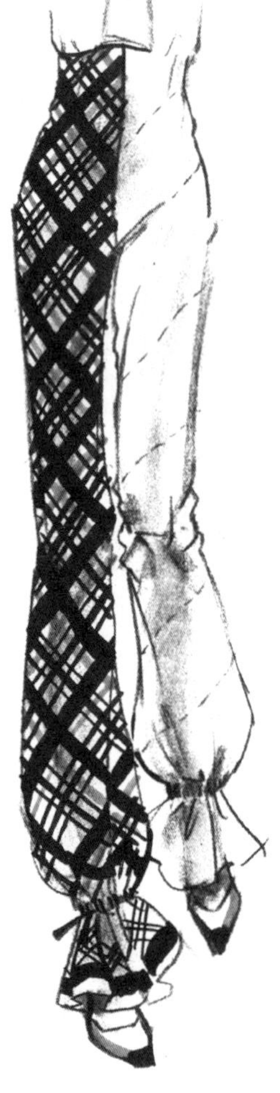

斜线条格子

格子连衣裙

维多利亚时代的格子外衣

给一件质地柔软的格子连衣裙上色，我常常会使颜色很轻松，手法也不是那么严谨。如果你上色时过于认真和小心，最后的效果则是你的衣服显得僵硬而死板。

这一款由Jill Sander设计的连衣裙，向我们很好地展示了散结构花格的拼接。她几乎打破了所有花格拼接的规则和逻辑常理。她这样做，得到的是一件效果相当不错的花格子大杂烩，其中还夹杂着不对称效果，并配有一件短小皮夹克上衫。

设计师：
Dolce & Gabbana

羊毛条纹套装

第五单元
缝纫和套装

单元目标：

- 了解缝纫的起源及其重要性。
- 了解和服装设计有关的缝纫知识。
- 画出缝制美观的服装及模特造型。

裁剪业（tailoring）：即服装制作；裁缝师的工作；简单、整洁及线条设计严谨；为终端客户制作，改制服装，接受订购；为时装发布会制作服装；为个别客户或个人定制服装。

裁剪业发展小史

自从男人们和女人们用宽松的长袍遮盖他们的身体开始，衣服面料的优劣成为人们展示财富的重要因素。所以，在时尚的早期阶段，裁缝师仅仅是受到尊敬的缝纫者而已。

到了十二世纪左右，一些欧洲人开始沉迷于浪漫的爱情思潮，并且不再认为服装仅仅是遮盖身体的外在伪装了。原始的长袍突然开始发生剧烈的改变，人们不得不发明出例如面料拼接、打褶或卷边等方法来满足不同个体的具体需求。

那些利用褶皱和不同款式解决人们衣着问题的男人们，在文艺复兴时代被称为裁缝大师，他们帮助有钱的人设计服装，并且创造出了历史上第一次时尚服装潮流。

这次的时尚潮流运动影响深远，大量不断涌现的城市成为了时尚的中心。在意大利的美第奇家族之后，西班牙风情成为了主要时尚。在那之后，路易十四的宫廷，以其高贵华丽裙装和束胸女上衣著称，成为了时尚的引导者。

后来，工业革命创造了一个新的阶层——中产阶级。这个阶级的男士们每天离家进城工作，他们需要一种可以符合他们白领身份的“制服”，所以近代的西装诞生了。这时英国的裁缝师们登场了，他们发展了在各式款式的服装中加入羊毛的技术。他们对于剪裁的专业能力已经相当标准了，可以为他们的顾客提供既能显示财富，同时又能显示高雅品位的服装了。

维多利亚时期的外出服

请注意上图服装的腰部尺寸，当时的妇女从成年的那一刻起就要穿束腰了。

维多利亚时期的上衣或夹克衫

维多利亚时期的不对称套装

而现代版的夹克在肋骨处最为贴身，从那里往下则越来越宽松。但是相比较来说袖子和肩膀的连接处却变小了。

服装剪裁绘画

套装：一系列搭配在一起穿的服装，通常包括：外套和裤子（或裙子），有时候加上一件衬衫。一般都是同样的面料质地。

想要缝制出高质量剪裁的服装，必须注意细节和衣服的合身度。剪裁绘画讲究的服装要点是一样的。因为，西装、大衣、衬衫或裤子的细节之处都需要精细地裁剪、上褶和缝制（例如，西服的扣眼都是需要锁边的）。上色的时候也必须非常的精细，要达到可以使细节之处精致突出的效果。肩膀有多宽或是上袖的方式都可以改变整件服装的样子，如果这部分画得很糟糕，整件衣服的设计就毁于一旦了。口袋的位置要设计得恰到好处，适当的时候在身体上要显出一定的弧度。扣子之间的间距也要恰当，而且要暗示出下面的扣眼。其实最难的部分是领子，不仅结构要设计得合理，还要能够体现出设计者的审美水平。不管一件衣服的款式看起来多么得随意或无结构设计可言，在实际设计它的时候，设计师们都要认真全面地考虑到它的每一处细节。

自从二十世纪开始，近几十年来，女性穿起高档的西服装这一点的意义非常重大而且具有象征意义。它有助于改变女性的形象，女员工们原来都是站在老板的办公桌前等待指示，现在却也有相当多的女性坐在了办公桌的后边掌管一切了。二十世纪八十年代的所谓“权力套装”更能够体现女性在社会各个阶层的广泛影响。

现今一套西服可以设计成超女性化的款式或者“权威中性”。设计师可以把西装夹克和任何服装相搭配，从羊毛的布裙或超短裙到短裤。只要充分了解你的对象客户，你就可以设计出风格合适剪裁精良的服装来。

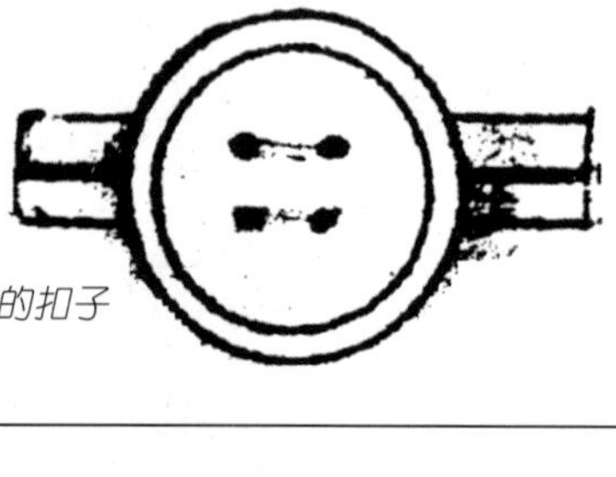

有扣眼的扣子

短上衣外套

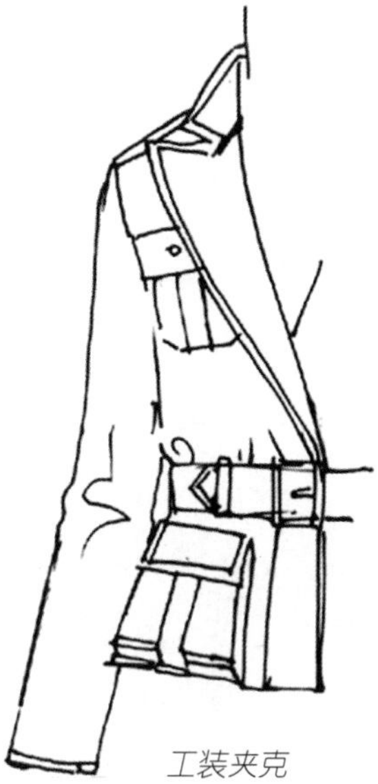

工装夹克

无领扎腰夹克

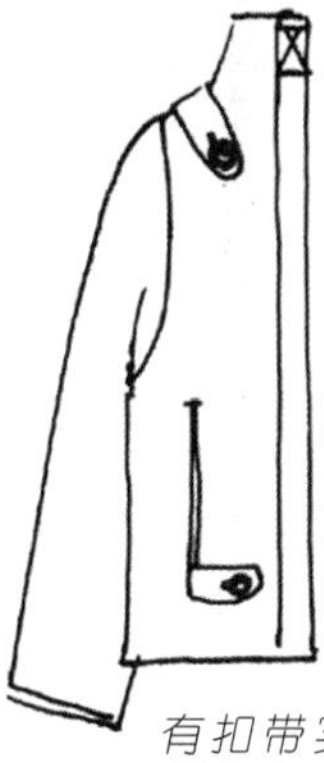

有扣带实用夹克

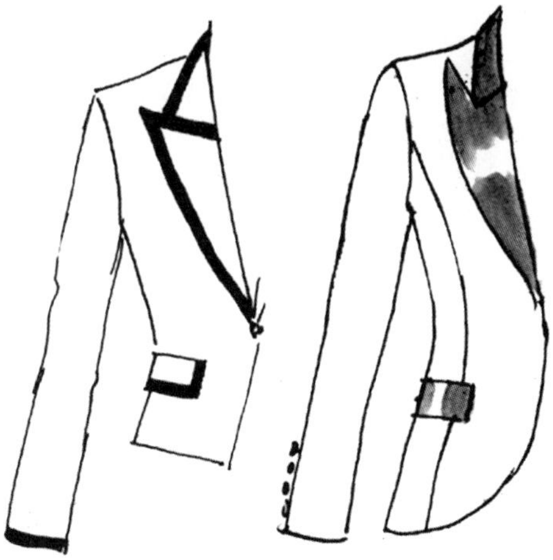

男士无尾晚礼服

收腰窄裙式夹克

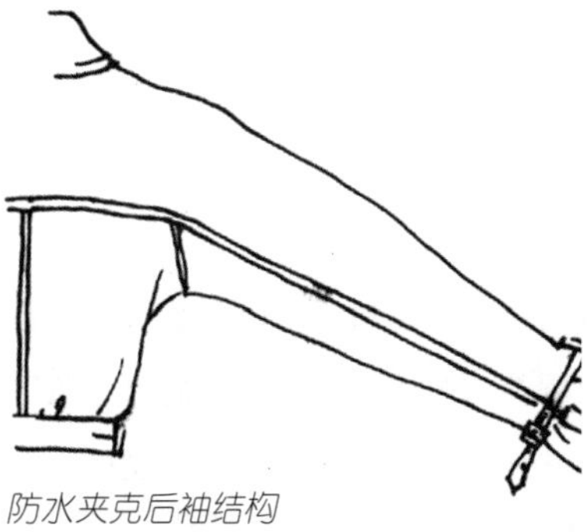

防水夹克后袖结构

剪裁讲究的夹克款式

虽然西服的款式每一年都在不断变化，但是很多重要的基本元素是保持不变的。

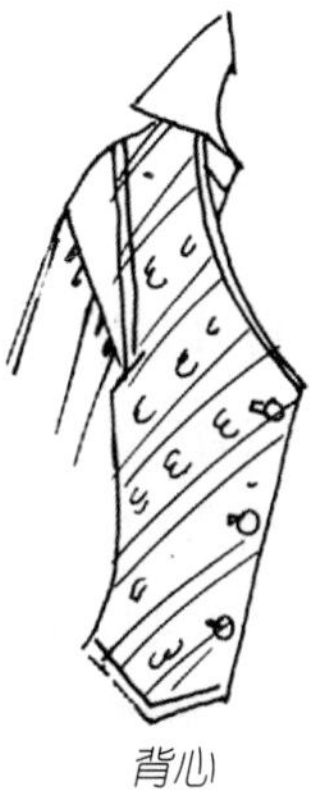

背心

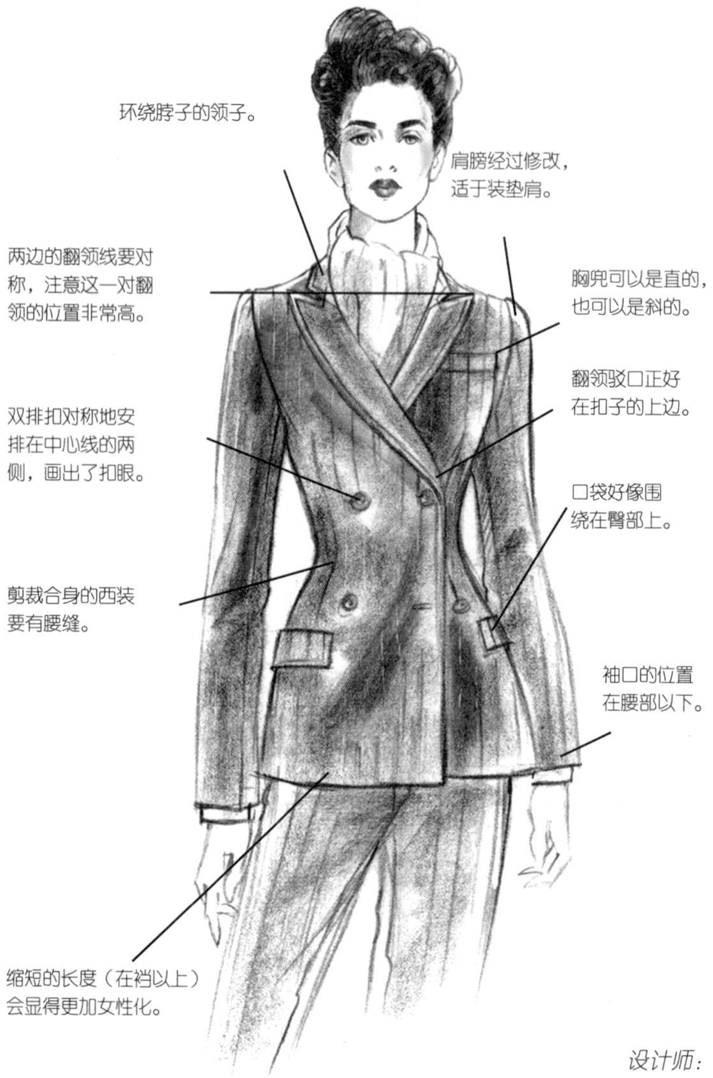

设计师：*Bill Blass*

西服上装的结构

我曾经说过，我们必须将一身西服上装画得很精细，因为正是那些精致的细节使整件西服看起来精美又复杂（还很昂贵）。我用我的Prisma铅笔的侧面制造出柔软的羊毛法兰绒制品效果，用比较粗而模糊的线条画出布料上的条纹。显而易见，图中的西服款式灵感来自于传统的男士条纹西服，但是收腰和经过缩短的长度使它显得更加的女性化，高翻领的设计也加强了服装的时尚感。

西装姿态

这是个动感的姿态，却可以很好地展示西装，因为肩膀是平的，不会使整件服装弯曲变形。当然，我一般不会选择侧面姿态，除非我想展示一些比较有意思的设计细节。记住，服装的款式决定模特姿态，反过来则行不通。

男性化服装

女性化

设计师：Victor and Rolf，2002年春季

模特走路带风的感觉使这件衣服显得更加高贵而女性化了。但是这张图旁边的模特走路姿势就比较挺直了，所以显得比较男性化。

这一直立的放松姿态让人看起来休闲运动，这会给本来有些传统保守的西装款式带来更多时尚的感觉。模特脚下的休闲鞋也配合了整体的感觉。

正确的画法和错误的画法
——把衣服穿在模特身体上

错误的画法　　　　*正确的画法*

检查：

1.最起码要留下西服的一边在正面，以示款式。
2.用阴影烘托出立体感。
3.要适当地露出西装的侧面缝线，要让兜看起来有立体效果。
4.肩膀应该是身体最宽的部位，肩膀与袖子的连接部分要再宽一点。
5.用褶皱更好地衬托身体的动态姿态。

在格子中创造图案

1\. 犬牙花纹

2\. 箭尾花纹

3\. 箭尾呢子花纹

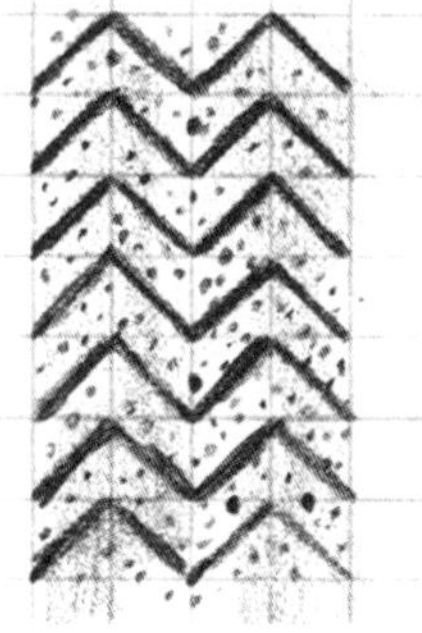

4\. 粗箭尾呢子花纹

传统箭尾花纹

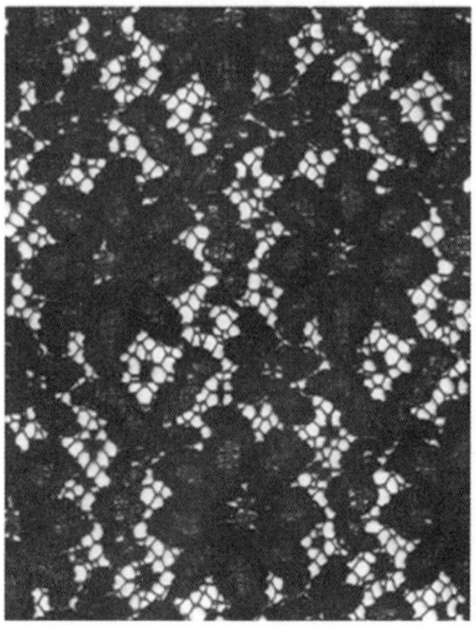

蕾丝

按对角线布置图案

尽管这些传统的图案看上去很简单就能勾勒出，但却也充满玄机。在你草草地将图案画在定稿之前，最好在草图上画出细致的花纹图案，并将它画在图片旁作为图解。虽然这样做并不一定总能达到最理想的效果，但我们一定要标示出最细致而精确的花纹图案。

时尚套装

设计师:
Helmet Lang

注意这套套装上衣是直条纹，下身裙装饰斜条纹。

设计师:
Antonio Marras

检查:

1. 要合身（除非宽大是你特地想要的效果）。
2. 袖子的形状要好。
3. 古典主义风格的领子。
4. 上衣要与裤子或裙子相配。
5. 通常是简约、干净的款式。
6. 通常里边配有短上衣或衬衫。

西服裤

这一款Ralph lauren在2002年设计的西服套装体现了对“权力套装”的怀旧风格。兴起于二十世纪八十年代的“权力套装”，从那时起开始成为了女性在办公室或董事会上穿的职业服装。

检查：

1. 因为西服裤装看起来总会显得有点休闲运动，所以很随便的行走姿态会是展示服装最好的选择。
2. 要知道你怎么安排装饰品或安排什么样的装饰品可以使你的设计更加正式或者更加随便。

注意：在2002年的秋季时装展上，小夹克衫是比较流行的款式。

Dolce & Gabbana

休闲运动是流行的款式，即使是大牌的设计师也会很倾向休闲装。

灯芯绒

条痕这个词是指在灯芯绒裤子上的毛茸茸的条纹。宽条痕是指相对来说比较大的条痕。

宽条痕比较毛茸茸而且起伏比较大，凹凸之间是灰色或白色的。所以我在上色的时候总是在我的Prisma铅笔上抹上白色的树胶水彩，这样可以使服装看起来有3D的效果。

细节图

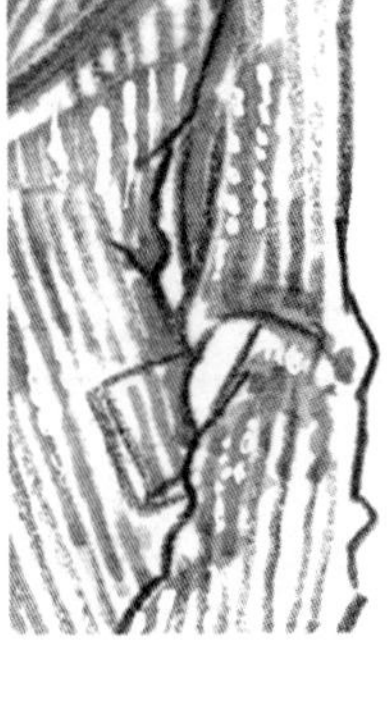

宽条痕灯芯绒西服

讲究的剪裁设计草图

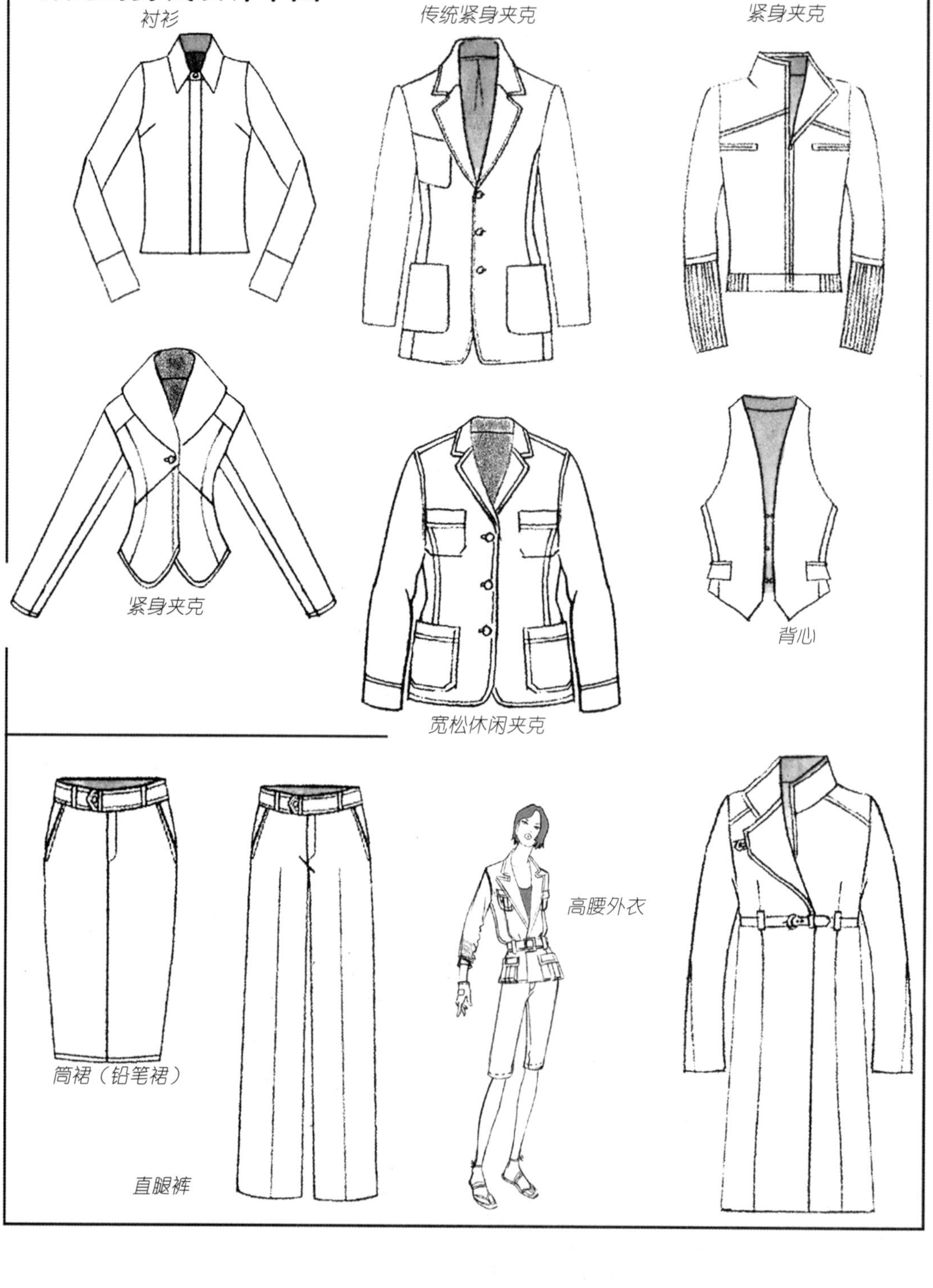

运动连身装

正式场合穿的背心

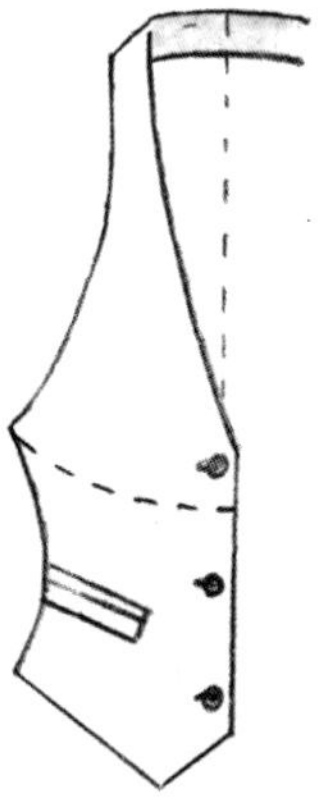

正式连身装

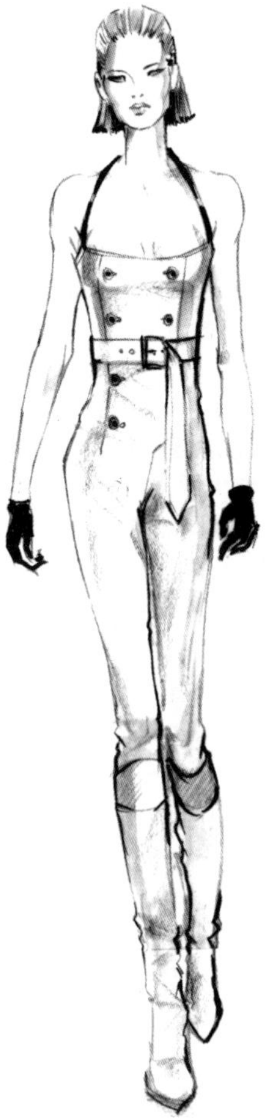

直筒裤

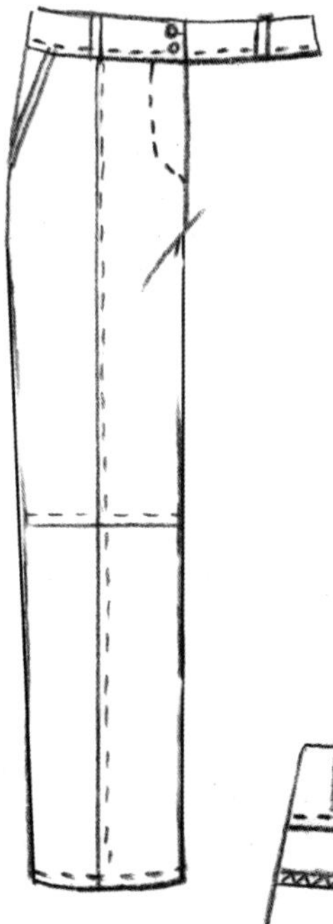

新式女运动裤

混搭款式

当今的时尚是混搭的天下，运动的、有趣的、正式的、严肃的服装和装饰品常常混在一起。

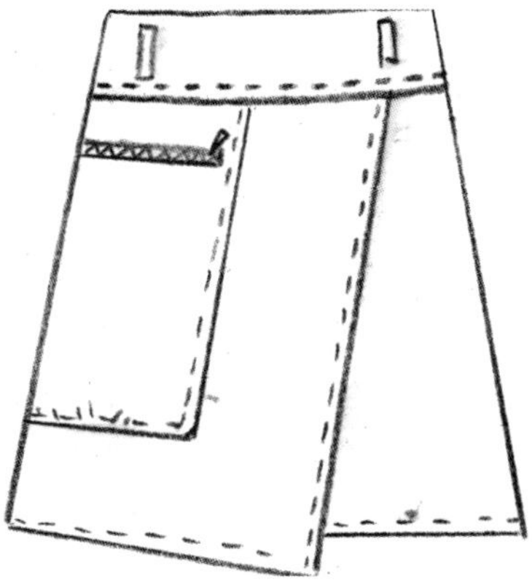

叠襟不对称围裙

不对称裙

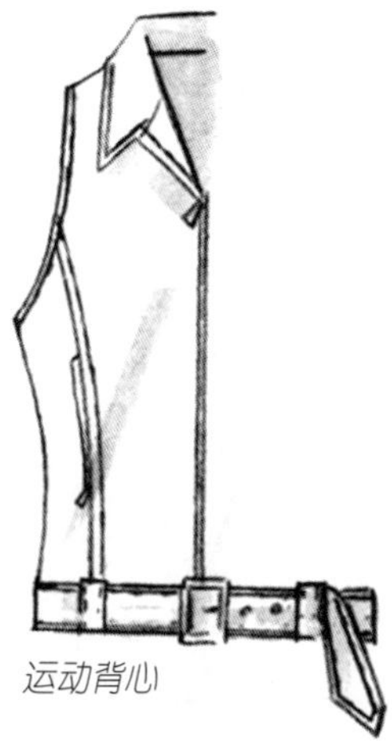

运动背心

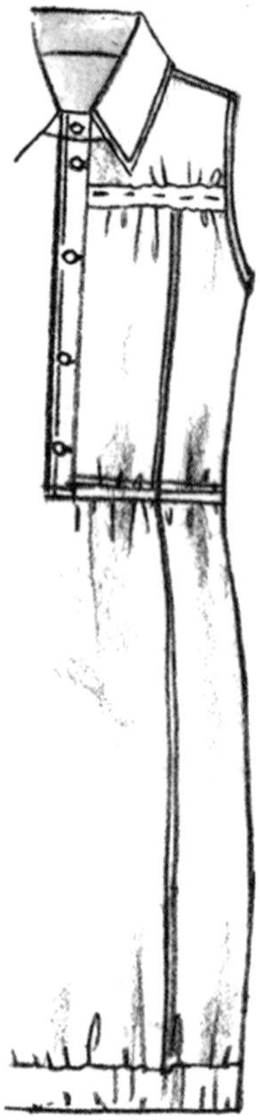

运动式衬衫连衣裙

紧身短上衣

春季服装层次搭配

在暖和的天气里，我们也常常多层服装搭配着穿。但是款式、服装面料都和冬季不一样了。通常款式会比较轻松。

印花上衣

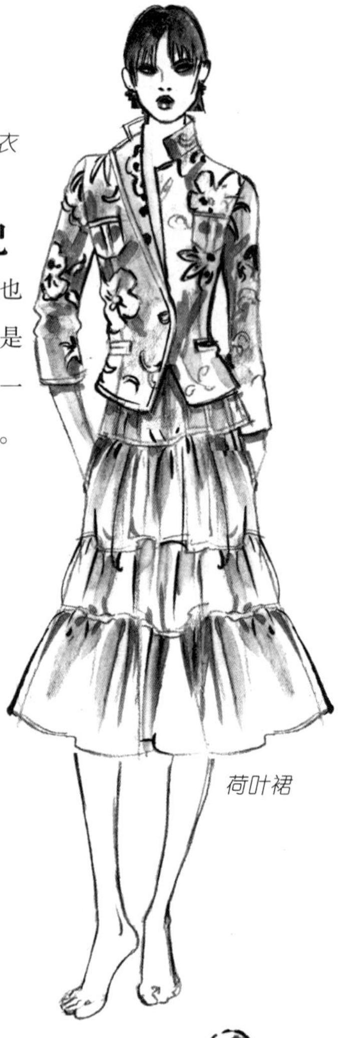

荷叶裙

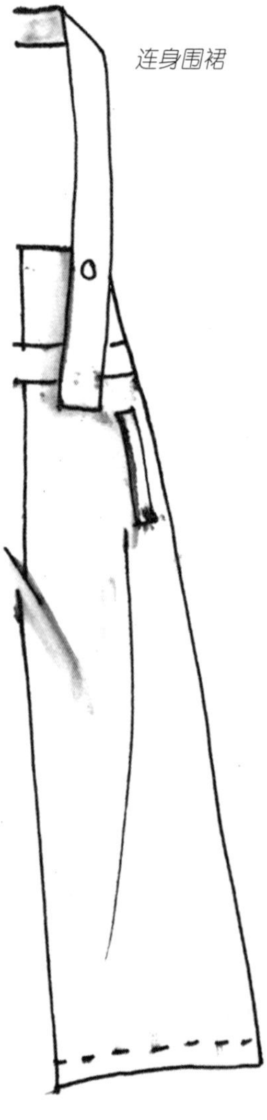

连身围裙

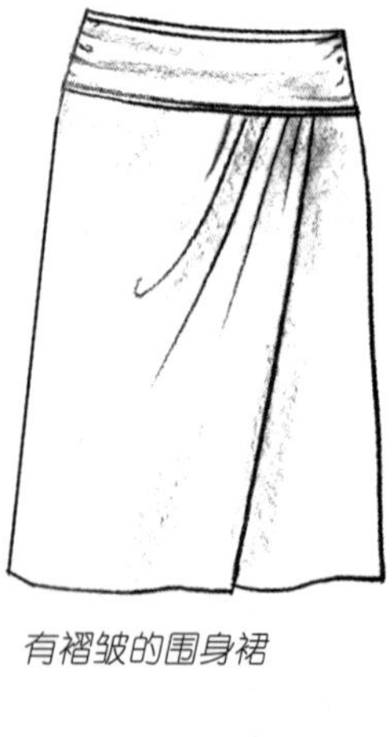

有褶皱的围身裙

第六单元
秋季套装的层次

单元目标：

- 看一看散装的搭配方式。
- 看一看不同种类的服装搭配的层次效果。
- 学一学能更好的展示散装的模特姿态。

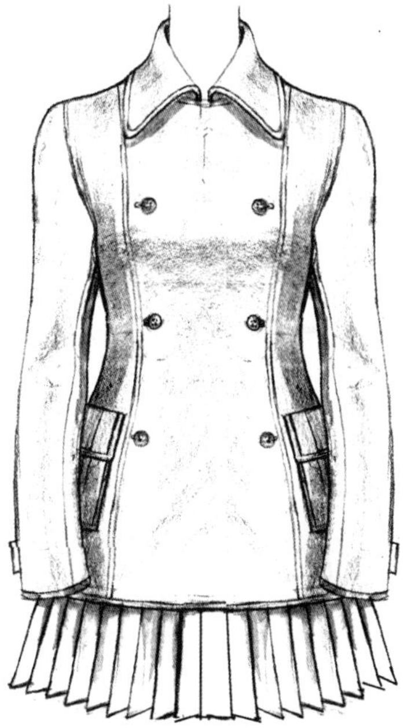

设计师：Clement Ribeiro
厚呢扣领短外套

先是内衣，然后是束胸、套头衫、毛衣加上裙子或者是裤子，然后是外套外面大衣配上丝巾和手套，穿上靴子，戴上帽子甚至是耳套——如果她生活在阿拉斯加的话。这就是我所说的套装层次。

秋季套装的层次

画秋季的服装很有意思，因为可以画很多不同的款式和服装结构。对于很多刚刚开始学习设计的学生来说，他们最大的缺陷就是不能画出足够多的散装来使设计丰满。另一个很普遍的问题是将衣服简单地叠加在其他的衣服上，在实际生活中，那样的穿法是很不舒服的。

例如，（见下一页）毛衣A的领子非常大，所以它的外套的领子要么就更大——要么干脆就没有领子。毛衣A也很长（在臀部以下），所以它的大衣就也应该足够长和足够宽松以便可以盖住毛衣。

怎样开始

1. 如果你的设计又宽松又简单，你设计的模特姿态就不应该很复杂。
2. 收集一些关于秋季服装的有意思的剪报。
3. 适合秋季时装的面料多种多样，而且通常都很简约。如果你发现了什么款式或者是衣服的细节是你以前没有见到过的，那么你就花点时间来临摹一下。这样你就有了自己的秋季时装“常备剧目”，在绘画或上色时你就不会感到为难了。
4. 装饰品对于秋季时装来说特别重要。我所谓的装饰品包括：帽子、丝巾、手套、靴子、腰带等。所有的这些都应该给人以丰满温暖的感觉。

A.

B.

C.

对于款式简单的服装来说，第一步先画出大概的草图，就像图B一样，同时想一想在上面能够设计出一些有意思的反差。一旦想到了你喜欢的东西，就开始把它们的纹理画得强烈一点，就像图C那样。我用Prisma铅笔和麦克笔混合制造出比较立体的效果。

设计师：Stella Mccartney2002年秋季

这款毛衣的所有所有都很大，包括领子和上边的钩针图案。Stella Mccartney在利用比例制造特别的视觉效果。

细节 放大

宽松的大毛衣

服装层次应该注意

正确

Helmut Lang,
2002年秋季

不正确

更好的比例是：毛衣再长一点，露出的腿再少一点。

这个例子中，毛衣太小了，腿则太长了。

当你在设计或者绘画宽松毛衣的时候，你必须考虑它们要配什么衣服穿，而且你要特别注意毛衣的比例和使用的料子。还有，如果你设计的是一款超大的毛衣，那么确保你真的将它画得超大；不伦不类的型号会使你的毛衣看起来不那么热情，比例也会很别扭。

注意：当画宽松毛衣的时候，注意肥毛衣和瘦腿之间的反差关系。

两个模特展示

当设计有层次的套装时，同时展示有外套和无外套的效果是很专业的做法。

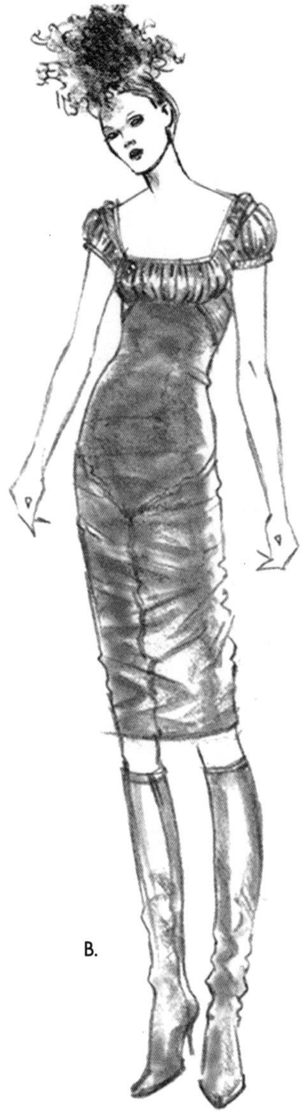

设计师：
Alexander Maqueen

注意：像这样的一款休闲套装，有很多单独的散装搭配在一起，外边夹克衫的穿脱都很方便。

设计出反差

所有这些套装都向我们说明了正确的比例：又紧又小的裙子配宽松的鞋（如图A）；长及膝盖以下的皮质休闲长裙配小巧精致的胸衣（如图B）；长外套配短上衣和迷你裙（如图C）。反差是关键，尤其是有层次的套装。

介绍一些流行的款式：

1. 实用的装饰。
2. 花纹和条纹混合。
3. 昂贵、便宜，但别致的元素相混合。
4. 古怪的鞋子。
5. 在出人意料的地方使用毛绒。
6. 蕾丝装饰的小细节。

行走中的姿态

潇洒的姿态

简约派

高雅套装组合

套装的组合可以很休闲，也可以很女人。上图的例子展现了更加适合这些女性化套装的模特姿态。

秋装模板

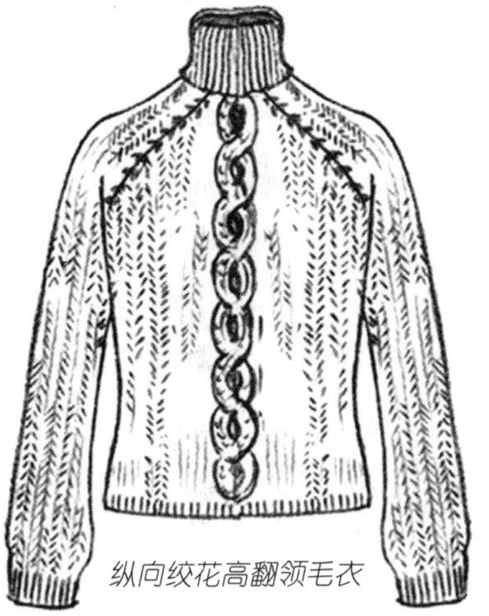

纵向绞花高翻领毛衣

罗纹垂褶领毛衣

套装的各个组成要素

问问你自己：

1. 毛衣套在上衣外合适吗？
2. 剪裁贴身的夹克套在毛衣外合适吗？
3. 夹克衫套在运动衫外合适吗？
4. 大衣套在夹克外合适吗？

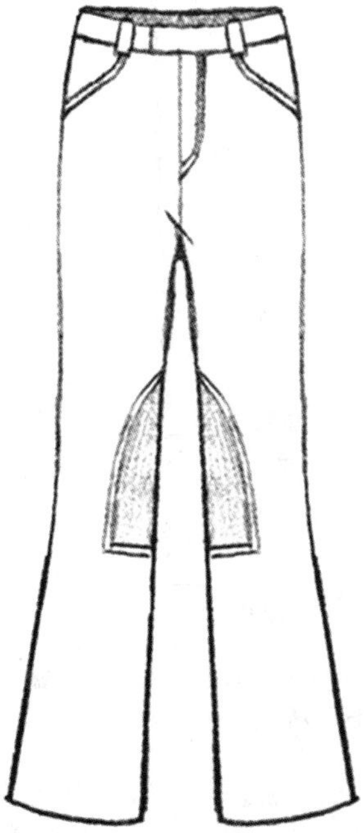

改装长裤

宽摆大衣

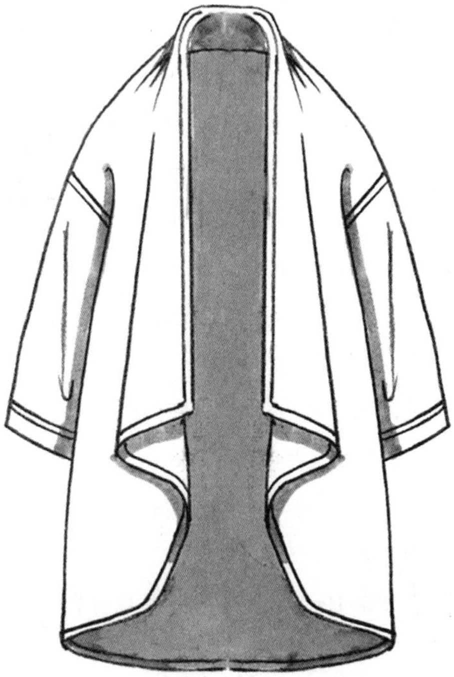

无衬里的茧形羊毛大衣

大衣和夹克

怎样开始

画大衣是一个挑战，因为我们出于本能并不希望我们的女性时尚形象看起来肥肥的。的确，有很多做工精细、剪裁合身的大衣并不适合搭配宽松的衣服，它们合身得就像是连衣裙（在T型台上看起来非常的棒）。但是，绝大多数的人买大衣是出于保暖的原因，这就意味着衣服会有很多层，体积会加大。但是，如果设计得得体，效果看起来还是会相当不错的。通常，窍门还是要把一些细节之处设计得精巧一些。也许是突出细腰，也许是美丽修长的双腿——甚至可以是胸部设计成简单的风格。所以，请不要害怕。增加你设计任务的体积吧，同时也赋予她个性，一切都会非常顺利的。

圣·劳伦特(ST. Laurent)中长款大衣，1969

Balencigaga 西班牙时装设计师

Pierre Cardin，二十世纪六十年代早期

术语（一）：大衣和夹克

战地夹克(Battle jacket)：及腰长，单排扣夹克，美国军队在二战时的夹克款式。

飞行员夹克(Bomber jacket)：及腰长，英国战斗机飞行员在二战期间穿的羊毛外套。

连帽粗呢风雪大衣(Duffle coat)：短款上衣，有的有兜帽，有的没有兜帽，二战时英军水手穿的外套。

双排扣长礼服大衣(Frock coat)：十九世纪的款式，军用大衣。通常是及膝长，有褶皱，有领子和翻领，背部有开衩。

马装夹克(Hacking jacket)：贴身的单排扣骑马装夹克，从腰部向外展开，背部有开衩。

防水雨衣(Macintosh)：十九世纪防雨大衣。战壕风衣就从它发源而来。

紧身马褂(Mandarin jacket)：直款宽松夹克或外套，有小立领，系扣或在前胸或从肩膀开始。

诺福克(Norfolk)**短外套**：十九世纪男士夹克，及臀，大贴袋，夹克的前后都有褶，配有和服装相同面料的腰带。

风雪大衣(parka)：休闲款，带帽兜的防寒服。

水手厚呢短大衣(Pea jacket)：十九世纪水手、渔民或工人穿的款式，很重，双排扣，及臀长。夏奈尔在二十世纪二十年代曾将其改为女款。

披巾雨披(Poncho)：方形羊毛布料，最早出现于南美，在雨披的中间有一个可以让头钻过去的洞。

皮质战壕服

术语（二）

骑装式礼服(Redingote)：源于英国绅士的“骑装大衣”，剪裁考究的户外服装，有公主线，大平领和宽松的下摆。

狩猎夹克（Safari jacket）：在非洲的欧洲人穿的一种宽松夹克。有特色的上衣设计有很方便的口袋，有腰带扎身，长度在臀部以下。

披巾（Shawl）：方形或矩形布料松松的披在肩膀上。

半正式晚礼服（Smoking jacket）：源于一种男士长袖夹克，面料可以是丝绸、天鹅绒或绣花锦缎。通常是十九世纪人们在家里穿的便服。

宽松女式大衣（Swagger coat/ topper）：正身的没有拼接的及臀大衣，常常带有披肩领和翻起来的袖口。

战壕大衣（trenchcoat）：最早的时候是十九世纪的军大衣，带有肩章，双肩带（来复枪肩上扛的位置），现今男士女士款都有，作为雨衣或外套。

风衣（winderbreaker）：及腰长短夹克衫，有腰带。原来是战前英国皇家空军飞行服。可防水，从腰到脖子有拉锁或是扣子。

细节放大

细节放大

宽松款大衣

虽然这些也许不是最新的款式，但是想把不同风格的服装穿在模特身上，它们是很好的例子。特别是学习怎么把大衣的一边撩起别在身后来展示大衣下面的套装这个姿态，对于设计师来说非常有用。注意，从图中我们可以看出，绝大多数的大衣都是长袖子。同时，还要注意，把模特的手放进口袋里或者拿着什么东西，可以使整个姿态显得放松。

秋季面料质地条纹

箭尾形

箭尾形的图案是成排的，和竖条纹形差不多。你既可以直接在服装上画出这种条纹，也可以单画在一张纸上。上色的时候不要多仔细，你看我就没有画出所有的箭尾形状，在那些好像阳光照得到的地方不妨留些白色。

方格子

画方格子就是画横条纹和竖条纹——当然你需要考虑到身体的弧度和衣服的褶皱，还有角度问题（在后面的格子会相对来说小一些）。另外，格子要让人看起来真的是正方形的，这一点很重要，要不然整个视觉效果会怪怪的。

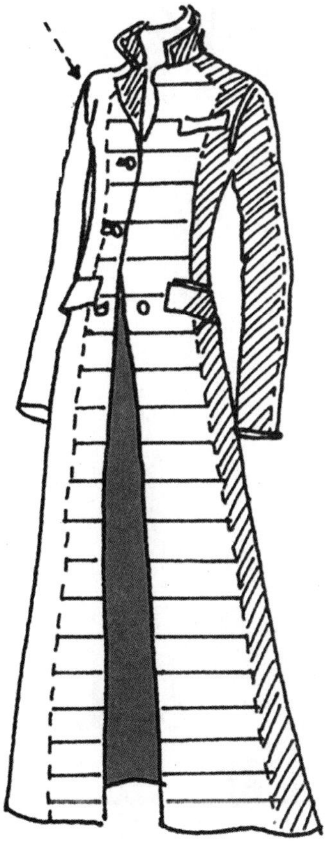

上色

当画阴影的时候，你可以利用我下面交给你的方法：越接近光源的平面越亮，服装中间的前襟部分色调柔和，离光源越远的部分颜色越暗。但是，如果你的服装上有褶皱或者多层次，那就要另当别论了，具体问题要具体分析。

斜纹软呢

斜纹呢的羊毛或羊毛服装上会有一些大小不同的线球或疙瘩，你可以用铅笔或油画笔制造出这种线球的立体效果，（用刻刀刻出服装的整体轮廓），然后用一把上有水彩的牙刷在已经上了色的图上来回刷。

工具：
Prisma铅笔、麦克笔和白色树胶水彩

皮毛画法检查：

1. 好的毛料是有体积感的。
2. 皮毛就是动物身上的头发——顺着一个方向生长。
3. 中间的毛最密集，边缘的毛长得最稀少。
4. 确保你上色的时候，毛绒的边缘部分能够体现出一些具体个别毛丛。

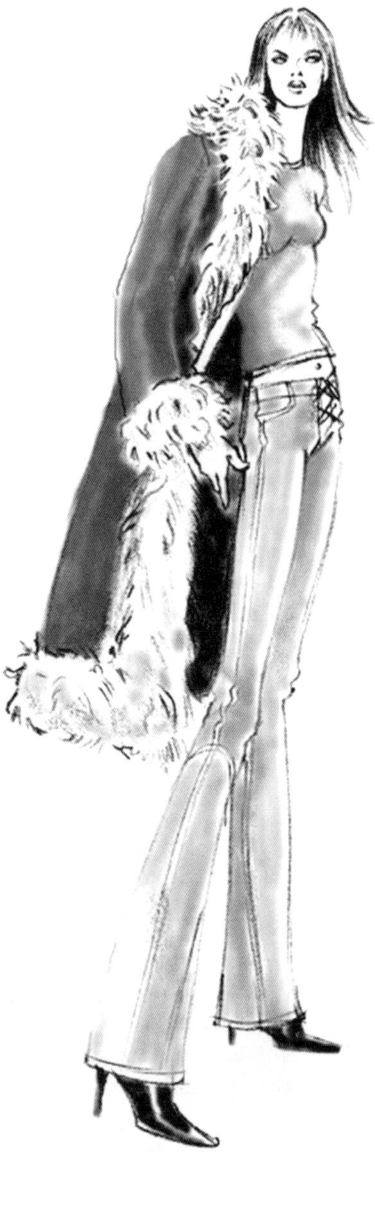

皮毛上色

更多的皮毛

人造皮毛

棱纹针织和狐狸毛

皮革加貂毛

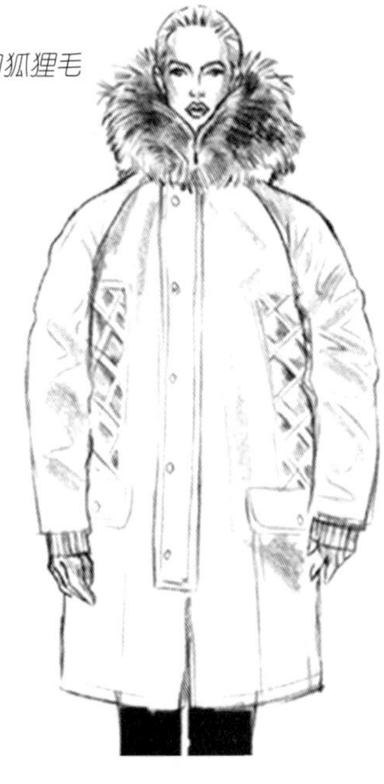
棉丝绸加狐狸毛

行走姿态的大衣展示

战壕大衣（春装款）

毛领羊毛斜纹软呢
设计师：Marni

想要把大衣画得硬挺而又沉重不是一件难事。敞开的大衣，模特走路拉风的姿态需要大衣可以“自由地随风飘摆”，（当然还要伴随具体的人物姿态有所变化），这就可以让你能够有机会展示大衣的内里。

夹克

"胖胖的"人造毛皮

棉背心的作用相当于夹克衫，尤其是对青少年来说。

背后角度

双手插兜，画一点点的身体曲线，可以使本来显得很僵硬的夹克衫看起来休闲了很多。

夹克衫的休闲运动本质很适合我们现在生存和生活的社会，休闲已经成为了越来越受欢迎的时尚。而且，夹克衫很接近青少年文化风格，所以任何其他年龄段的人群如果想要穿得年轻休闲也往往会选择夹克衫。

如果给模特画上夹克衫，你应该给模特设计一个运动而又年轻的姿态，甚至要更好。

选择能够最好展示夹克衫的身体姿态

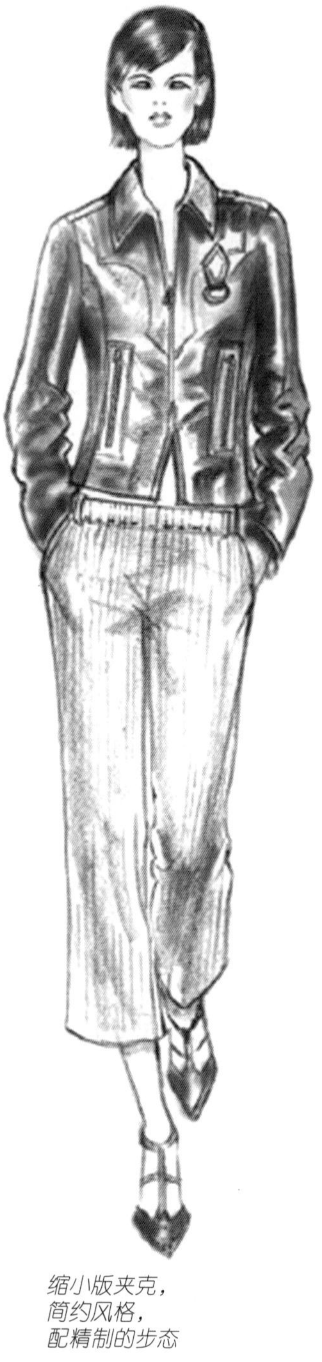

缩小版夹克，
简约风格，
配精制的步态

大夹克，宽松款，
配有闯劲、有挑战性的行走姿态

休闲款夹克款型

请一定要注意：

1. 领子的形状和风格。
2. 系扣方式（拉链、扣子、吸扣、索扣、系带）。
3. 口袋的样式和放置位置。
4. 辑明线（间线）。
5. 上袖的形状（嵌入式、袖缝直连领部式、蝙蝠袖式等）。
6. 袖口形状（翻边式、松紧式、拉绳式、按扣式等）。

大衣和夹克衫设计草图模板

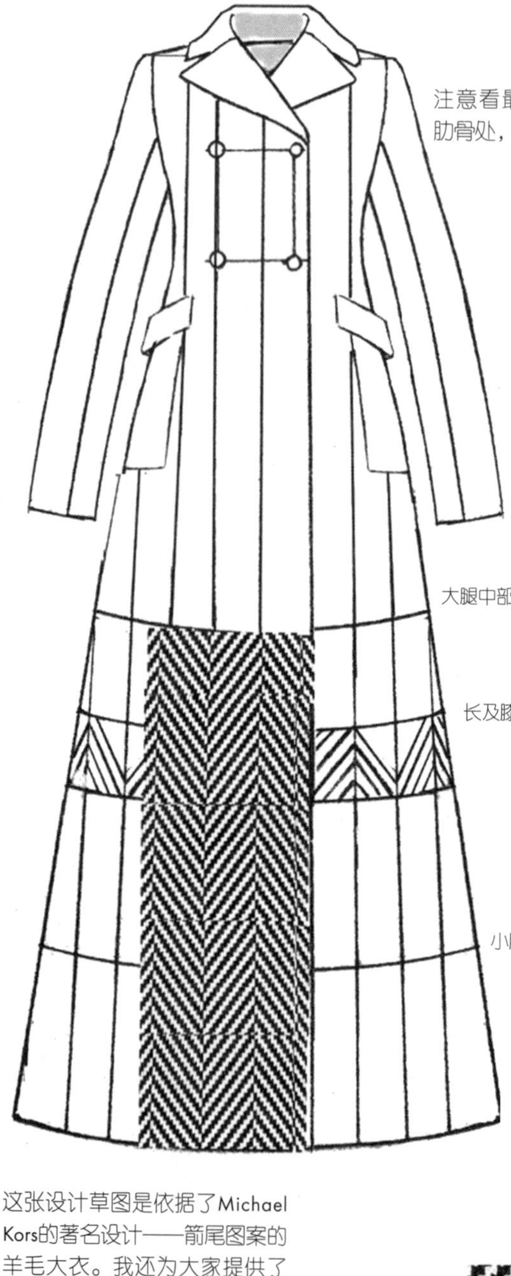

这张设计草图是依据了Michael Kors的著名设计——箭尾图案的羊毛大衣。我还为大家提供了上色时可供参考的样例。

最长款羊毛大衣

这是又短又高的翻领，很适合双排扣大衣。

偏移箭尾图案

通常情况下，箭形图案是可以对在一起的，但是上图的设计可以产生一点视觉上的动态效果。

更多的大衣模板

粗呢大衣

军用防水大衣

长款外套

高腰大衣

天鹅绒晚装，半透明外套大衣

就像你所看到的那样，黑色的高腰裤在浅色的薄纱印花大衣下看起来变成了浅灰色。我们可以看出印花图案在大衣的背部不是很密集（从两腿中间的缝隙看）。
薄纱很轻，有薄浮感。裤子的面料是比较重的绸子或缎子。我们可以从大衣边处看出大衣的面料不是一层。大衣面料质地的轻柔和波斯羊毛的厚重形成了鲜明有趣的对比。

第七单元
晚礼服

单元目标：

- 学习不同晚礼服的不同比例。
- 学习设计更加高雅的褶皱花边和裙裾。
- 学习绘画各种不同的晚装面料。
- 学习和练习设计展示晚装的模特姿态，以期最终达到一种戏剧效果。

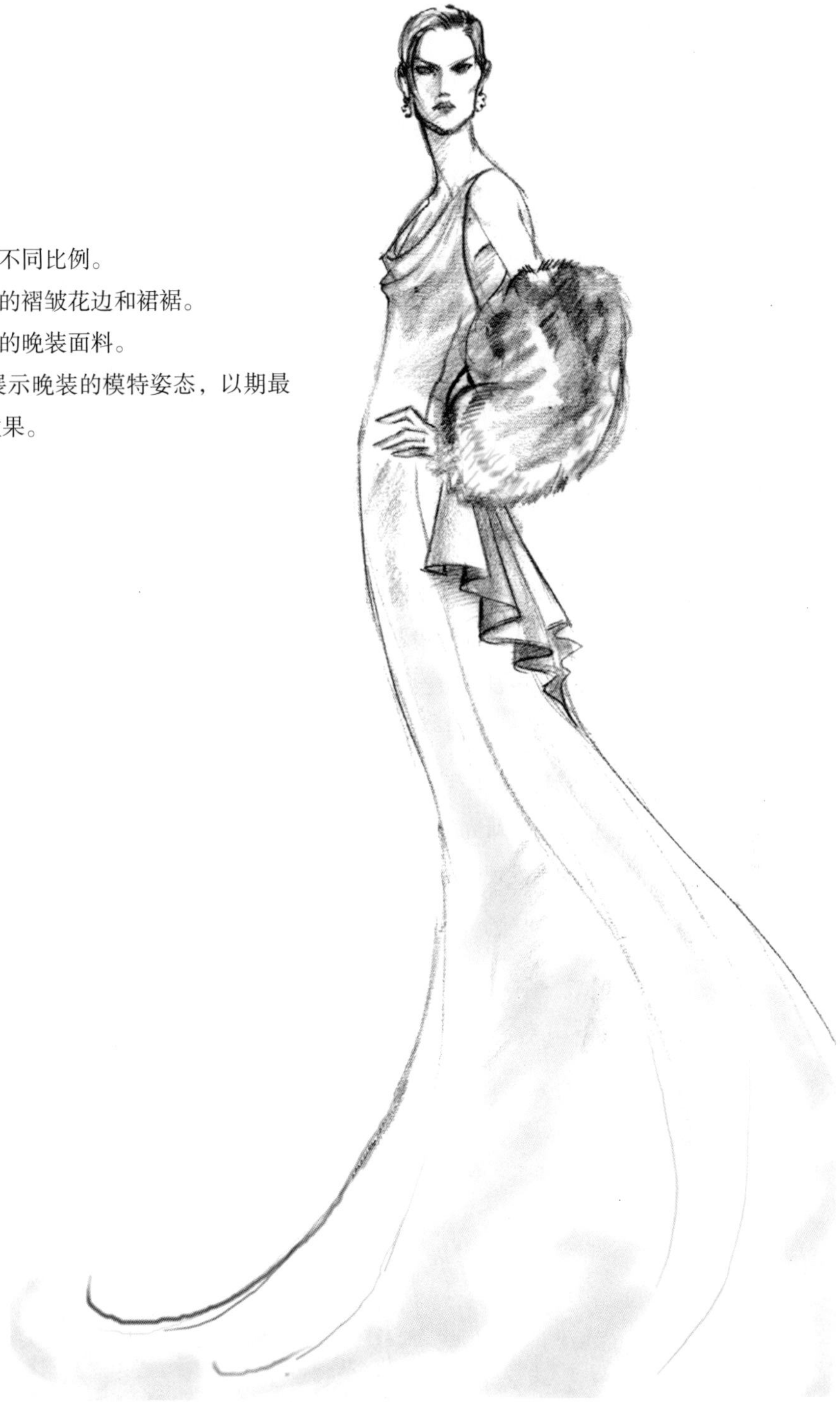

从去俱乐部穿着的服装到燕尾服、晚宴盛装，再到落地长舞裙，
每个女人都希望在晚上出门的时候穿着得很耀眼出众……

晚礼服设计提示

我们当中的很多人仍旧把晚礼服想象成落地长裙或正式舞会时穿的裙子，但是，事实是很多人已经开始穿着休闲装出席很多正式的场合了。白天穿着的服装和晚装的界限已经很模糊了，正因为此，我们既可以在白天穿得闪亮耀眼，也可以在晚上穿，例如，羊毛或皮革料子的衣服。时尚的人们想让自己看起来既现代又摩登——当然，还要性感，这种愿望可能多于高贵。

因此，在很多盛大的时装周上，比如说，某个特殊场合服装展示会上，往往是时髦考究的衣料做成的小单件服装居多。

尽管这样，我们还有奥斯卡和很多正式的舞会，还有其他的许多场合需要人们穿着华丽的盛装。所以，你会很想知道怎么设计和怎么绘画盛装的。除此之外，常常在华丽的长裙上才有的美丽的大垂褶，也会以一种更精巧的形式出现在时髦的短上衣或是泳装上。如果你研究并且练习了比较复杂的垂褶之后，你就会发现晚礼服上的褶皱相对来说比较简单。

焦点：臀部

焦点：胸部

由于白天穿的服装和夜晚穿的服装的界限越来越模糊，所以你所选择的与服装相配套的服装或装饰品就变得越来越重要了，它们可以明显地区分你的设计属于昼装还是夜装。例如，如果你配上一双休闲风格的靴子的话，一款落地的长裙也可以看起来适合白天穿着。相反，一款短裙也可以看起来适合在夜晚穿着，当然你要给它配上闪亮的高跟鞋。除此之外，浓重的彩妆和发型也可以把服装衬托出那个效果。

一款长长的晚礼服需要考虑的地方很多。衣服的飘浮性和焦点问题尤其是重点考虑对象。一款服装的焦点就是这款服装最重点的地方，是别人的注意力主要集中的地方。通常，是脖子的部分。因为那个部分可以衬托穿衣者的脸。但是，有的时候焦点也会落在腰部、臀部、后背、袖子或衣摆等处。

剪裁线（缝线）应该以三维的结构方式和其他的剪裁线相交叉，围在身体周围，并且最终指向这款服装的焦点处。

设计的时候还要考虑考虑你想要展露身体的哪个部分，遮盖身体的哪个部分。好的设计要能够体现两者的反差。

焦点:裙摆

Ferre设计的这一款晚装很好地向我们展示了休闲装（黑色的布满装饰的皮裤）与正装（透明薄丝绸外套）的完美结合。比起正式晚装它更加适合俱乐部或夜总会。

焦点: 臀部

设计师：Gianfranco Ferre

怎样开始

1. 你需要先看一些设计师的晚装作品。（欧洲的时装展览会上会展出很多不同设计手法的作品。虽然那些作品都是为了在时装展示会上展示的——而不是为了批量生产的，你也可以从中学到很多新鲜的思想和可能性。）在时装店里出售的晚装其实在结构上都是很简单的。
2. 如果你能够把每一种晚礼服面料各买来半码，你就可以仔细地观察它们的垂坠性，甚至可以在模特身上试验每一种面料的垂坠效果。这样当你开始画的时候，在你的脑子里就已经对各种面料有个大致了解了。
3. 练习画那些美丽的晚礼服，并且请大胆地运用夸张的手法。想要画好极端的比例或喜剧效果并不是一件容易的事，尤其是你已经很习惯画超短迷你裙和休闲牛仔裤了。学生们常常犯的最大的错误是不将他们的设计想法淋漓尽致地表现出来，所以就导致了他们的设计显得无聊而平庸。
4. 回首过去，在几百年的时间里女士们都穿得比较夸张，设计师们总是能够创造出新的设计，使女士们穿着新颖时尚。
5. 如果你有自己的真人模特可以供你练习绘画，那么可千万不要总是让她穿些老套并相同的服装。你可以通过包裹或是别针在模特身上创造自己的华丽垂褶——哪怕布料只是一些薄纱，然后把设计的结果画下来。如果没有专业的模特，你也可以在家里请朋友帮忙。如果他们不能长时间地摆姿势，你也可以先找出照片来，然后再按照照片的样子临摹。
6. 尝试着去看看俱乐部或夜总会这样的地方，仔细观察年轻人是如何穿着打扮的，你会发现会有一大批人不穿长裙或礼服。
7. 当你设计或绘画晚礼服时，先观察走台的模特身上的服装，将其样子印在脑子里，凭空对其进行艺术加工，然后再把那套服装画在你自己的模特身上，一遍遍地修改，直到达到你自己想要的效果为止。

焦点：脖子

焦点：臀部

焦点：后背

焦点：后背

焦点：臀部

设计师：ALIX，约1930年

注意：在比较黑暗的背景上画很明亮服装可以大大的提高设计图的艺术效果。

展示晚礼服的姿态

展示晚礼服所需要的通常是很漂亮的面孔，一点S的曲线和有点夸张的比例 。当你在设计人物的身高时要小心，我的学生们有时会给裙子加上太多的细节，而一条真的裙子的长度是容不下这么多东西的。

晚礼服上的光与影

检查光源：

1. 选择一个光源，从左或从右都可以。
2. 先给服装上一层最浅的颜色，最亮的地方可以不上色。
3. 在和光源相对的一端，涂上阴影效果。
4. 在胸部的下边和腹部涂上一层比较淡的阴影，这样腹部看起来比较平坦。
5. 在能够体现身体立体轮廓和有褶皱的地方上色。
6. 剩下的中部地区可以上浅色和中度过渡色。
7. 注意胳膊、垂褶、裙摆等投射下来的阴影。

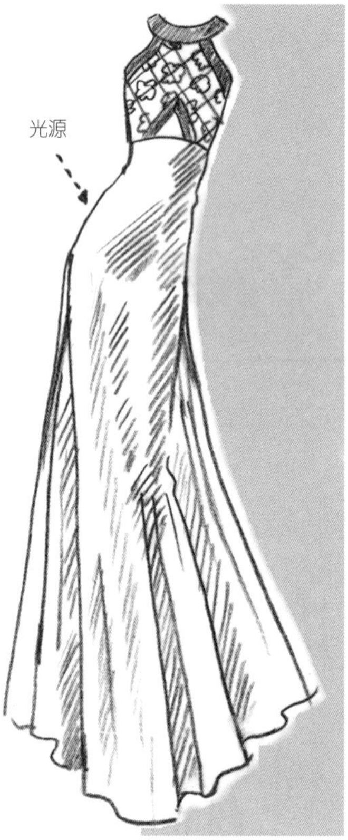

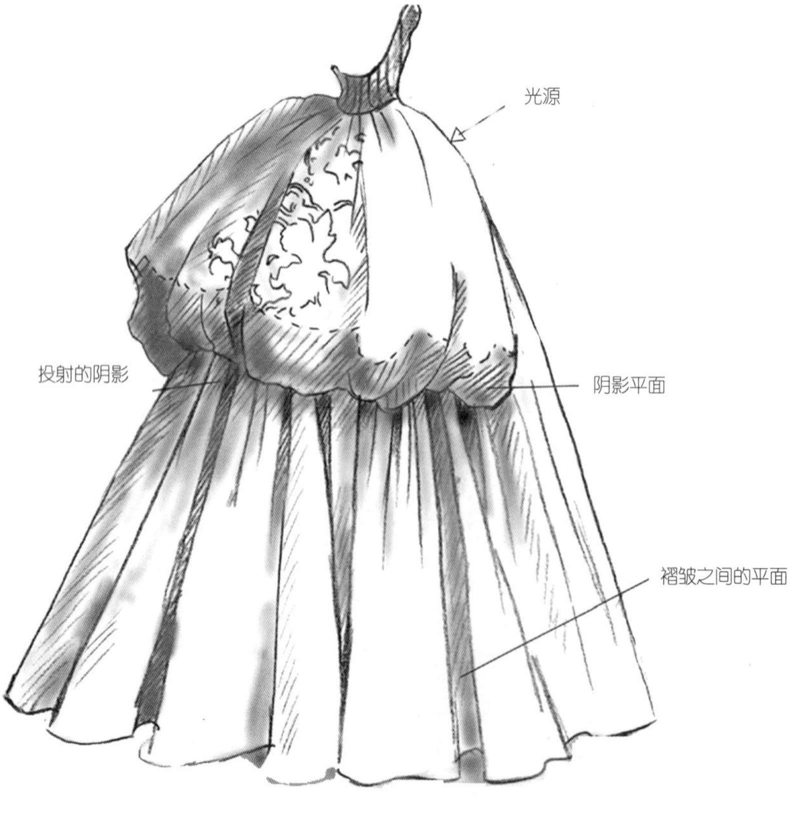

锦缎晚礼服

像这样成功的华丽的着色作品，主要依靠在画图案之前制造正确的阴影效果。锦绣上的图案必须要细心地描绘以便能够体现褶皱的凹凸，光线的强烈和暗淡等。涂上的颜色还要求要放松，有过渡，不然会使服装显得过于僵硬。

这件由维克多和拉尔夫设计的晚礼服稍稍地有一些雕塑的效果，所以我给它上色的时候使用了强烈的光影效果来强调整体构形。

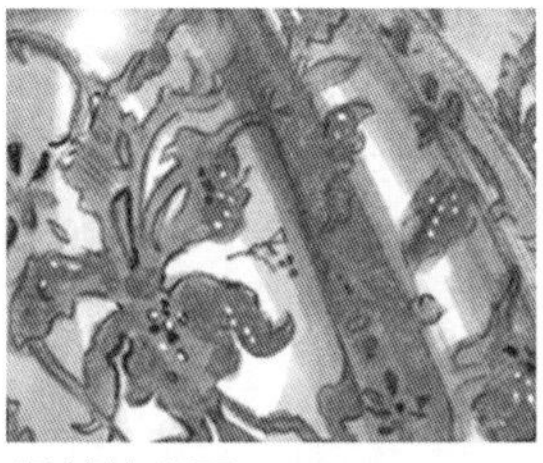

细节的光区

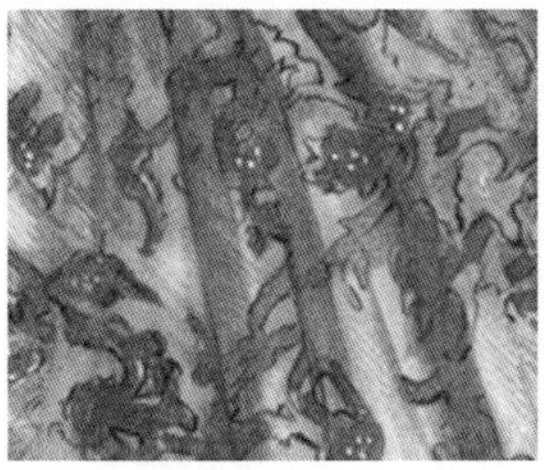

细节的阴影区

步骤：垂褶

1.

2.

3.

先要画出一定体积的裙裾，画出垂褶的角度。显示出每一个褶皱的方向，以及显示背后中间的那个位置。

将褶皱的线条编排好，描绘清楚。确保背后中间的一部分褶皱垂下并拖在地上。

在背后中心部位添加一些阴影，并在每一层的中间也添加一些阴影。如果面料是有光泽的那种，就一定要留出一些反光的部分。

薄纱的绘画技巧

为薄纱裙子选择一种动态的姿态，这样可以更好地展现薄纱这种高质量面料的飘动特点。

添加戏剧效果

1.

轻轻地描绘出基本形状，把有意思的部分稍稍画得夸张一些。比如，我把袖子画得大了一点，而裙子又画得比实际的紧了一点。

2.

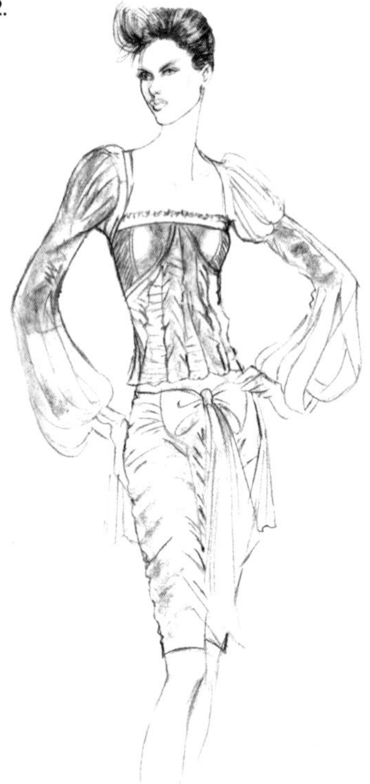

即使这款服装的颜色主要是黑色，而透明的部分是灰色，我们也要留出一些白色的区域来显示设计上的细节。颜色上的黑白分明和光线上的强弱对比将会增加这一款服装的戏剧效果。

3.

仔细地画出每一点细节，如果轮廓画得不精准，上色的时候会更加糟糕。

金属片

金属片经常是被缝在一起的，而且在面料上排列成行。由于光线的作用，一些金属片会显出白色的光，一些会闪着金属的光芒，还有一些的颜色则是黑色的。而正是这些不同颜色的对比，会使金属片显得更加得耀眼。

在一款浅颜色的服装上，把白色的金属片放置在阴影区域，而黑色的金属片放置在比较亮的地方可以使金属片看起来更加明显。这款衣服使用的是黑色透明的面料，木炭灰的色调对无论黑色还是白色的金属片都是很好地衬托。

我用Photoshop里的线条工具制作我自己的闪亮明星。如果你是手工的绘画，使用油画颜料或奶白色的胶凝笔，并且用一把尺子作为辅助，这样可以保持你的金属片整齐地排列成行。

1.

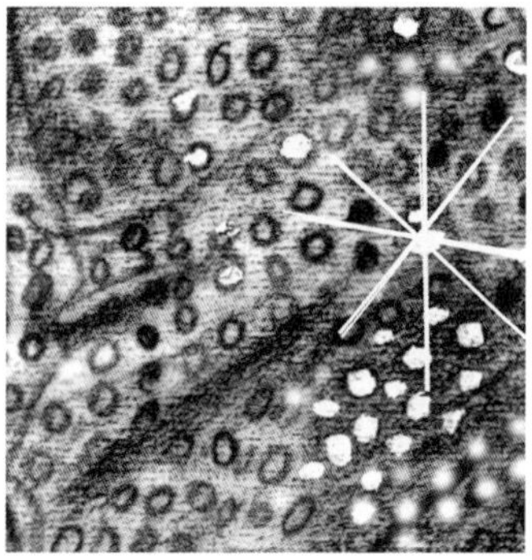

褶皱处的金属片

2.

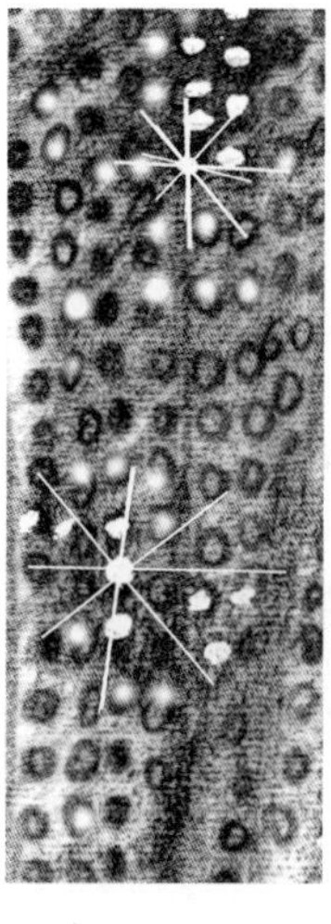

平面处的金属片

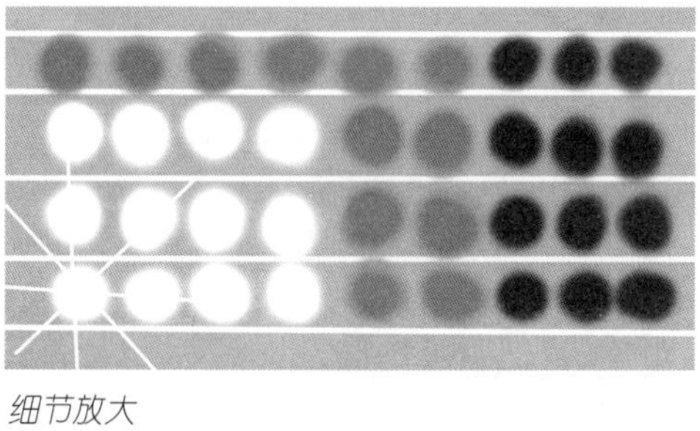

细节放大

短款晚礼服和鸡尾裙

如果你设计的是一款高贵的晚礼服短裙，那么你一定要把模特的腿画得又直又瘦，其他的装饰也要符合服装整体的气质。

宽摆丝绸裙

腰间束有丝带的高腰短裙

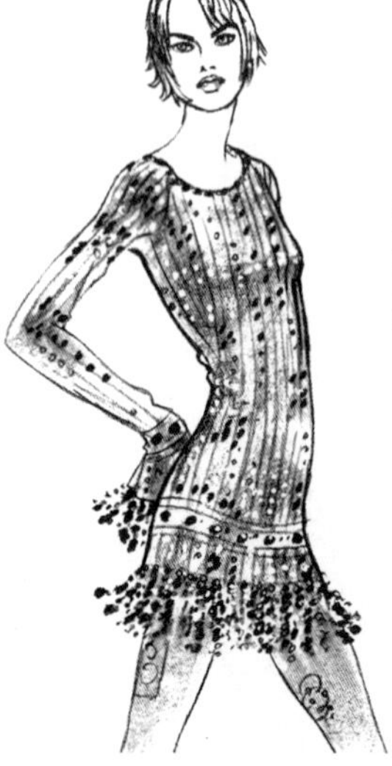

注意，怎样在晚礼服短裙之上再加一件晚礼服外套来增加设计的戏剧效果。

非常贴身的晚礼服在年轻女孩的身上显得更加完美。

裙摆的绘画技巧

想要画好长裙拖地的部分，你必须先画好模特脚下所站立的地方，这样你才能展示出你的长裙是拖在地上的。面料的角度从垂直水平变化区域要画出一些过渡。

侧面拖地裙

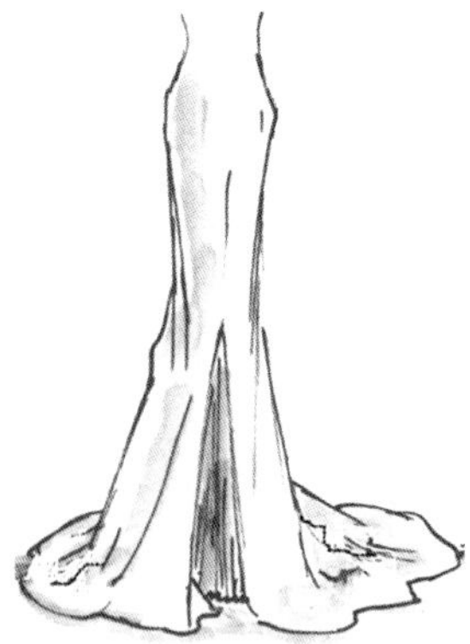

从正面角度看的拖地裙

拖地长裙的裙摆部分：原来是指与肩膀或腰部连接的一块长矩形布料。现今，它的样式不受拘束可以多种多样了。

大大的蝴蝶结作为晚礼服的后摆

拖地碎褶

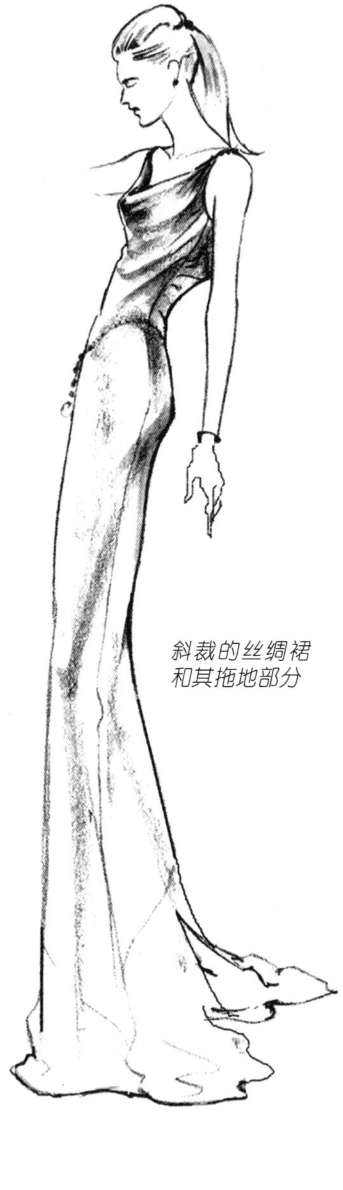

斜裁的丝绸裙和其拖地部分

莴苣叶形褶边

褶边领

褶边（一）

褶边并不一定要体现可爱。相反，它们可以增加裙摆的体积，使你设计的款式更加正式华丽。如果你把褶边作为正式服装的组成元素，那么褶边就应该画得非常仔细，才能真正展现你想要的效果。

维多利亚时代的褶边晚礼服

褶边（二）

褶边画法检查：

1. 褶边是不是有弧度而且很饱满，还是由于受到挤压而变得扁平，像上两幅图展现的那样？
2. 你又把褶边的一些内部也画出来吗？是不是用阴影来体现三维立体效果了？
3. 褶边是不是在缝线处造成了一些皱褶，你画得够逼真吗？
4. 有了褶边，裙子的体积是不是变大了？还是看起来好像你太过于节约布料了？

设计练习：

设计五张裙子背部的褶边细节，用本书中或其他地方所提供的图片作为设计的基础。用麦克笔给你的设计画出阴影效果。

在这幅图中的两处衣褶都被绑在一个紧口里，在人物运动的过程中，衣褶之间的间隙大小会发生变化，随着走动，会张开的大一些，同时这也将会对下面的垂褶造成一些影响。

细节

注意袖子口处的衣褶稍稍下垂的样子。

均匀褶

运动中的裙褶

裙褶应该画得能够体现人物的运动状态，但是，就像你在上图中所看到的，大而宽松的裙褶和小而细的裙褶样子是多么的不同。

关于紧身胸衣

一旦当女性们意识到细细的腰身和经过特意强调的胸部可以吸引异性的时候，她们便开始穿上了特意为此发明的内衣，以便更好地烘托身体线条。于是就有了紧身胸衣。从那以后年轻的女孩们被紧紧地绑在胸衣里长达几百年之久。（为了公平起见，我必须告诉你们男人们在有一段时间内也是穿紧身胸衣的，但是他们必须把胸衣放宽到33厘米。）

像波列和夏奈尔这样的设计师们，以及像艾米利亚布卢姆这样的女权主义者最终终于成功说服了妇女们应该在穿着耀眼的同时也能呼吸顺畅。

但是，紧身胸衣并没有就此消失。相反，它经过改造后成为了可以外穿的服装，穿它的人们仍旧会赞叹它所带来的神奇效果。

传统的维多利亚时期的紧身胸衣，在胸部下面。胸罩是直到二十世纪二十年代才被发明出来。

晚礼服披肩

维多利亚时期古典的晚礼服和具有现代气息的披肩在一起（如下图）构成了一副很有意思的设计。本页的这些服装都很正式，多半是因为皮毛做边饰的原因。

维多利亚式晚装大衣

全身晚礼服及大衣

缎子晚装大衣

高腰缎子晚装，裙子是带褶皱的芭蕾舞裙。

方法：

1. 想象一下大衣A要长得能够包裹住像裙子A那样长度的裙子，而且还是蓬松的长袖。
2. 在你要为之设计外套大衣的裙子上铺上一张素描纸，拓的时候要充分地考虑到服装的间架结构和裙摆的宽度。
3. 如果你把服装设计得华丽奢侈，那你就一定要画些尺寸，裙摆设计得比较夸张，总比设计得紧缩节约好看得多。

1.地上裙边是椭圆形的。
2.要尽量设计不同款式的裙摆形状和褶皱的大小。

注意：很精确的腰部尺寸可以使裙摆显得更加戏剧化，更加豪华。

晚礼服模特人体模板

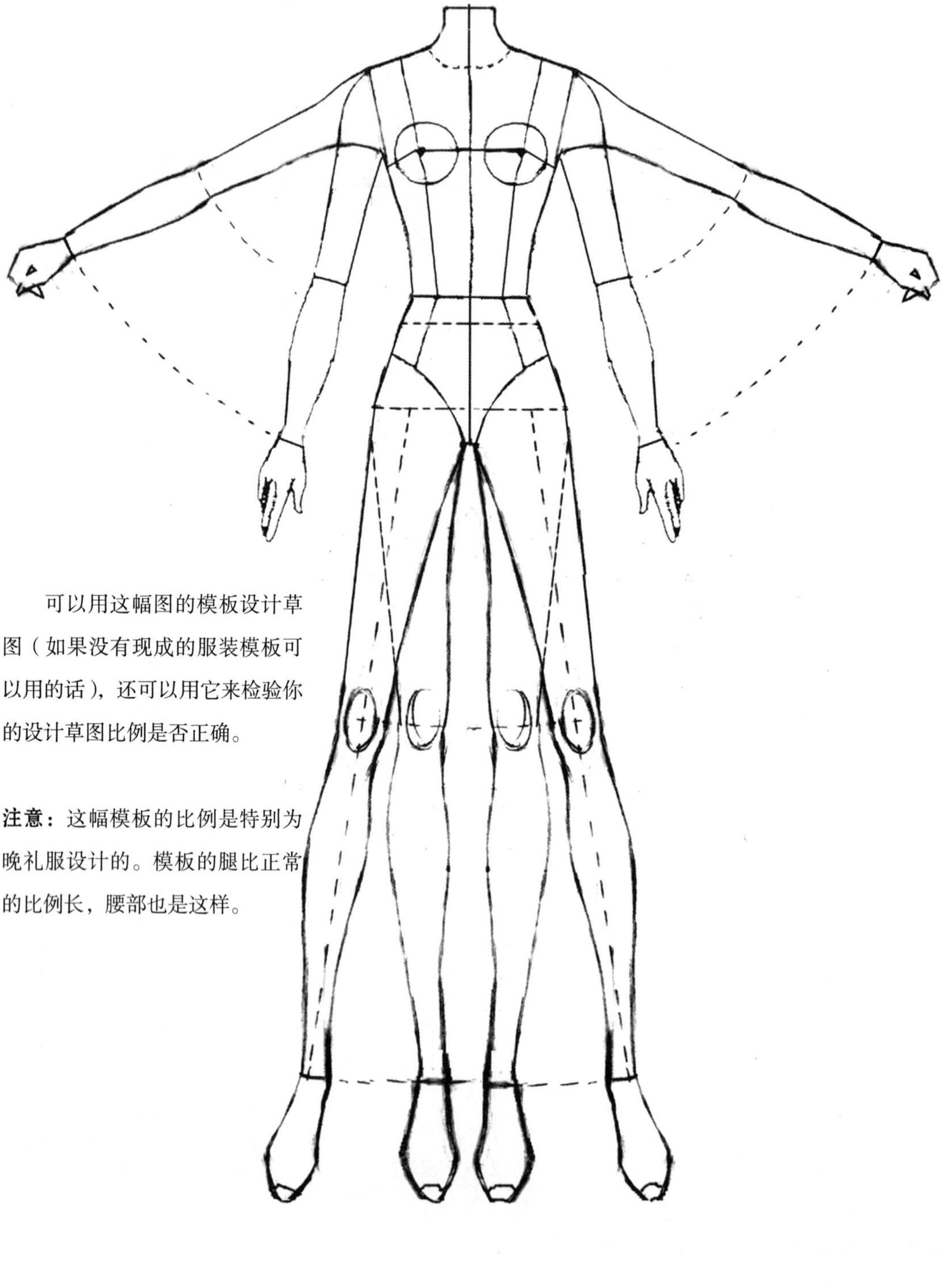

可以用这幅图的模板设计草图（如果没有现成的服装模板可以用的话），还可以用它来检验你的设计草图比例是否正确。

注意：这幅模板的比例是特别为晚礼服设计的。模板的腿比正常的比例长，腰部也是这样。

晚礼服设计模板

紧身夹克模板

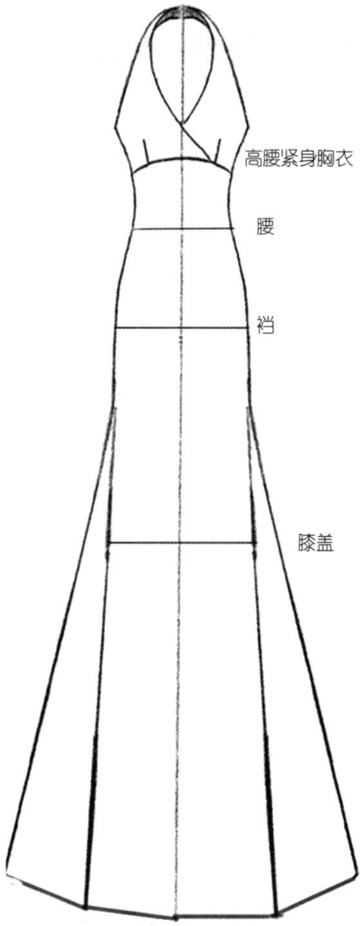

这幅图给我们提供了最长裙摆晚礼服的比例，还有拖地的部分。

注意：你也可以加长袖子的长度，甚至可以在袖子上设计可以拖到地上的缀饰。

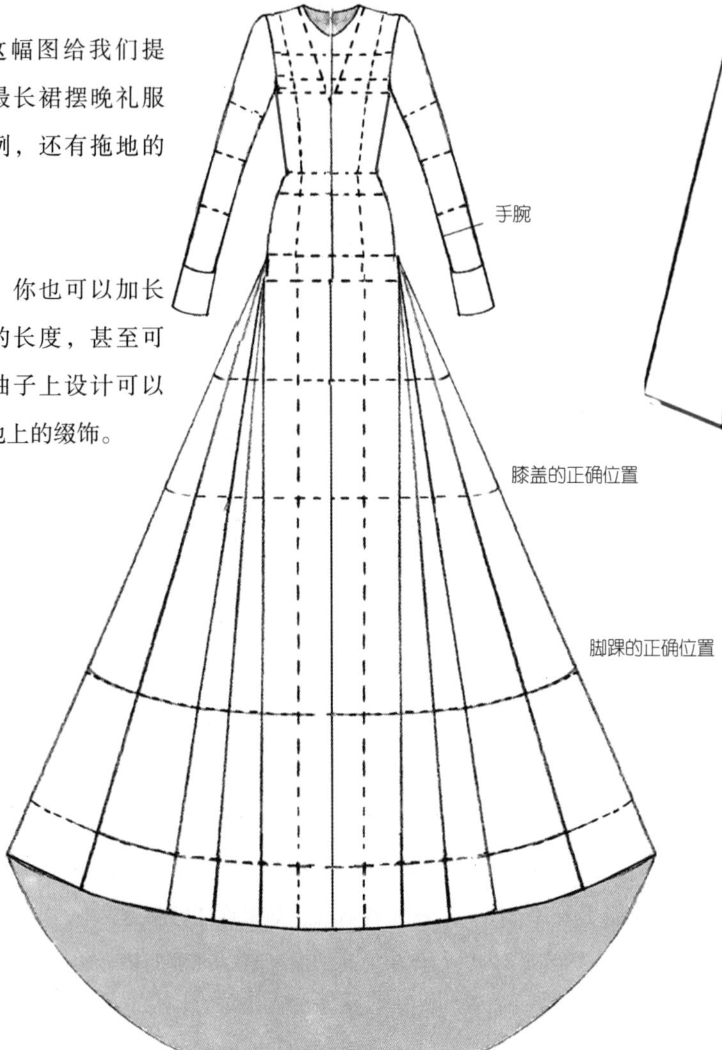

舞台装设计备忘录

很多设计专业的学生们都梦想着有一天，能够在戏剧或电影戏装设计领域施展他们的才华。高超的绘画技巧能让你在那个艰难的领域站稳脚跟，因为在这一领域里工作的很多设计师都不具备这样的素描和上色技巧，所以他们很愿意雇用可以将自己的设计想法有效地展现于纸上的设计助手。

如果你是认真严肃地想将设计舞台装作为自己的事业及人生目标的话，那么你就应该建立起一个自己的舞台装设计文件夹，可以真正地告诉你设计一件服装（不管是剧院还是电影里的舞台装）所要遇到的挑战。

1. 可以将人物比例画的更加逼真的能力。极端夸张的身体比例在戏装设计界并不很吃香。真正需要的是效率和速度，以及对比例的正确运用——和对服装的正确理解，知道它们真正的穿在人身上看起来会是什么样子。

2. 美化演员的能力（当然还要使他们看起来是“他们”）。演员们还是很想让自己被画得比较好看的。高一点，瘦一点，漂亮一点，或是英俊一点，是我们绘画时要考虑得很重要的事情。他们非常期待服装师能够让他们的样子看起来很好，无论是在试衣间里还是在纸上。

3. 创造或描绘演员特征的能力。舞台装的设计师必须能够利用服装来体现演员的角色。只有这样舞台装设计师才能够从“服装供应商”的地位提高到“形象塑造”这一个更高的水平。当然，服装的配套性装饰和服装本身有着同等的重要性，而且你对于细节之处的设计必须能够在服装上体现得出来。

4. 精确地描绘表情的能力。既然说到了“角色的形象”，你也必须要练习绘画不同的表情和外形。你一定不会希望你设计的恶棍和你设计的英雄形象有相同的表情吧。

5. 具有绘画不同身材类型的能力。你并不能指望所有的演员都拥有非常时尚且超级棒的身材。如果角色的要求是稍微肥胖的身材（想想《布里斯特琼斯的日记》），或者是很瘦小，你就一定要体现演员的那种体形特点。

6. 非常棒的面料上色技能。由于面料也是一个能够表现角色的重要因素（她穿的是廉价的人造织物还是贵重的印花毛料？）优秀的面料上色技巧是关键。一定要在你的文件夹中收藏多种多样的上色技巧。

能够锻炼以上所有技巧的最好方法就是选一部有各种各样角色的电影或戏剧，然后就开始画吧，并且在很多关键的部位上选择自己设计的颜色。这样做你可以在观众熟知的角色上进行服装设计创作。比如，我可以用当代人的形象来重新塑造“奥兹国的巫师”——或者是音乐家的形象——来创造出更加时尚的服装可以体现现代时装的潮流。（比如艾维尔·拉维尼式的桃乐西，达斯汀·霍夫曼式的铁皮人诸如此类。）一套完整的文件夹应该包含一两幅成品。你的选择应该能够体现多样性。

如果你特别喜欢舞台装设计，那么也许你应该使你的人物形象更加的极端或者戏剧化，能够体现戏剧历史发展潮流的方向。对于电影来说，如果是我，我的文件夹里就会包括更多的当代人物和普通人。如果你能够将这两种方法有机地融合在一起，对于每一种类的舞台装设计都应该是很有益的。

舞台装展示

在洛杉矶，舞台装绘画师若想在工会成员公司中工作，必须得成为舞台装协会的会员并交纳相当数量的会费。但在近期（2003年），他们推出了一个见习生项目，这使得那些虽然没有工作经验但却极富天赋的人可以不用成为协会会员也能进入行业内部实习。

舞台装的设计能够在外观上更好的塑造角色的形象。一张手绘图就能让一个人物充满未来感，比如疯狂的Max型的女性。

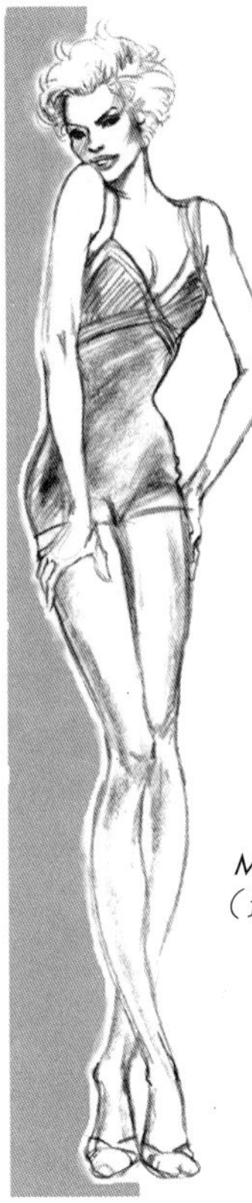

Marilyn Monroe
（玛丽莲·梦露）

一个好的舞台装绘画师能够把人物刻画的极度贴近角色，这一点相当重要。

舞台装绘画师一般习惯于按实际比例来绘画，但事实上大多数演员都乐于看到自己被描绘得颇为完美。

如果让我来为一部与“疯狂的Max”有关的电影绘制戏服，我想除了这个形象外，我会再设计至少两到三个人物形象。通过这样的比较，我们可以发掘如何在视觉上创造出在时间或事件上具有连贯性，却又充满鲜明特色的人物性格。

舞台装的设计及展示

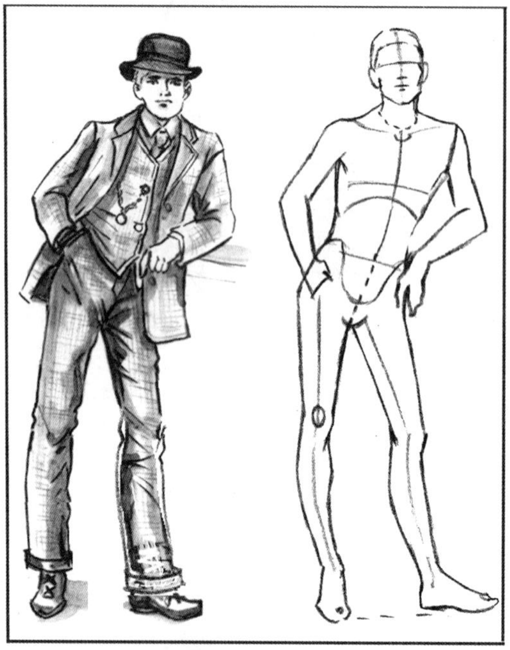

人物形态及比例

这个男人也许是一部历史题材电影或戏剧里的角色。他的身体语言和表情可以告诉我们他并不是一个理想主义的英雄。

你可以根据服装判断这是哪个时代的人物吗?

如果你能够认出这两个人的面孔，那么我画的名人画像就是成功的。请练习所有不同种类的角色，既要有比较复杂的素描也要有简单的几笔就可以完成的形象。

设计师Jeremy Scott曾经给我们的学生出了一道非常好的设计题，要求学生们运用两个不同年代的设计风格来设计一套晚装，这套晚装要同时向这两个时代的风格靠拢。例如，复古和朋克相结合。

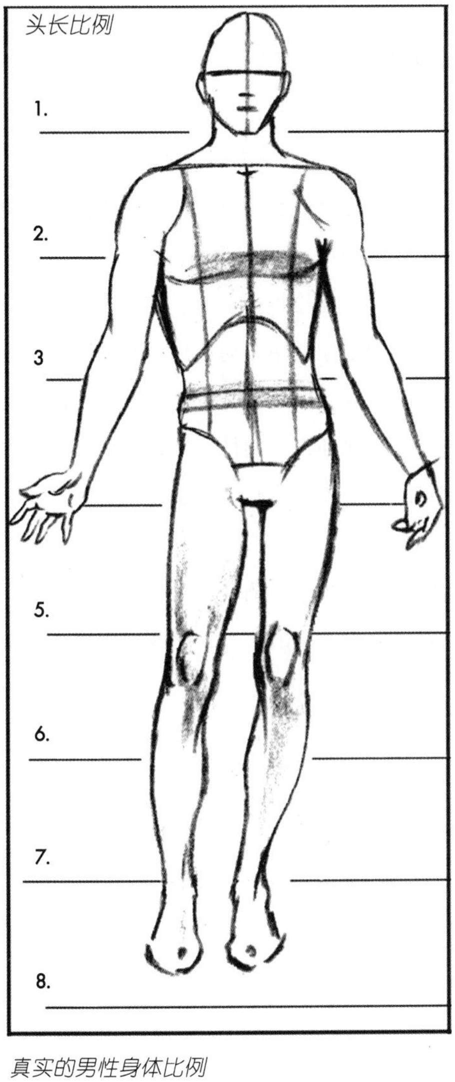

真实的男性身体比例

矮个子男性

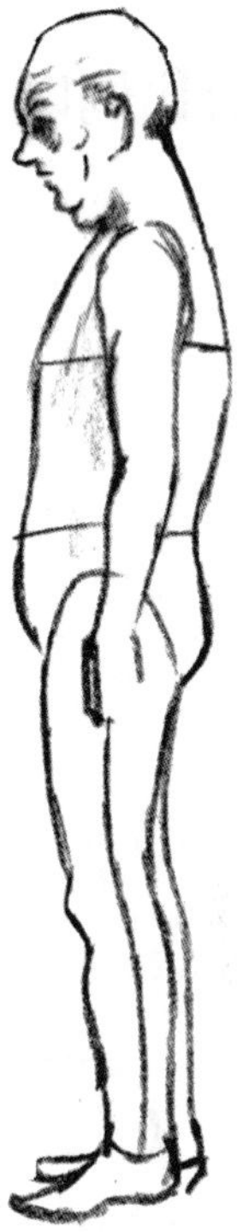

老年男性

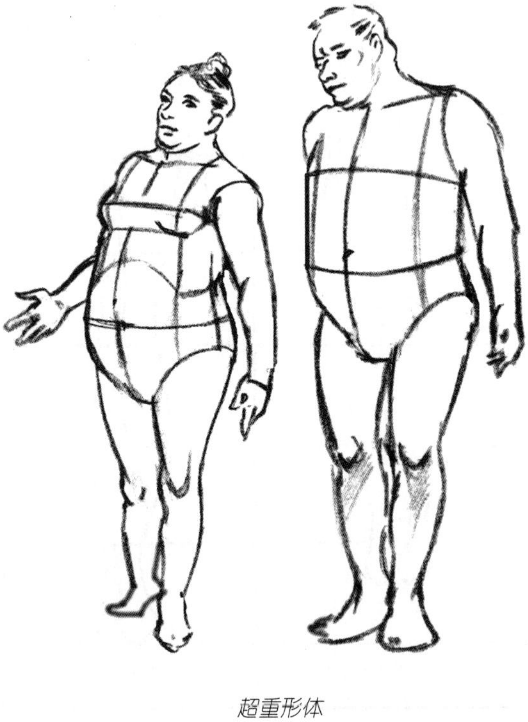

超重形体

实际的体形

任何一个画现实写生的人都会对各种类型的形体感兴趣。服装设计给我们提供了一个良好的机会，为现实中的普通百姓设计更加符合现实生活的服装。

服装比例以及身体语言

注意：以下的比例也适用于较小的身形。

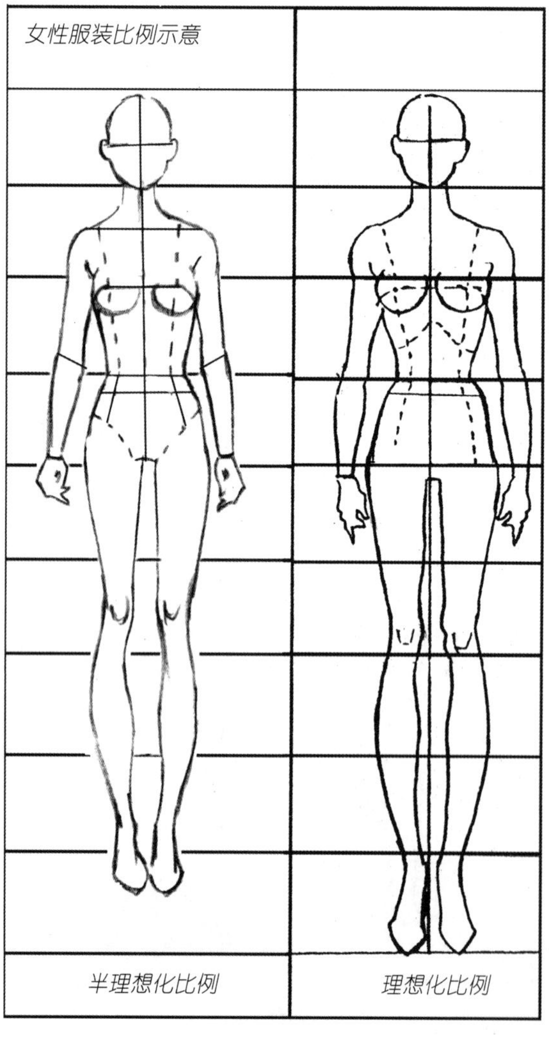

服装小贴士

每一款服装设计的比例标准都会有少许的出入，下面的比例标准只是为你提供了一种最初设计的基点。下图的形体A显示了体形丰满的年轻女性，形体B则是不怎么理想化的男性。他的形体语言显示了自卑的态度而不是自信昂扬——你看他的肩膀略略向前倾而不是向后仰，所以这个姿势看起来比较被动。像这样的身体信号可以告诉我们很多事情，比如人物的性格等，可以将不同的人物相互区别开来。（并不是每一个男人都是英雄，就像每一个女人并不都是公主一样。）

绘画儿童服装的比例基本上和成人时尚差不多。不过，对于幼小的孩子，你或许应使之更加娇小和可爱的长相和比例。

B.

A.

更多的带有服装比例的形体姿态

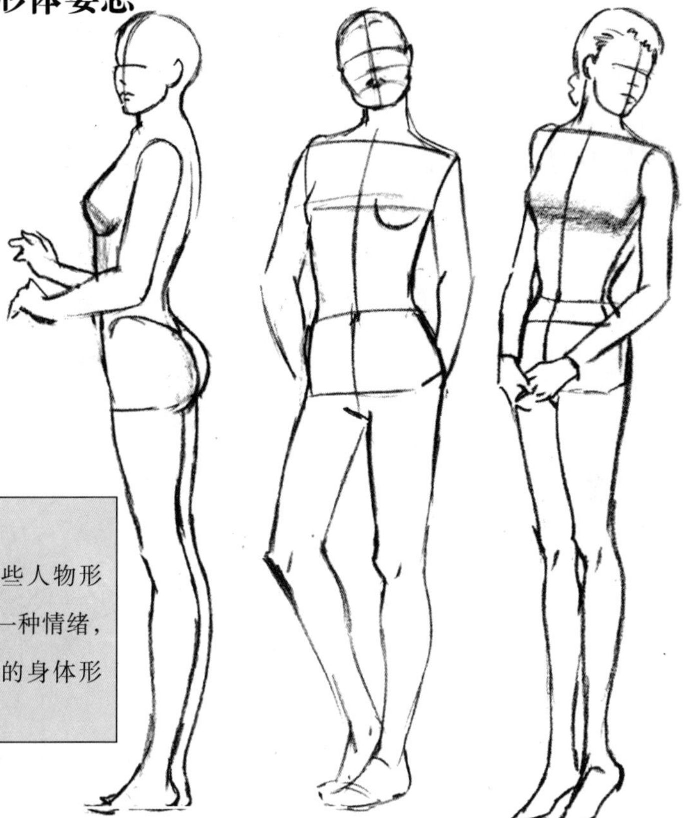

练习：

试着给这些人物形体都加上一种情绪，要和他们的身体形态相一致。

第四章

时尚男士

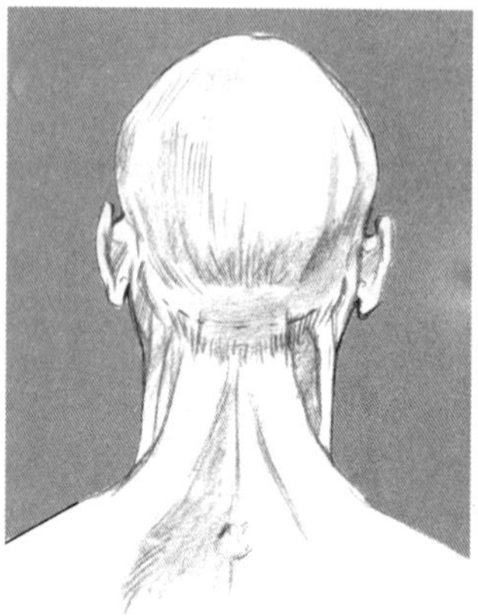

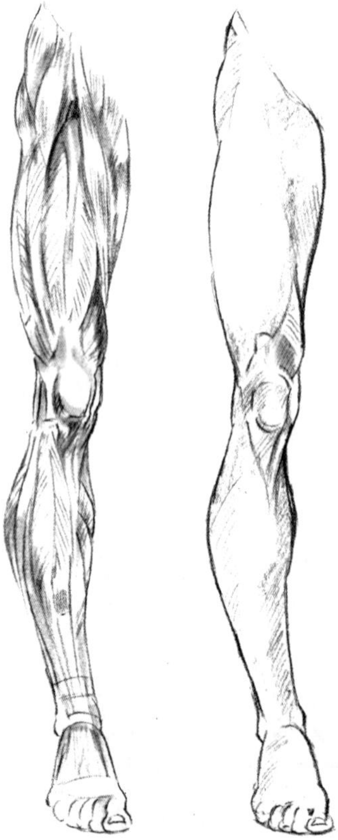

第一单元
男性头部画法

单元目标：

- 学习一些绘画男性模特的有用小贴士。
- 观察男性的面部特征并且从不同角度描绘头部。
- 练习描绘不同的人种——多样的绘画技巧难道不是打开成功之门的金钥匙吗？

留胡须还是不留胡须，这是个问题……

注意眼睛的神情是怎么将这几幅图联系在一起的。

男女头部对比

怎样开始

将男性的头部结构特征和女性的头部结构特征进行对比。

女性拥有

1. 更加小巧、椭圆的头部。
2. 更加小巧、圆润的额头。
3. 更加弯曲上挑的眉毛和上了妆的眼睛。
4. 更加精致小巧的鼻子。
5. 更加圆润的嘴唇。
6. 比较窄的两颊。
7. 细瘦但是稍长的脖子。

男性拥有

1. 棱角突出的较大的头部。
2. 棱角分明的较大额头。
3. 十分明显的眉骨。
4. 眉毛更加粗重。
5. 深深陷进去的眼窝，眉毛和眼睛的距离较近。
6. 长长的结构分明的鼻子（可以通过鼻梁来突出这一特征）。
7. 长长的嘴。
8. 长而宽的两颊。
9. 宽下巴。
10. 脖子和两颊一样宽。
11. 大大的耳朵。

正面男性头部画法（一）

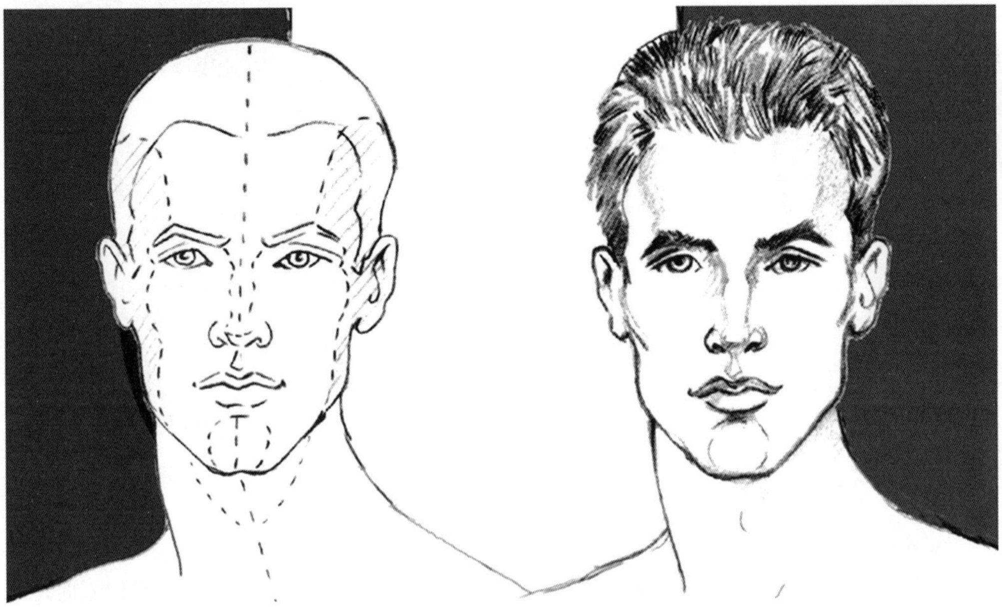

注意：如果你想画一幅带有表情的男性头部，给他上一些五点钟方向的阴影，甚至画一些参差的小胡子茬。一些比较戏剧化的阴影效果在男人脸上也会比较合适。

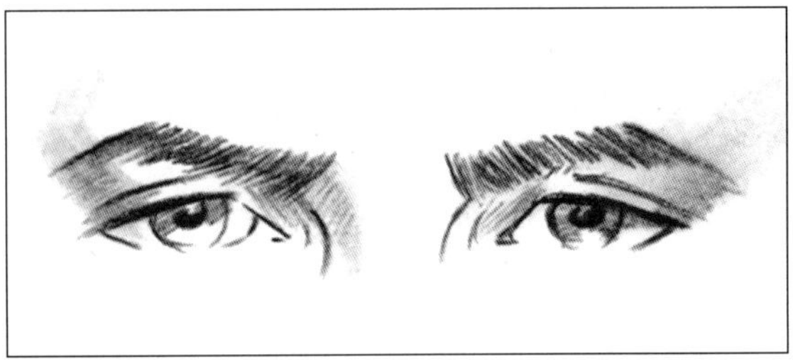

画男性眼部的步骤和画女性的眼部步骤大体一致，但是最大的不同是：

1. 眉毛要浓重得多，而且离眼睛比较近。
2. 眼睛的形状有些细长，有一双大眼睛的男人看起来不那么酷。
3. 眼睫毛要少，甚至可以不画。

步骤：正面的男性嘴部画法

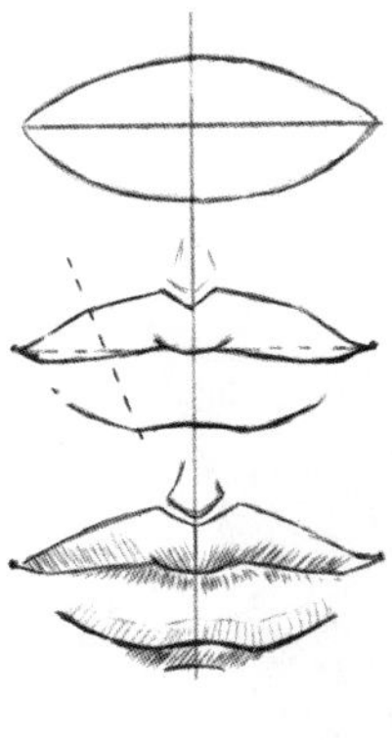

1. 开始时先画一个水平方向比较长的橄榄球，但是垂直方向比较窄。

2. 在嘴唇的中央加上一个丘比特的小弓，画出嘴部的棱角形状。

3. 加上些阴影，在下嘴唇下加上一些强阴影效果。

注意：千万不要画一条从上到下完整的嘴唇轮廓线。

正面男性头部画法（二）

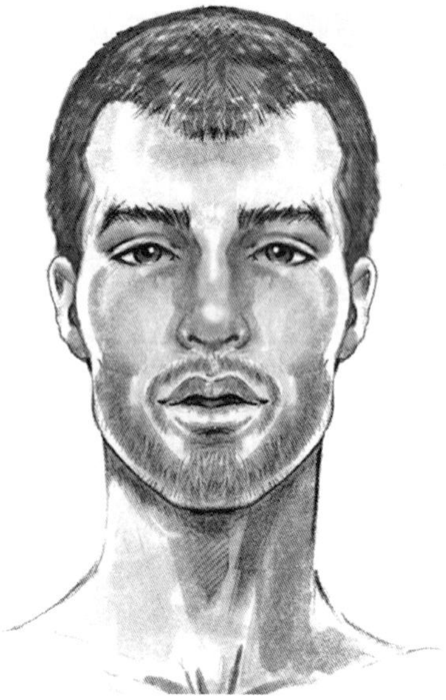

我们很难画出左右完全对称的头部，所以不妨先在素描纸上进行绘画，将素描纸对折检查两边是否对称。

男性时尚摄影作品反映出一种最近的流行趋势：脸部要加上一些不太整洁的毛发、胡茬之类，还要加上五点钟方向的阴影效果。

太阳镜是可以反光的表面，所以你可以在太阳镜中画一些反射的背景图案。

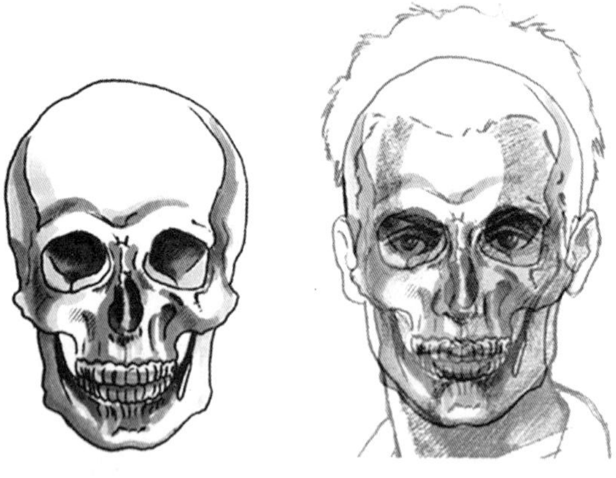

头骨结构

复杂的男性头部结构画法检查：

1. 颧骨更加突出，两颊更加深陷。
2. 所有结构的形状都很突出。
3. 眼睛更加深陷。
4. 鼻子更加突出而且比较长。

男性嘴部画法

提醒：男性的嘴唇一般来说在水平方向上比较长，而在垂直方向上比较短。

侧面角度的男性嘴唇

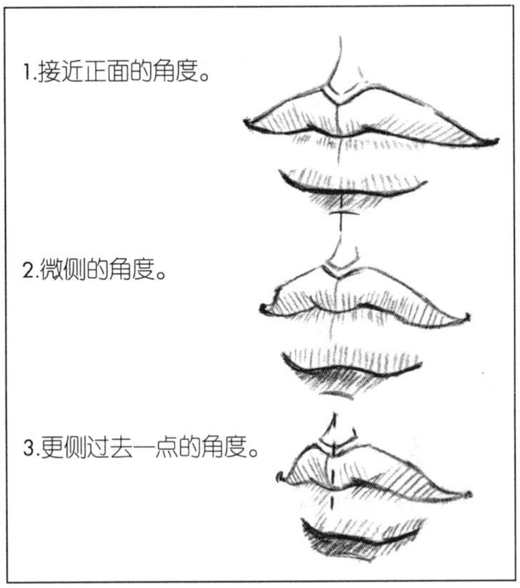

非盎格鲁（Non-Anglo）血统的种族嘴唇一般都比较厚一点，所以嘴部的位置就更加接近鼻子，上唇会更加弯曲。

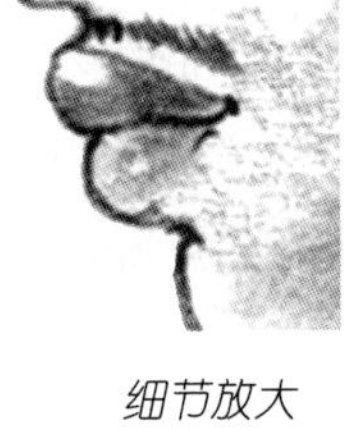

细节放大

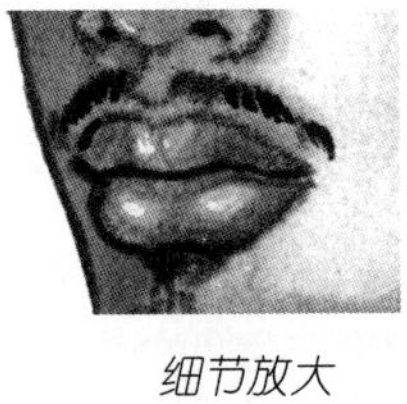

细节放大

男性侧影

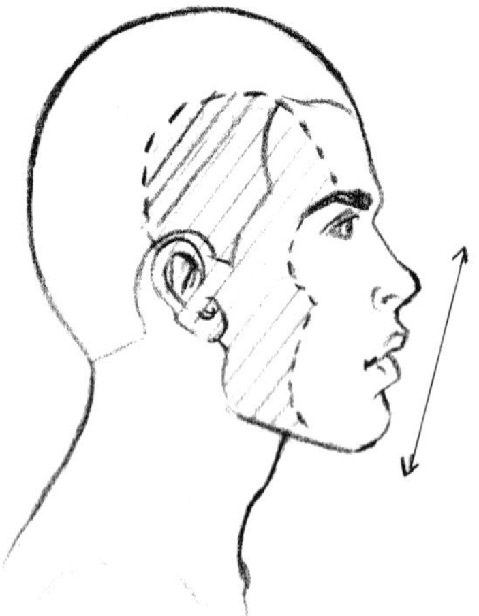

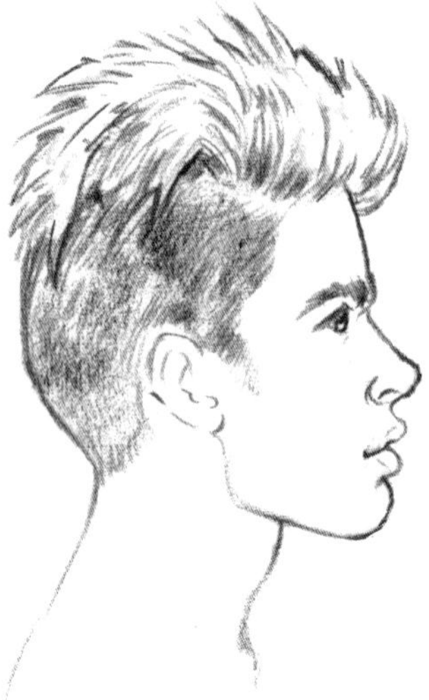

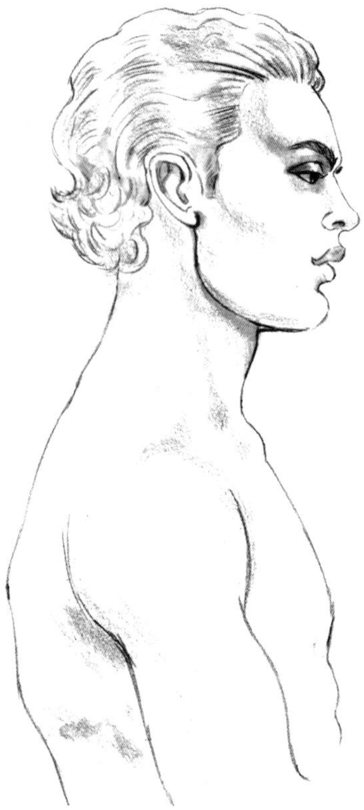

现代时尚男性

年轻男性侧面画法检查：

1. 上翘的，比较小的鼻子。
2. 眼睛更大。
3. 丰满柔软的嘴唇。
4. 比较柔软不那么棱角突出的两颊。
5. 比较窄的脖子。
6. 比较前卫疯狂的发型。

波浪的头发是典型的欧洲人的样子，这种发型在男性的身上同样可以显示出时尚。

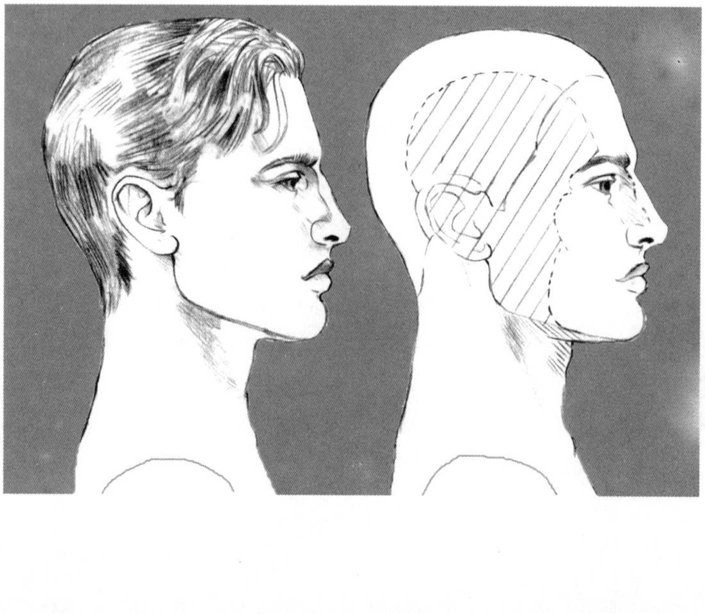

成熟男性侧面画法检查：

1. 更加有型的脸庞。
2. 长而坚挺的鼻子。
3. 强壮的下巴和两颊。
4. 耳朵比较长。
5. 更加强壮的脖子。
6. 更能体现成熟性格的发型。下巴上有一片方形的区域，会使整张脸显得更加坚毅。

头向一边歪的姿态

上扬的姿态

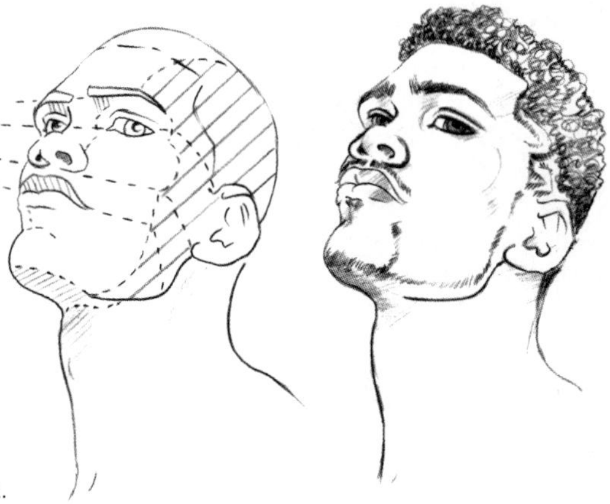

A.

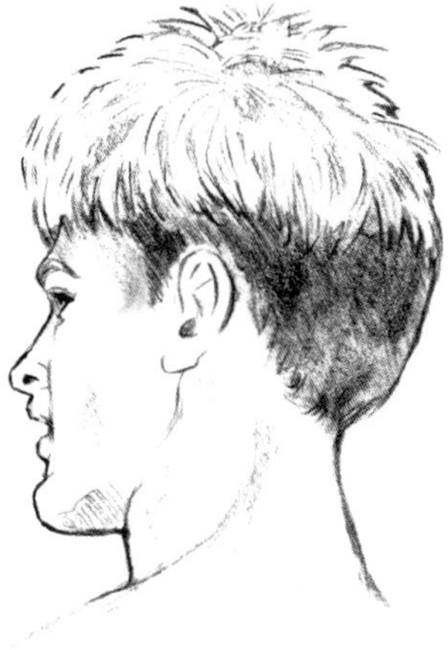

各种姿态

画上扬或者低沉的头比较难，因为形体的形状会或多或少的受到压缩，至于会压缩多少要看扬起或低下的角度有多大。所以使用结构轮廓图来帮助你绘画就变得更为重要了，因为这个方法可以帮助你节省更多的时间，减少失败。你应该先在纸上拓出形体和五官的大致轮廓 ，然后再自己给人物加上不同的情绪和神态，这样做出来的结果又健全又有效率。

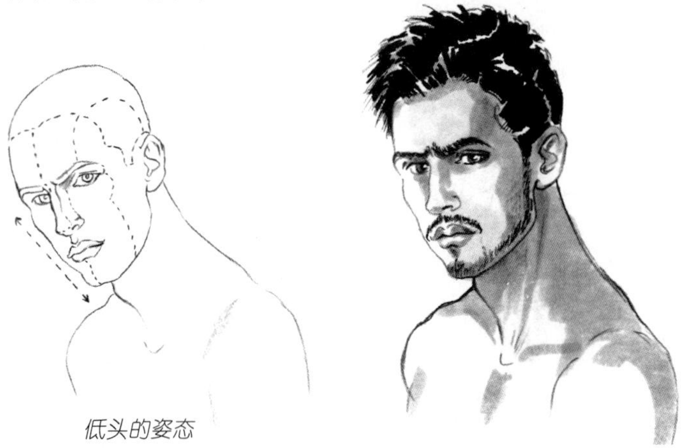

低头的姿态

后部视角

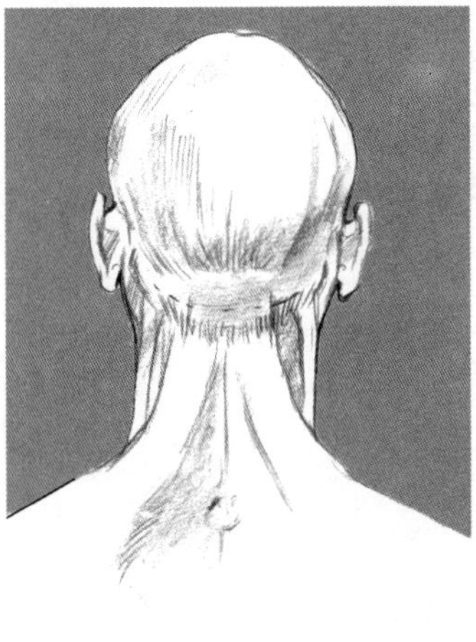

街头风格

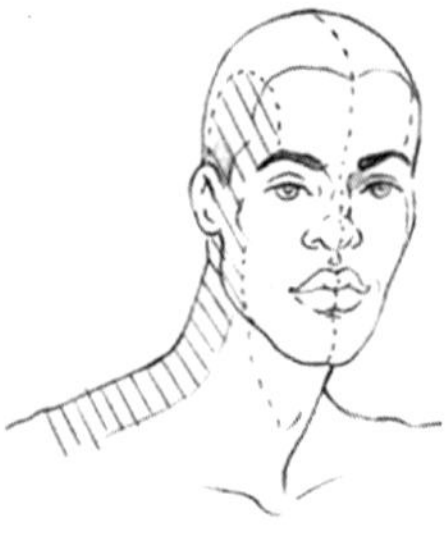

帽子一直都是街头文化的主要体现因素。请注意观察帽子要戴到多低。

注意观察和收集有意思的人物表情，然后利用它们来制造不同的人物神态和情绪。

检查：

1. 迷惑不解的表情，不同的种族。
2. 带帽子或刮过的光头、乱糟糟的发型、任何看起来很帅的造型。
3. 太阳镜、首饰、文身、胡子等。
4. “懒得摆姿势”的姿势。

描绘手法

这幅简单的素描向我们展示了男士头部的素描方法，鲜明的形状体现出男性的强壮。衣服也可以画得很简单，还可以用超现实主义的手法上色来体现强烈的对比。

原创绘画

这幅画的风格很简单，线条干净。我在描绘轮廓的时候很小心（尽量不出现断裂），这样我才能在电脑上进行上色的工作。

还有一种更为简单的描绘手法，效果同样的奏效。没有脸部的五官，你的读者会把全部的注意力集中在衣服上。

第二单元
姿态设计

单元目标：

- 了解男性的体型和身体结构。
- 有步骤地学习身体姿态的画法。
- 从各种不同角度入手，进行学习和训练。
- 学习一些很棒的动态姿态。

你想让什么样的男人穿你设计的服装？他是什么样子的，他以怎样的姿态站立，他和什么样的人在一起，他戴耳环吗，还是劳力士手表？

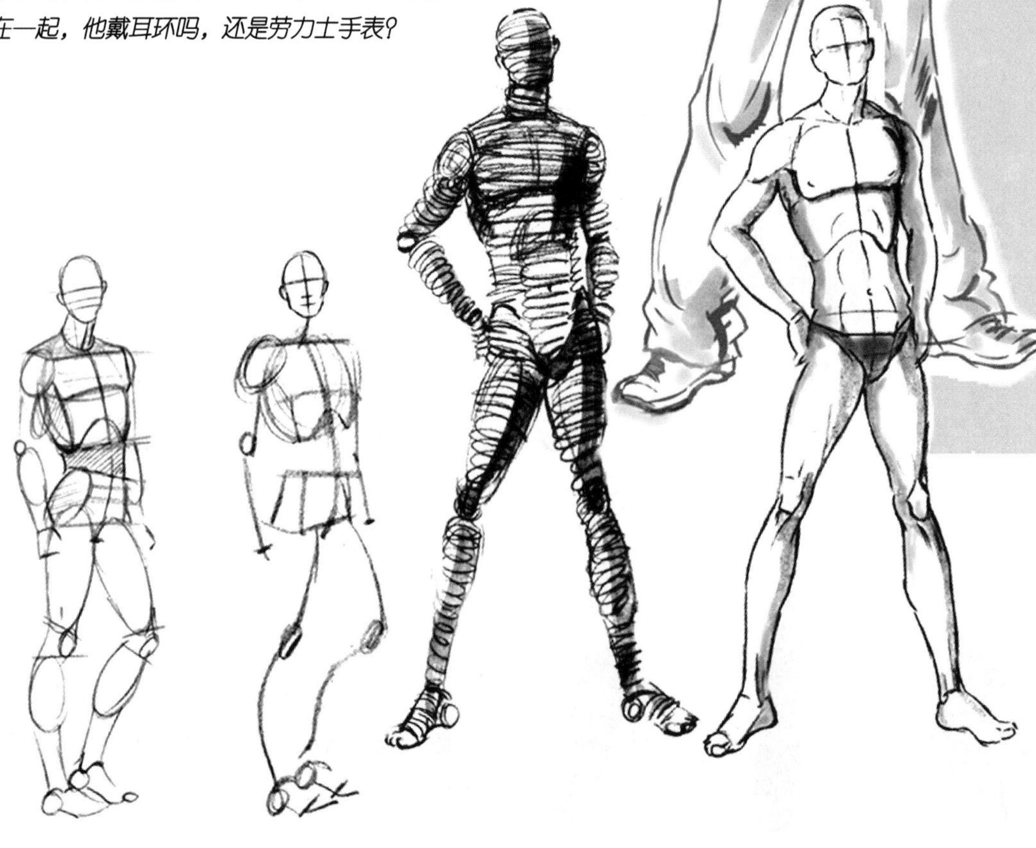

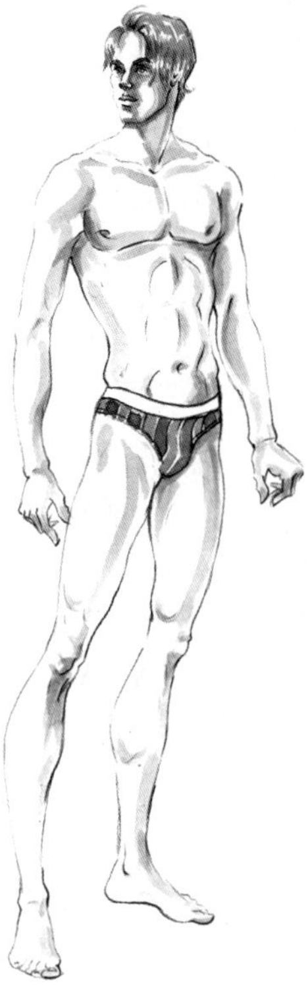

画男性

画男性很有意思，因为画男性没有画女性那么复杂。如果你真的很了解解剖学，那么现在他可以真的派上用场了，因为即使是最瘦的男性，也要画出肌肉组织。当你在练习的时候，你最好手头有一些解剖学的资料可供随时参考。

画男性本身可能会需要一点粗线条和不那么精细的笔法。在描绘男性的时候，你画出的线条需要更加见棱见角，甚至更加粗糙，阴影要更加的浓烈，而不必担心图画看起来太死板了。当然，衣服的风格决定人物的性格和绘画风格。

至于男性的长相面貌，你没有必要对其进行精细地描绘而让他看起来很“漂亮”。一个在传统意义上来说长得不怎么好看的男性也可以看起来非常的时尚。当然对于女性来说也一样，但是如果你是一个初学者，想把一个不怎么漂亮的女性画得时尚好看，也许会很难把握。

男性画起来更为简单，可能是因为能够显示身材和肌肉的姿态很有限。男性站立的姿态没有很多的变化形式。他们手部姿态的变化也很有限。

尽管如此，我的很多赋有创新精神的学生们，还是能够为男性模特设计出很多很棒的姿态，他们利用了赋有戏剧化效果的角度和风格，使他们的人物看起来很像电影《007》中的男主角。

设计运动衣可以为我们提供很多姿态的可能性，但是很多的运动器材，比如滑雪板或者溜冰鞋，都是增加视觉效果的关键因素。

怎样开始

男性和女性的外形到底有哪些不同之处呢？我们来把男性和女性放在一起比较一下：

1. 男性更高，肩膀更宽阔。
2. 男性的整体骨架都比较大，所以他才那么大块，那么有棱角，有那么庞大的肋骨和胸腔。
3. 脖子更粗，但并不短，斜方肌更加发达。
4. 男性的躯干更长，而且从肩膀到臀部是简单的锥形，画男性背部的时候，可以不像画女性那样需要更加精细地描绘，尤其腰部曲线。
5. 男性的骨盆，大自然并不是设计来生小孩的，所以比较窄。
6. 就比例上来讲，男性的腿并不比女性的双腿占躯干更大的比例。
7. 男性的双手和双脚都比较大，而且比较粗壮，没有女人的圆润。

因为男性们没有细腰，所以裤子一般都跨在臀骨上——或者更低的位置。如果一个男人把双手放在臀部上，那么位置要低一些，并不是在屁股上。

男性躯干

男女对比

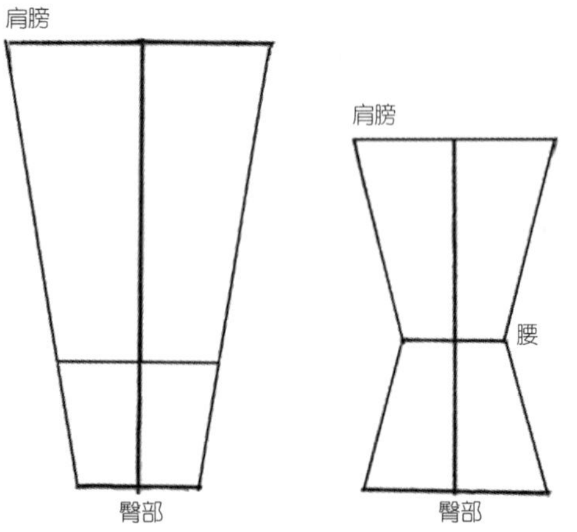

男性躯干基本形状　　*女性躯干基本形状*

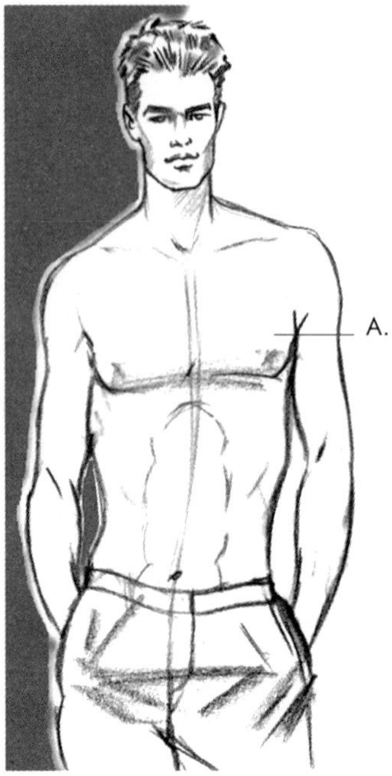

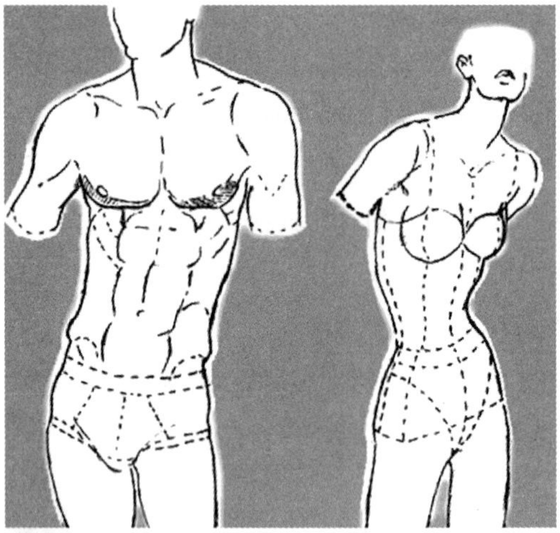

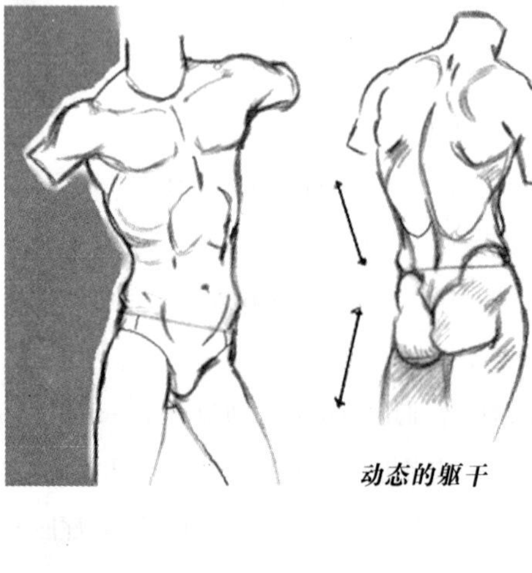

动态的躯干

男性躯干画法检查：

1. 绝大多数的男性都有比较发达的斜方肌和三角肌。这意味着他们的肩膀是真的宽阔，即使是比较瘦小的男生也是这样。
2. 注意肋骨和髋骨的相反方向。有一些男性的姿态会呈现出非常小的S形（如图A），但是在运动中的躯干还是有比较明显的曲线的。
3. 胸肌（如图A）很发达，但是并不是"健美男"的那种发达。平时请注意收集适合运动服的身体姿态。

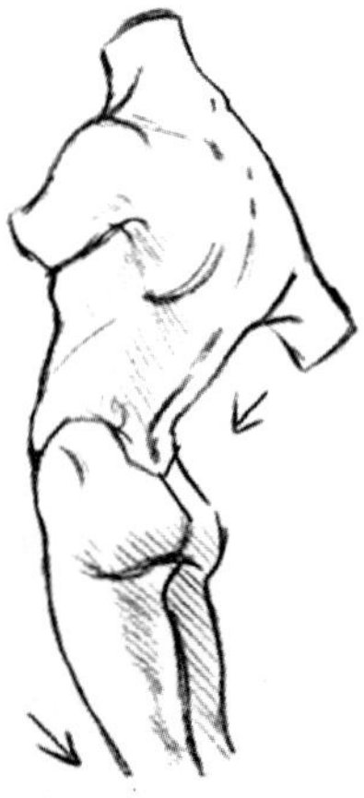

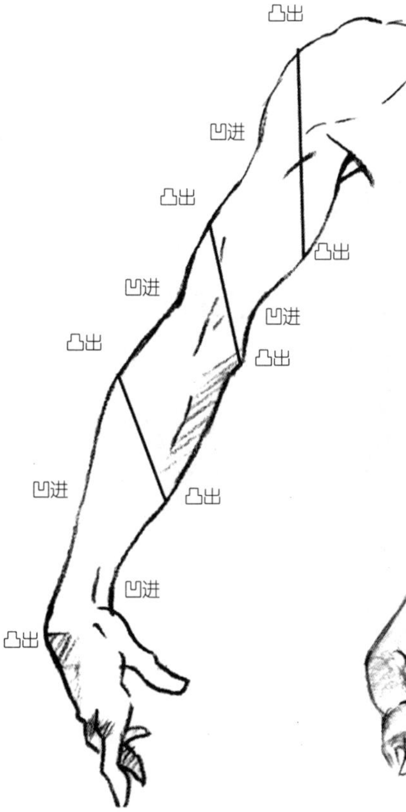

男性的手臂和双手

就像你所看到的那样，男性手臂的图上便有很多“凸出来”和“凹进去”的部分。所以如果你手头有画手臂的模板或者肌肉解析图的话，对比会非常有帮助。要不然你的模特可能会看起来像卡通人物“大力水手”。

注意：图片上的竖线连接了胳膊上最粗的部分，你可以看出它们之间的距离有多远。

手臂的动作可以显示人物的情态

行走姿态

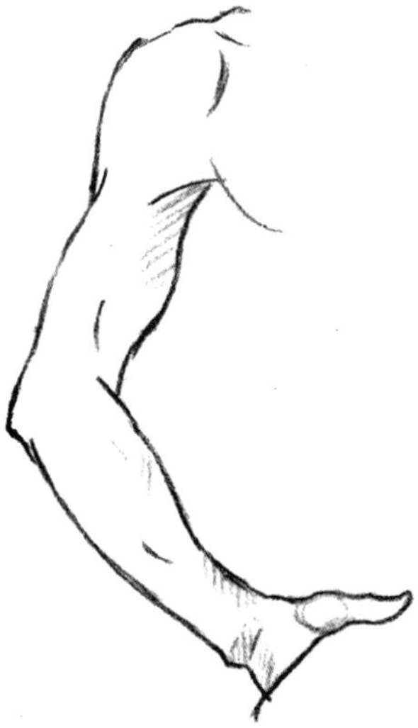

在口袋中的手

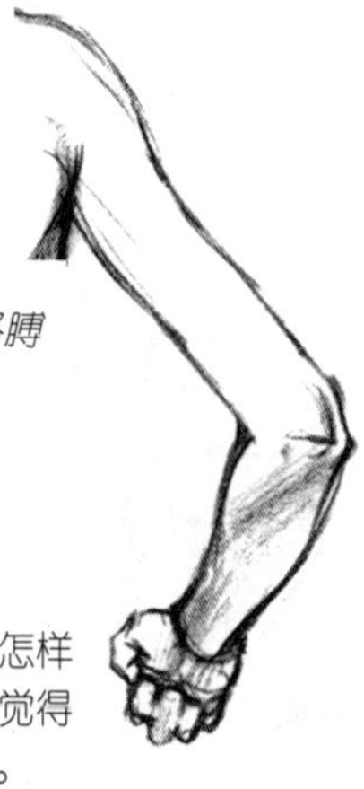

缩短的胳膊

注意阴影效果怎样在视觉上使人觉得下臂是向后的。

请牢记：男人的手是放在臀部上的，不是放在腰上。

步骤：画人物的正面

1.

抓住动作的
整体形状

2.

画出结构

3.

将粗略的结构
画得更加精细

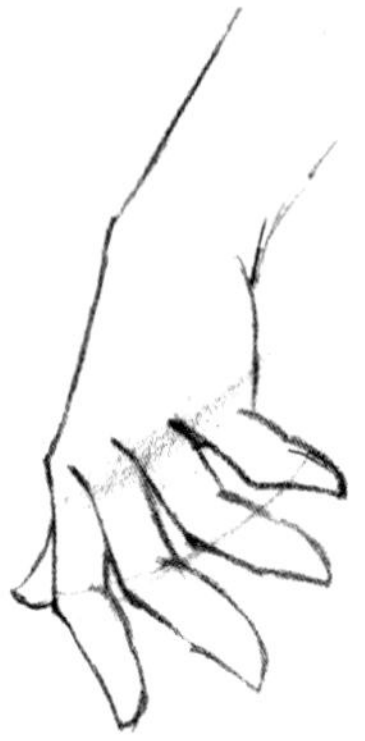

注意：由于男性的手指比女性的更加长，更加有棱角，所以手指的侧面更加突出。

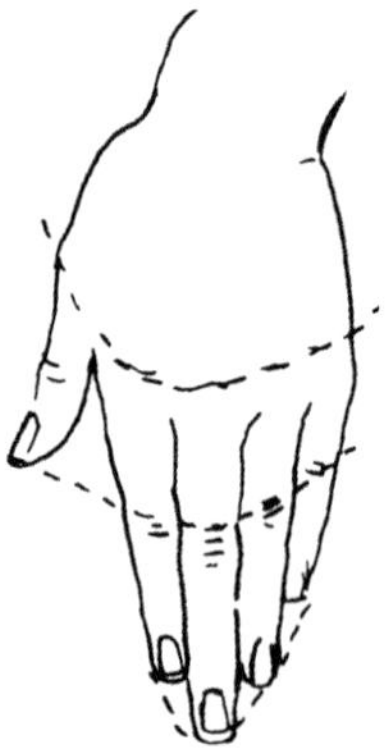

男性的手

男性的手一般都很大，手掌也很宽，手指也比女性的更加见棱见角。

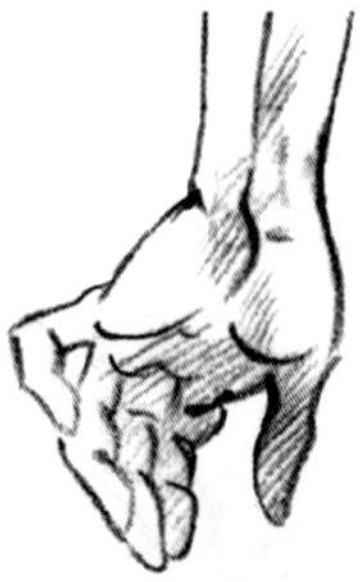

后面

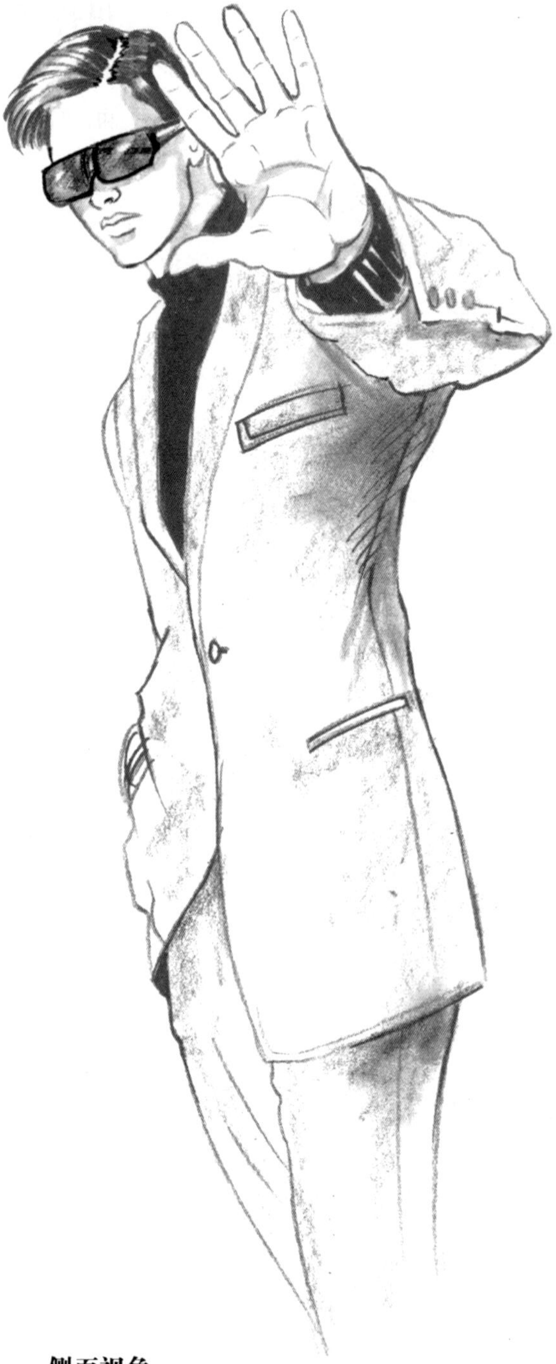

侧面视角

除非构图的需要，你常常不用把主要精力集中在手的描绘上。但是一旦需要，画出掌纹可以增加画面的真实感。

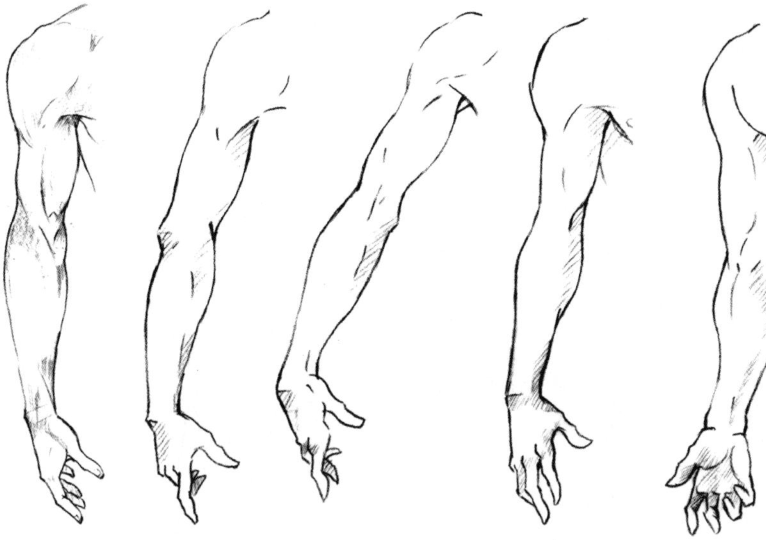

正面

这一组图展示了前臂的旋转。

背面

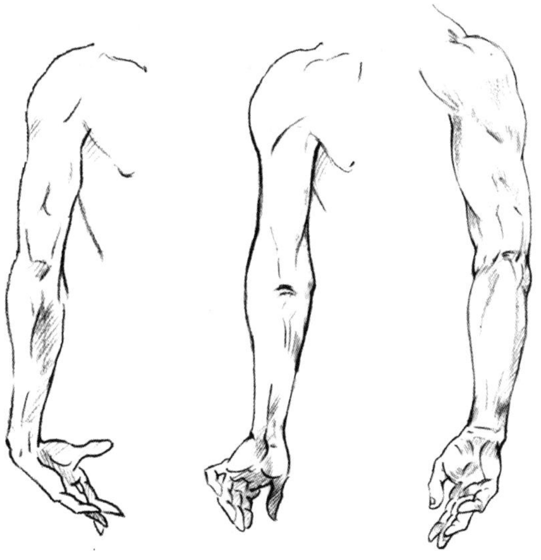

男性手臂画法检查：

1. 体积比女性手臂大。
2. 更加明显的三角肌。
3. 可以把肌肉画得更明显些。
4. 手腕更粗，而且棱角分明。
5. 手的形状比较方，而且姿态是男人特有的。

注意：手臂的肌肉像篮子一样编织在一起。

时尚男性绘画基础比例——正面视角

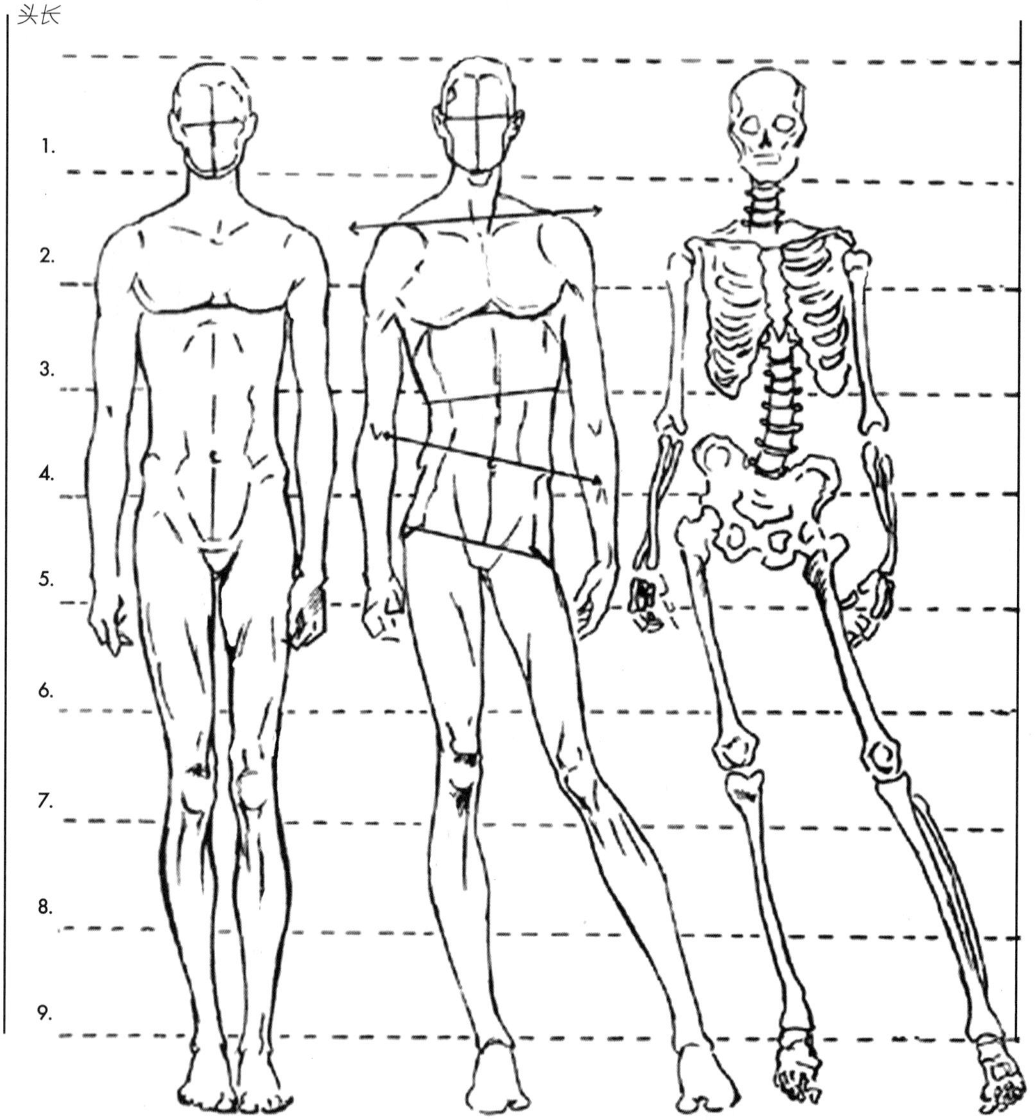

静态姿态　　重心偏离姿态

1. 这张男性比例图大概是九又四分之三个头长。
2. 上身躯干大约是四又四分之三个头长，腿部大约是五个头长。
3. 在女性的比例图中，你可以在膝盖以下加上额外的长度。
4. 身体健壮的成熟男性肩宽大约是横向的两个头长。身体比较单薄的男性肩宽大约是一又四分之三个头长。
5. 注意胸前和臀股相反的方向。这个动作是时尚姿态中的基础姿态，无论是男性还是女性。

男性的腿

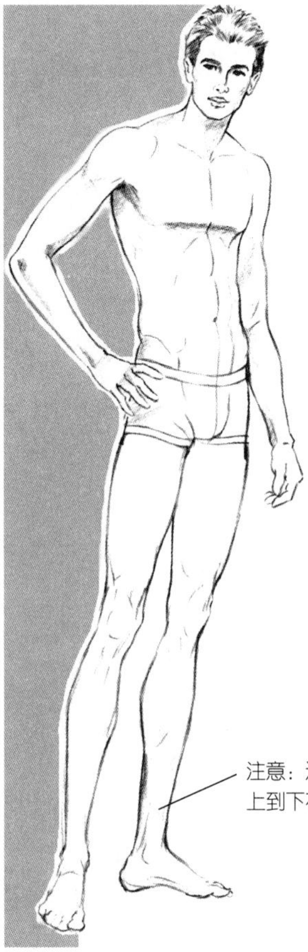

注意：这条内侧的腿可以从上到下在中间画出一条直线。

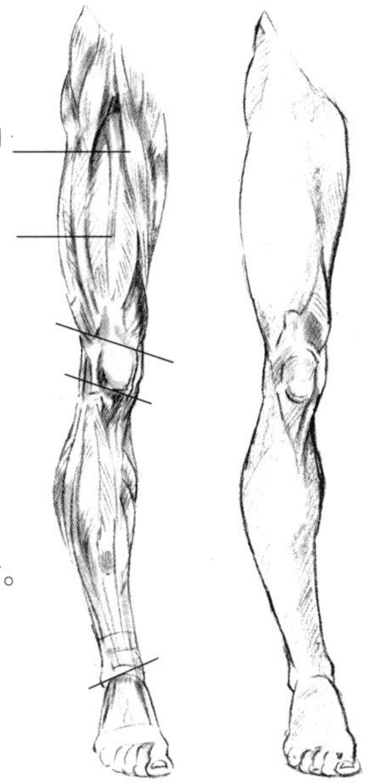

腿部检查：

1. 男性腿部的肌肉更加明显。
2. 膝盖更加突出，更加有棱角。
3. 小腿部分更加有棱角，并且粗壮。
4. 脚踝更粗。
5. 双脚更大、更方。

正面重心腿

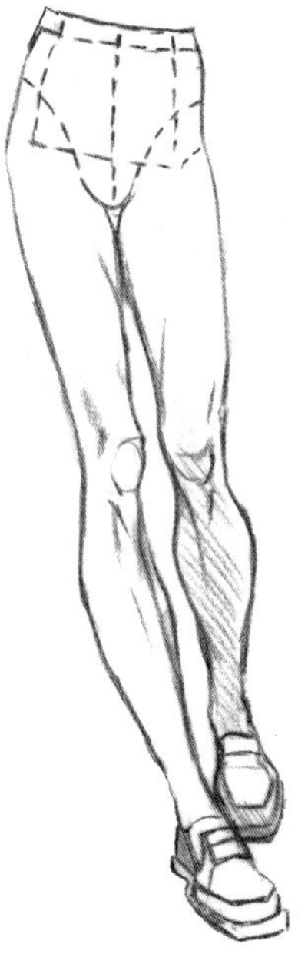

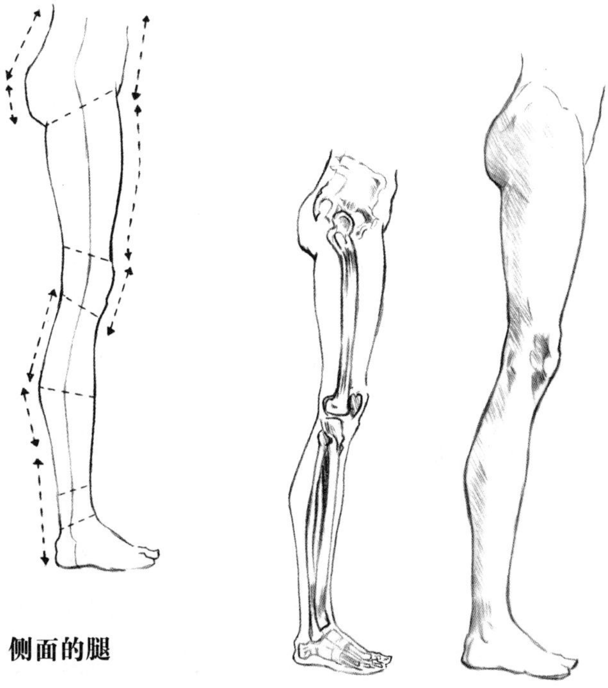

侧面的腿

动态的侧面腿部姿态

动态行走中的腿

男性背面角度的腿

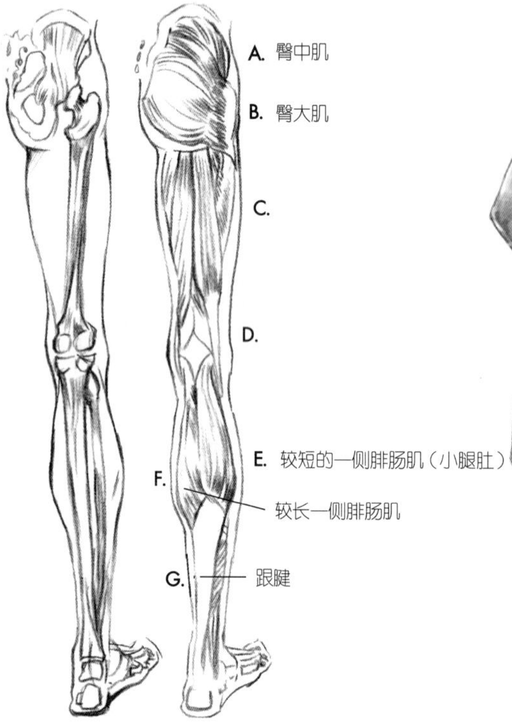

背面角度的腿

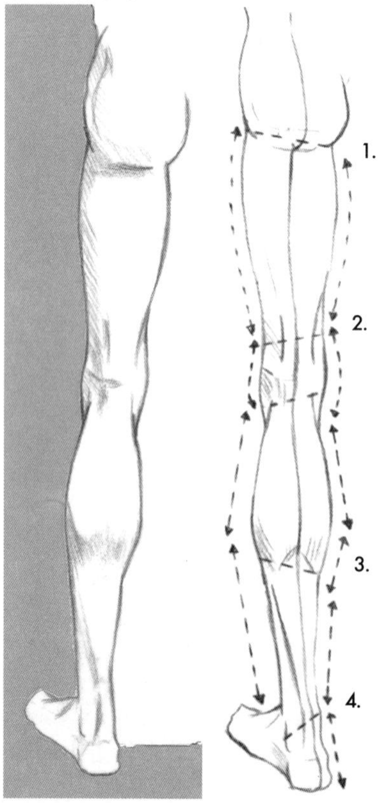

你只需要看一看米开朗基罗的雕塑，你就可以明白男性的背部是多么得迷人，是多么得值得我们花心思将它画好。所以请不要过于着急，要仔细地观察你的模特的结构，然后从各个不同的角度练习描绘男性。

关键性的结构角度

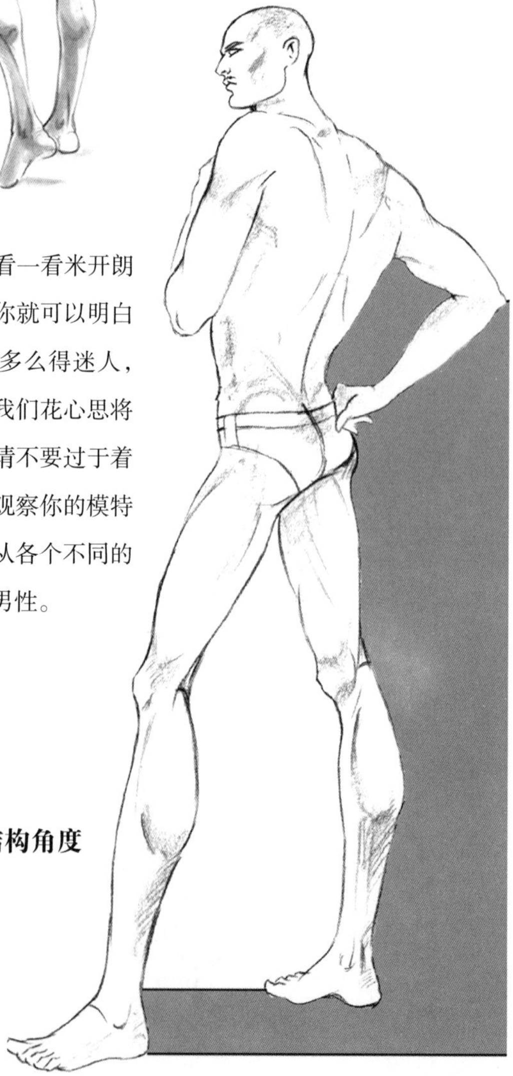

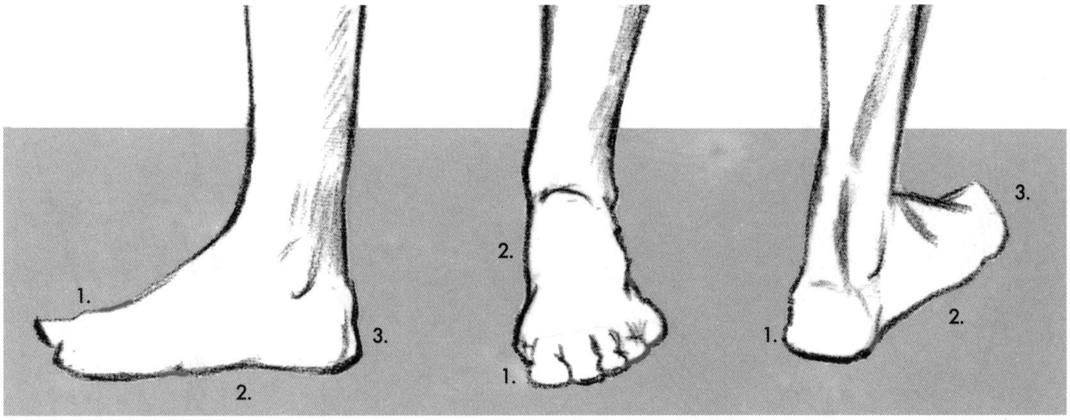

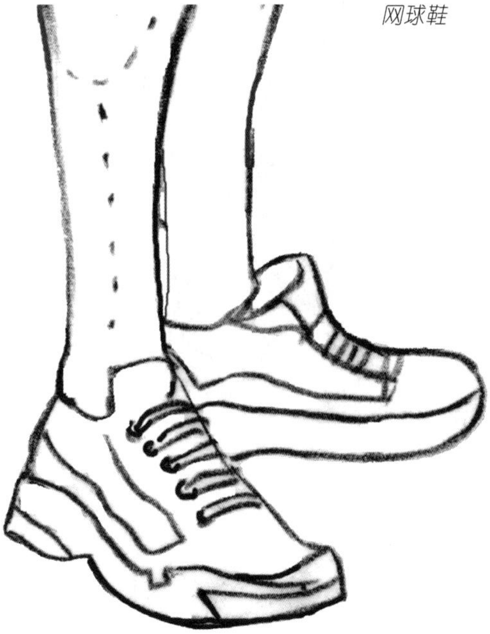

网球鞋

男性的脚和鞋

从三个方面来掌握男性的双脚——脚趾、脚弓和脚踝。有很多的棱角很不好画，先画离你最近的那些。在比例方面，别害怕，要稍稍得将男性的脚放大一点，尤其是穿上休闲风格鞋之后。如果你拿不定该怎么画的时候，可以真的找一双鞋来做参考，把它们摆成你的作品中需要的角度。

绘画练习：

画出五双男性的脚，鞋子要不同，然后上色。画的时候角度要有所区别，当然不要忘了背面的角度。

平底便鞋

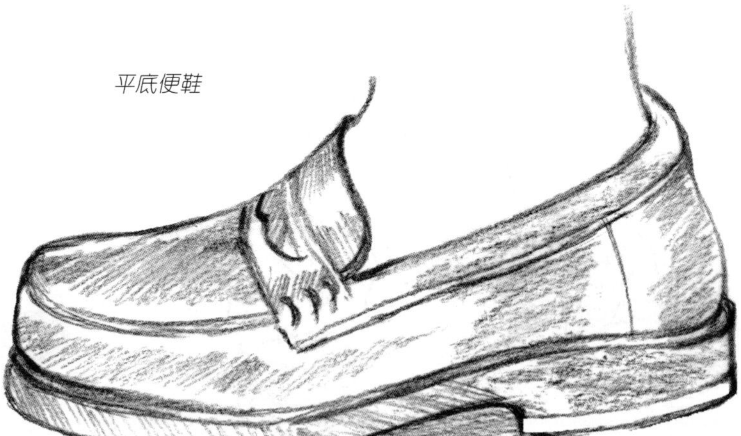

更多的男性鞋子

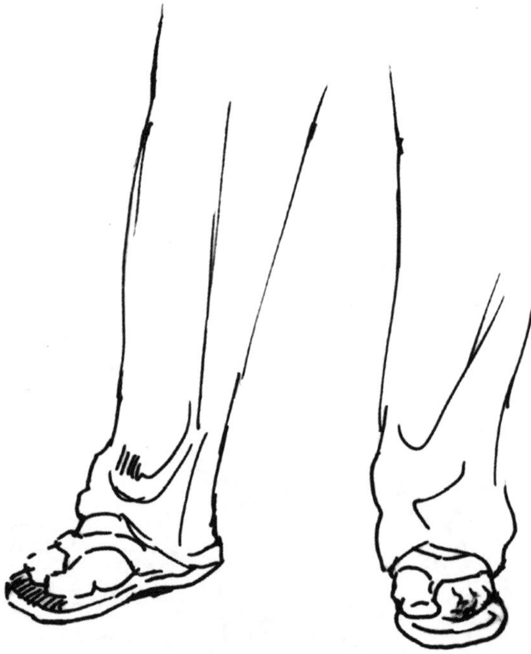

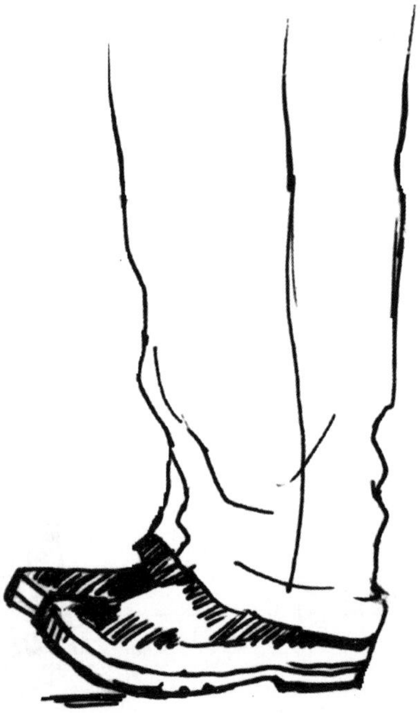

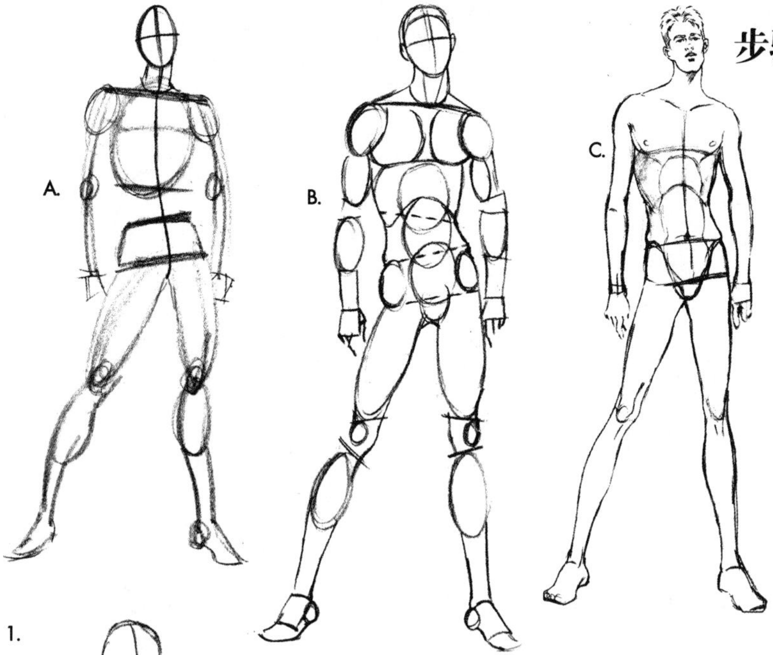

步骤：正面模特姿态

试着用不同的方法来构建你的模特。即使男性看起来更加的有棱角，像图B那样的圆形画法也可以使用，可以使人物看起来很放松。

1.

基本姿势

2.

结构

3.
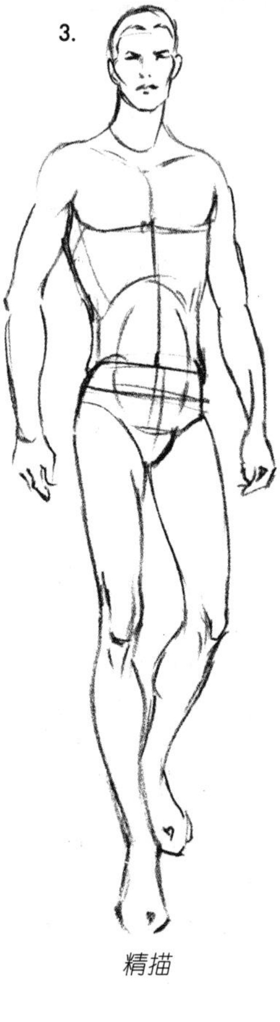
精描

4.
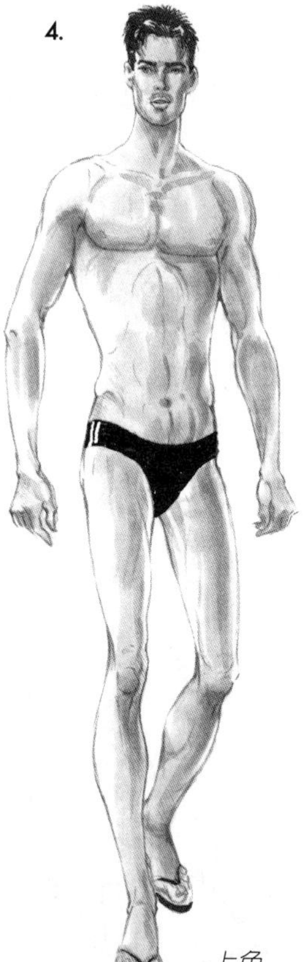
上色

正面行走姿态

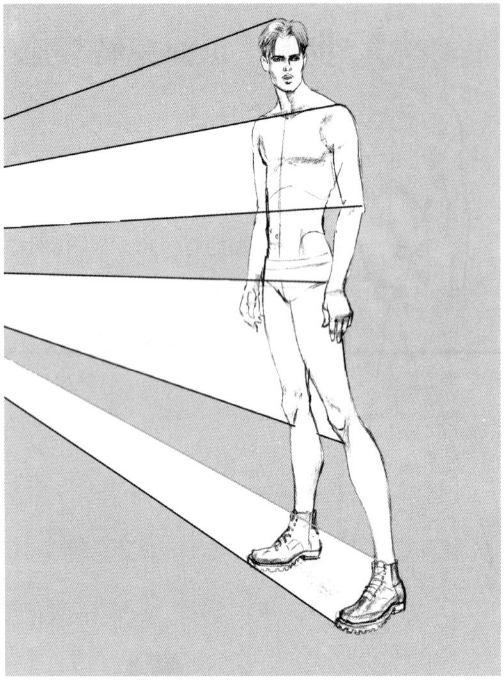

所有的角度都指向一点，这一点基本在眼睛的水平上。

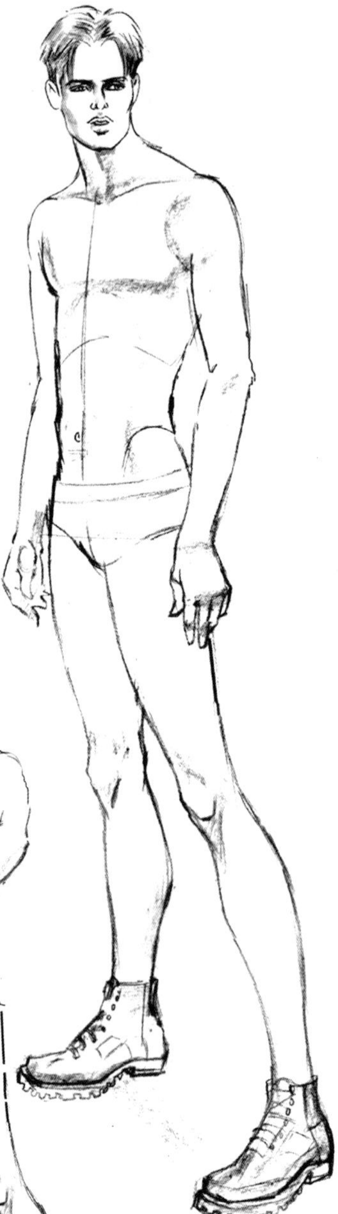

用一点透视法画出模特的姿态

把你的模特画得更加有意思，更加戏剧化。开始的时候你可以使用模板，如果你已经掌握了这种透视法的技巧，你就可以创作出更多别出心裁的设计了。

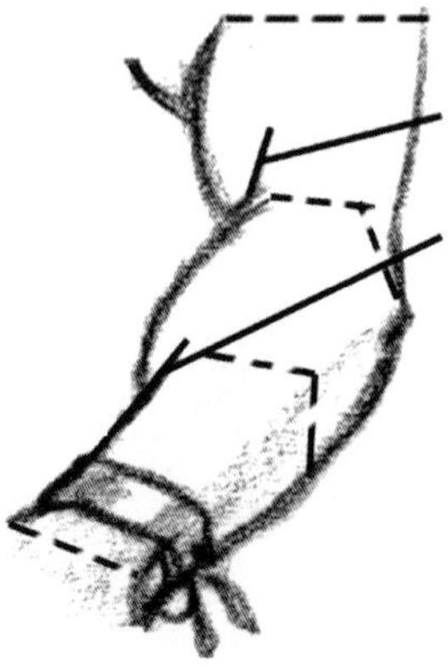

注意：为了使你的作品更加精确，靠近观众的地方应该部分地挡住后边的部分。

微侧身姿态

即使是幅度最小的侧身姿态也要受透视法的制约。如果你不考虑透视法的因素，你的人物会显得非常奇怪。

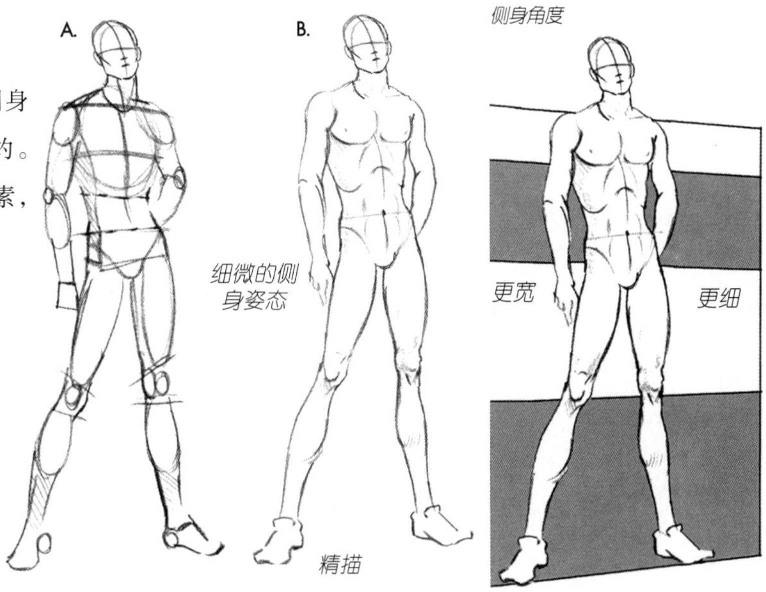

当人物在转身的时候，透视的方法必须要考虑进去。

解剖图

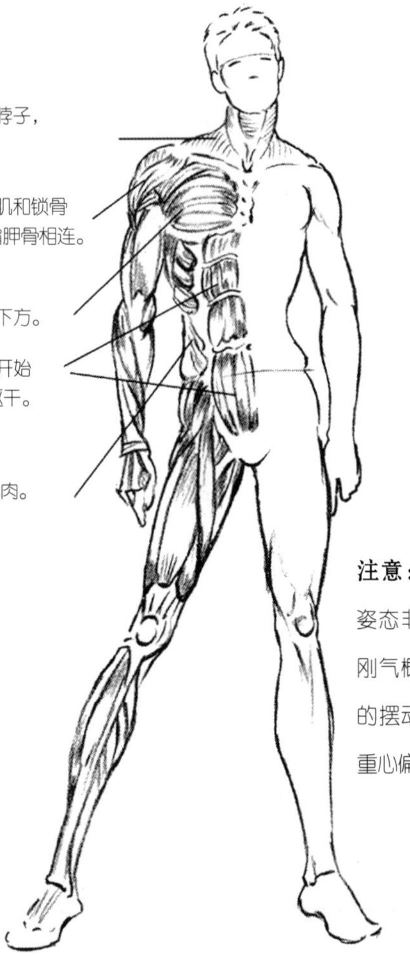

注意：身体重心平均分布的姿态非常能够表现男性的阳刚气概。身体没有多大幅度的摆动的时候，则比较适合重心偏靠在一条腿上的姿态。

背面角度

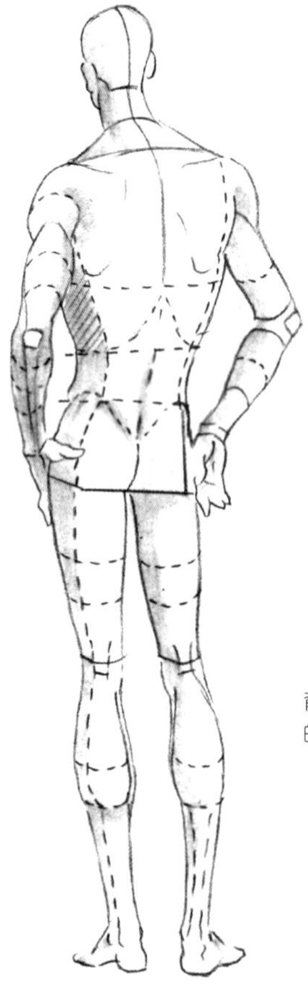

人物结构图

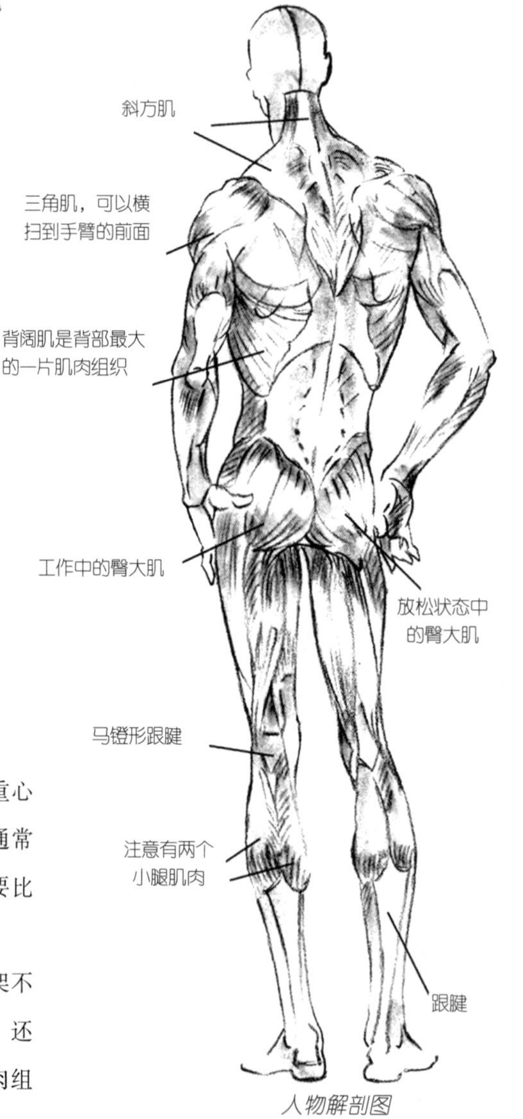

人物解剖图

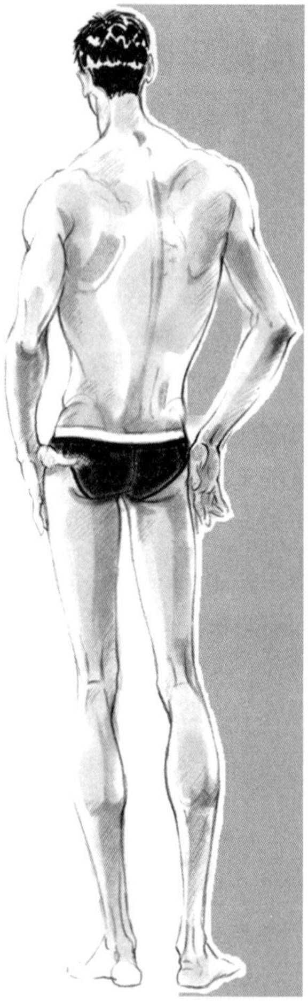

上过色的模特

这是一幅很经典的重心偏离图的姿态图，但是通常情况下这个姿态，男性要比女性画得更加精细。

将人物定出结构框架不仅有助于定义整个姿态，还有助于画出解剖学的肌肉组织。

注意：由于不阻挡到对衣服的视线，因此这种背面两手的画法非常有用。

注意看肌肉组织是怎样增加了人物的立体感和真实感的。了解主要的肌肉组织对于描绘运动型的男性尤其重要。

凸现阴影的时候，颜色可以不用特别深。要试着用一种很轻松但是不松懈的方法上色。注意光源的方向要一致。

步骤：侧面奔跑姿态

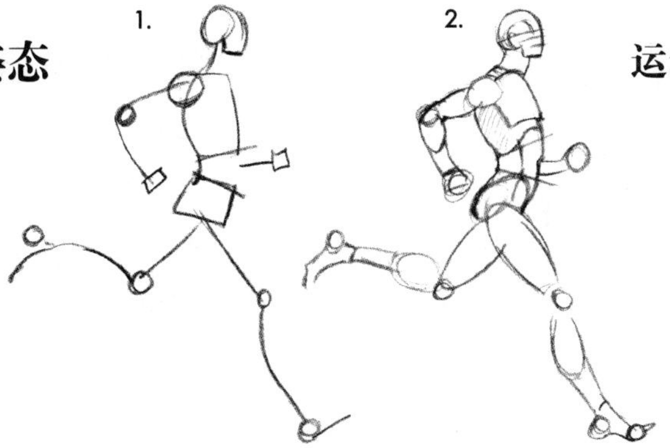

运动中的侧面姿态

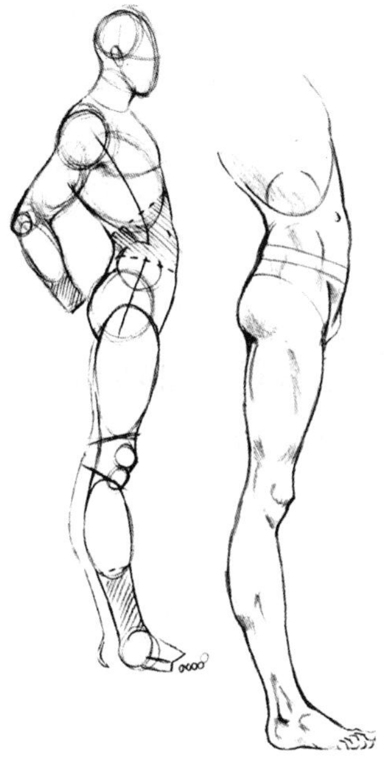

注意：背部的弧度越大，腿部的弯曲也要相应的变化以保持身体的整体平衡。

侧面姿态为我们提供了非常棒的身体语言，因为肋骨和臀骨之间的方向差是如此的明显。但是，如果头部再转向另一个方向的话，尤其是冲向观众的话，整幅画面就会更加有趣味了。请特别注意在透视效果上缩短的脖子区域。注意脖子和三角肌之间的短距离。

放松的侧面姿态

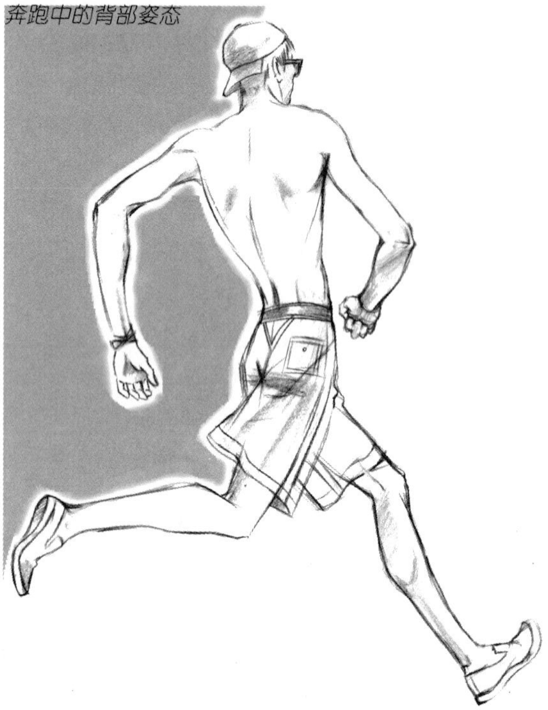

背面运动姿态

运动的姿态对于男性服装尤其重要，因为可以增加男性的阳刚气概，减少华丽的时尚市场倾向。你可以给男性加上任何的装饰，但是酷酷的奔跑或跳跃姿态仍然是最好的装饰。

左边的人物属于年轻苗条的体形，但是请注意，人物的腰仍然比肩膀窄。下边那幅图的人物则比较强壮。

步骤：奔跑中男人的背部姿态

1. 要抓住轻松的基本特质。
2. 注意结构和肌肉组织。
3. 精描并且加上细节。

滑板男孩

滑滑板的人有自己的文化，这种文化体现了活力和勇气。从小男孩到年轻的小伙子是这项运动的主要成员，为了身体可以不受限制的伸展，他们全穿宽松的服装，而且网球鞋可以很好地和滑板接触，产生摩擦力。注意衣服和头发一定要能体现身体的动态效果。

这幅画向我们展示了身体的极度扭曲可以造成怎样激动人心的效果以及增强动作的感染力。此外，在展示服装方面，这幅图也取得了很大的成功。同时也请你注意，强烈的明暗对比增加了图片的戏剧化效果。

时尚男性绘画基础比例——背部视角

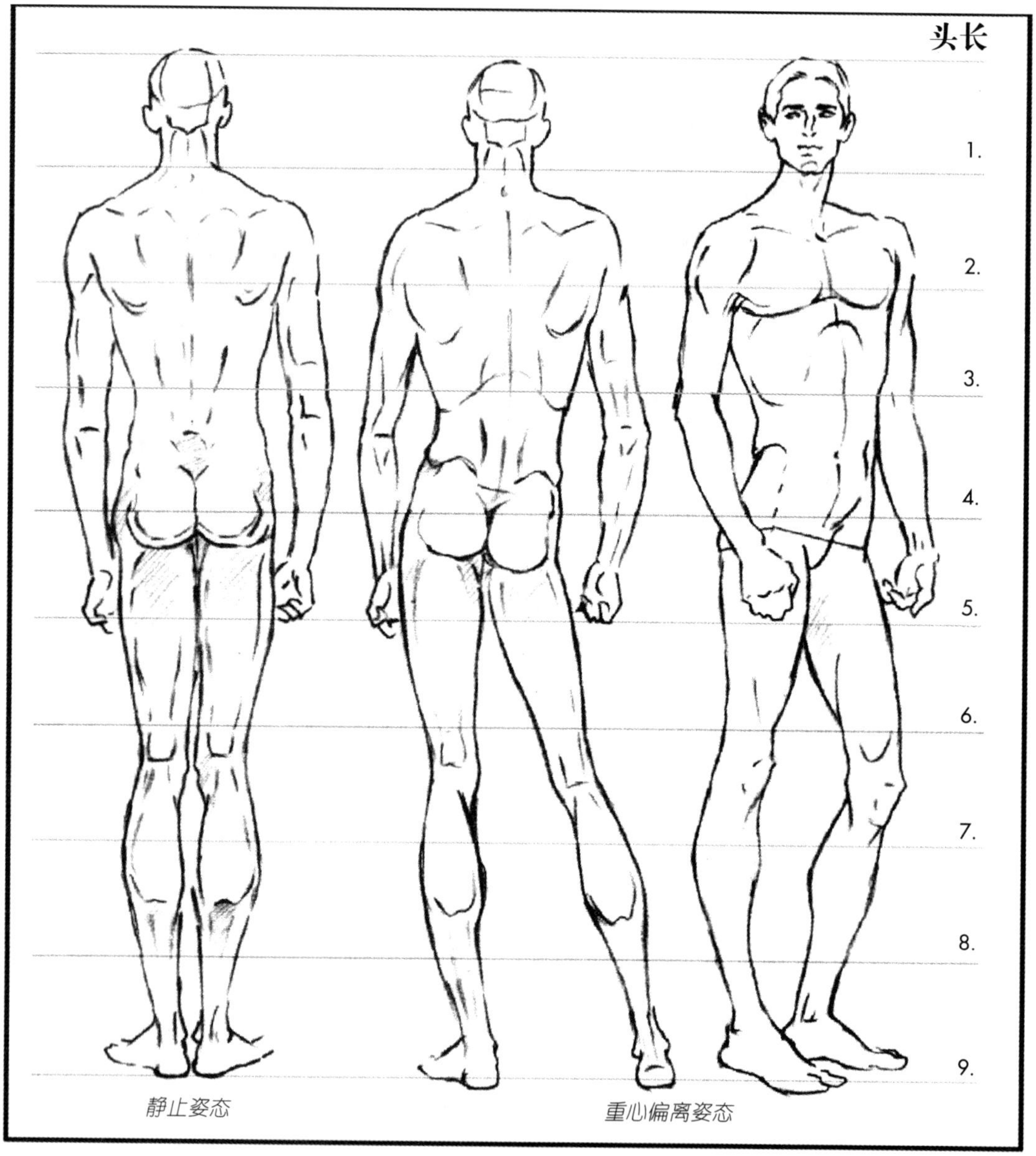

比例图检查：

1. 时尚男性的体形往往是腿部比上身躯干长出半个或一个头长。
2. 成年男性的肩宽一般为两个头长。
3. 男性的臀部大约有一个或一又四分之一个头长。
4. 确保重心所在的那条腿的位置正确，正确的话，你的模特看起来应该比较放松，比较舒服。

第五章

时尚男性服装

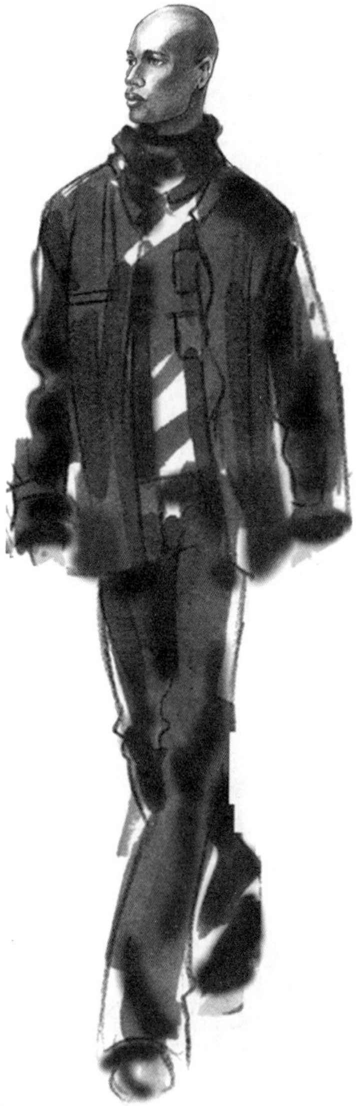

第一单元
泳装

单元目标：

- 对男性服装的时尚和文化做一个全面的了解。
- 大致地了解冲浪文化。
- 学习绘画男性游泳姿态和泳装设计图。

这些男孩都不惧怕穿花泳裤

历史回顾：男士的游泳装

只要社会允许，男士们都很喜欢穿他们一生下来大自然就赐给他们的天然泳装。一直到维多利亚时代以前，也就是说当保守主义开始将社会道德提升到了一个相当高的程度以前，人们都对男士这种天然泳装没有什么意见。男人们在沙滩上是着装的，但是一旦下到水里，就把衣服脱掉了。

十九世纪五十年代，男士们开始不情愿地穿上了重重的斜纹哔叽布料的连身泳装来遮盖上身、胳膊和大腿。一直到爱德华时代结束，这样的“泳装”还一直是社会上的标准泳装。

时代在前进，男士穿起了衬裤，这是一种我们现今穿的及膝长的冲浪短裤的祖先（由于当时没有松紧带儿，所以穿的时候要特别小心，谨防下滑）。田径运动员的短裤和跑步运动员，以及马戏团的演员们穿的短裤是一样的，有着同样的基本形状和比例，就像是现在男人们穿的内裤。另外，不怎么优雅的连身泳衣在当时还要求配穿内裤。

不穿上衣的游泳短裤是在二十世纪三十年代中期才被人们所接受的。人们把太多的关注都放在了更加具有性别特征的女性身上了，所以男性们才渐渐地被允许穿回了半裸的风格。

从那以后，在男性的泳装世界里发生的大事件要数高科技面料的问世了，这也主要是由于田径比赛的要求。二十世纪六十年代，冲浪运动开始风靡起来，这也给男性游泳短裤的发展带来了巨大的影响，这种影响一直延续至今。

冲浪文化

冲浪文化于二十世纪初起源于夏威夷，延续至今风靡了整个地球。也许是由于这项运动是如此的耀眼，它对时尚界产生了不可估量的影响，这股影响波及两性的所有年龄阶层。冲浪带给人们的影响不只是停留在泳装的设计上，此外还涉及到了运动服这一更大的领域。

图上这些帅气的冲浪者们肌肉发达，但是并不过分。他们的头发可长可短，但是他们的冲浪板必须要设计精良，颜色和形状要与服装达到完美的搭配。

通常，我使用灰色调来布置背景。如果泳衣的颜色是暖色调的（柑橘色或红色），我就用暖灰色做背景，如果泳装是冷蓝色或者绿色，我就使用冷灰色。

在泳装设计的领域里，有无数家非常成功的设计公司以设计泳装为主要盈利手段。可以在网上查查Billabong公司和太平洋公司。

注意：你可以查看冲浪杂志，收集好的冲浪装模板，作为创作的参考。

创作姿态

男性泳装

1. 当你描绘一张穿泳装的男性的时候，你常常要使他显得比较健美或者运动。（这不适合画男孩，比如14岁或者更小的年龄。）
2. 放一些关于身体结构或诸如此类的其他资料在眼前。但是，千万不要以为你必须描绘出所有的肌肉组织，否则你的模特看起来就会非常像一具人体解剖学标本了。
3. 适合展示男性泳装的姿态并不是很多，除非你需要很运动的姿态。有一个办法可以使你的设计更加生动，你可以加上一些相关的体育器械，例如冲浪板或者是飞盘什么的。
4. 在鞋上的选择一般只有三种——光脚、凉鞋或者网球运动鞋。帆布鞋在欧洲、中美洲和南美洲都很流行。
5. 太阳眼镜通常都很适合泳装，但是一定要把它们画得像真的一样。想要把太阳眼镜画在脸上，位置正确也不是件容易的事。
6. 头发要画得有一点点蓬乱，显示出风吹的效果。

这张设计图效果被加强了，方法是使头和躯干的方向不同。飞盘使整幅设计放松了不少，但是也增加了动感。

太阳眼镜是典型的装饰用品，人们可以在任何时间或者任何地点使用它。人们通常都非常欣赏太阳镜带来的神秘感觉。

这张图中的人物和他休闲风格的姿态显示出一种度假的气氛，同时人物也很有个性，可以看出他过着时髦的生活。他的着装是典型的“男性风格”——一件衬衫、一条牛仔裤，或者配上一条毛巾。

穿泳装的人

1. 当然有冲浪者，他们常常会需要冲浪板，全身或半身紧身潜水服，此外还有相配套的衬衫和夹克衫。
2. 男孩子和小伙子们常常喜欢穿中长泳裤或者短裤。这些裤子常常在腰部有特殊的松紧带，或者其他带有冲浪风格的小装饰。
3. 专业的田径游泳运动员们也非常依赖泳装，而且这种泳装必须能够尽量减少水的阻力。传统意义上讲，这些泳装必须尽可能的小，比如Speedos，但是最近在奥林匹克运动会上运动员们穿的都是紧身的全身长泳装。这样的泳装设计需要非常专业的科技知识以及对高科技面料的充分了解。
4. 一部分购买者是一些处于时尚前沿的男士们，也许数量很少，但是确实存在。他们会在很多其他场合穿泳装，这往往处于一种追求新奇的心理。此外，他们也很需要一种比一般的冲浪短裤更加复杂，更加合身的泳装。（我们将在下一页给大家介绍这种服装。）

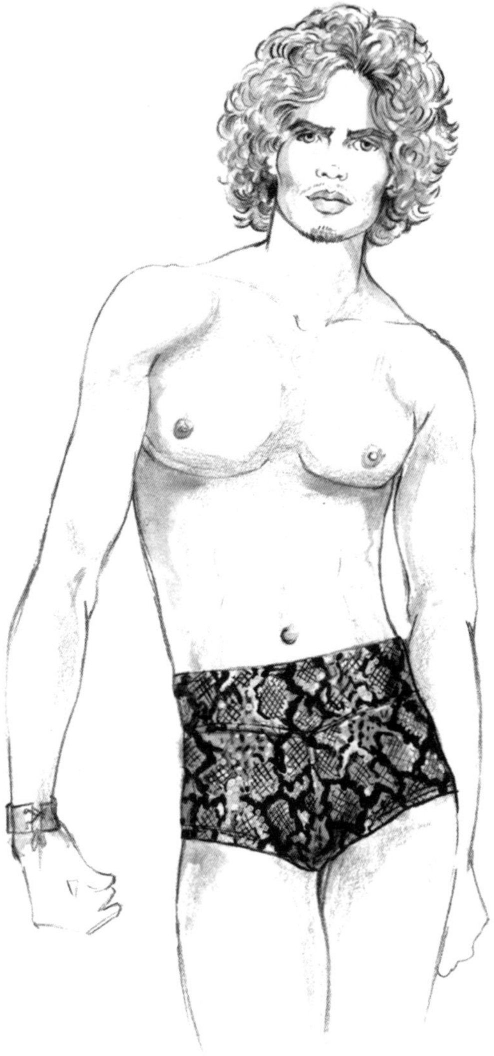

蛇皮面料着色

1.

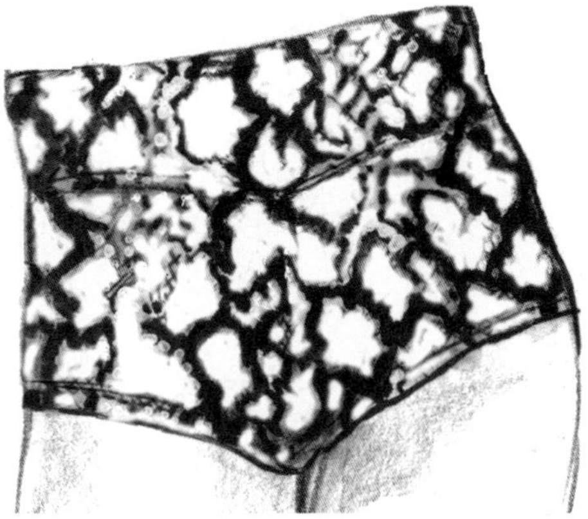

先画出不规则的钻石形状，其中的线条要有粗有细，加上些多样的小斑点。

2.

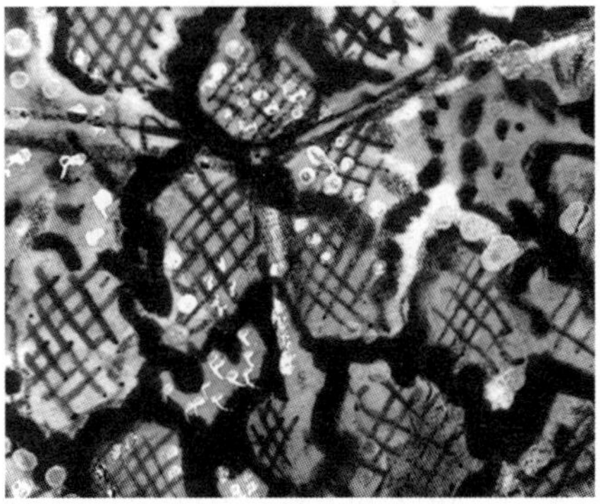

在多边形中加上些不规则的线条。用白色或浅颜色的颜料涂抹多边形的外围，内部则用较深的颜料。

设计练习：

可以将蛇皮和硬质地的面料组合在一起，呈现出一种块状的花纹，然后再设计成泳装的风格。请在模特身上练习绘画这种泳装。

男性泳装模板

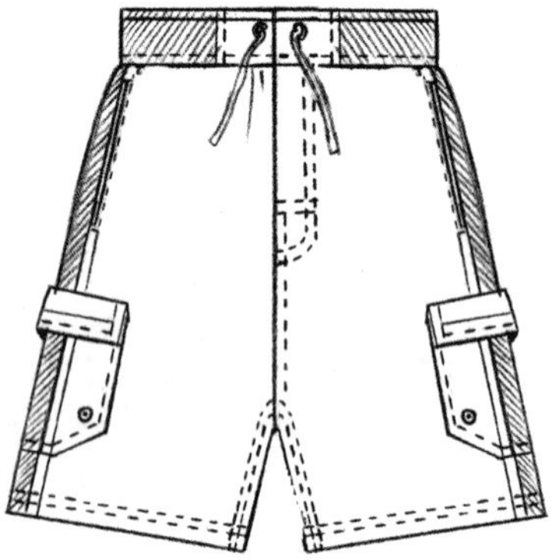

正面

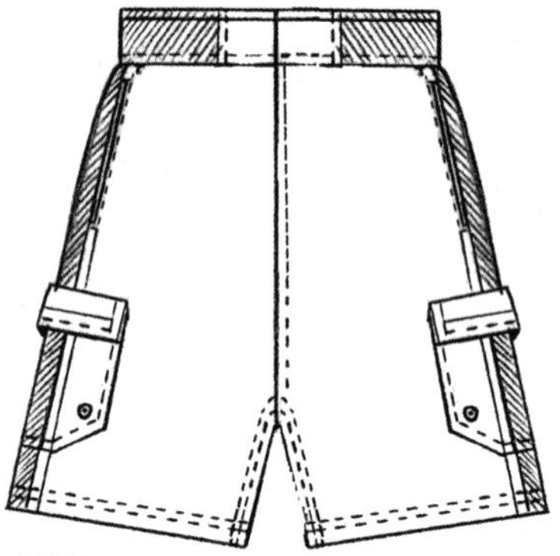

背面

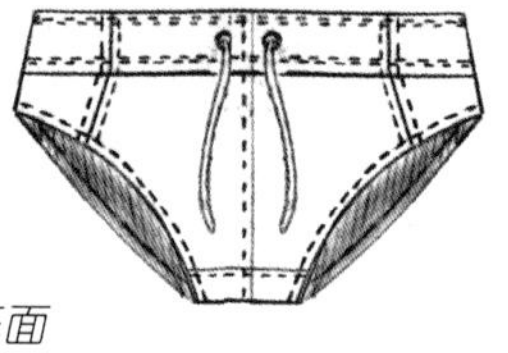

正面

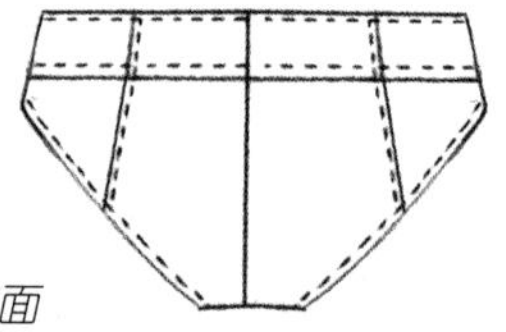

背面

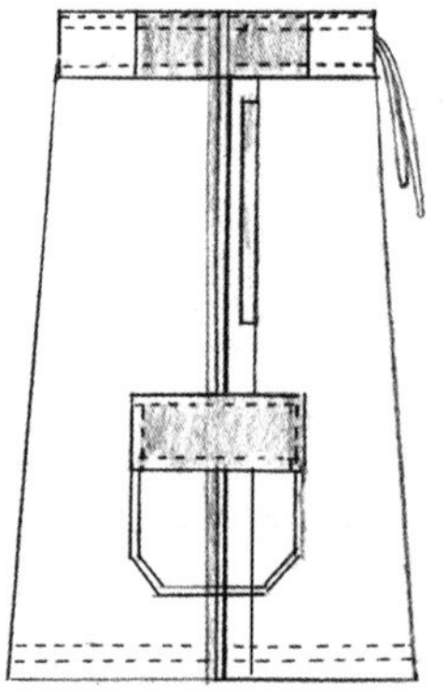

侧面

设计中可以变换的地方

1. 不同形状的口袋，以及口袋放置的不同位置。
2. 颜色块。
3. 有颜色对比的间线。
4. 正面的系扣方式（按扣、拉链、尼龙搭扣带）。
5. 机织或弹性面料。
6. 印花的带子或标志。
7. 面料图案。
8. 比较有意思的缝线。
9. 新颖的比例。
10. 明亮或平和的颜色。

设计练习（大纲）：

1. 按照泳装设计模板拓出整体轮廓，一式三份。
2. 从上文中选出三到五条可以变换的设计方案，用它们来设计新的款式。
3. 想一想别的点子，结合不同的元素。

第二单元
休闲男装

单元目标：

- 追溯休闲装的源流。
- 明确“休闲”一词的特定含义，学习绘画休闲服装。
- 学习画各种不同的休闲姿态和人物身体的比例。
- 学习给休闲装上色。

把时尚男性打扮起来

Dolce & Gabbana

怎样开始

画男性服装最好的一点就是不用画很多曲线，这一特点使我们的工作简单了很多。例如，不用画胸部和腰部的褶皱。因为男人们不穿长裙也不穿短裙，所以我们也不用学习很多款式。

尽管如此，设计师们常常绞尽脑汁想要让他们设计的男性服装看起来好看。这也就是为什么有些男性服装设计作品看起来比较女性化。我们中的很多人都很习惯描绘女性了，想要尝试改变设计风格还真是不容易。可以让一个男人看起来好看的细节之处被我们过分夸大了。

为了解决这一问题，我们必须实现仔细观察我们要为之设计服装的男人们，试着去了解他们都喜欢什么不喜欢什么。我们常常会忽视的问题有：

1. 大多数的男性服装都会有什么样的领子？至少对于典型的美国男性来说（如果美国还有典型的美国人的话），可以被接受的选择实在是不多。其他的文化和种族可能会穿的大胆得多。
2. 男性的衬衫上应该有多少颗扣子？衬衫的前襟应该怎样交叠？扣子之间的距离有多远？衬衫的下摆有多长？
3. 胸部的口袋应该放在什么位置？离衬衫的正中有多远的空档？
4. 男人们常常将牛仔裤提到什么位置？（答案：常常提到胯上而不是腰部。）男人在什么样的场合会把裤子穿在胯部以上？
5. 男性为什么要系皮带？
6. 什么样的衣服应该配穿什么样的鞋子？

上述的问题也许看起来比较繁琐，但是如果设计师们心中谨记这些问题，那么男人们就会喜欢他（她）设计的服装。

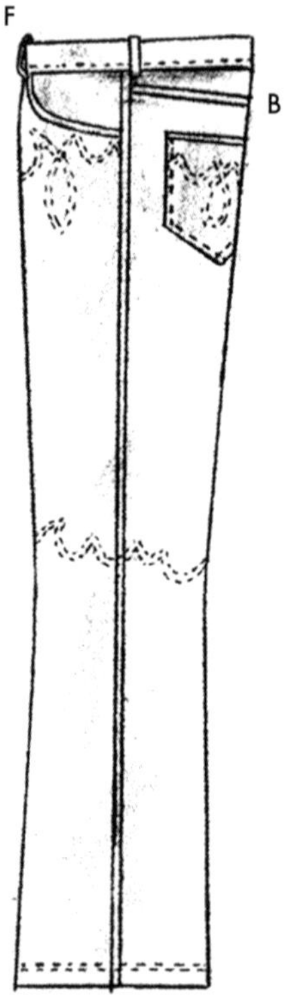

靴裤

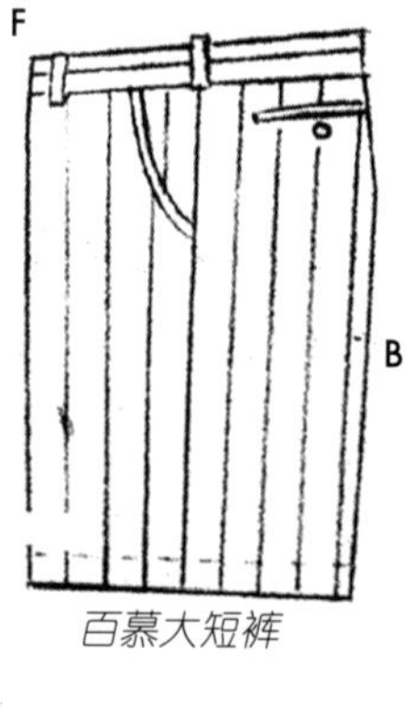

百慕大短裤

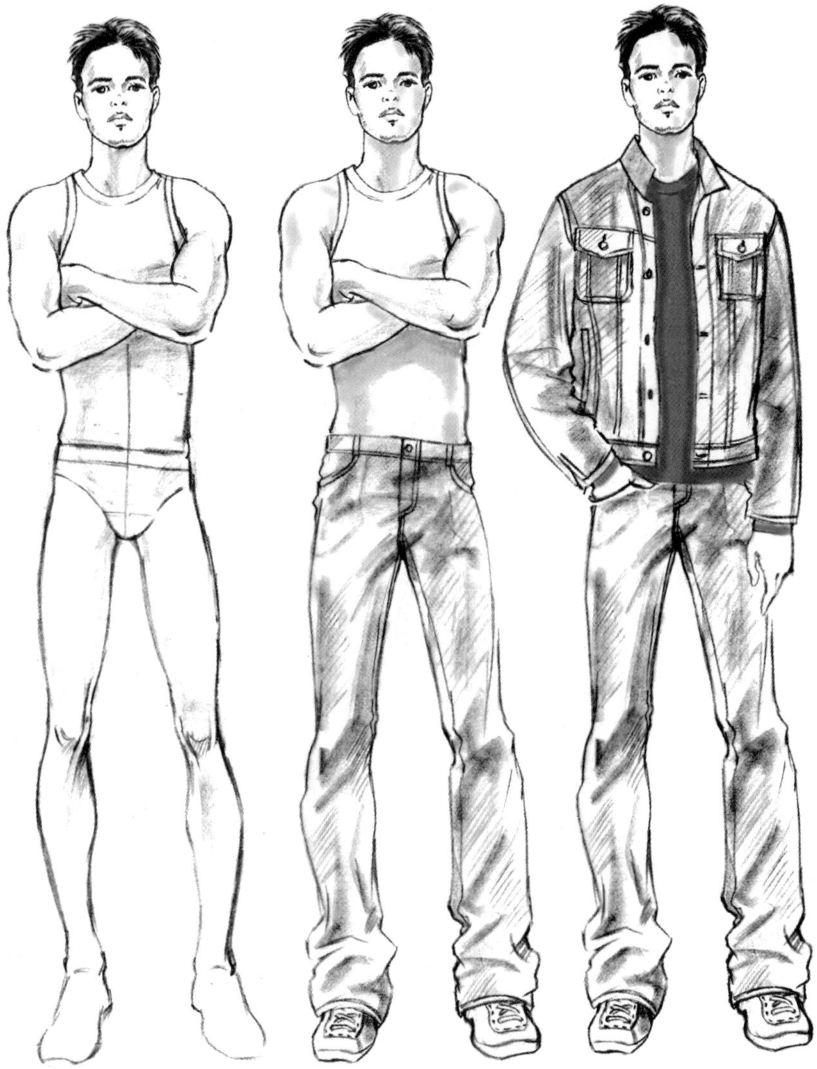

休闲男孩

传统的休闲男孩，同时也是最喜欢休闲服的消费者，一般都是十六岁到十八岁的大男孩儿们。这样的男孩们你不会有看见他们穿正装的时候，除非是他带着他心仪的女朋友去舞会的路上。

这种情况并不代表衣服对于他们来说不重要。休闲装对于他们来说就好像西服对于传统商人一样是一种身份的象征。

如果我们打开这些男孩的衣柜，我们会发现其中有三条样式一模一样的牛仔裤，或者是十二条样式不同的牛仔裤。但是，对于这一年龄段的大多数男性，牛仔裤可是他们搭配自己风格的服装的最基本的元素。

而且，他们对于斜纹粗布服装的偏爱已经影响了整个世界。全世界都很喜欢牛仔裤，而且所有的设计师们都铆足了劲地大量设计出样式各异，富有个性的牛仔裤。

年轻男性身体比例

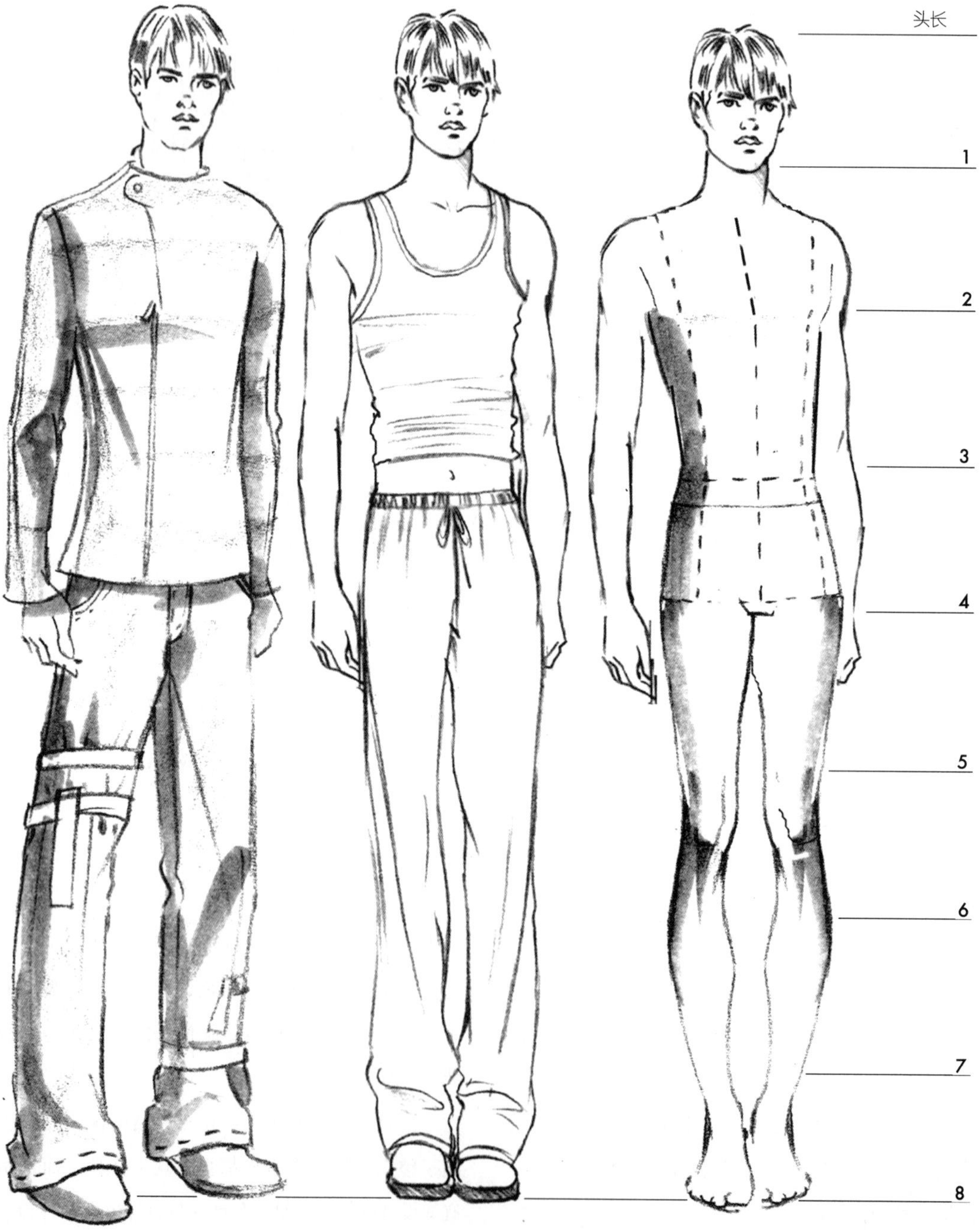

比较时尚的　　随意的服装　　素描的人物

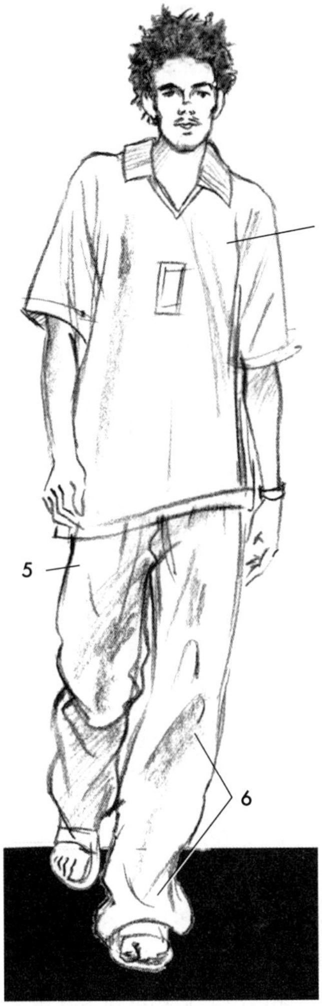

肥大的服装

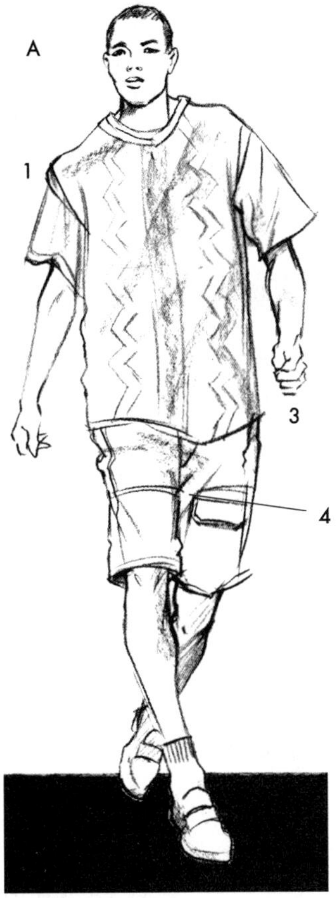

扭身姿态

行走中的街头风格

即使是玩世不恭的大街男孩在行走姿态中也显得很酷。手臂和腰越是大幅度的摆动越能加强这种效果。

宽松款的服装

过去的十年中，年轻的男孩们主要的形象就是穿着宽松肥大的衣服。你要能够抓住这种服装的特性，要让人一眼就能看出宽大肥硕的衣服内的躯体实际是很苗条的画法。

肥大服装画法检查：

1. 肩膀要看上去垮垮的，肩膀和袖子之间的接线要落在肩膀以下。
2. 肩膀下面宽大的袖子产生出同样宽大的衣褶。
3. 衣服的下摆左右几乎从来不对称。
4. 裤裆很低，几乎到了膝盖部。
5. 臀部是整件服装上惟一贴身的部位。
6. 膝盖处的裤管很肥大，裤子垂在鞋子上。

从这幅图你可以看出街头风格对于设计师的影响，这套由Comme de Garcons公司设计的服装裤裆可以说拖到了极致。

2002 秋季时装发布会

休闲文化的诞生

由于两种文化巨大作用融合而成了我们现在的休闲文化，使原本只局限在周五的休闲风格一下子扩大到了生活中的每一天。这两种文化因素就是preppie（常春藤）和punk（朋克）。

Preppie（常春藤）

这种风格起源于二十世纪七十年代的北美，体现了当时社会的风貌，还融合了一些在二十世纪五六十年代被称为“乡村俱乐部”风格的乡村元素。后来这一风格在美国的常春藤大学中非常受欢迎。这一时尚最开始起源于美国贵族学校里年轻人的穿着风格。

这种中性的穿着打扮（男性和女性都适合）很快地成为了三四十岁受过良好教育并且追求时尚的人群（雅皮士）的“制服”。他们不仅要在休闲的时候，而且要在正式的场合里也看起来很“preppie”。

Preppie文化对于时尚的最大贡献在于服装的套穿的观念。 人们常常将三件或四件衣服套穿在一起，比如，衬衫外套背心，外套开襟羊毛衫，外套夹克衫的穿法。

Preppie还很欣赏不怎么起实际作用的系扣，例如衬衫领尖的纽扣，鞋子上的金属铆钉，以及手套上的长长线穗，等等。

Punk（朋克风）

Punk最早起源于二十世纪七十年代的伦敦，Vivian Westwood以及她的丈夫和搭档Malcolm McLaren——为主要的设计师。他们设计的风格主要是：头发被剃得很短，并且染上了怪异的颜色，脸上涂了一层厚厚的白色，苍白的面孔和黑黑的眼睛以及浓重的唇色形成鲜明的对比。红色、黑色和白色这三种看起来最普通的颜色，与镶满铆钉的黑色皮质风衣和装饰着金属钉口的牛仔裤结合起来；T恤上充满暴力和色情的语言和图案；撕裂的衣服和曲别针的组合；类似狗链或自行车链的链子缠绕在脖子或腿上。朋克女孩还喜欢穿紧身T恤、热裤、紧身线衫和厚底高跟鞋。另外，还有一点地狱天使的机车装混搭着二十世纪五十年代美国垮掉的一代的风格。

朋克，表达了对被忽略的和幻灭的青春的愤怒和痛苦，就是要惊世骇俗充满敌意。脸颊上和鼻子上的铆钉，充满瘀青和擦痕的身体，创造了一个软弱无能却渴求关注的形象。

朋克是政治立场的时装化演绎。电影新浪潮时代是朋克风格无力的表达，但却被美国年轻人当成了俱乐部服饰。

时髦的“常春藤”风格包括斜纹软呢或格子呢面料的上衣，运动夹克衫，苏格兰毛衣，斜纹棉面料的裤子，球衣，帆布或薄棉布面料的上衣，当然还有花格子呢衬衫。

Preppie风格

Punk 风格

休闲并且很宽松的服装

休闲总是（但不绝对是）意味着舒适的，能让你放松的衣服——例如周末的衣服，外出去沙滩时穿的衣服，在房子周围散步时穿的衣服等。通常情况下休闲服比较适合平时避免穿正式服装的小青年们。

最近一段时间以来，宽松的版式是休闲服的重要元素。我们常常会利用这一元素来使我们的服装显得比较新潮。我们总是在一件无袖背心的外边套上一件衬衫，或者在腰部围上一件毛衣。这样的穿法既迷人又实用，因为穿宽松服装的人群，比如童子军、战士们可以穿它们应付各种情况和环境。

春夏穿的简单宽松服装

图上的这个家伙穿衣服很讲究。没有一件衣服是正确搭配的，但是所有的衣服配在一起却很棒，当然装饰品是很关键的。围巾的不对称系法和脚下的大头鞋配在一起使整套衣服“活灵活现”了起来。让我们想象一下，如果这个家伙把他的迷彩裤和同样质地同样款式的迷彩服配在一起穿，那么最终的效果会非常的没有意思，不吸引人。这身衣服之所以耀眼是因为它是由很多不相关的元素组合在一起的。

宽松款服装发布会

休闲服设计模板

针织POLO(品牌) T恤衫

贴身松紧T恤

侧面松紧带短裤

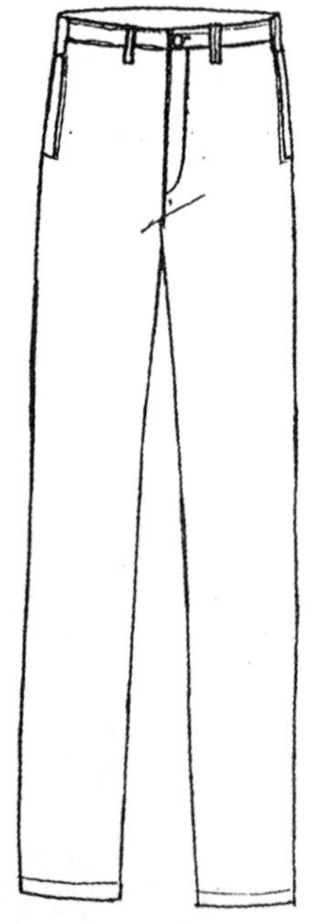

直腿裤

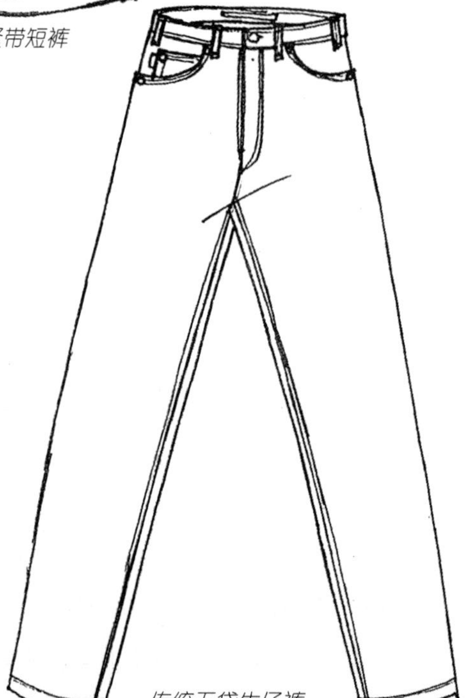

传统五袋牛仔裤

穿休闲服的人们

幅度最小的姿态

这种幅度最小的姿态对于展示男性服装来说最合适不过了，因为不管是他们的身体结构还是服装，都没有女性的复杂。你的设计草图只要稍稍有一点3D效果，就会看起来很有感觉了。画年轻男性的时候，这种姿态还可以使人物显得很幽默。

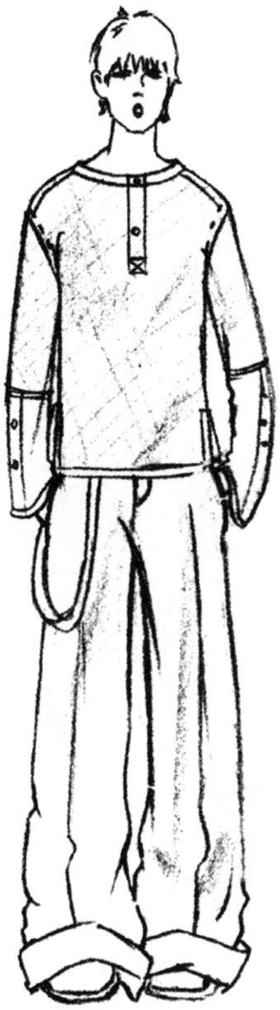

超大款裤子

双色裤

幅度最小姿态检查：

1. 轮廓线条干净简洁。
2. 完美的形体。
3. 玩世不恭的姿态。
4. 可以稍微有点卡通的色彩。
5. 很少的或者没有阴影。

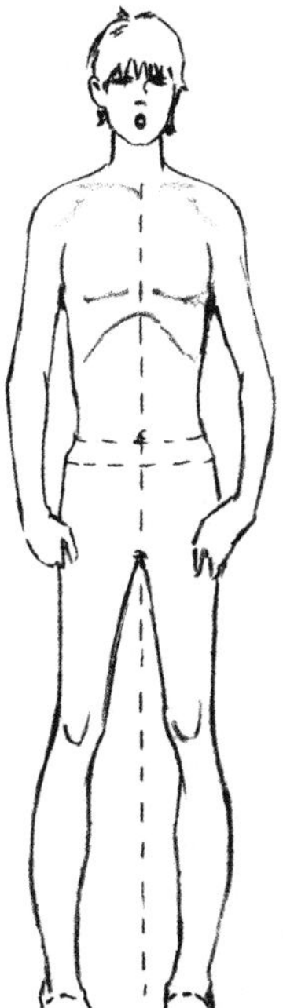

草图素描

这也是一个很简单的姿态，但是浓烈的直线条，强势的站姿以及复杂的衣服结构产生了一种不简单的情绪。

设计者：D-SQUARED（品牌）

多样的牛仔裤风格

当时尚界开始考虑牛仔服的花样款式时，牛仔服就开始变得千变万化了，所以作为设计师，你一定要细心地观察。注意哪一样式已经过时了，也就是说已经不在大街上或者发布会上出现了，而哪一样式又是今年的新款。

年轻男孩背部视角

年轻男孩活力造型

宽松款牛仔裤

怎样体现“酷”：

1. 衬衫一半掩在裤子里，一半掉在外边。
2. 袖子挽起，不怎么平整。
3. 背心里边不穿衬衫。
4. 用文身做装饰。
5. 网球鞋或靴子。
6. 下身的衣服是宽松款的。

这两个人是比较成熟型的“酷”。虽然他们的服装也不外乎是一条简单的牛仔裤、皮质运动夹克、新式衬衫和毛衣。但是他们是比较严肃的类型，身上的文身与其说是为了彰显个性，不如说只是个时髦的装饰品。

类型化绘画手法

挑选一种类型化的绘画手法来工作，意味着你不用担心作品的立体化效果或是线条的完美性了。但是却要运用强烈的对比让线条和整个形体更加醒目。

1.

这幅设计要突出年轻人沉浸在自己世界里的那种情绪，要让人感觉到一种很吸引人的距离感。

2.

对于这幅设计来说，我借用了神奇的漫画艺术的表现手法。我用黑色墨水画的线条很大胆也很有个性（就这幅图而言，线条好像闪电一样）。颜色比较淡一些的灰色加强了对比的效果。

3.

我用曲线来画这身夹克和毛背心的线条轮廓，来制造一种柔滑的，但是有个性的视觉效果。

寒冷天气里穿的休闲装

针织套头衫

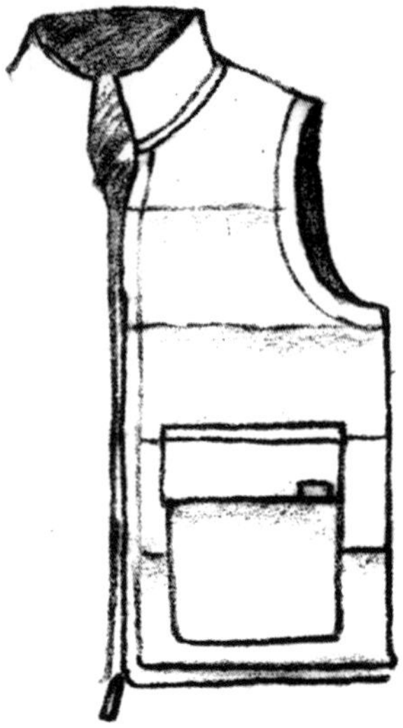

背心

扣子拉链牛仔裤

竖条纹套头毛衣

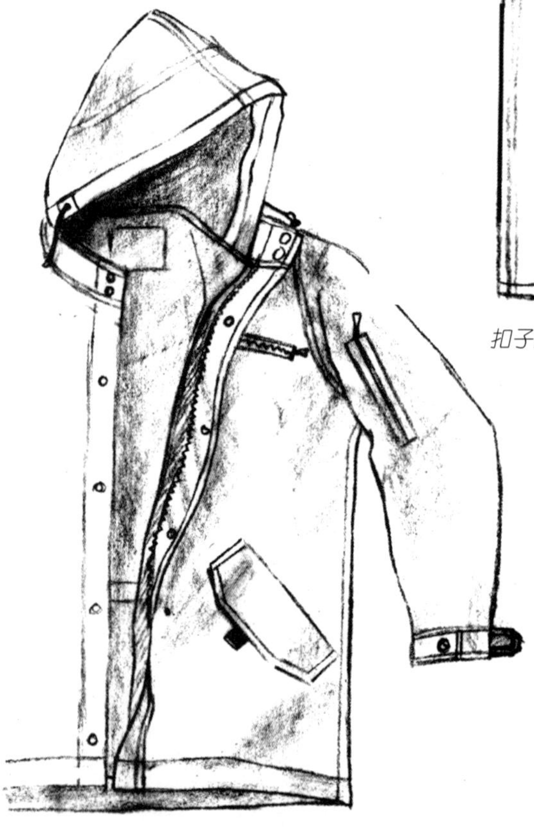

按扣有帽兜夹克衫

注意：所有的这些装备都可以同时一起穿在身上。

帽兜画起来也许不那么容易。但是这个角度的视觉效果比较好（头稍稍歪向一边），因为你可以看见帽兜的侧面。一定要在帽兜的里面画上阴影，脸部轮廓的周围还有一层阴影。

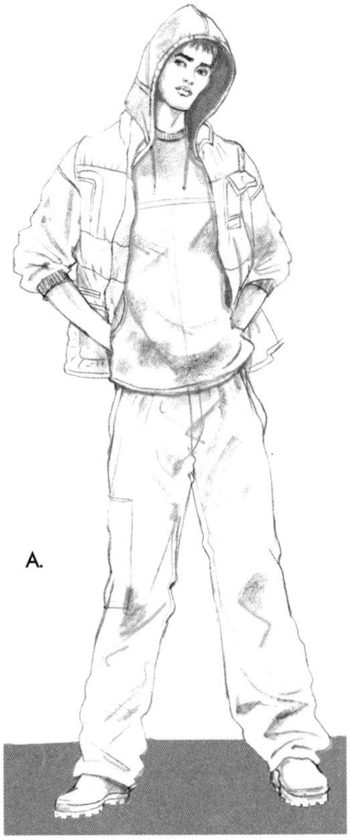

A.

尼龙带帽装

C.

双排扣羊毛厚呢短大衣

B.

羊毛套头衫

我们的年轻休闲男士们平时都是穿什么样的衣服来保暖的呢？当然，他们一层套一层地穿运动型套头衫（见图A和图B）。人造面料是很好的防风面料，常常做成仿羊毛的样子，穿起来真的是很舒适。男孩们穿衣服的模式常常是羊毛厚呢短大衣（如图C）或是仿旧的夹克衫。

尼龙或戈尔特克斯防水织物的风雪大衣。

画这样的冬天穿的棉服最常出现的错误就是没有将棉服画得足够宽大，来容纳里面的衣服，当然还有棉服自己本身里面的填料。

注意：外面衣服越厚，投射在一面衣服上的阴影就越浓重。

注意：如果你真的想让你的设计像是在冬天穿的衣服，就请添加上一些装饰品吧，像围巾、手套、皮靴之类的。

众所周知，年轻的小伙子们都不愿意把自己穿的太暖和，一件羽绒的背心也许就是他们为了防寒所穿的极限了。

步骤：给黑色皮衣上色

1.

给皮衣画出具有立体效果的褶皱和形状。

2.

用麦克笔涂上均匀的黑色。在白色的区域涂上浅色的阴影。

3.

为了使皮革能够有光泽，用Prisma铅笔的侧面画出强光照射的效果，注意褶皱的形状要圆润，用白色的颜料画出间线。最亮的地方要用最浓的树胶颜料来突出。我在模特的头上和裤子上都运用了计算机绘图的方法，用Photoshop的线条工具，加上了斜纹。

帽子

Dolce&Gabbana

Giorgio Armani

Versace

Roberto Cavalli

Issey Miyake
（三宅一生）

最近的时尚发布会上，帽子可以说成为了非常重要的时尚元素。它们可以增加你作品的感觉。

Prada

更多的模板

紧口羽绒夹克衫

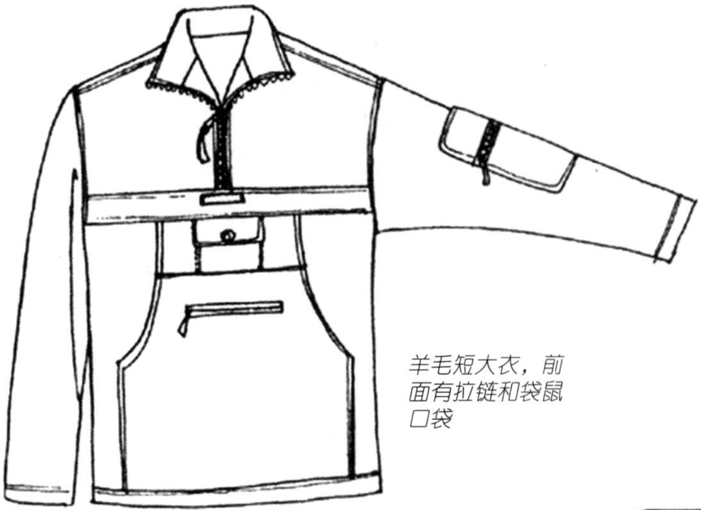

羊毛短大衣，前面有拉链和袋鼠口袋

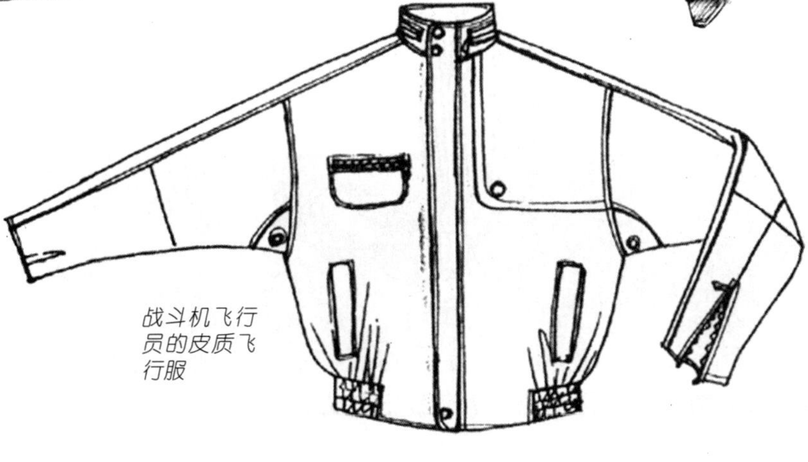

战斗机飞行员的皮质飞行服

设计草图：朴惠元

第三单元
剪裁考究的衣服和套装

单元目标：

- 了解剪裁的文化。
- 学习了解不同的西服套装类型 。
- 增进你对于细节之处的了解。
- 学习展示西装的姿态。
- 学习设计剪裁时髦的大衣 。

我们真的想让“他”只穿千篇一律的老式法兰绒西装吗？

曾经有一个时代，绅士们在公共场合出现而没系领带是很不可思议的事情。上图中的这些领带就来自那个时代。

一些男性服装术语

宽领带（Ascot）：十九世纪中叶男性佩戴的一种领巾。

巴斯维君鞋（Bass weejuns）：一种轻便鞋，也叫乐芙鞋，但是比较而言，还是更加适合与休闲裤甚至牛仔裤配穿。

硬草帽（Boater）：一种圆草帽，窄边，有时有黄色的丝带作为装饰。

甲板鞋（Boating shoes）：有厚厚的橡胶鞋底，用来增加鞋底和甲板的、船面的摩擦力。也可以作为休闲鞋穿。

领结（Bow tie）：很短，蝴蝶结状，系在领子上。

波勒帽（Bowler）：也叫常礼帽。十九世纪晚期男士们戴的帽子。有圆的硬硬的帽筒和弯曲的帽边。在第二次世界大战后的英国，属于正装。

布洛克鞋（Brogue or oxford shoe）：也叫牛津鞋。有鞋带孔和结实的鞋带，平跟。

布鲁克兄弟（Brook’s borthers）：男士成衣裁缝界的先锋人物。

屠户男孩帽（Butcher Boy’s cap）：大帽子，宽边儿。像十九世纪工匠们戴的帽子。在十九世纪六十年代很流行。

开襟羊毛衫（Cardigan）：正面有扣子的羊毛毛衣。

腹带（Cummerbund）：带褶的宽边衣带，常常作为男士出席正式场合时服装的腰带（从印度Kamarband传来）。有褶的一边向上。最早的时候，人们用这些褶皱来接吃饭时掉下来的面包碎屑。

量身定做的服装（Custom clothes）：裁缝师根据某个人自身的尺寸为其特制的衣服。

猎帽（Deerstalker）：传统的男士斜纹软呢帽，打猎的时候戴。前后都有帽舌，有的时候还有耳罩。

晚宴服（Dinner suit）：也叫“Black tie”。

伊顿夹克衫（Eton jacket）：一种短版运动夹克，1850年至二十世纪早期伊顿学院的男孩们穿的服装。

男士浅顶软呢帽（Fedora）：一种传统的男士带帽檐的帽子。

Foulard：一种丝绸质地的印花领带。

礼服（Full dress）：像白色领带和燕尾。

宏堡软毡帽（Homburg）：男士毡帽有卷边和带褶的帽檐。

翻领（Lapels）：传统的夹克衫或运动衫上左右两片的领子。翻领可宽可窄，形状也可以改变。

规格定做（Made-to-measure）：按照固定的规格定做的衣服，属于半量身定做。

观众鞋（Spectator shoe）：黑白两种颜色的鞋，二十世纪二三十年代配休闲服穿的款式。

吊裤带（Suspender or braces）：用来钩住裤子的带子。通常要和衬衫、领带的颜色相搭配。

“Tweedy”：俚语，用来形容一种典型形象的人：他们喜欢穿带花的，斜纹软呢的服装。

翼领（Wing collar）：衬衫上高高的硬领，在前面中间的地方会有两个耷拉下来的小角。

剪裁业发展史

服装剪裁这一工艺产生于十二世纪到十四世纪的欧洲。当服装变得越来越合身了，顾客们便越来越要求服装能够更好地勾勒和展示他们的体形。新的缝纫技术的出现就显得很必要了。几个世纪以前的宽松长袍，现在已经变得紧贴身体了，要由多块面料组成而且还要能够随着穿衣者自身特点以及喜好的不同而进行各种不同的变化。这样裁剪就诞生了，而随之而来的就是“时尚”。

当服装被简单地装饰起来的时候，面料就成为了最重要的元素，而纺织者也就成为了最重要的技师。当不同的裁剪方式开始进入时尚的涉及范围时，那些能够创造出新的服装样式和缝纫手法的人就变得很有优势了，赶上并且超过了其他的同事。在文艺复兴时期，技术精湛的裁缝师开始成为服装制造业中的关键人物，为上层社会缝制精美的服装。

在裁缝师们慢慢取得重要地位的过程中，欧洲出现了很多在时尚界很有影响的城市。15世纪意大利的美第奇家族施展着他们的影响，在那之后，西班牙人的品位占据了主导地位，最后，在法国路易十四统治时期，巴黎以及它精美的服装和香水成为了时尚界的领头军。

随着工业革命的进行，社会产生了一个新的阶层——中产阶级。当时的英国裁缝师们可以对羊毛面料进行剪裁，使其更好地美化人体线条，他们的这项技能一下子成为了当时的潮流。新型的绅士们对服装的要求更加精细了，因为这样可以显示他们的高尚品位及财富 。

G. 布鲁斯·波亚 的《裁剪史》：概述

设计提示：商业文化

你是否可以从一个经商的男人或女人的穿着上看出他们的领导能力——或者是他们对于完美的追求程度？认为可以的人一定相信一个人所做的选择可以判定他们的性格，例如他们是否重视细节，或者是自我尊重的程度等。如果工作界很看重某种风格的打扮，比如昂贵的西服和领带，那么如果穿相反风格的服装就会很危险。

另一方面，文化自二十世纪以来发生了巨大的变化，很多传统的价值观念已经被很多这种的意识所取代。例如，好莱坞的大财阀们就以爱穿过于朴素的牛仔裤和唐米·希尔菲格8的衬衫而闻名。这样的风格和他们的电影文化是那么的一致，如果有谁穿着很昂贵，在那种环境下反而会显得过分和幼稚了。

这款诺福克夹克衫在1910年大约卖12.5美元。这种传统的款式是现代西服的灵感来源。

怎样开始

1. **调查**：男士和女士高档服装最重要的是宏观的轮廓和微观的细节之处。你做调查最好的来源是互联网上关于著名设计师们的网站。举个例子，查查乔治·阿玛尼。
2. **研究细节**：在高档服装剪裁方面有些东西是相对稳定的，而且很多都是有舒适度和耐穿行方面的特殊要求的。例如，翻领是什么结构，胸兜应该放在什么位置等。扣子的放置也是非常重要的，只有注意到了这点你设计的服装的扣子才不会在错误的时间，错误的场合绷开。先从观察这些细节开始，你的设计作品才不会缺乏真实感。
3. **深思熟虑**：设计的时候你需要考虑到每一点细节，例如，缝线，什么样式，什么样色，有多宽？衣边的款式和系扣的方式：法式的还是普通的，系扣还是拉链，或者是系带？服装前襟的系扣方式：按扣还是系扣，拉链还是系带？选择有很多，而每一种选择都会使你的设计与众不同。
4. **寻求灵感**：模仿著名设计师的设计，他们也是从上辈的著名设计师那里学习来的。搜集过去和当代伟大的设计作品，然后进行临摹，这样你才可以吸收它们款式和结构方面的精华之处。

胸兜的位置如果太低，会使你的设计看起来邋邋遢遢。

安置口袋的完美位置是你的手可以很方便地就滑进口袋里去。

即使是最简单的衬衫也要认真地进行设计。请仔细地观察领子的部分，两边的翻领要排列整齐。扣子之间要有距离，而且距离要合适。将胸兜安置在前胸上（这就是为什么它们要叫胸袋），当然也要排列整齐。

当你设计的服装是多层套穿时，领子就比较麻烦了。这幅图也许可以帮助你弄清楚衣服间的层次关系。

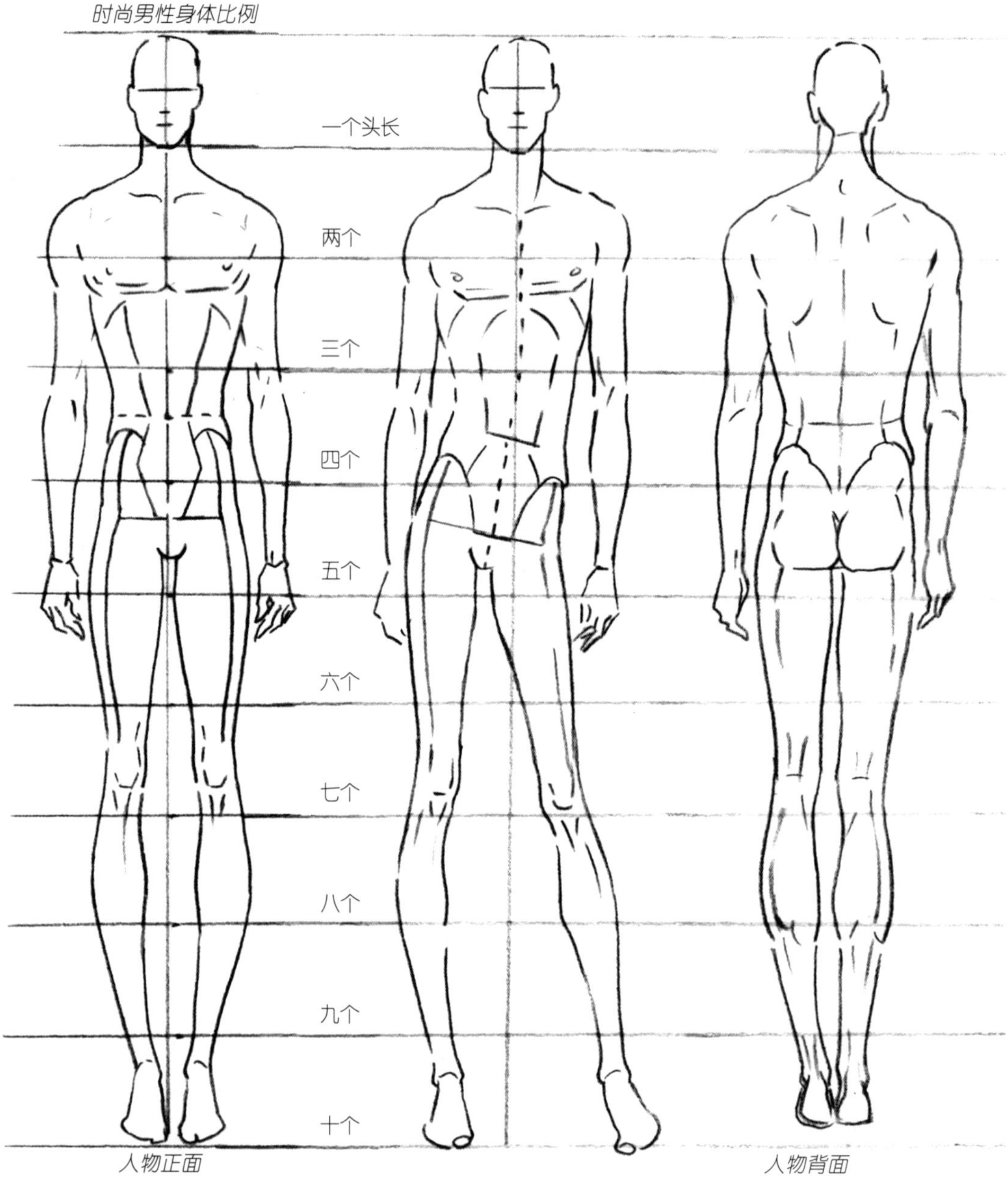

较为复杂的男性身体比例

这张男性身体比例图是比较复杂的一个版本。图上的人物更高更瘦，所以看起来会更加美观时尚。

展示西装的姿态

总体说来，展示西服的姿态是比较简单的，而且通常都是静态姿态。一身剪裁考究的西服上装通常都不适合用来做运动。图中这个动作就不错，因为它在有效地展示服装的同时，也散发着一种情绪。但是，从比较困难的角度画衣服的翻领比较冒险，所以在画侧面身体姿态时请千万小心。

风格检查：

1. 西服的翻领是全立起来的还是半立起来的 。
2. 衬衣是休闲款的。
3. 夹克可以是全敞开的，也可以只系一颗扣子。
4. 裤子可以有皮带，也可以没有皮带，或者皮带可以系得很松。

注意： 上边这几条加起来会是一款比较休闲风格的西服。

传统西服

单边口袋，
三扣西服

正面视角
（现实中的真实比例）

宽翻领交
叠西服

四分之三侧身视角（夸张过了的比例）

男士无尾半正式礼服

经典复杂的神态，加上传统的领结和宽边翻领。

“如果他穿了一双布洛克鞋，这说明他是一个严肃的商人。一双不怎么保守的鞋也许可以显示出比较创新的个性，比较有艺术气质，你可以从这样的款式中得到很多灵感。”

设计师：Roger Baugh

不同种类的西服

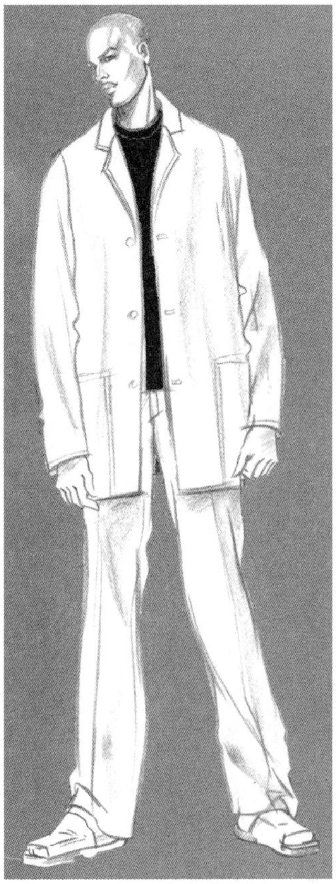

非传统结构的西服

什么是西服的结构？当一个裁缝师在制作一件传统的西服时，他常常会加上这些元素：

1. 垫肩。
2. 加衬布来保持整体形状。
3. 还有最里边的衬里来盖住衬布。一件非传统结构的西服夹克，肩部比较塌，比较松垂舒适。一件时尚的西服不一定非要加上衬布和衬里来保持形状。

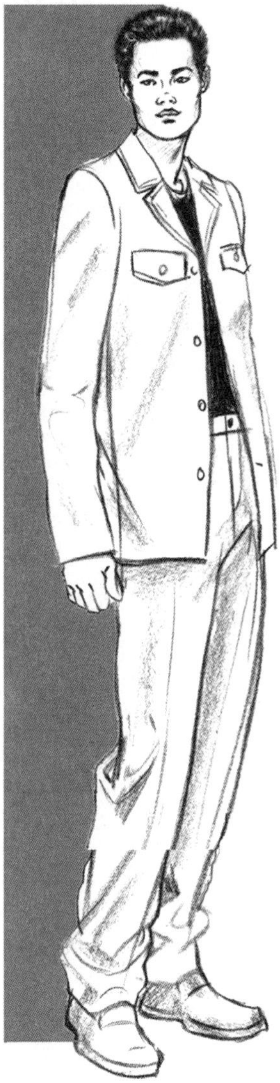

小款西装

不久之前，像图中这样垂在鞋子上这么多的裤边是应该卷起来的，但是现在这种宽松的垂感就是看点之一。

将传统的西服组成部分和皮革混杂在一起是一种很时髦的设计方式，可以起到革新的效果。

在高档的西服里面穿休闲款的T恤衫——或者甚至里面什么都不穿——也是很时尚的穿法。

休闲外套

时尚款式：

1. 领子不平，有一边是翘起来的。
2. 领带松松的——不那么正式的花样。
3. 扣子不多。
4. 裤子比较休闲——甚至是牛仔裤。

高档西裤

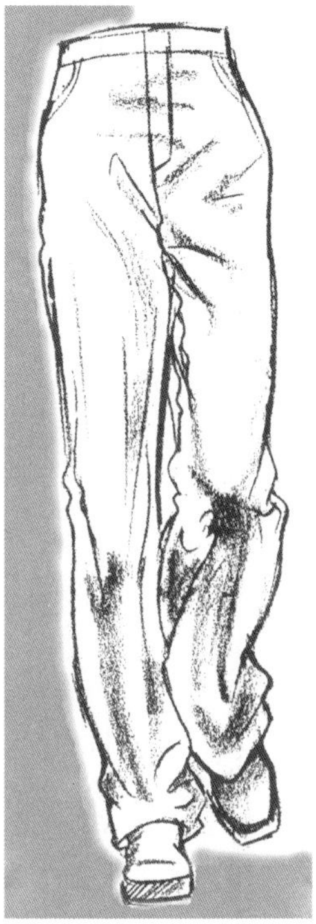

行走姿态

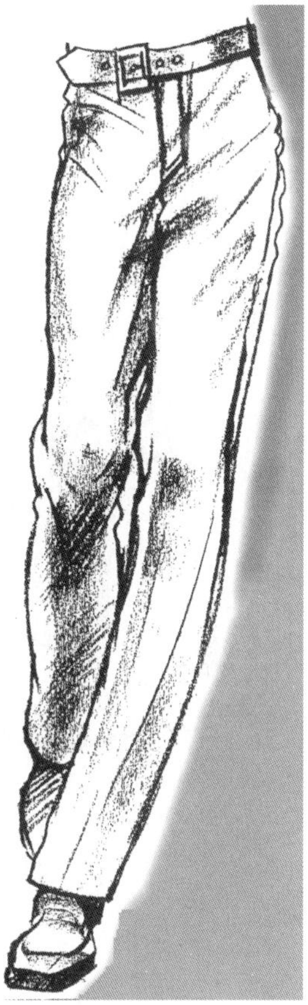

快速的行走姿态

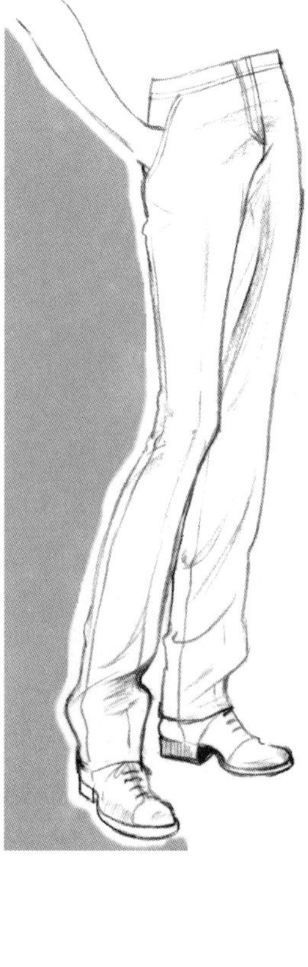

这些裤子都是昂贵的高档西裤，羊毛的含量有所不同。

图A很好地体现了现代时尚潮流的方向。传统的条纹裤子配上有装饰钉的腰带以及昂贵高档的褶花衬衫。但是“不合时宜”的丝巾加强了整个设计的与众不同。

行走姿态中的裤子一定要小心地画，否则会显得不真实。阴影很重要，可以使双腿有前后的距离感。

带褶的裤子

背后角度

即使是高档的西裤，腰带的位置也比腰部低。口袋是单嵌线袋而不是贴袋。好的设计师裤子很贴身，但是不紧身。在过去的很多年间，正面无褶裤都是时尚的主流，也许正面带一些褶皱的裤子在将来会成为新的时尚。

细节——单嵌线袋

模板：男士高档服装

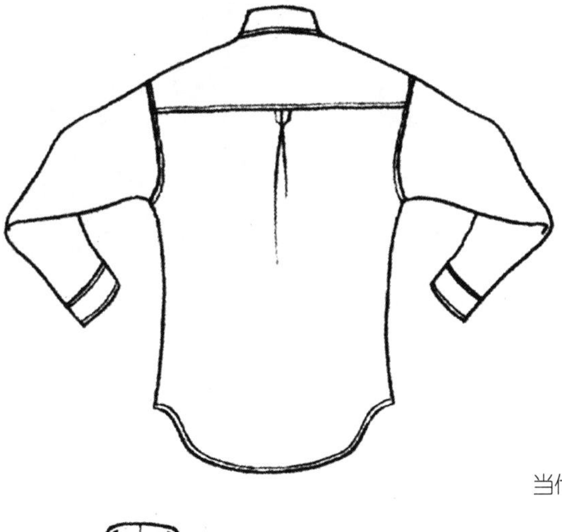

当代版传统马甲

传统大衣

A. 领子围在脖子周围。

B. 两边翻领一个压一个。

C. 衣服的正中在两排扣子的中间。

D. 大衣上的阴影线体现了腿的位置。

E. 长大衣西裤裤边会很优雅地自然下垂。

F. 袖口和肩膀衔接的位置能够显示出三角肌的形状。

G. 注意大衣在胸腔的下方有一个收身，从那里往下则比较自然优雅地展开了。

这件外套大衣对于传统的医生、教授等专业人员来说是不二的选择。

有些大衣是永远不会过时的，而这件外套大衣就是其中之一。昂贵的面料，精致的剪裁，无论是何时，有品位、有地位的商人都会钟情于它。

关于男士大衣的术语

软领暗门襟长大衣（Chesterfield topcoat）：款式高雅，舒适。英国款大衣，在腰部比较贴身。风格比一般的大衣正式。

羊皮大衣（Shearling coat）：衬里、领子和衣边都是羊皮的大衣。

堑壕大衣（Trenchcoat）：特点是双胸袋，军用防水大衣。

轻薄大衣（Topcoat）：最普通的长及膝盖的大衣。

外套大衣（Overcoat）：天气寒冷时穿的厚重大衣。

英国厚冬大衣（British warmer）：军款及膝长大衣，质地是麦尔登呢羊毛。风格比较运动。

防尘长外衣（Duster）：澳大利亚大衣。长长的，质地很硬。用来抵抗恶劣的天气。

飞行员夹克（Bomber jacket）：二战时飞行员穿的及腰长运动短夹克。

摩托夹克（Motorcycle jacket）：二十世纪五十年代摩托帮穿的夹克。常常以黑色皮革为面料。

诺福克夹克（Norfolk jacket）：高腰羊毛运动夹克。

软领暗门襟长大衣

很多大衣都是根据欧洲传统历史上的经典款式翻版制成的。当然在世界的其他地方，人们都有自己的传统经典服装（例如，亚洲的和服）。

这款大衣来源于军用大衣的风格。特点是肩部有额外的夹层，是为了使并能够把枪靠在肩上，这样射击才会更加准确。

堑壕大衣

轻薄大衣

传统经典大衣

这两件大衣属于经典传统风格，工具是黑色的Tombow刷笔。浓重的颜色是二十世纪设计展示作品的特色。

当然，这种款式和服装风格在加紧了当代的时尚设计元素之后就会显得很新颖了。

系上纽扣的大衣

敞穿粗呢大衣

练习设计舒适的大衣

当你设计绘画大衣的时候，让大衣看起来柔软、华丽又舒适的能力是相当重要的。让你的模特穿上好像冰箱门那么僵硬的大衣是很容易的事情，但是要想让他们穿上真正的大衣就要下一番努力了。

检查：

1. 衣领围在脖子周围，当遇到里面的衬衣或毛衣时会微微地卷起。
2. 肩膀不要太平太直。他们的形状像衣架，在肩膀上撑起一个形状很好的罩子。
3. 人物稍稍有些动作姿态也无妨，那样的话，大衣就会微微敞开，线条不是笔直的。注意衣褶应该能够正确反映身体动作。
4. 将模特的手放在口袋里可以使整个作品显得更加休闲。
5. 大衣完全敞开可以展示里面的配套服装。
6. 加上一个帽子会使风格显得比较运动。
7. 衬衫比毛衣正式，皮鞋则比靴子正式。
8. 用Tombow刷笔绘画，会迫使你画出的线条不那么僵硬。

第六章

孩子们，孩子们

本章目标：

- 学习着画从婴儿到十几岁青少年的孩子们。
- 了解随着年龄的增长，孩子们身上发生的变化。
- 学会给不同年龄段的孩子们挑符合他们特点的服装。
- 学会怎么在模特身上画上服装。
- 学会给模特加上幽默的感觉和现代的气息。

维多利亚时代的女孩

注意：本书的这一章也分成几个单元，我们主要的目的是将不同的年龄段进行分组。这样我们才能了解孩子们成长的变化，以及怎样才能抓住那些变化的实质。

一岁 两岁到两岁半 三岁到四岁

可爱的宝宝

还有什么比画活泼胖嘟嘟的小宝宝更有意思的事情呢？他们的体态、模样、种族多种多样。他们的表情、姿势、服装、装饰五花八门。你可以自由自在地添加幽默元素、动感姿态和有意思的表情。而其他年龄的人则不可以这样处理。但是，这并不意味着画小孩很简单。想要将表情、神态表现得淋漓尽致也需要特殊的技能。

很多人都把孩子画成小号的成年人，丝毫没有挖掘出小孩们特有的幽默和魅力。了解这些缺憾，可以让我们避免错误，所以请仔细注意每一个不同年龄段孩子们之间细微的差别。

五岁 六岁 七岁 八岁

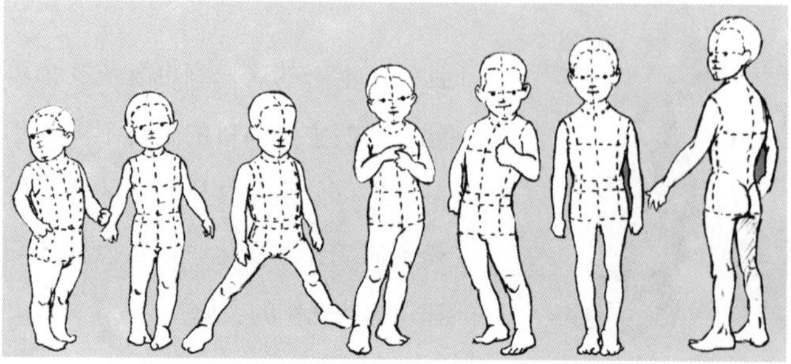

酷小孩

六岁到七岁　　七岁到八岁

八岁到九岁　　九岁到十岁　　十二岁

怎样开始

1. **了解你的对象**。在学习描绘小孩子的时候，先仔细地了解你要画的小孩子和成人之间在身体上的区别是很重要的。当你一旦掌握了这些区别和特点，你也就会了解你描绘的对象越年轻，这些区别就越明显，同时也越重要。当你开始画年龄大一点的孩子的时候，区别就会变得很细微，例如，成年人的主要特点就是他们身体态度和穿衣风格。这就是为什么有些成年人穿上年轻人的衣服也可以显得很像十几岁的青年人。
2. **收集好的模板，当然是所有年龄段的**。从下面的几个方面将你收集的模板进行比较：

A. 身体比例。

B. 头部形状和轮廓。

C. 身体语言和情态。

D. 肌肉生长情况。

E. 服装款式及风格。

F. 装饰品。

3. **考虑买一本关于怎样画卡通画的书**。对于表现儿童服装时幽默感是很重要的。

孩子的身体比例

在这么短的时间里身体怎么会发生这么大的变化呢？婴儿刚生下来的时候头特别大，上身躯干相对双腿来说长。初学走路的孩子，头占整个身体比例的四分之一，而成年人则占八分之一。在这以后的日子里，双腿的生长速度比躯干快两倍，所以刚会走的孩子双腿是一倍到两倍的头长，成年人的双腿则是三倍到四倍头长。

女孩子们

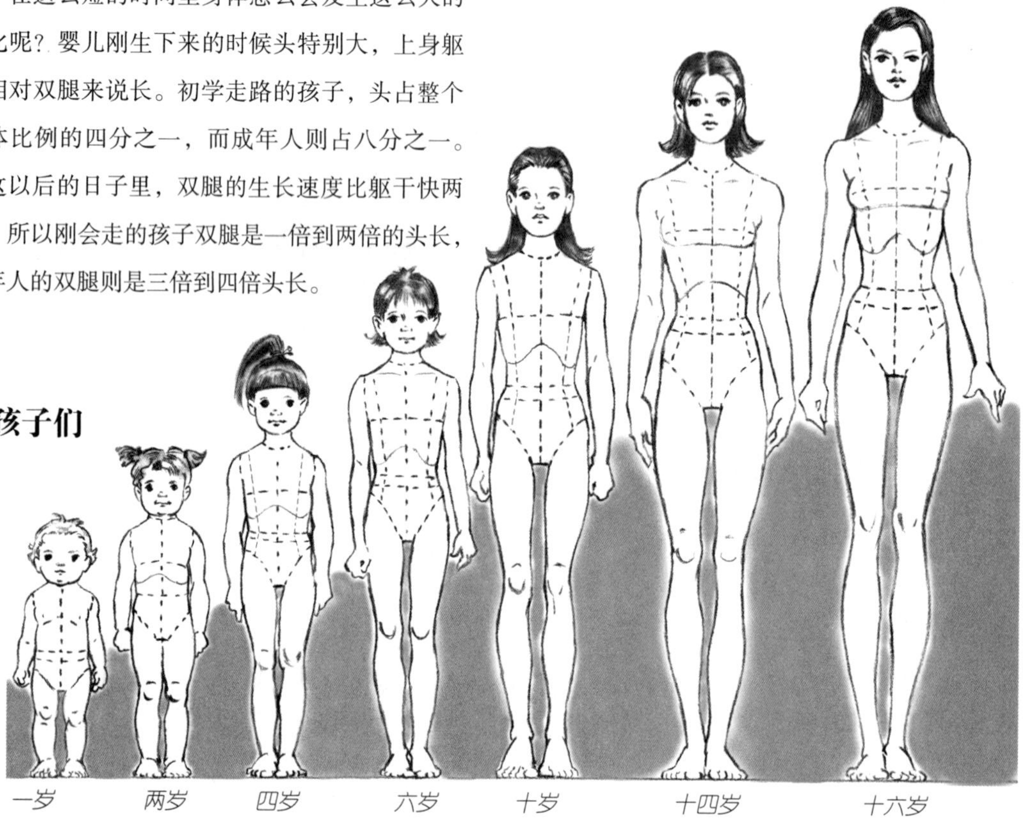

这些图例有点夸张了，小孩子有点夸张地小，青年人有点夸张地大。请注意身体躯干的变化比双腿的变化小得多。

男孩子们

注意：这些图例比较符合现实，不是时尚的身体形态，但是比较能够真实地反映身体的生长变化。

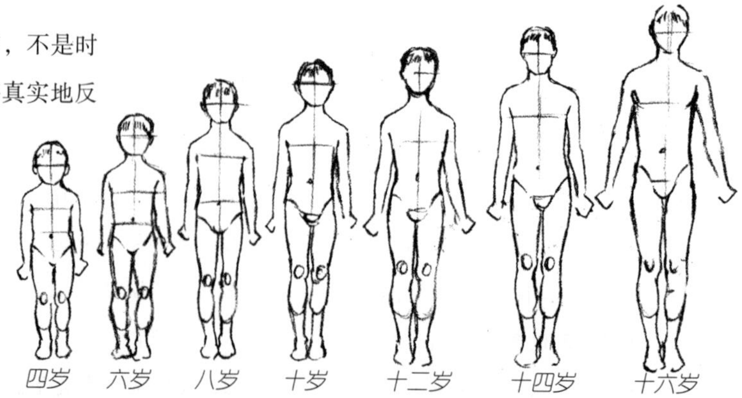

刚会走的小孩子上身躯干是两个头长，完全成熟的成年人也不过是三个头长。

头部比例

小孩子的特点

小孩子的头骨看起来和成年人的头骨实在是很不一样，但是实际上从小孩子生下来到成为成年人，头骨的变化并不大——只是大概长了7.5厘米。一个婴儿的头骨，比起成年人来，要圆得多，头骨的后部体积较大。五官非常小巧可爱，几乎都挤在脸的下半部分。宝宝的发际线淡而高。所以，额头就显得不可思议地大。两颊鼓鼓的，但是下巴却小小的，常常还有一个圆圆的双下巴。呱呱坠地的小婴儿实在是跟老年人很相像，都有皱纹，有垂肉。

成长变化

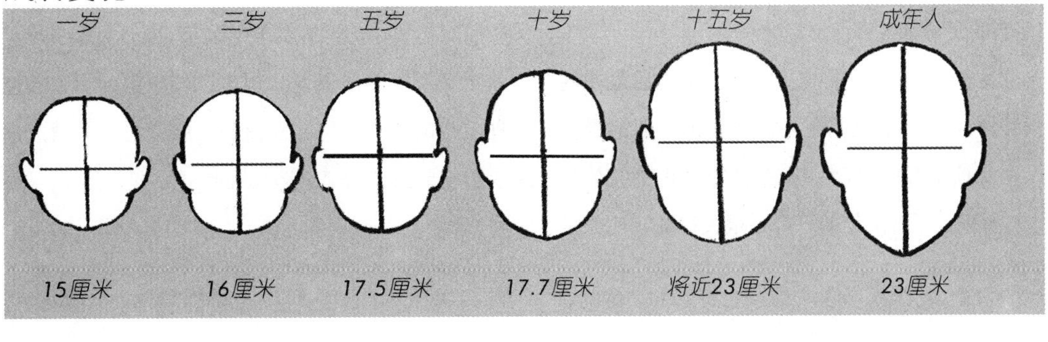

服装尺寸规格

三到六岁	六到十二岁	十岁到十四岁
女孩尺寸：4—6x	女孩尺寸：7—14	低年级尺寸：0—16
男孩尺寸：4—7x	男孩尺寸：8—20	

服装的更替

在一个小孩子生下来最初的两三年里，父母们都在跟尿布战斗，不然就是在忙着教宝宝们怎么上厕所，这些都是你在为宝宝们设计服装时应该考虑的事情。裆部带方便按扣的裤子是婴儿和刚会走路的宝宝的必穿服装。除了特殊场合穿的服装外，所有的衣服必须要耐洗好打理。工作的父母们没有时间熨烫孩子们的衣服，所以这些孩子们的衣料必须是不易起褶的。

小孩子们需要衣服为他们提供很大的运动空间，所以衣服一定不能太紧了。当然针织面料是上好的选择，特别是对小婴儿来说，因为这样的衣服很舒适，不拘束。当宝宝会爬，会走了，自然就需要更加结实耐磨的衣料，例如，粗斜纹棉布、灯芯绒或是其他结实的面料。这就是为什么，对于“多动”年龄段的孩子们来说，连衣裤（当然是裆部带方便按扣的）和带松紧带的裤子会这么地流行。宝宝的衣服是很可爱，但是也应该在膝盖处和腿部多加一些保护措施。此外，小孩子和他们的父母都很喜欢鲜艳的颜色。

我们还要记住，在小孩子生下来之后最初的六年到八年中间，父母们给孩子买的衣服是最多的。（女孩子开始自己挑选衣服的时间比男孩子早。）所以，了解父母的喜好是很关键的，比如实用性和价格问题。孩子们长得太快了，衣服在穿坏之前就会变小了，所以在衣服上花太多的钱很不划算，除非是留给亲戚们穿。但是，有钱的父母们，尤其是那些马上就要有孩子的父母，是很愿意在孩子的衣服上大量投资，就是为了小孩子们穿童装的可爱样子。孩子们有时候就是一种社会地位的象征，所以他们的服装很重要。在特殊的场合里，这些衣服要显得格外的昂贵和华丽，即使有些衣服只穿一两次而已。

当孩子们开始进入六岁到十二岁的年龄段时，孩子们自己的审美就占了主导地位。孩子们往往想穿得像他们在电视上、电影里看到的偶像，或是像他们的同学、兄长、邻居、堂兄弟等。这时候颜色就变成最为重要的了，款式则位居其次。此外，孩子们在学校穿的衣服和在家穿的衣服不太一样。男孩子们常常在放学后做剧烈的运动，他们穿的衣服常常是很结实的面料做成的，例如牛仔裤，或者宽松运动服等。年轻的女士们在学校时穿需要小心照顾的服装，但是回到家来以后，就会穿得很随便邋遢。当然，校服起到了中和这种差距的巨大作用，女孩的校服常常是短裙或连衣裙，男孩子则穿长裤或短裤。

第一单元
婴儿和刚会走路的宝宝

他们也许看起来小小的，但是他们可不简单……

婴儿和宝宝

怎样开始

1. **定义“婴儿”**：在谈到婴儿的时候，我们应该先明确“婴儿”这个词的含义。在我的印象中，我觉得婴儿是那些刚刚来到人世上的小小生物。他们不会坐起来，也不会做很多其他的事情。但是一旦他们可以坐起来了，可以拿住玩具了，可以冲着父母微笑了，他们就变得非常的精力充沛。当然，当他们开始能够到处走走了，他们就变成“刚会走路的宝宝”（toddlers）了，而且非常淘气。

2. **了解宝宝的特点**：在上述的这三个不同阶段，宝宝之间的差别也是巨大的，而且我们很容易从他们穿的衣服看出他们的主要活动。此外，可以坐起来的宝宝的身体语言同什么都不能做的婴儿、能够走路的婴儿也是非常不一样的。如果你能注意到这些隐藏的区别，你就能很好地创造出活灵活现的宝宝模特。

婴儿服装

用来形容宝宝服装的词汇很容易：可洗的、舒适的、温暖的（在寒冷的季节里），当然，最重要是柔软的。宝宝在一天之中可能要换好几次衣服，因为他们正处在随意拉撒、喷吐食物、频繁洗澡等等的时期，这样父母们就需要大量的衣服，而且还要是容易穿脱的。按扣要比系扣方便。连身的衣服总体上说来还是相当受欢迎的，裤裆能够随意打开、系上这一点细节非常重要。

因为谁都不想让新生的小宝宝们患上感冒，所以，小帽子、小袜子、小靴子、暖和的小毛衣和配套穿的小棉T恤衫、小裤子等等都是宝宝衣橱里必不可少的。

至于装饰物，三岁以前小宝宝的衣服上不要有任何装饰物，因为很容易被宝宝拽下来吞到肚子里去。但是，小兜兜或者柔软的小玩具、带子之类的花样可以让服装卖得很热。最后，我们会发现在宝宝服装上可供发挥的空间不大。太多的创意会显得累赘。

此外，至于睡衣，首先，宝宝们很需要睡袍。很多睡袍在底下有一根可以拉进的带子，整件睡袍就像一个大口袋。其次，宝宝们也可以穿分身的睡衣，很多父母用儿童的棉内衣裤作为宝宝的睡衣。但是，政府对于儿童睡衣面料质地有明确的规定，所以在商场中销售的儿童睡衣面料一般都是经过加工的人造合成面料。

宝宝的形体

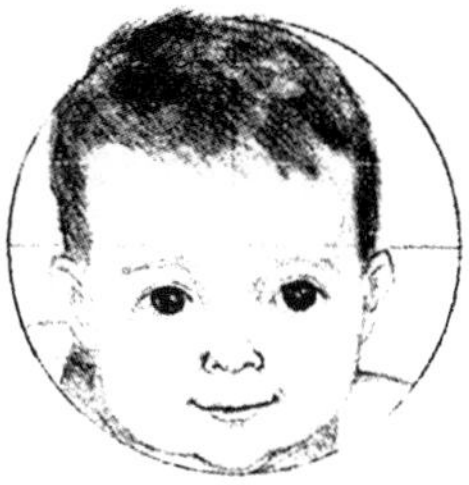

宝宝的头是正圆形的吗？

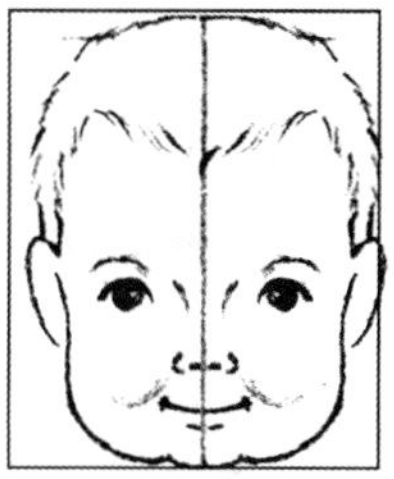

还是有点接近矩形的？

检查：

1. 双眼距离大于单眼的宽度。
2. 黑眼球几乎充满整个眼球。
3. 眉毛很淡。
4. 鼻子小而精巧，没有鼻梁（这就是我们说的“纽扣鼻”）。
5. 不笑的时候宝宝的嘴唇是翘起来的，但是笑起来的宝宝更加可爱。
6. 耳朵可以稍微有点大。
7. 要把头发画得软软的，有的宝宝有“后退的发际线”。
8. 头部的上半部分常常是不成比例的大。

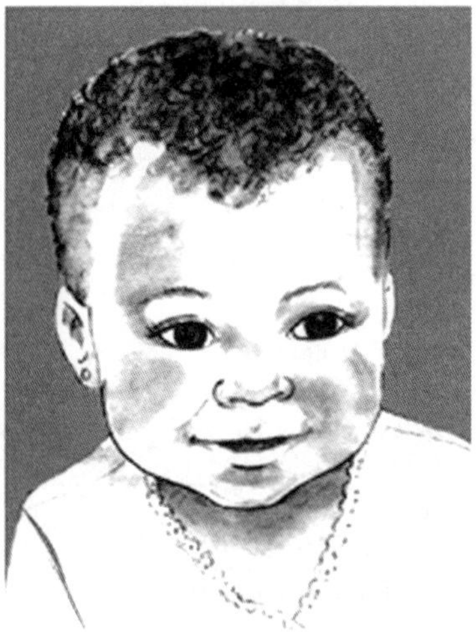

步骤：宝宝头部绘画

婴儿的头骨

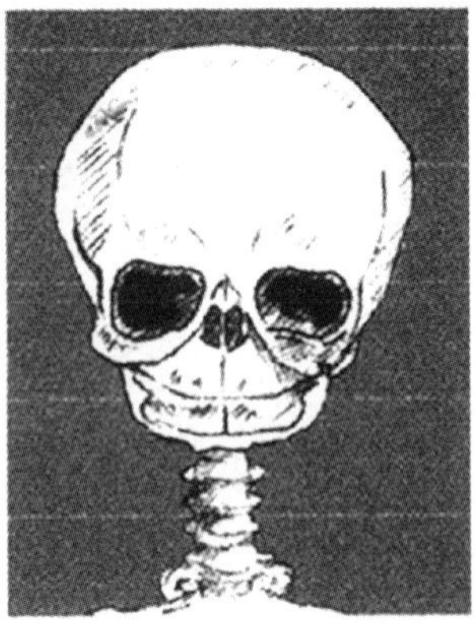

请注意嘴和鼻子之间有多近。

1.

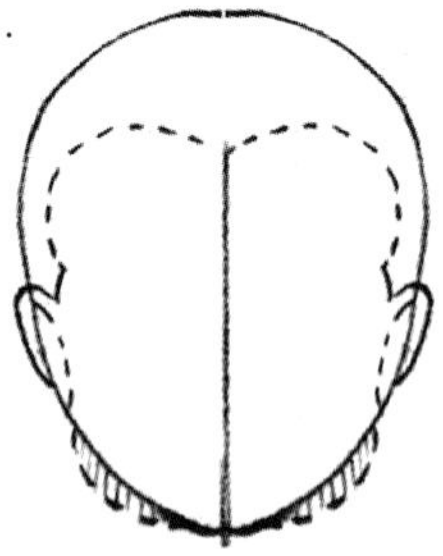

画一个椭圆形，然后加上宝宝的两颊（画阴影的部分）。

2.

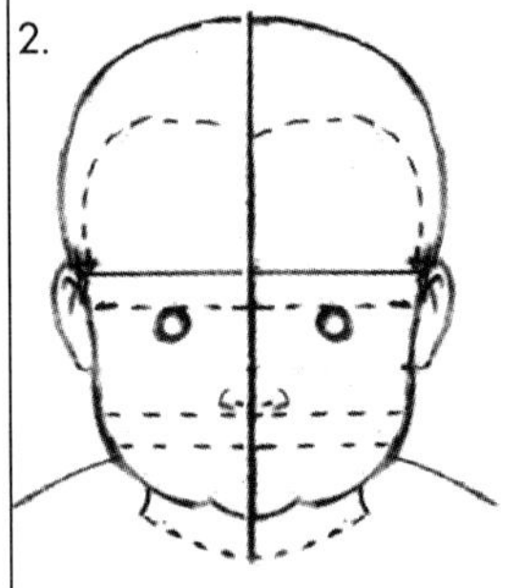

像画成年人那样，画宝宝的时候，也先画出比例辅助线，从眼睛开始，位置要低得多。

3.

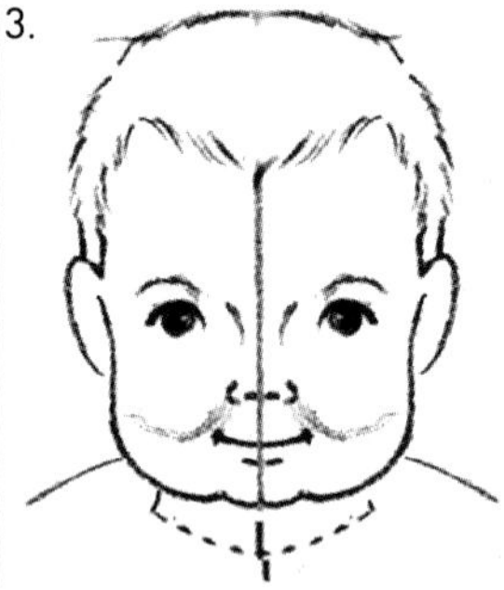

描绘出五官（请对照前一页进行检查）。

注意：你将会发现为了画好非常小的宝宝的脸，你需要将所有这些介绍过的特点夸张地表现出来，这样我们的小模特才不会像小号的成年人。

注意：宝宝的眼球大小和成年人的几乎差不多。这就是为什么黑眼球几乎占满了整个的空间，只留下一小块白色的部分。宝宝的眼睛非常大，这一点需要适当的夸张来表现。

眼睛占了整张脸的大部分。

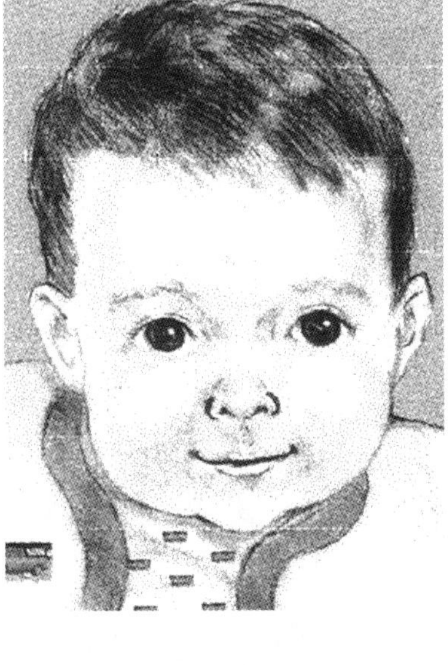

宝宝素描成品

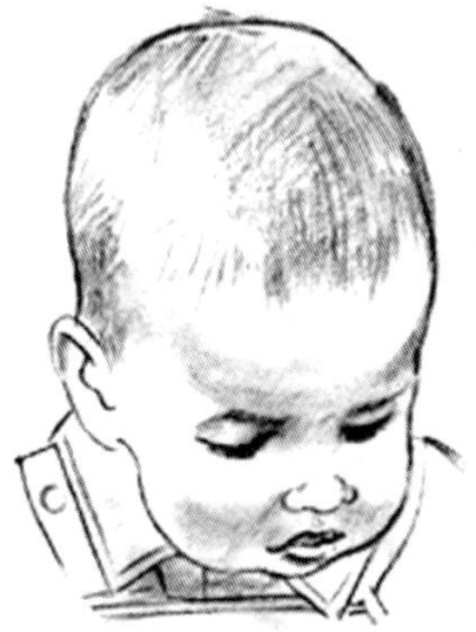

低着头

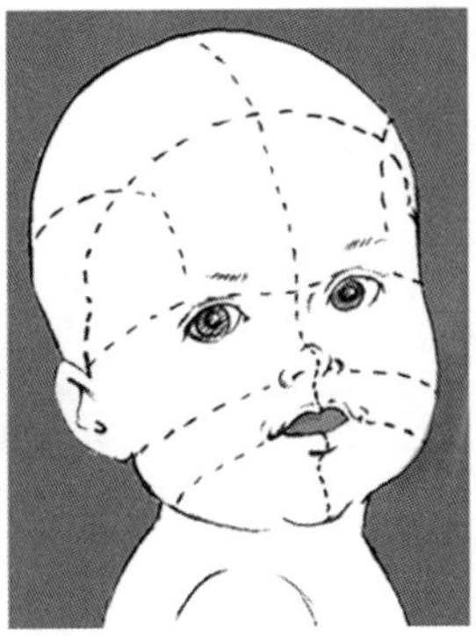

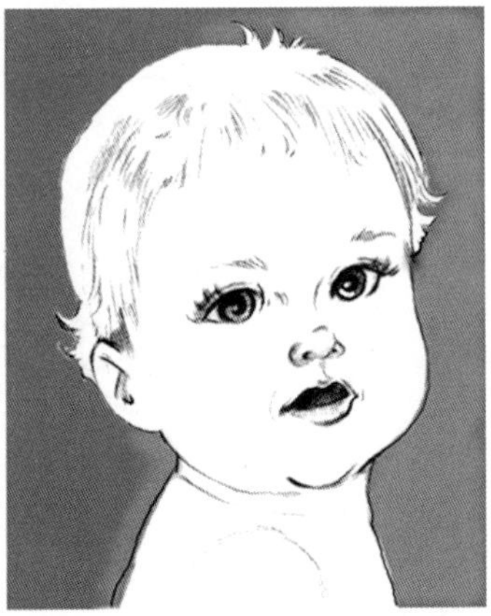

宝宝们：微侧角度

像所有的微侧头像一样，这些微侧面角度的宝宝头部结构要比正面或纯侧面角度复杂得多。你必须考虑到透视对五官的影响，也许一只眼睛在鼻子的后边，或者嘴巴微翘成一个弧形。但是关于画宝宝的好消息是我们可以轻易地简化五官或表情。

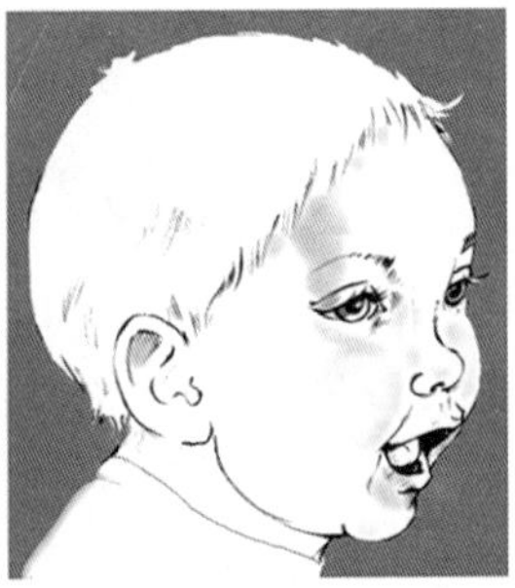

六个月到八个月的宝宝，四分之三角度的侧面

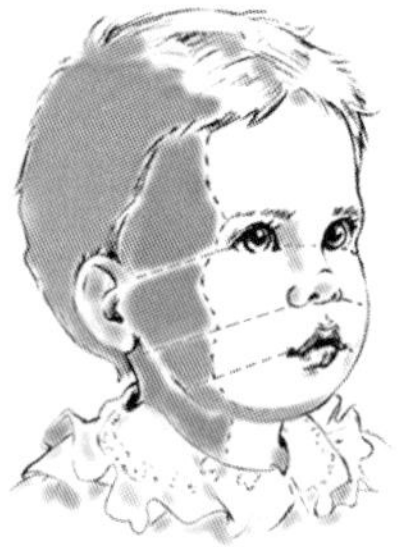

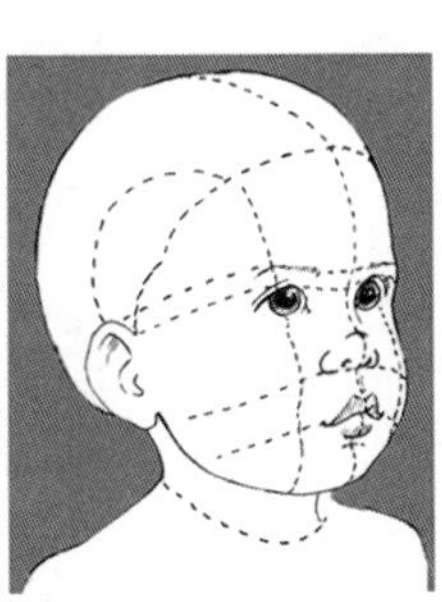

一岁到两岁的宝宝

简化的脸

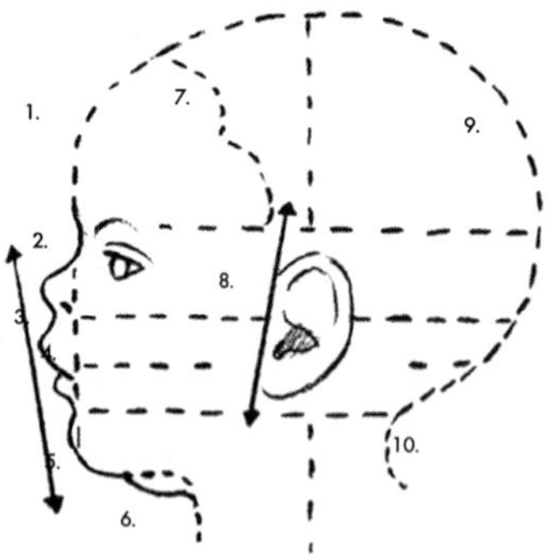

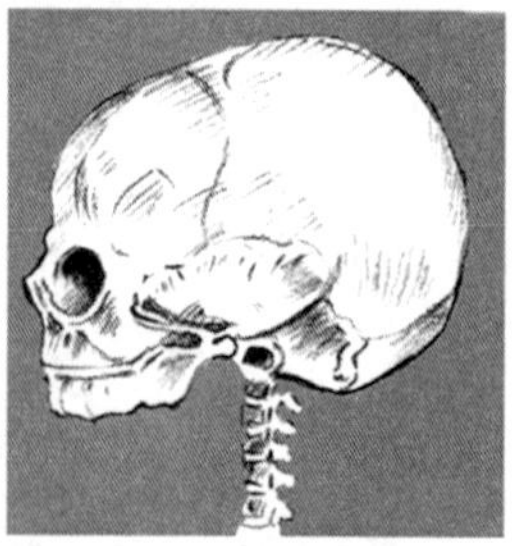

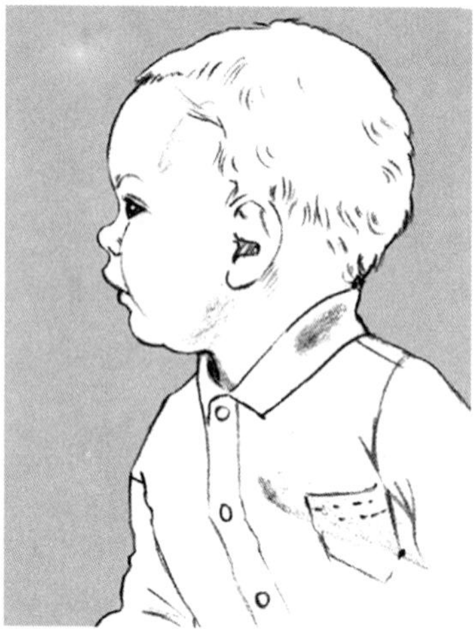

儿童侧面画法检查：

1. 圆圆的脑袋，后脑部分所占比例很大，耳朵也很大。
2. 额头很圆，发际线很高。
3. 发际线和眉毛看起来很淡。
4. 眼白很少。
5. 鼻梁非常弯。鼻头小而精巧。
6. 脸颊突出来，所以鼻子和嘴角都被稍稍挡住了。小孩子的侧面头骨显示出后脑的庞大。我们可以看出，五官在那么小的空间里必定长得非常小巧。椎骨的样子告诉我们为什么直到成年为止，它们是那么的脆弱。
7. 翘起的上嘴唇和头部形成45度角。
8. 下巴很秀气，下面还有一个下巴。
9. 因为宝宝们的脖子很短，所以他们的衣服领子可以碰到右边发际线。

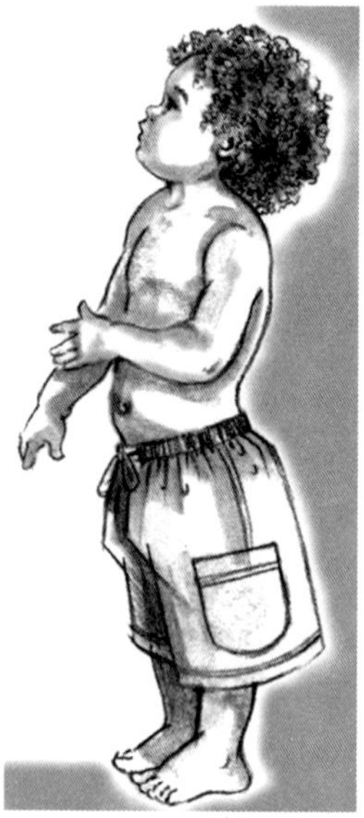

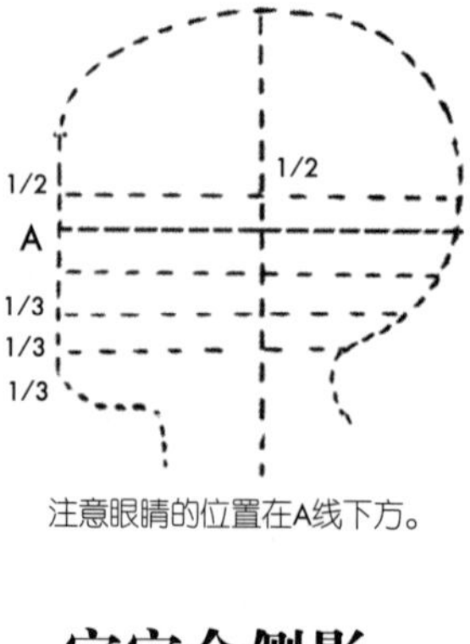

注意眼睛的位置在A线下方。

宝宝全侧影

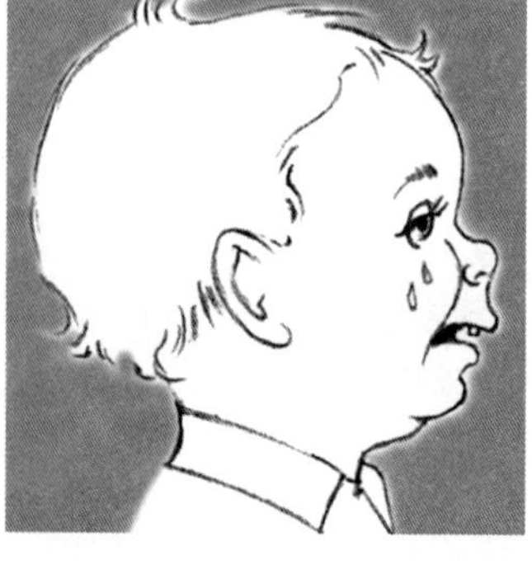

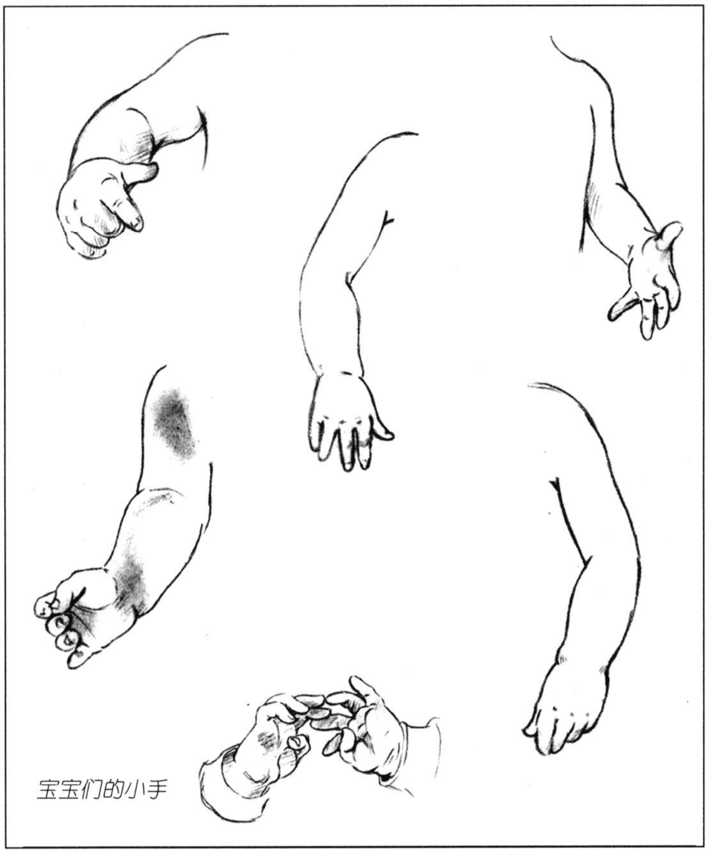

宝宝们的小手

宝宝的小手和小脚

1.

姿态草图

2.

最终完成版

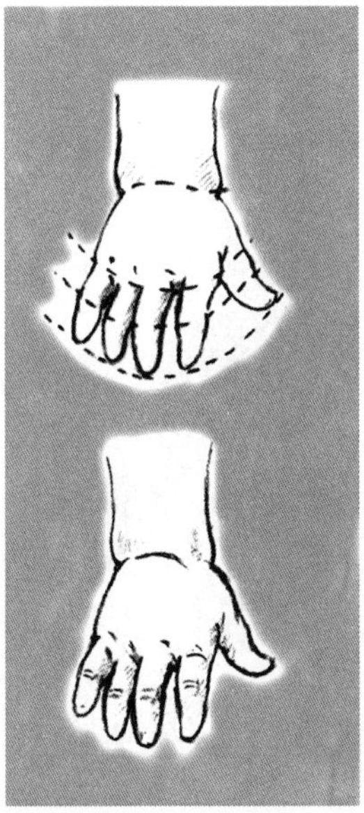

草图

成图

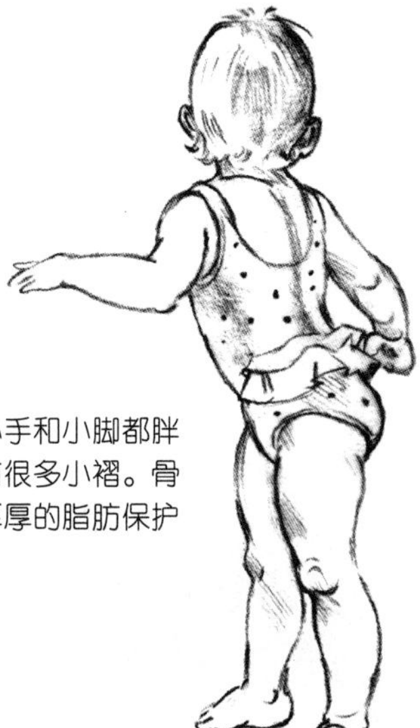

宝宝们的小手和小脚都胖乎乎的，有很多小褶。骨头淹没在厚厚的脂肪保护层下。

宝宝的小脚丫和小鞋子

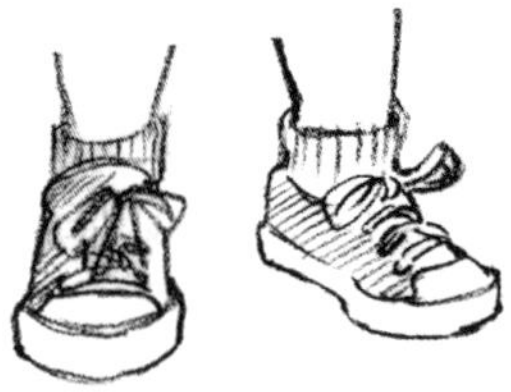

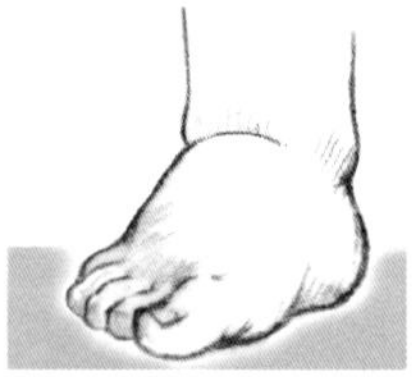

宝宝的脚很小，脚趾头柔软可爱。由于很胖，所以看不出骨架结构。当他们开始行走时，他们需要穿上鞋子来帮助他们站稳，并且保护踝关节。

宝宝的骨架结构

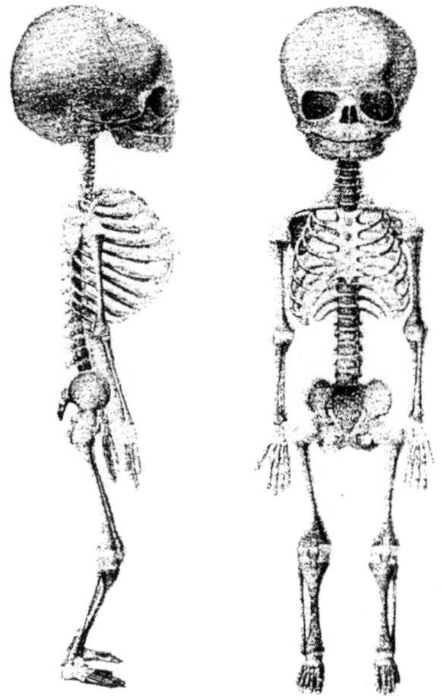

宝宝的整个身体大概是三到四个头长。幸运的是，健康的宝宝身上有很多脂肪，这能够保护他们脆弱的骨架。

就像你看到的那样，头骨占了很大的比例。这就让我们容易理解为什么不像大多数的动物那样，人类的小孩子们必须等到身体长到一定程度才可以自己走路。从图中你可以看得出来，人刚生下来的时候头骨有多么宽，当然随着宝宝的成长，头骨也会纵向地长大。此外，也要注意到，上身的躯干，除去头和脖子，和腿一样长。

步骤：画宝宝　会爬的宝宝（大概九个月大）

1.

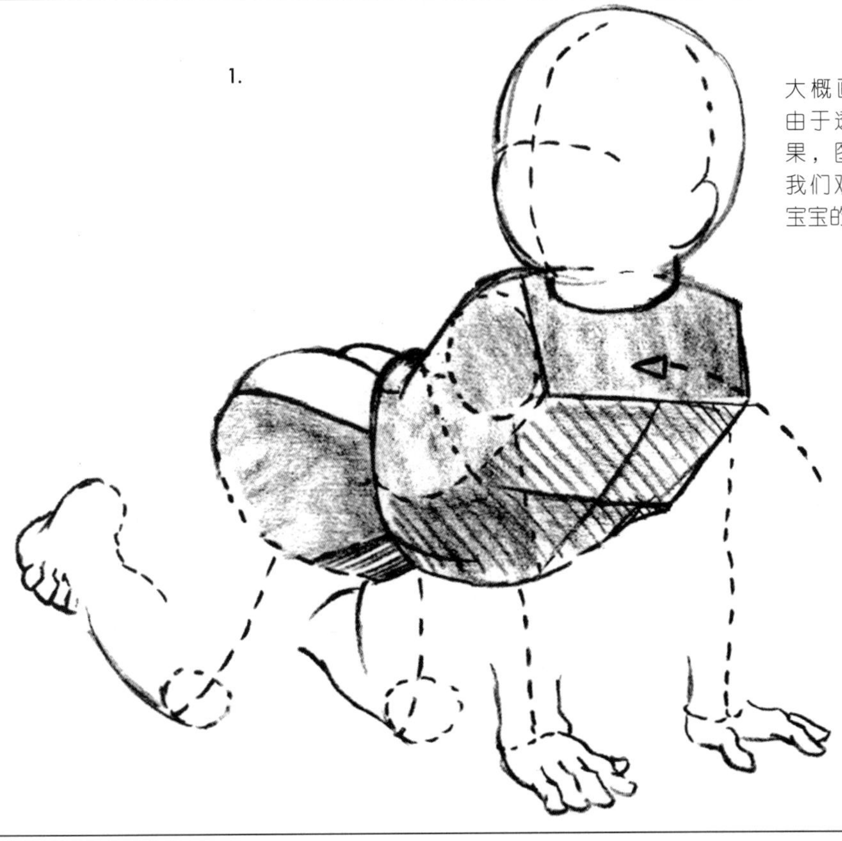

大概画出形体轮廓。由于透视上的缩短效果，图中的箭头告诉我们观众的目光指向宝宝的胸腔。

2.

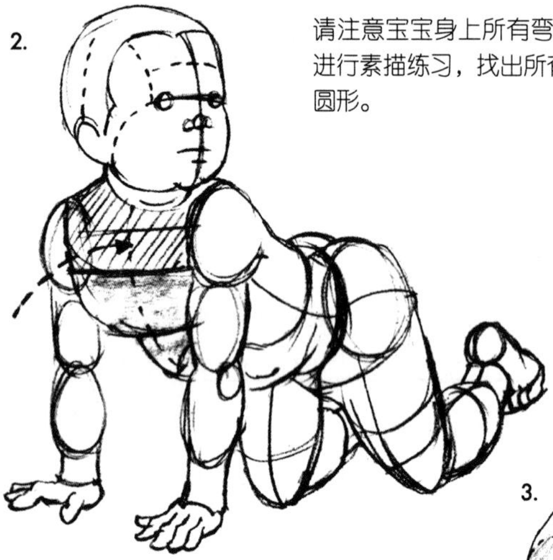

请注意宝宝身上所有弯曲的部分。进行素描练习，找出所有圆形和椭圆形。

3.

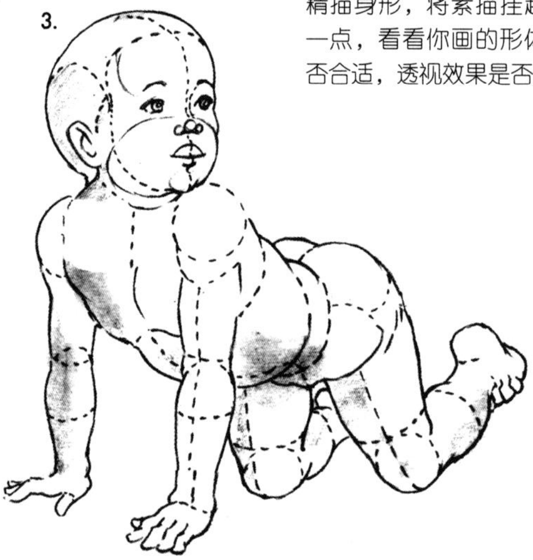

精描身形，将素描挂起，站远一点，看看你画的形体比例是否合适，透视效果是否逼真。

4.

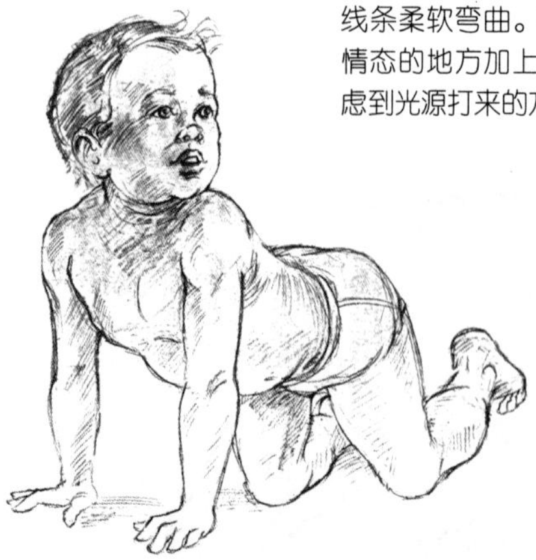

素描时手法要放松，保持你画出的线条柔软弯曲。在你认为可以凸显情态的地方加上些阴影效果，要考虑到光源打来的方向。

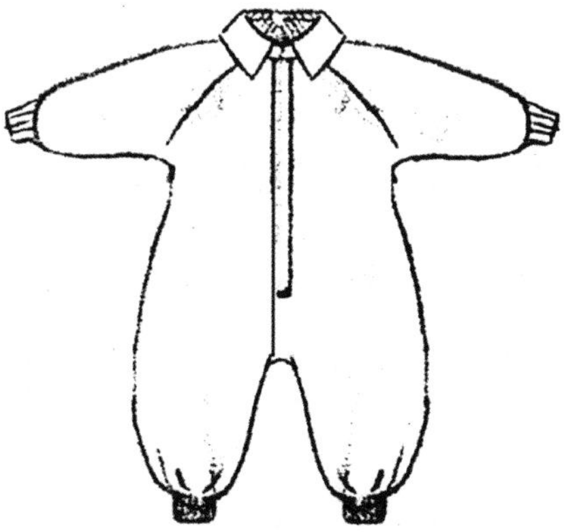

连衣外套

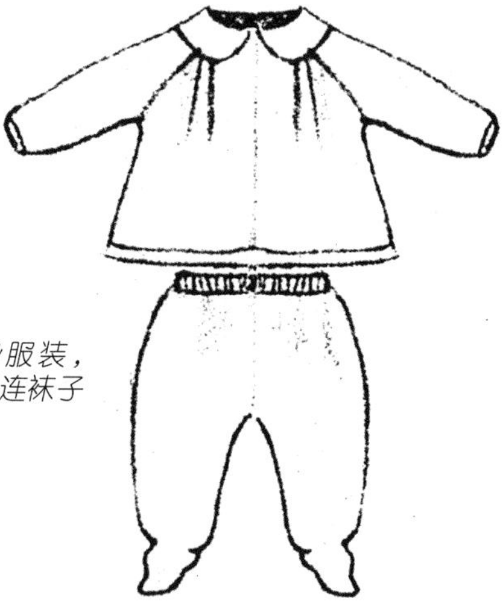

分身服装，
裤子连袜子

这些简单的基本款式可以
帮助你开始设计婴儿服装。

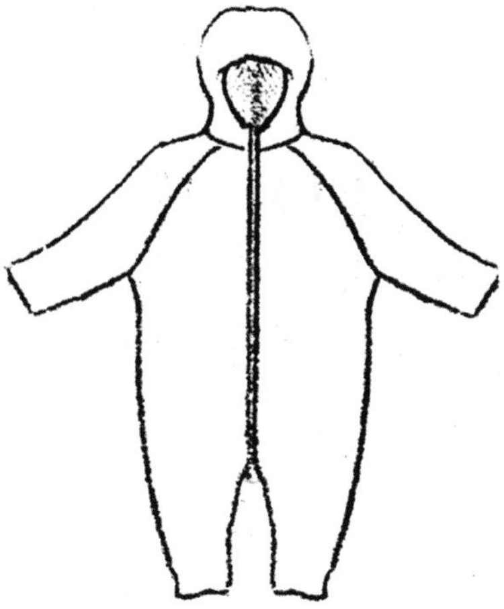

连衣裤

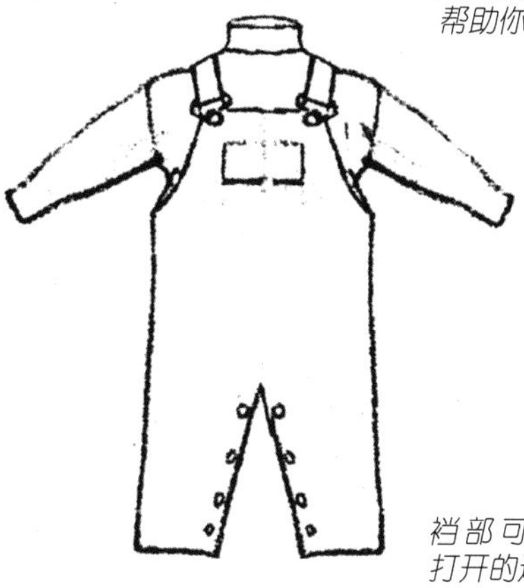

裆部可以方便
打开的连衣裤

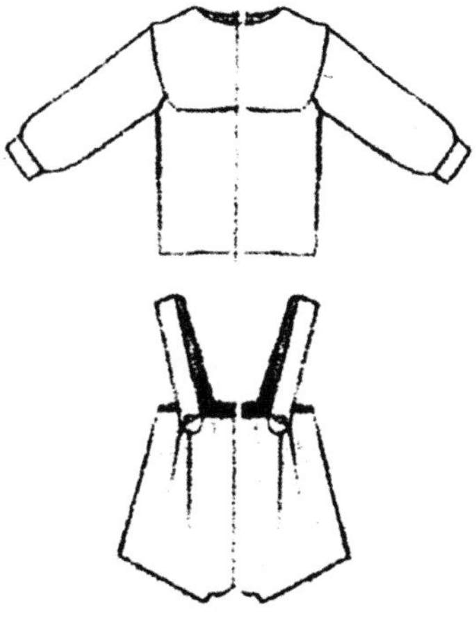

短裤和配套水手衬衫

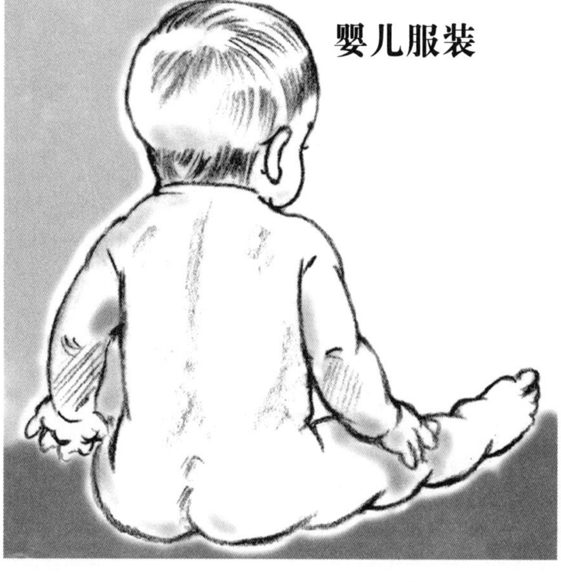

婴儿服装

普通的女宝宝服装样式

褶裙

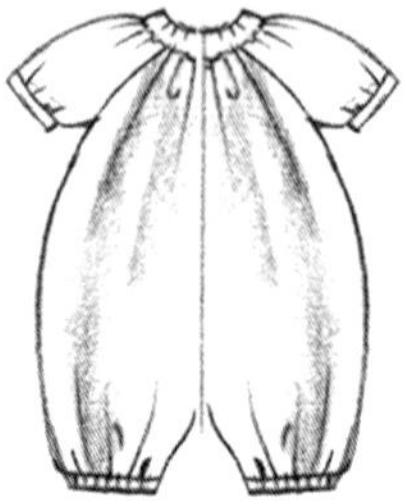

长泡泡服

平面人物

一岁

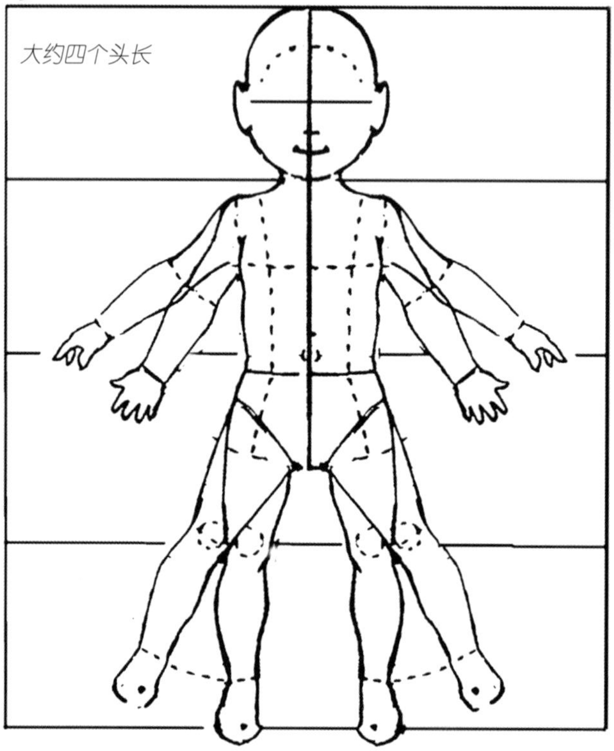

女宝宝

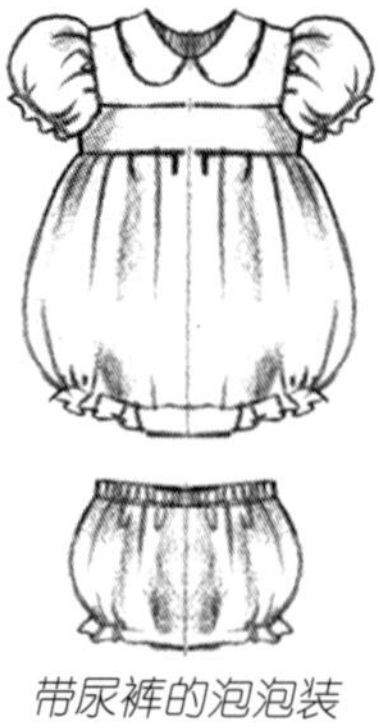

带尿裤的泡泡装

无袖连衣裙

长外衣

5. 鼻子上的软骨渐渐地长大，构成了鼻梁。
6. 两颊变得不那么鼓了，嘴唇也不那么翘了。
7. 头发和眉毛长的比原来浓了，发线更加整齐了。
8. 脸颊的轮廓更加明显，骨骼开始显现。

身体语言

孩子的年龄越小，身体的平衡能力越差。所以，小孩子们都把身体的重量僵硬地放在两条腿上——或者他们会显得有点儿摇晃，时不时地还会倒向一边。

1.

草图

2.

成图

会走的宝宝

怎样开始

从婴儿到会走路的宝宝的转变，我们首先应该注意到细微的身体上的变化，这些变化使婴儿看起来在成长着。

检查：

1. 头的形状由矩形变得更加椭圆，所占身体的比例减小了。
2. 额头和耳朵比例更加合适。
3. 肩膀和脖子慢慢地长出来了，虽然在十几岁之前它们都会保持很窄的样子。
4. 眼眶慢慢变大，白眼球慢慢地增多。

身体比例

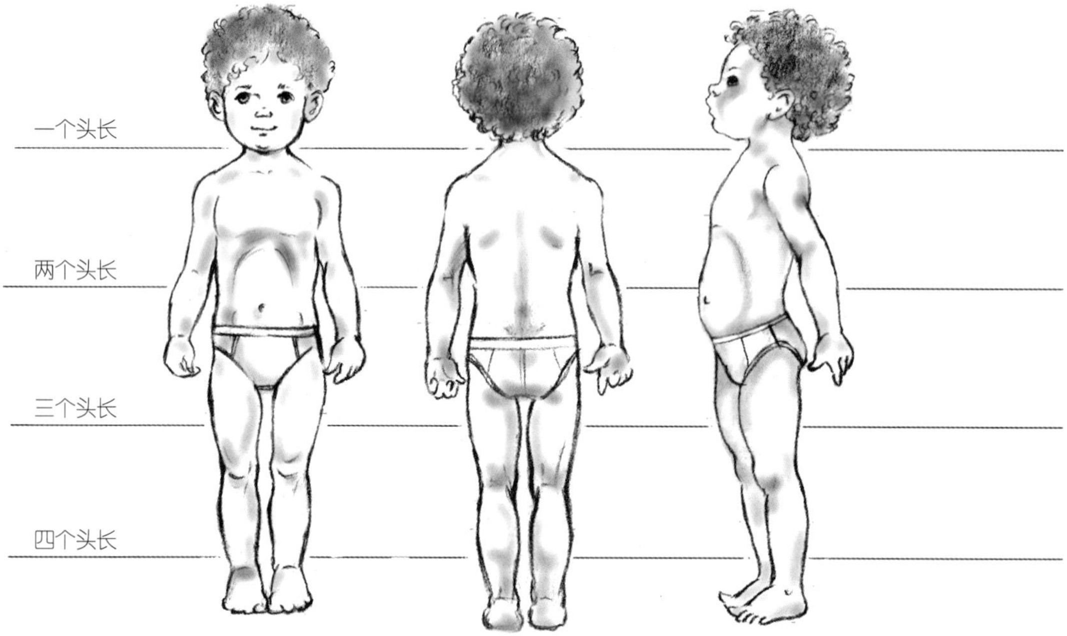

虽然会走路的小宝宝站在婴儿旁边看起来比婴儿们大很多，但是，实际上他们还是很小的。这么说来，他们的头和上身躯干还是比腿占的比例大，和身体比起来，头还是显得很大。他们可以走路了，但是没有多少平衡感，对于这些特点的认知是很关键的。而且，他们还特别喜欢用手来表达思想。

会走的宝宝，配穿服装

上面那张过期的儿童服装海报告诉我们，第一次世界大战后，孩子们的海军服设计灵感来自于他们的海军爸爸们的制服。在那个时代，对于年轻的男孩子们来说穿这样的衣服，长及膝盖的长筒袜和很女孩子气的鞋子是很普遍的事情。但是现代的男孩子们才不会愿意这么穿呢 。

现在的小男孩们在他们套穿的衣服里——一件夏威夷衬衫配一件好看的T恤衫，下身配一条裤边卷起的絮棉尼龙裤——显得很强壮呢（填充的棉花可以对他们小小的膝盖起到很好的保护作用，而且，这些裤子的号码可以买得大一点，因为长出来的裤边可以卷起来，这样一来，这条裤子就可以穿好几年了）。这身衣服穿在小孩子身上显得有些不适合的酷，这也正是时尚所在。你可以从他高兴的表情看出来，他很喜欢穿着舒服实用的网球鞋跑来跑去。

插肩针织上衣

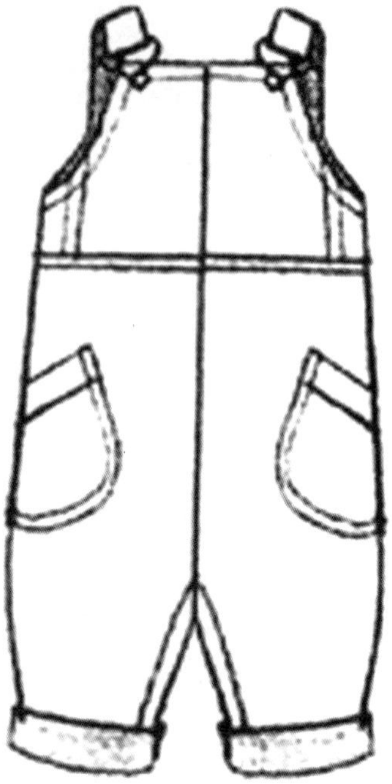

棉质背带裤

带松紧的裤子

注意：你可以用这些设计作为参考，设计出你自己的宝宝服装。

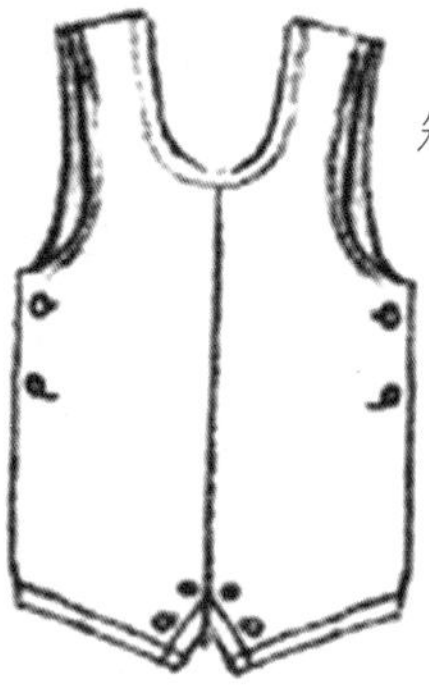

短连衣裤

插肩衬衫

为刚会走路的小孩设计的服装模板

宝宝裙装

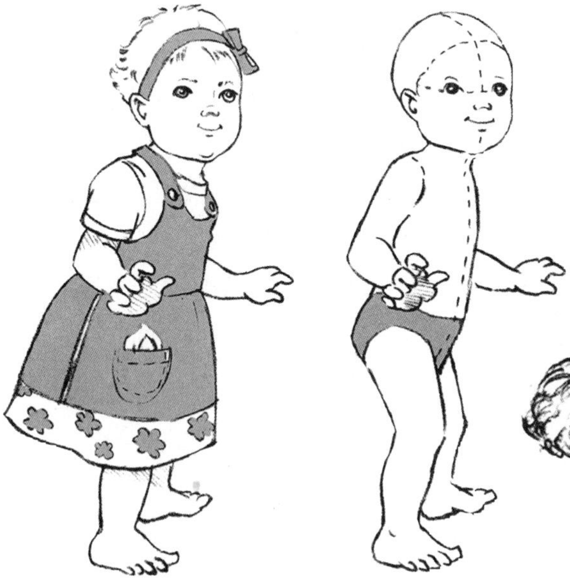

女宝宝们穿什么样子的裙子都会显得很可爱，但是这个年龄段穿迷你裙的宝宝还真不多。口袋要很方便，裙子上也要有口袋。套头罩衫（肩膀有带子的连衣裙，可以套别的衣服在上面，天气热的时候也可以单穿）实在是很棒，因为穿脱都很方便。

注意观察褶裙是怎么连接在肩合缝上的，还有褶皱是怎么影响裙边的形状的。同时，也请仔细看裙兜的三维立体效果。

秋季套穿服装

当胖嘟嘟的小孩子穿上温暖的服装时他们看起来像个球了。再加上他们的小腿和小脚露在外面——或者他们全副武装起来像个雪人，整个样子就更可爱了。对于小孩子们，你根本就不需要考虑苗条的腰部曲线。

小孩子们很喜欢裹腿或任何保护措施，这样一来他们的小短腿看起来就更胖了。

我们也可以想一些可爱的装饰品，例如，帽子、靴子、手套和围巾什么的。妈妈们会很喜欢把他们的宝宝穿装打扮起来的。你可以在欧洲时尚杂志上收集一些可爱的鞋子和靴子款式。

灯芯绒是制作儿童服装的很好选择，因为它质地柔软，洗一千次也洗不坏，而且洗完之后，看起来不变形。

人造毛绗缝短大衣

款式

两岁到四岁

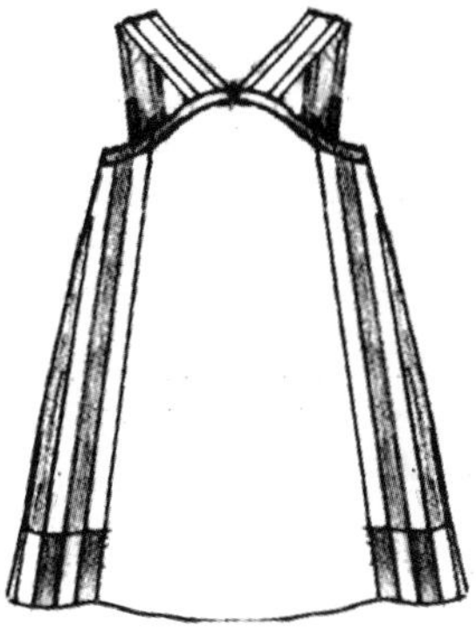

可以帮助你设计的简单款式。

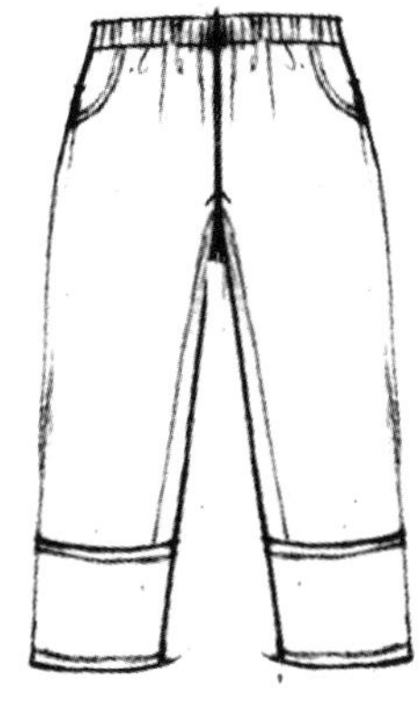

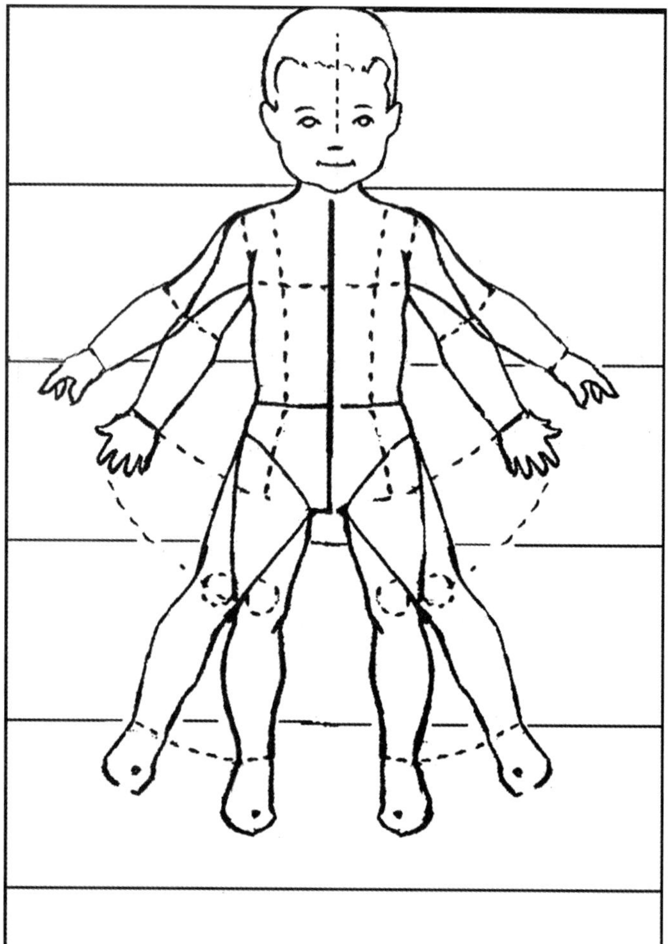

会走路的宝宝人物模板　　大约四又二分之一头长

小宝宝身体比例

在确定身体比例的时候，你不能教条地按照头长的规定来设计每一个人物，因为孩子们的成长速度是不一样的。而且，就时尚的比例来说，不同的孩子也会有或多或少的不同。你设计的人物身体比例应该是怎样的取决于你想要表现的情态是怎样的。描绘可爱的宝宝时，可以将比例稍稍缩短一些，而画比较“深沉，成熟”的孩子时，身体也可以高一些。

第二单元
学龄前儿童：三岁到五岁

侧面　　透明硬纱舞会礼服　　粗斜纹棉布裤

他们认为自己是大人了，但是他们真的真的还非常小，而且非常可爱……

怎样开始

1. 搜寻生动的剪报（来源：报纸或儿童时尚杂志），收集的时候要检查身体比例结构来确保你收集的剪报是你要设计的年龄段（三岁的小孩一般是五个头长高，五岁则是六个头长）。
2. 简单地画出各种身体姿态的草图，来感觉这个年龄段的孩子们的身体语言。
3. 简单地画出各种脸。在具体的描画之前先试着抓住人物的情态。
4. 记录下你设计好的姿态和脸部表情。
5. 进一步进行精描，将成品摆在简报旁边，看看你是否抓住了简报上孩子们的情态特征，年龄是否正确。
6. 在网上查查儿童服装，做些研究，或者逛逛此类商店。

身体语言

观察孩子们是件非常有意思的事，因为他们是如此的精力充沛，自然而不怕害羞。如果你能在设计模特姿态时抓住这些本质特征，你就会牢牢地吸引住观众的眼球。你可以看看周日报纸上的商店广告，那上面孩子的姿态比杂志上的要生动得多。

三岁到五岁的小女孩

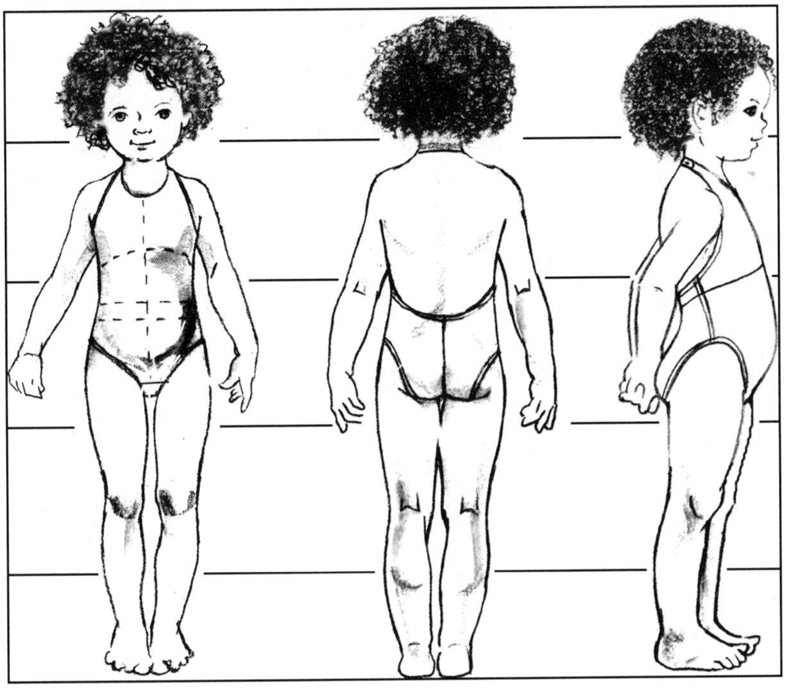

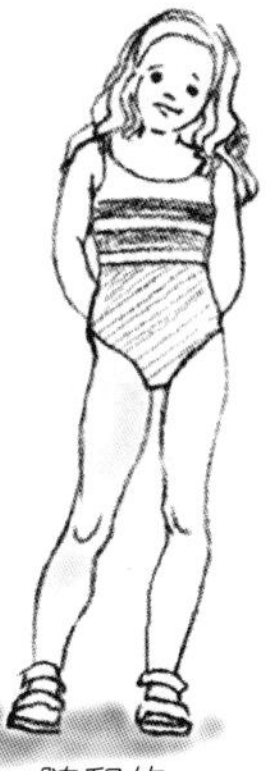

随和的

害羞

三岁小女孩的身体比例

三岁的孩子大约身高五个头长。她身上还是胖嘟嘟的，有很多小肉肉。通常情况下，对于小孩子来说，肚腩是永恒的（女孩比男孩的脂肪多一些）。

三岁孩子的上身躯干是很短的，所以有特点的地方不多。肩膀非常窄，坡度很大。膝盖、腰和脚踝都很脆弱，脖子很短。

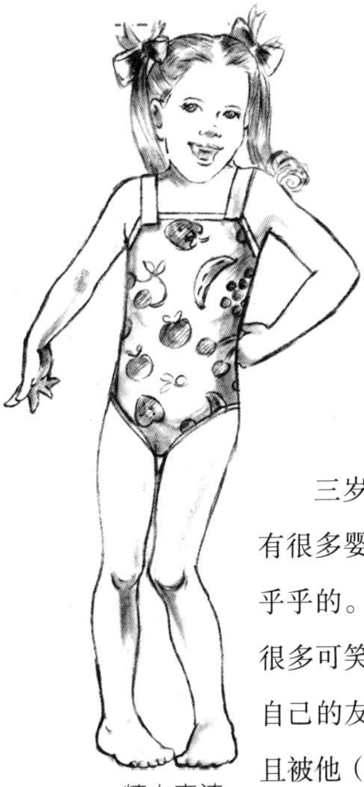

精力充沛

三岁的孩子画起来很好玩，因为他们身上还有很多婴儿的特点，比如两颊胖鼓鼓的，身体圆乎乎的。但是他们可以笨拙地跑啊、跳啊，做出很多可笑的动作。他们已经足够大了，可以建立自己的友谊，甚至对异性已经产生了好奇感，并且被他（她）们吸引。

女孩的头部画法——三岁到五岁

检查：

1. 眉毛在整个脸部的上下平分线上。
2. 女孩的头比男孩的头圆一些。
3. 两颊还是很鼓，鼻梁还是不明显。
4. 在这个年龄，女孩的头发可能又长又漂亮。
5. 试着设计一些特别的表情。

小女孩——四岁到五岁

四岁的小女孩们仍旧拥有鼓鼓的脸颊，上身躯干很短，圆圆的手腕，圆圆的脚踝。没有腰部曲线，双腿和胳膊线条笔直，身体各部分器官很精巧，小肚腩很突出。

图中的这些人物身体依旧很矮，但是双腿开始长得长一些了，这是典型的四岁到五岁孩子的样子。就像你看到的一样，有些小女孩还是胖乎乎的，有些则比较苗条了。但是她们都没有腰部曲线，脖子短短的，肩膀窄窄的。头看起来还是很大，我们还可以再进行夸张。这个年龄段的孩子头发可以长得很茂盛了。

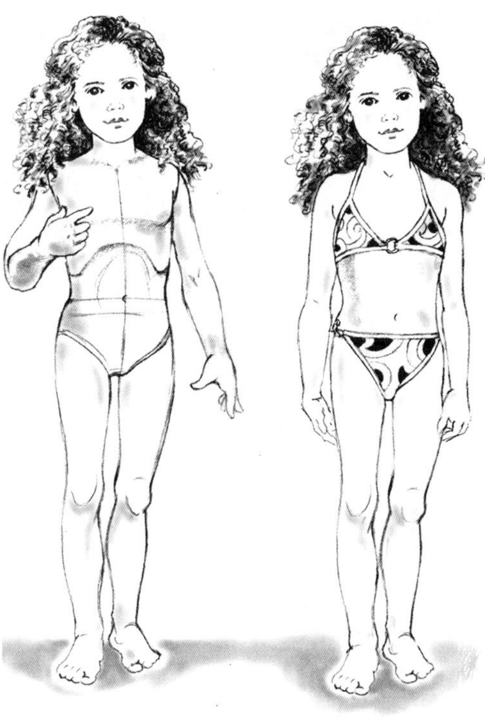

用模板来设计年纪小的孩子很容易，因为你不必要像设计成年人那样常常改变模特身体的比例。虽然身体各部分的比例还是可以做一些有意思的变动，但是总体的身高可以固定不变。这样一来，你就可以根据自己的需要直接从照片或模板上拓下模特的身高比例。当你的设计对象是小孩子时，你心中一定要分清他们的年龄阶段，这样才能准确判定身高比例，但是有的时候，仅仅是从照片上，很难看出一个小孩子到底是几岁。

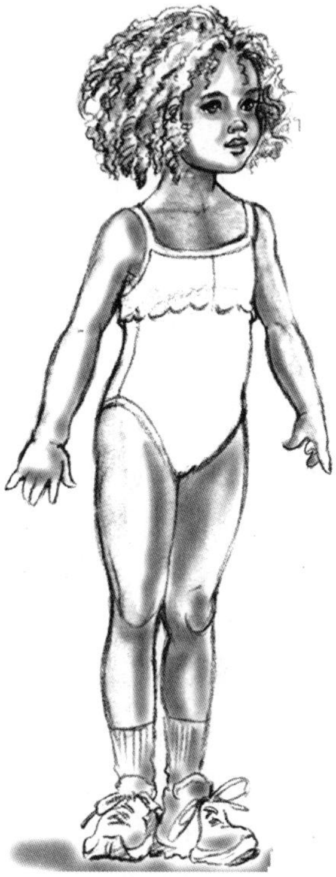

比较写真

比较写意

秋季套穿服装

给儿童设计套穿服装和给成年人设计套穿服装没有什么大的差别，着色也差不多。但是有一点比较难掌握，就是孩子们的身体太小了，脖子短到几乎没有，而且他们还需要服装有多余的宽松空间，这样他们才能自由地运动。要想创作出成功的作品，你还需要有为孩子们设计服装的热情。

例如，绝大多数的家长都要求他们的孩子在冬天能够穿得暖暖和和的。但是孩子们对于寒冷的感觉常常并不像大人们那样敏感，而且他们也不喜欢又厚又沉的夹克。

父母和孩子们都喜欢成人服装的儿童版，比如精致小巧的飞行员夹克，有的时候，我们会发现一个小女孩穿的毛衣比她妈妈穿的华丽得多。

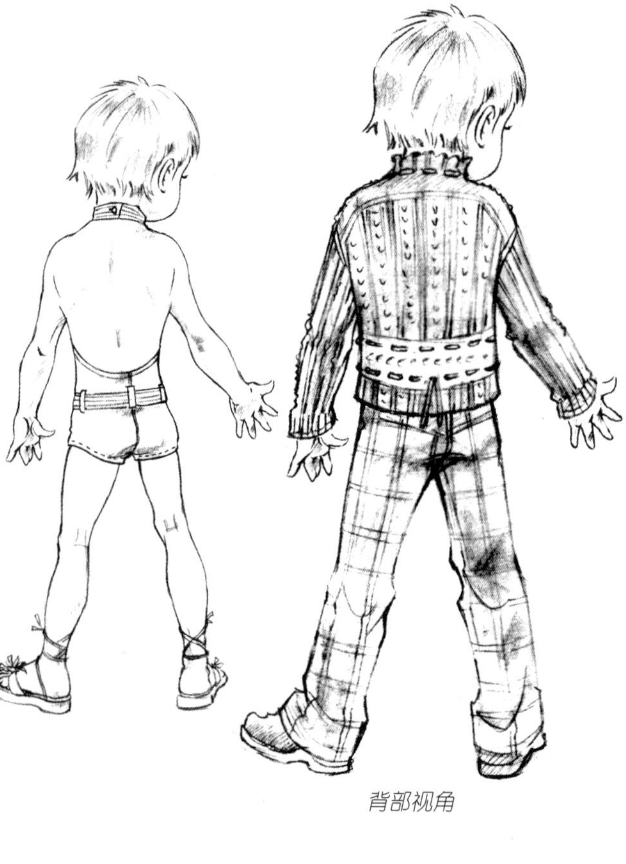

背部视角

手工编织的毛衣，线条要柔软，有织纹感。

这个年龄段的孩子也很适合裹腿和各种各样的装饰物，例如腰带、包包和可爱的冬天穿的小靴子什么的。尽情地为你的小孩子设计完美服装吧。

当你画毛衣的时候，要注意使毛衣的边缘看起来柔软而弯曲不平，还要画出一些编织的效果。在小孩子身上的毛衣应该尽量显得宽松又舒适。

就像其他夹克一样，小孩子身上的夹克也要显得有一定的容量，里面可以穿得下其他衣服。我们最好在已经穿好衣服的模特身上添加外套夹克。此外，还请特别注意系扣，领子等细节之处。

冬季棉服

如果你在寒冷的、下着雪的冬季里忍受过严寒，你就会知道温暖的衣服是多么得重要了。暖和的靴子、手套、围巾和帽子是冬季服装款式的重要组成部分。

他们七岁大的姐姐显然是个喜欢滑冰的“小混混”，她的情态和穿着工作服和毛衣的方式都很真实。

花纹缝制检查：

1. 将服装分成小块的正方形。
2. 确保每一块边缘的样子能够体现出这一块衣服里面充满了羽绒。
3. 在每一块的角上涂上些柔和的阴影。阴影所在位置要每一块都相同。
4. 记住羽绒填充物是很有体积的东西，所以不要忽略棉服的体积感。

放大的细节

三岁孩子服装模板

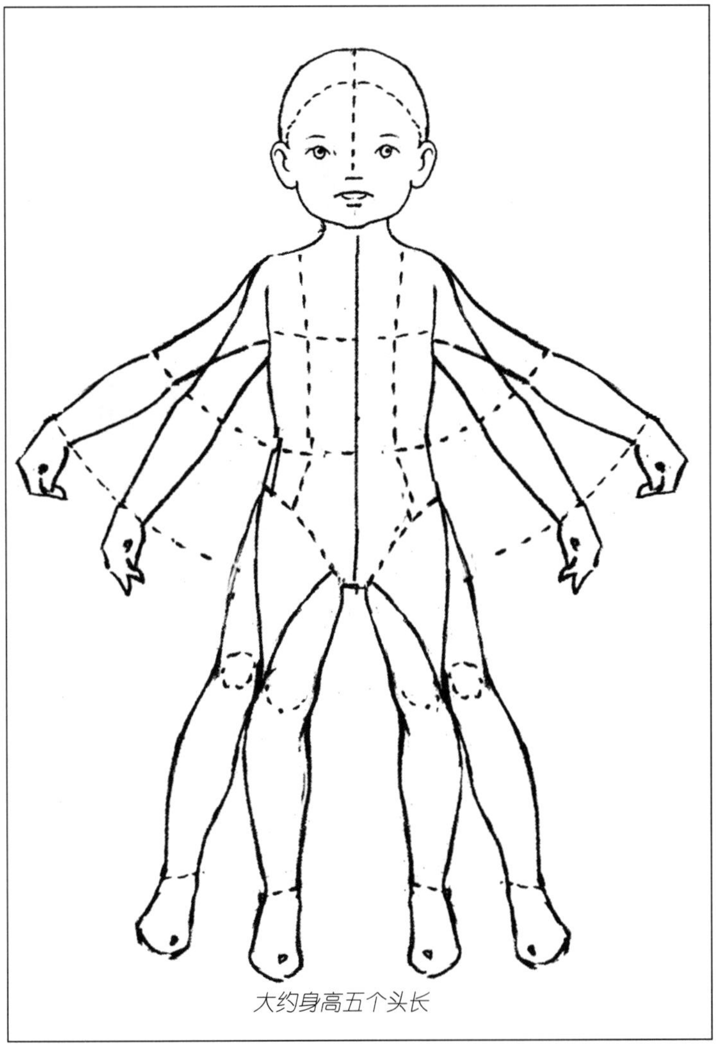

利用这张模板来确定身高比例，创作自己的设计草图。

即使是小孩子，也
非常喜欢粗棉布。

学习画模特姿态：五岁的孩子

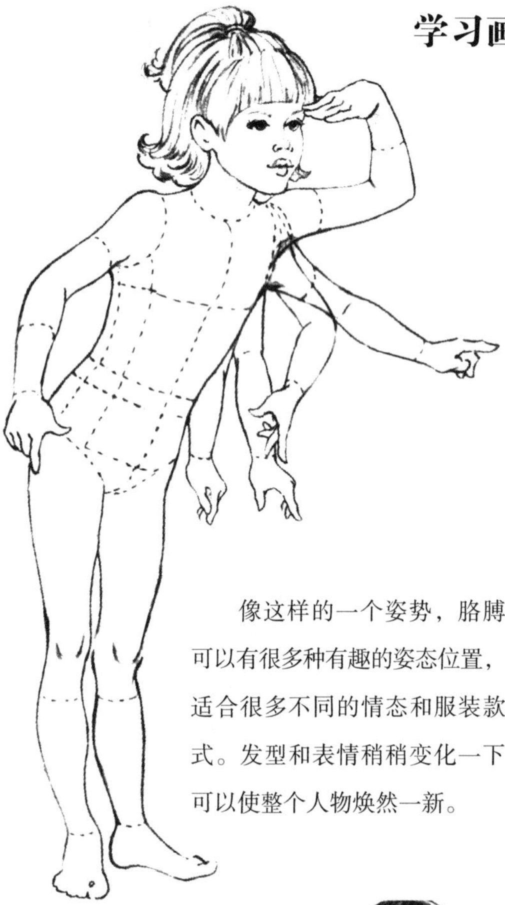

像这样的一个姿势，胳膊可以有很多种有趣的姿态位置，适合很多不同的情态和服装款式。发型和表情稍稍变化一下可以使整个人物焕然一新。

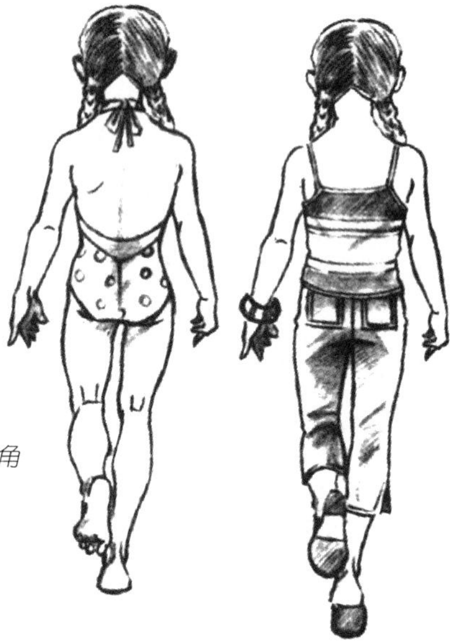

背部视角

针织棉上衣，机织棉七分裤

行走姿态

行走姿态对于这个年龄段的孩子也很合适，特别是当你设计的是比较时髦时尚的款式。

注意：在行走姿态中你不需要添加很多的动作，但是一定要让整个人物显得自然放松。

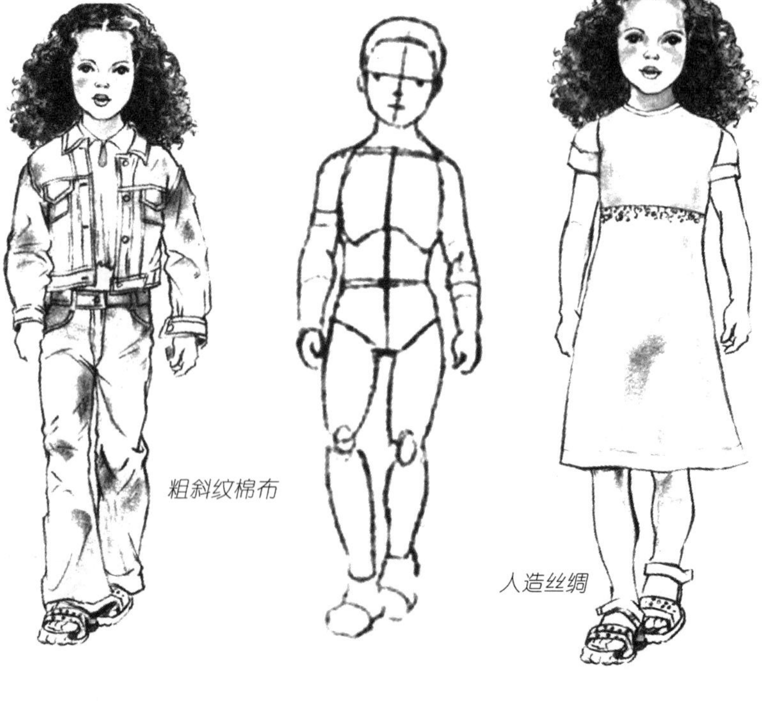

粗斜纹棉布

人造丝绸

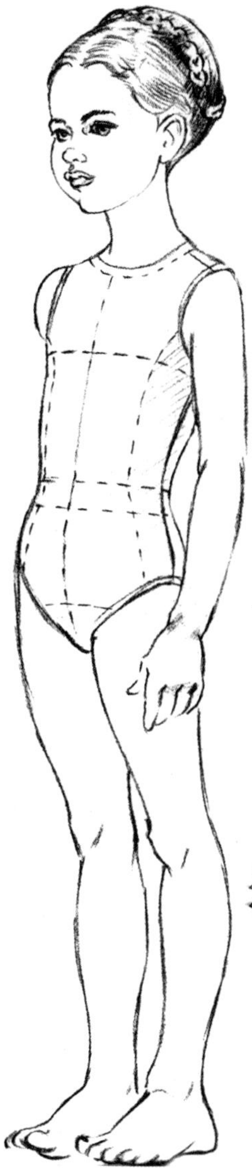

小淑女

这些微侧角度的人物身高六个头长，还保留着儿童特有的圆润，但是穿起午餐服和宴会服来显得成熟复杂多了。针织上衣灵感来源于传统的水手服，领子大大的，下边是碎褶的裙子。发型是老式的盘头，但是这一发型在小孩子的头上，就显得很有文化感，不受时代的限制。

针织的服装，线条一定要柔和精致，但是像领子这样的地方，里面一定有什么东西才能使面料保持一定的形状。至于裙子的褶皱一定要画得特别宽松，不能显得呆板或僵硬。光和影勾勒出褶皱的内外界限。

宴会服的裙子上有公主线，扣子的质地和裙子是一样的。都是丝绸或是塔夫绸，这种料子会造成柔软的波浪，形状保持良好。当然还有里面穿的衬裙也会帮助撑出很好看的裙裾形状。请注意，右边图中的发型比左边的时髦得多。

个性化人物画法

想使你的人物更加个性化，你可以从经典的儿童书或日本漫画书中找灵感。美术绘画等艺术手法也可以为我们提供帮助。

还有很多设计师为孩子们设计正式场合的服装，这些服装是几年前流行款式的翻版。

服装款式——五岁

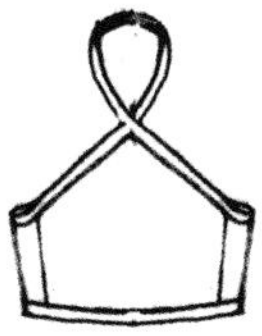

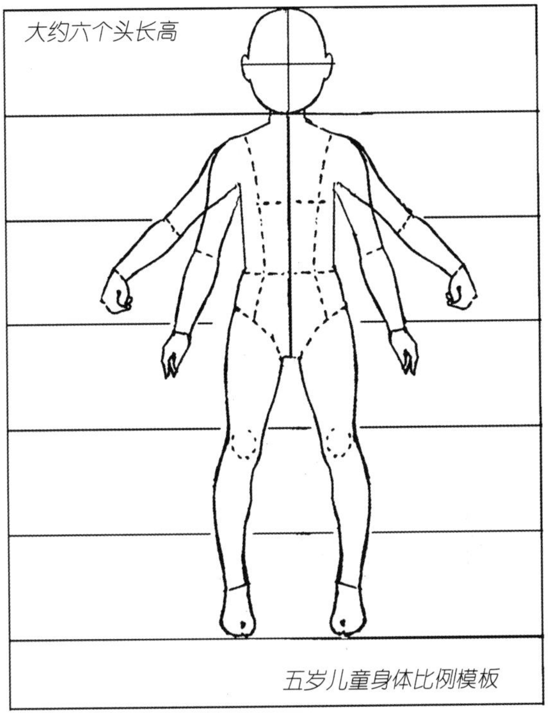

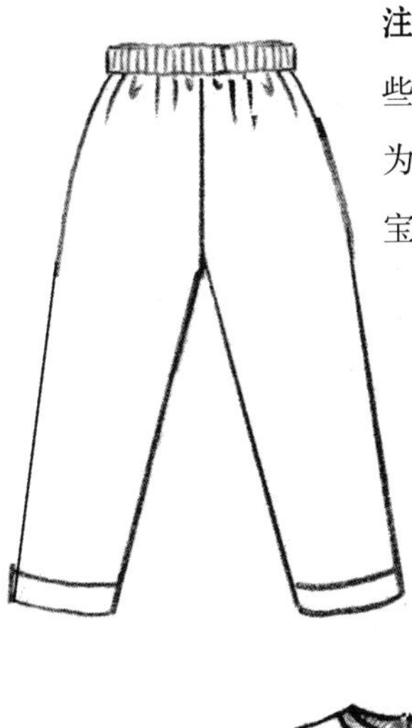

注意：你可以利用这些简易的服装款式作为你为这个年龄段宝宝设计服装的开始。

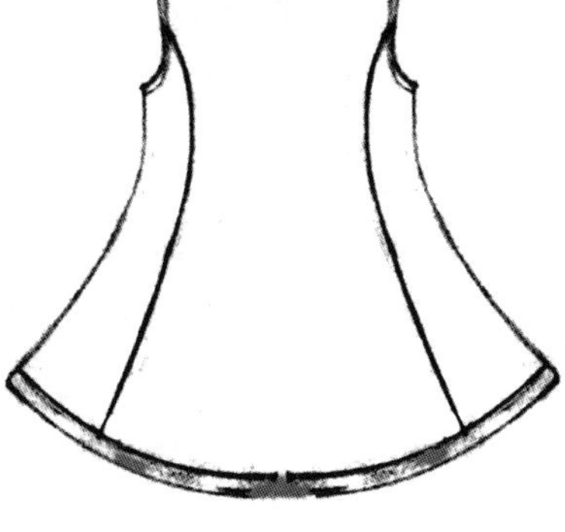

男孩子们——三岁到五岁

下图的模特是个亚洲的小男孩，他的眼睛窄窄的，黑黑的，单眼皮，头发又乌又直，显示出明显的种族特征。而他这种“进攻性”的神情却是全球共享的。他的衬衫有黑色的衣边。
注意裤子上的阴影，它的效果是体现裤子中双腿的存在。

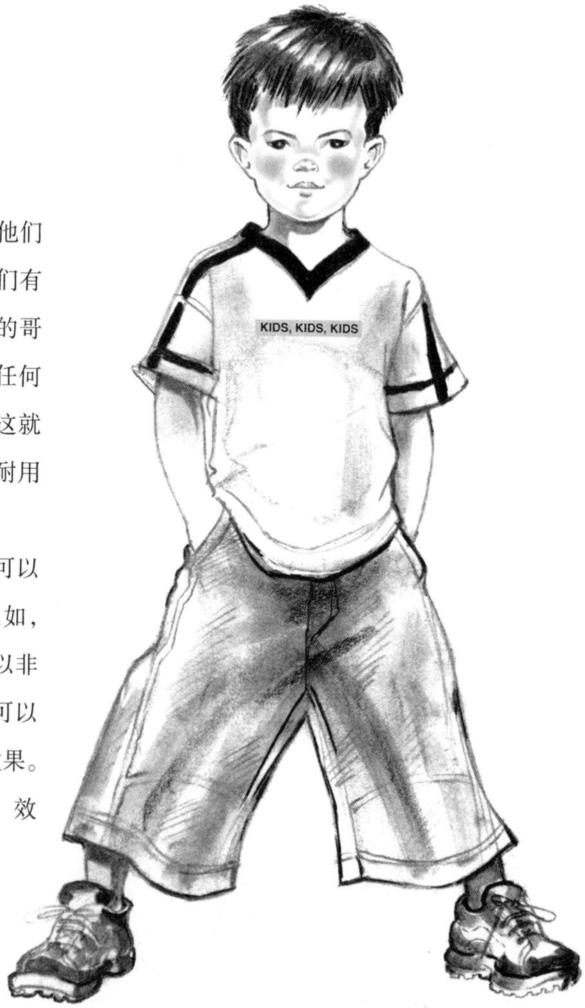

小男孩的身体比同龄的小女孩直，而且他们的上身躯干在这个年龄已经开始长长了。他们有时候会穿很可爱的衣服，而这些衣服是他们的哥哥打死也不会穿的。他们想要的只是可以在任何地方纵情地、舒适地玩耍，弄得满身是土。这就是为什么，除了正式高雅的服装之外，结实耐用的面料是其他所有款式服装的必须品。

小男孩有的时候非常可人，但是他们也可以非常非常淘气。他的头发可以非常柔顺，比如，妈妈刚刚帮他梳理好的时候。他的头发也可以非常杂乱，比如，刚刚从外边回来的时候。你可以用这些细微的细节加强你的设计的情态表现效果。请记住，如果你夸张地表现眼睛和耳朵的话，效果会更好。

男孩子头部画法——三岁到五岁

检查：

1. 圆圆的头（和大孩子相比较而言）。
2. 大眼睛。
3. 还是很胖鼓鼓的脸颊。
4. 看起来更加淘气。
5. 头发有一点乱。
6. 通常总是很逍遥自在。

大约六个头长

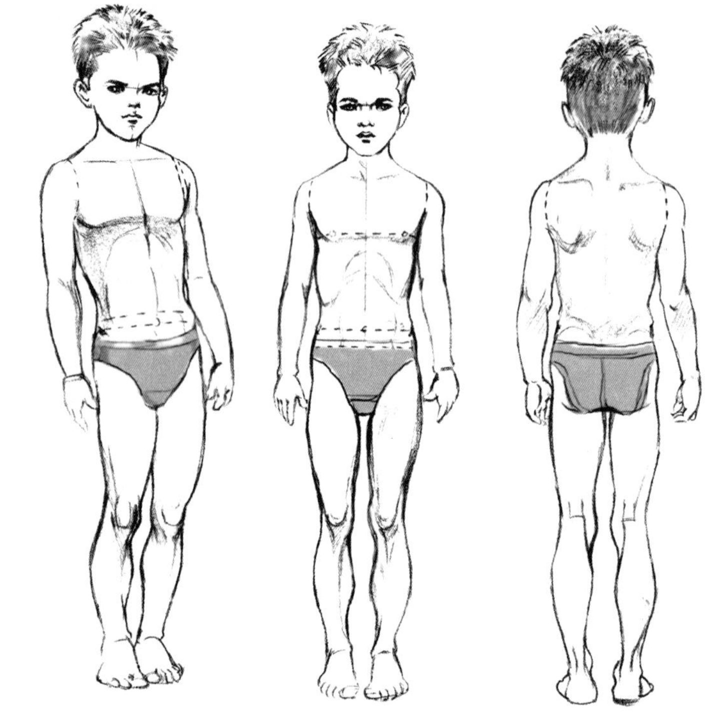

身体比例——五岁

典型的五岁的小孩，通常是五个、五个半到六个头长。但是在时尚界，你要把孩子身体画得小一点，可爱一点。上身躯干还是比较短，但是双腿开始长长了。

小男孩的服装

我们绘画休闲风格男士们时涉及的方法和注意事项同样也适合绘画休闲风格的小男孩。小男孩们看起来会有点马马虎虎、邋邋遢遢，他们的衣服很少有平直的时候。把手插在口袋里，或者让裤子稍稍往下掉一点，你就会创造出很真实的、在外面闲逛的小男孩了。

所有年龄的男孩们都喜欢酷酷的造型，都喜欢军人风格的服装。

我把我的三岁模特身高加长了（见366页），还加上了一张成熟的脸，他就变成了一个很有效果的五岁的游泳模特了。

五岁的游泳健将

行走姿态

我们可以把动作幅度加大，这个方法可以改变几乎所有原有姿态的情态。然后还可以加上一些额外的修饰品，例如帽子和一条小宠物什么的。

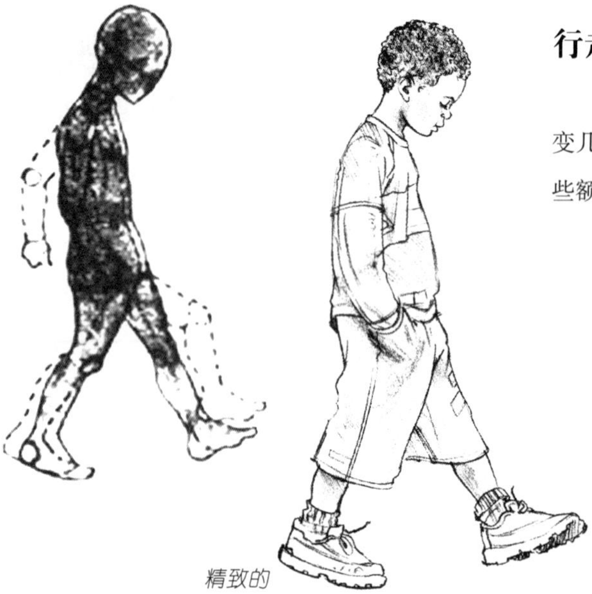

精致的

精力充沛的

模特前倾的姿态

只是简简单单地将角度向前倾了，就会提升模特动感的程度。

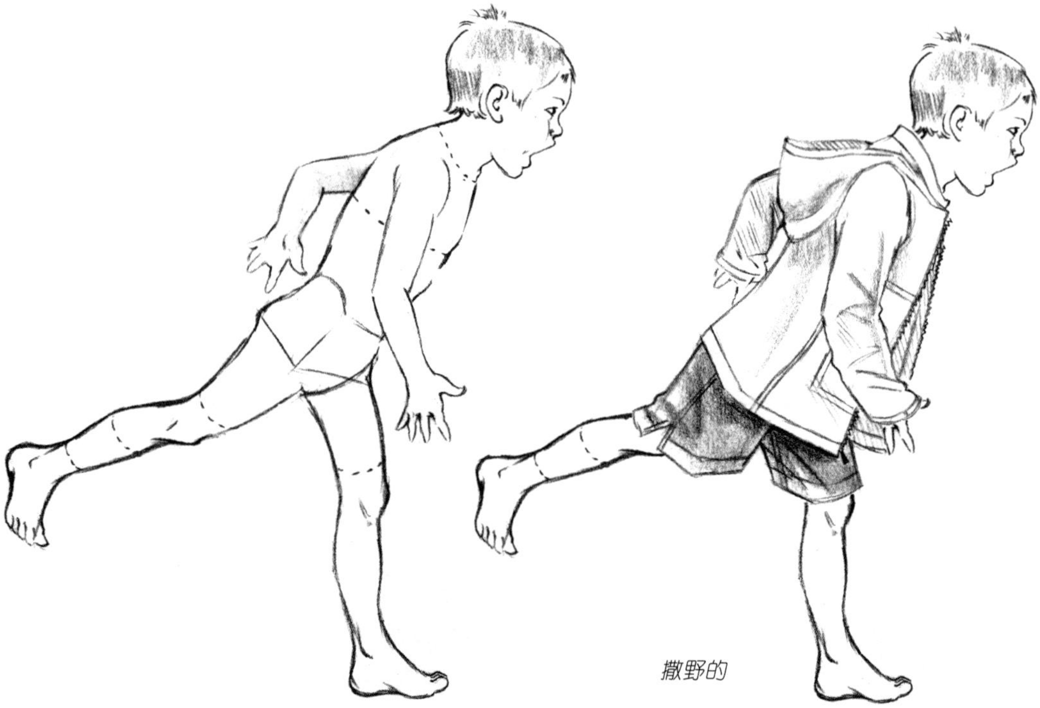

撒野的

年轻男孩子们的姿态——主动和被动

空手道小子

注意夹克衫下长出来的T恤衫，反映了孩子们受大人风格的影响。

这两个人物只有大致形体和动态姿势，但是会让你觉得他们也许是两个可爱淘气的小男孩。

这不是个展示服装的理想姿态，但是可以用来添加在有一群模特的画面里，他会很吸引眼球。动态的孩子们很吸引人，尤其是在动作很好玩儿的时候。

被动的姿态

第三单元
六岁到九岁的孩子们

他（她）们常常关注年长的孩子，关注什么才是“酷”……

怎样开始

1. 想像一幅更为生动的生活画面，考虑一下孩子们是怎么参与其中的。这个年龄段的孩子们去学校、做运动和朋友们一起出去玩——更加有自我意识。
2. 开始建立起自己的穿衣风格。
3. 他们喜欢有趣的发型和小装饰品。
4. 这个年龄段的小孩子们还保持着可爱温顺的样子。十几岁（十岁到十六岁）的孩子才开始有些叛逆。
5. 这些孩子们就像成长中的小马驹一样——想想他们的大脚和大耳朵吧。

六岁到九岁的孩子

女孩们：六岁到九岁大

（六到六个半头长高）

步骤：画个背影

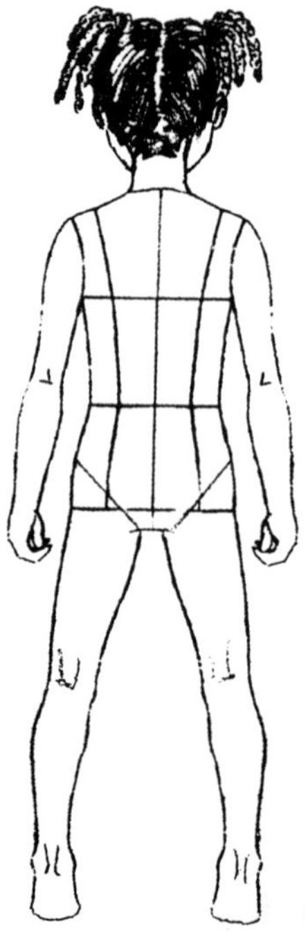

1.画满头部背面的头发。

2.头骨下边画出脖子。

3.脖子和肩膀的线条要有弯度。

4.在胳膊肘上加上些曲线。

5.大拇指在手的后面。

6.将裆部的水平线稍稍降低一点。

7.在膝盖处加上些表示肌腱的曲线。

8.没有脚趾，画出脚踝。在后跟加上肌腱效果。

人物风格化

再也没有比这些画法更简单的人物模特了，但是这些服装穿在模特身上还是显得很可爱。有趣的发型、模式化的脸、简单一致的动作正可以用来展示一些很精致的服装。而且这些风格固定化的模特可以很容易重复绘画，也可以根据需要做一些小的改变。

画五官

七岁到八岁大的孩子

侧面的眼睛

1. 眼球看起来像是有弧度的三角形。
2. 虹膜的形状是椭圆形。
3. 眼睛的位置在突出的鼻梁下边，形状稍稍前倾。
4. 眉毛弯曲，围绕在眼眶外边。
5. 下眼睑和颧骨位置相连。

正面的眼睛

1. 两眼间的距离比一只眼睛的宽度大，眼睛的形状是圆圆的，睫毛柔柔的、软软的。
2. 把瞳孔画大，眼中有光辉。
3. 下眼睑要画得柔和，线条不要封闭。
4. 沿着眉骨的形状画眉毛，线条还是要柔和。

侧面的鼻子

1. 孩子的年龄越大，鼻梁骨越突出。你可以夸张鼻梁骨的弯曲度，这样可以使整张脸看起来更年轻。
2. 鼻头很小，很翘。
3. 鼻孔也很小。

正面的鼻子

1. 我们注意到鼻子是整张脸上最小的五官。
2. 鼻头非常圆。
3. 鼻子的位置不要画得太低。

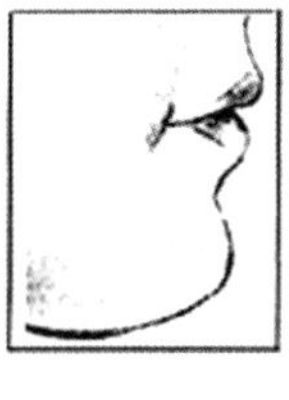

侧面的嘴唇

1. 注意两个嘴唇中间的三角形凹角。小孩子的上嘴唇会比较翘，那么这样的三角形凹角会更大。
2. 嘴唇上的亮光不要太明显，颜色要暗，不然会有涂了口红的感觉。
3. 注意嘴角和脸颊之间明显的凹凸曲线。
4. 小孩子的年龄越小，下巴越圆。婴儿会有双下巴。

正面的嘴

1. 女孩子的嘴部轮廓更加明显，颜色更深。
2. 注意嘴角要稍稍上翘。
3. 两个嘴唇中间的那条线能够显示人物的表情，所以不要画得太平板。
4. 注意脸颊要画的圆一点。

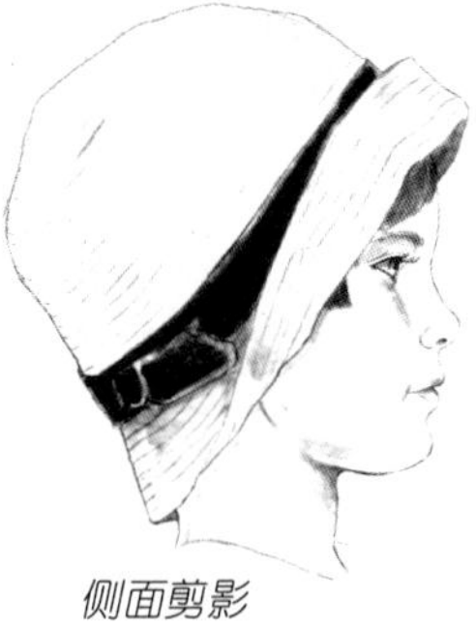

侧面剪影

休闲女孩

六岁

七岁

九岁

八岁

六岁到九岁儿童

检查：

1. 注意肩部袖口的接线——除非是非常合身的上衣——都会稍稍向下，落在肩膀的下边。
2. 鞋子和衣服配套，加强了休闲的效果。
3. 裤子有多种版型，也许都和她姐姐的款式差不多。
4. 帽子戴在十几岁孩子的头上显得可爱极了。

你可以利用这些草图来为这个年龄段的孩子设计服装款式，用这张比例图来检查模特的身体比例关系是否正确。

七岁到八岁的女孩模板

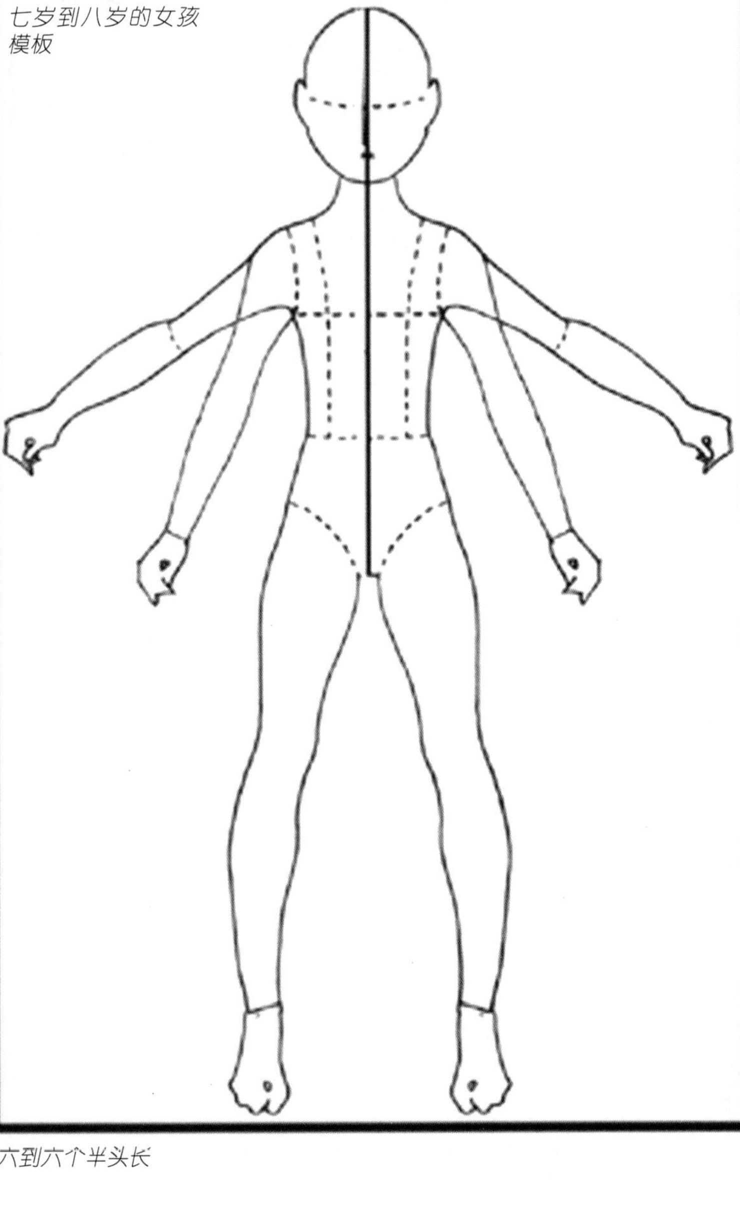

六到六个半头长

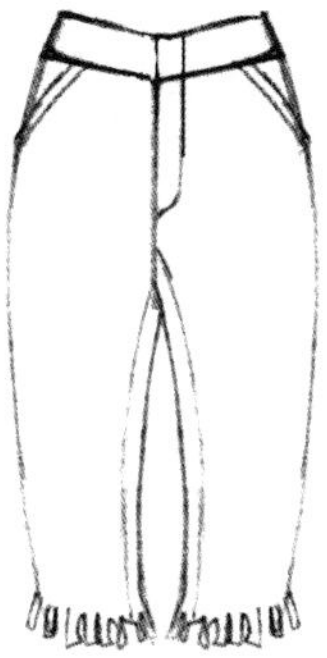

仿旧款裤子

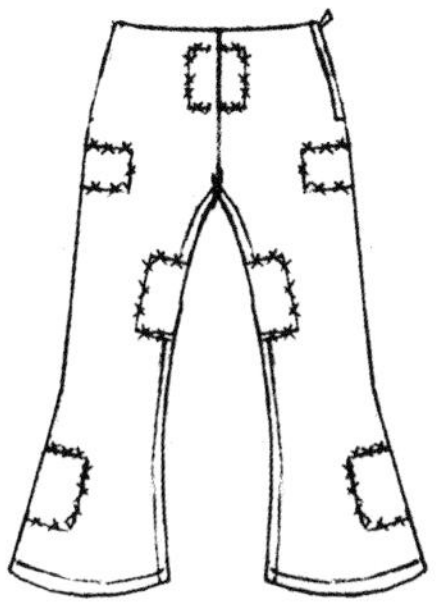

仿旧款裤子

个性化

A.

生活化

更加个性化

图A和图B中的人物向我们展示了生活化和个性化风格的差别。在设计的时候你可以选择不同的风格，看哪种风格能够更好地表现你的想法。

个性化

生活化

B.

C.

图C中的人物展示了同样的姿态，但是不同的表情之间的差别。如果你设计的人物很棒，那么就不要只用它一次，试试用不同的方法和风格来表现它。

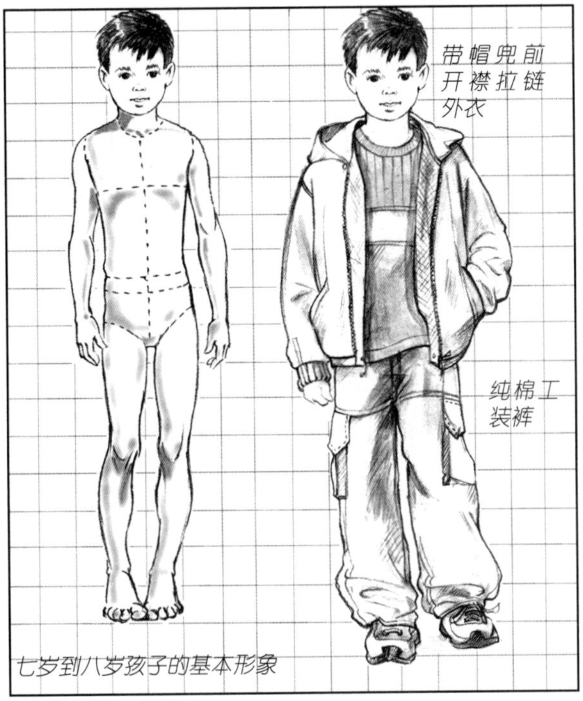

七岁到八岁孩子的基本形象

六岁到九岁的男孩子

七八岁的男孩子大约有六到六个半头长高。他的腿比他的上身躯干长得快得多。运动的时候，虽然笨拙仍然是他的特征之一，但是他的动作更加协调优雅了。六岁到九岁的几年之间，他的身体很多地方开始变得成熟了，他开始从男孩子向小伙子的方向发展了。肌肉开始长出来（并不是所有的孩子都是），态度也更加自信了。双脚可能变得不可思议得大，几乎和成年人一样了。

生活中的样子

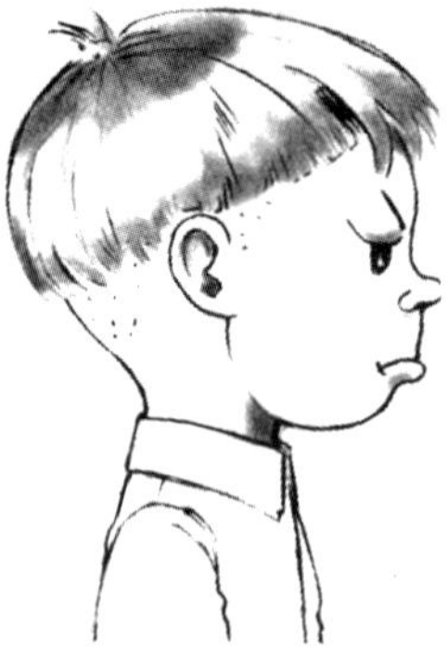

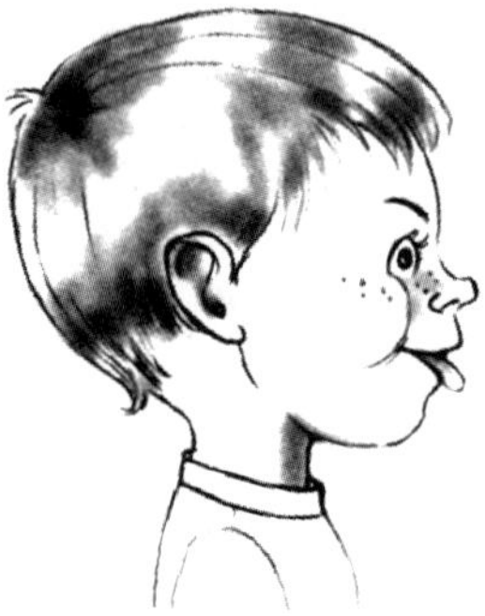

头部

六岁到九岁男孩侧面像

如果添加一些卡通或幽默元素，男孩们可能变得非常漂亮可爱（年长一些的孩子则更适合酷酷的、复杂的造型）。有很多非常棒的书可以教你画卡通画，那上面可以告诉我们怎么用一些很简单的线条，描绘出有非常意思的表情和动作。

健康男孩的表情很极端，从愤怒到疯狂的快乐。眼睛中的情绪应该和嘴部表情一致。

八九岁男孩子的侧面像

眉毛开始变得浓重，眼睛不那么又大又孩子气了。

鼻子开始稍稍变长，当然我们可以不必刻意强调这一点，而且也要看你画的人物的真实程度。

让下嘴唇随意地微张着（有些男孩在这个年纪非常明显）。

把下巴和脸颊尽量描绘得柔软圆润些，下端应显出逐渐变窄的趋势。

八岁到九岁

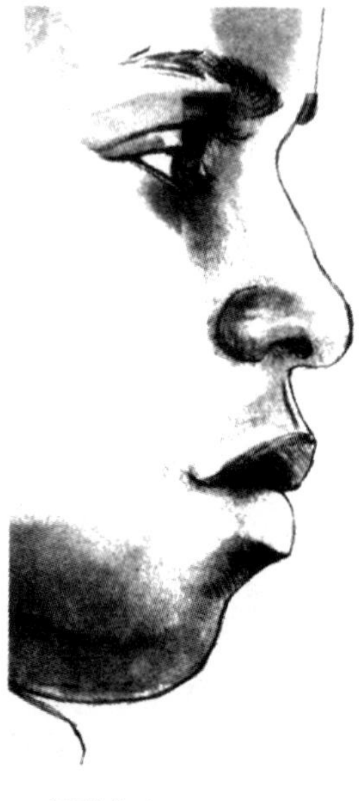

细节放大

休闲的家伙们

六岁到九岁的这几年间，有的男孩子开始变得强壮起来，当然有一些还是那么瘦瘦的，像笔杆子一样。但是总体来说，他们的肩膀和胸膛还是很窄。中间的这幅图，请注意我是怎么运用线条来表现瘦削的游泳少年身体的棱角的 。

对于这个年龄段的孩子来说，身体姿态没有太多花样。在静止的时候，他们开始模仿他们的哥哥或爸爸的样子。手插在裤子中，眼睛向前看——这些都是展示这个年龄段孩子的好方法 。

他们的头发都有明显的种族特点，亚洲的男孩子头发又黑又直，白种男孩的头发又细又淡，非洲的男孩头发则又短又卷 。

但是，因为有太多混血的人，上述的那些种族特征可能会改变很多。现如今很多小孩子都是不同文化结合的完美产物 。

细节：男孩子的休闲服装

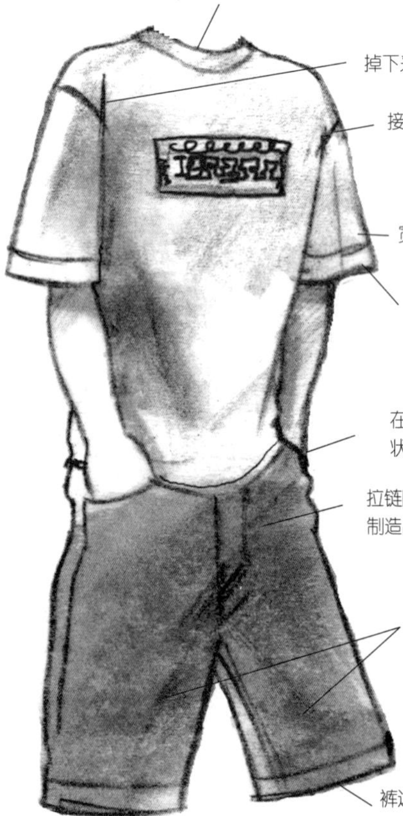
衣领围绕在脖子周围。
掉下来的袖口接缝造成了褶皱。
接缝减少了阴影。
宽松的袖子。
袖边是卷曲的。
在口袋中的手是形状发生了改变。
拉链附近的褶皱制造出很多曲线。
阴影体现出裤子中腿的位置。
裤边的形状是弧形的，围绕在腿的周围。

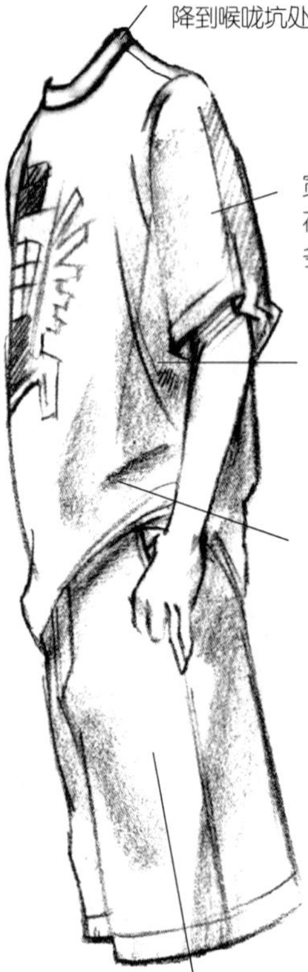
领子从脖子下降到喉咙坑处。
宽款的T恤衫，在袖子上有很多褶皱。
这些褶皱暗示着脊骨的弯曲。
衣边围在臀跨上。
注意：短裤的角度反映出身体的姿势。

腰带挂在臀骨上。
裤裆掉在膝盖上。
中线改变了裤子的形状。

帽兜

帽兜

草图设计：SUMI LEE

有带子的帽兜

有按扣的帽兜

带拉链的帽兜

在前边有按扣的帽兜

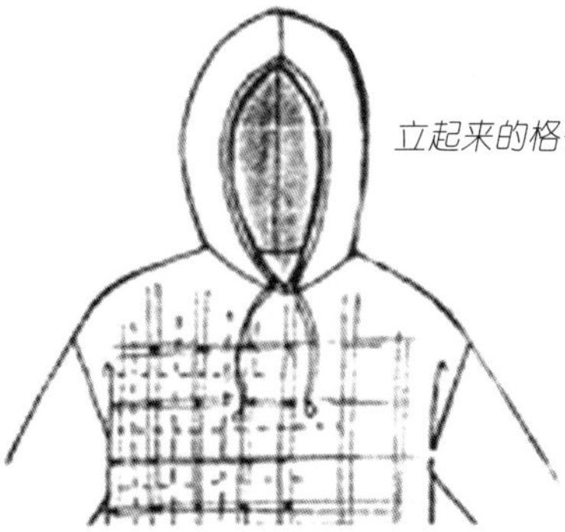

立起来的格子帽兜

有羽绒边的帽兜，羽绒棉服

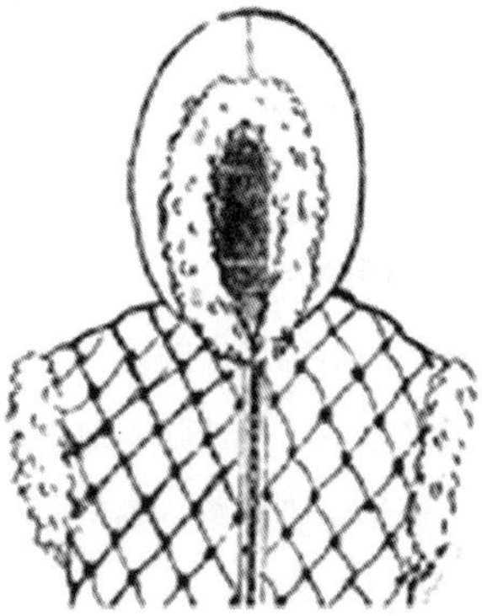

帽子——织物

在时尚运动服的世界里，帽兜是永恒的元素。但是现在帽兜也越来越多地出现在正规的体育运动服上了。孩子们很喜欢衣服上的帽子，因为他们既实用方便又很有个性。左边的帽兜是在一件运动外衣上，所以质地是厚重的纺织面料，它通常会自然地下垂形成一个大大的口袋。

套穿服装

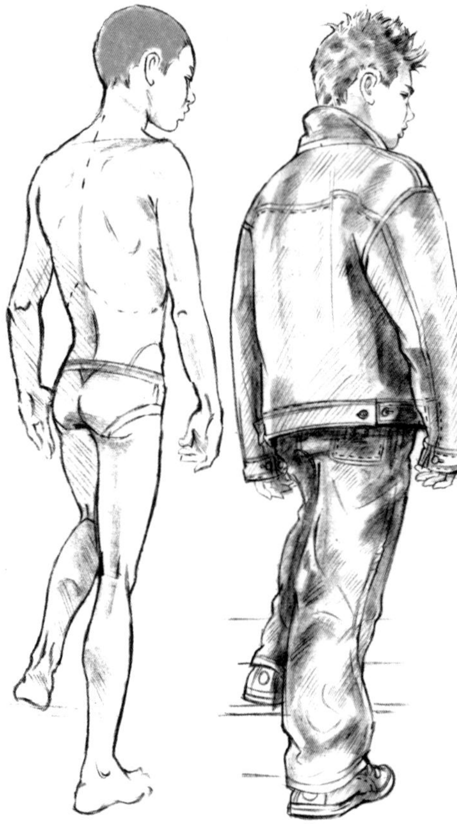

检查：

1. 牛仔衣配牛仔裤。
2. 把领子立了起来。
3. 大夹克里边可以穿很多。
4. 宽版的裤子和大裤边。

风格检查：

1. 帽檐朝后。
2. 外套上有个帽兜，但不是用来戴在头上的。
3. 竖条纹的裤子。
4. 网球鞋的鞋带系法很时尚。

九岁——神态

这些都是很严肃的现代小孩，他们的头脑里想着很多东西。设计师们似乎很喜欢在时装发布会上这个年龄段的模特采用的那种神情，所以在这里供大家参考了。

就是在现实生活中，在课余时间或运动场上，这个年龄段的男孩子要比女孩子有意思得多。他们的穿着反映了他们喜欢舒适自在，又不会影响他们玩乐的衣服。T恤衫、牛仔裤、工装裤、宽版裤和夹克衫是他们衣柜中的主打。他的一双帆布鞋可以配穿他所有的衣服，正式场合除外。他几乎在所有时候都显得有点邋遢，所以衣服上不要画很直的线条。

男孩西装

直到二十世纪中叶，小男孩们才被允许穿起了长裤子。二十世纪五十年代的时候，穿长裤子还被作为成年的象征。

更加整洁，更加舒适是男士西服的总体发展趋势，这也影响了男孩子们的服装风格。穿毛衣不打领带会显得更加现代——而且也不那么繁琐。

下一页中那种不带翻领的领子在夹克衫的世界里是很不寻常的。这种领子，再加上它更短的长度（在胯部以上），很适合年轻人。

请注意过期海报上服装的价格。在当时，花费9.95美元买件童装是相当奢侈的事情。但是，现在很多父母亲都愿意花成百上千的钱在孩子们的穿着上，虽然他们知道这些衣服过不了几年就穿不了了。

注意：我用Photoshop软件中的刷子和一系列的灰色创造出这种羊毛面料质地的效果（上图的夹克衫）。由于效果有些单薄，我又在图像里面增加了颜色的对比度（+20），这样效果就很丰满了。

男孩西装检查：

1. 西服的肩膀要足够宽，下面要能够穿得下衬衫和毛衣。但是还不能太宽，还要能够体现出小孩子窄肩膀的特点。
2. 领子一圈围着脖子，两边的脖领和翻领要对称。这些小小的细节对于西服的设计很重要，所以请仔细地研究，考虑多种可能。
3. 垫肩（如果有的话）要设计得精巧，如果太厚了容易使整件衣服看起来女孩子气。
4. 扣子在衣服的右边，设置的位置要正确，距离要平均（女式夹克的扣子在另一边）。
5. 扣眼之间的距离要平均，大小要刚好适合扣子。
6. 口袋要对称地放置在两边，而且它们放置的位置要合用。最好是达到双手能够舒服自然地滑进下边的口袋里。上边的口袋，常常只有一个，用来装手绢、铅笔等。
7. 你不可能看见每边口袋的全貌，它们是有弧度的，是围在身体侧面的。
8. 如果夹克的前襟是重叠款的，那么扣子要根据中心对称地放置在两边。
9. 里边和外边的袖口可能不是对齐的，里边的袖子可能会长出来，达到手腕以下。
10. 夹克衫会在下面的衣服上投下阴影。
11. 最好不要系上所有的扣子，这样才不会使衣服显得太紧。将夹克的一边敞开撇向后边会显得更加休闲。

个性化

1.

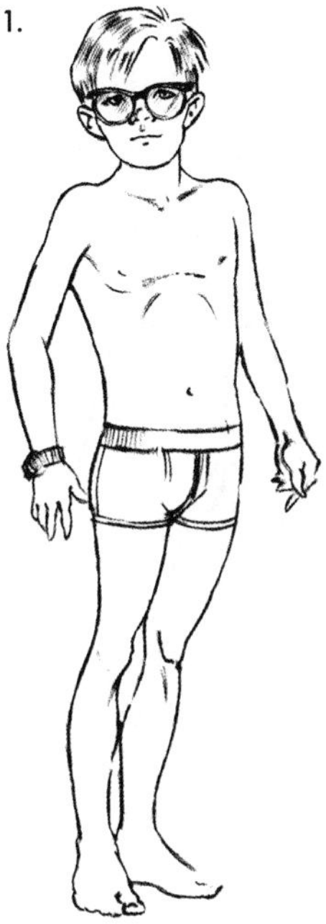

2.

3.

图1中的七岁小孩看起来很普通，甚至还有些保守。图2中的服装能够很好地搭配模特的保守气质。

图3则比较个性化，线条更加放松，服装的比例有些夸张——夹克衫很大，裤子比较紧，下面还有一双大脚。这些都产生了对比的效果。

4.

5.

图4和图5中的人物则更加个性化了，表情有点夸张甚至有点挑衅。线条则更加放松。服装风格的保守和表情的开放形成了鲜明的对比，使整幅设计显得很有意思。

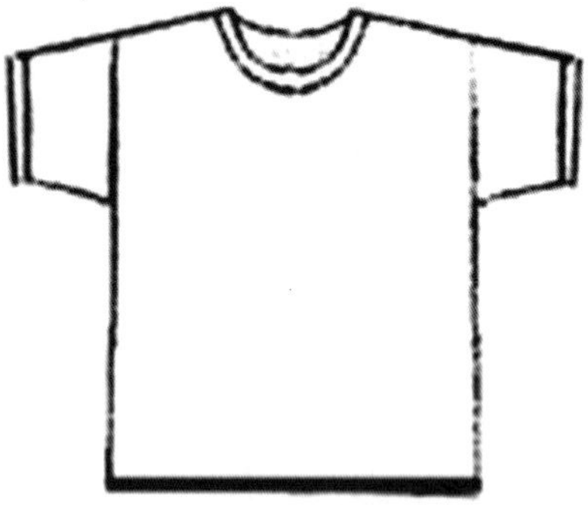

最普通的T恤衫

牛仔短裤

注意：你可以利用这些草图，作为你开始为这个年龄段儿童设计服装的参考。

带褶皱的裤子

有松紧带儿的短裤

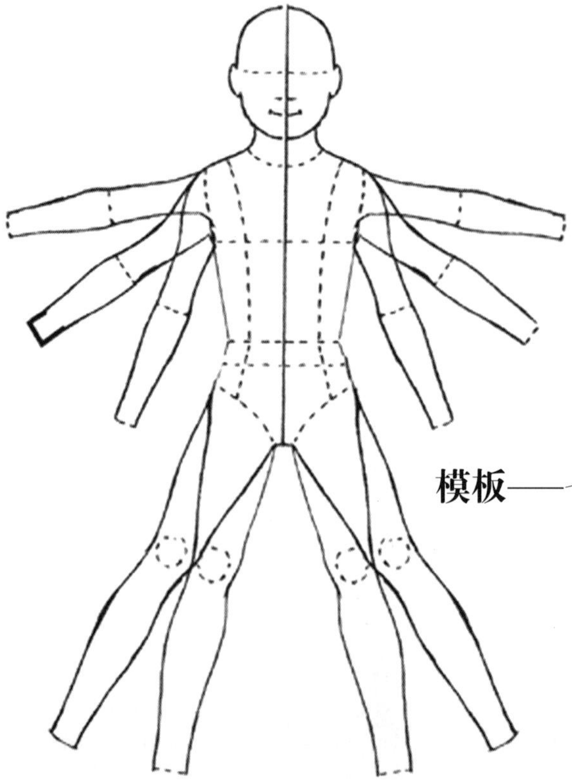

模板——七岁到八岁

第四单元

十岁到十二岁的孩子

不是大人，不是儿童，他们是十岁刚出头的孩子……

十多岁（十岁到十二岁）

怎样开始:

1. 这个年龄段的设计不太好把握，因为这个年龄段的孩子和十三岁以上的孩子们很相像，但是两者之间又有着细微的差别。十岁刚出头的孩子们穿着很像他们的哥哥姐姐，但是他们又还都是娃娃脸，身体姿态还很不协调。所以要经常收集模板，练习捕捉有意思的复杂之处。
2. 好消息是，服装穿在这个年龄段孩子们身上感觉和穿在十三岁以上的小青年们身上不同。这个年龄段的孩子身体还没有完全成熟。女孩子们几乎没有什么曲线可言，男孩子们的肌肉也很精致。
3. 就像成长中的小马驹，不管什么性别，孩子们的脚都很大。
4. 这个年龄段孩子的气质非常不统一。所以我们要尝试很多不同的东西。但是，整体上而言，比起那些比他们大的孩子们来说，他们还是有些傻傻的、天真的快乐着。
5. 这个年龄段的孩子们很喜欢背着包到处溜达。

十岁到十二岁的女孩们

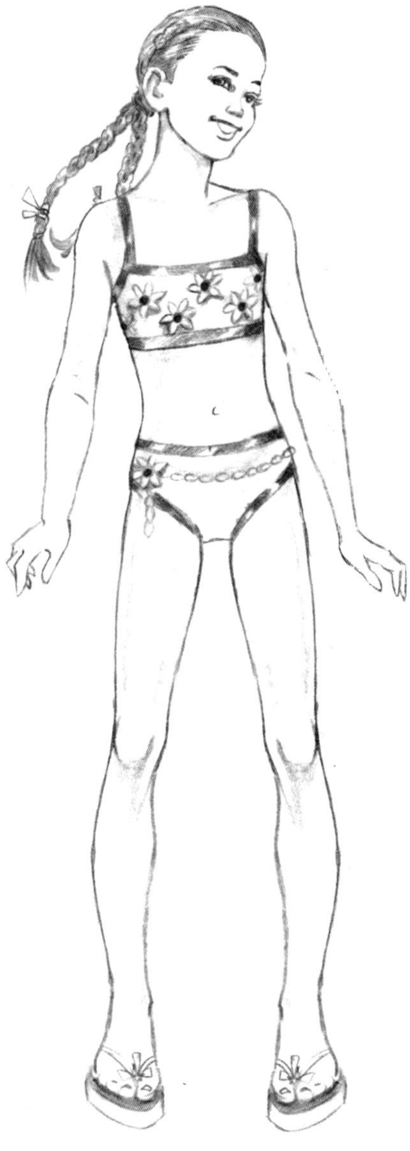

十岁刚出头的孩子，特别是女孩子们会极力模仿大人们的穿衣风格。她们把衣服拿出来摊开，精心挑选，最后做出什么样的决定可谓“关系生死”。装饰品特别重要，所以我们要精心设计细节之处。

十岁到十二岁的女孩们

她们一会哭，一会笑，一会忧郁，一会严肃。

检查：

1. 脸的形状长长了。
2. 精致的鼻子和脸颊。
3. 柔软的下巴。
4. 还是没有化妆的痕迹。
5. 发型还是有点奇怪。
6. 她们很喜欢帽子和其他装饰品。

时尚大改造

低腰裤女孩

拖地款

皮裤

绑带拉链

蕾丝边上装

身体比例

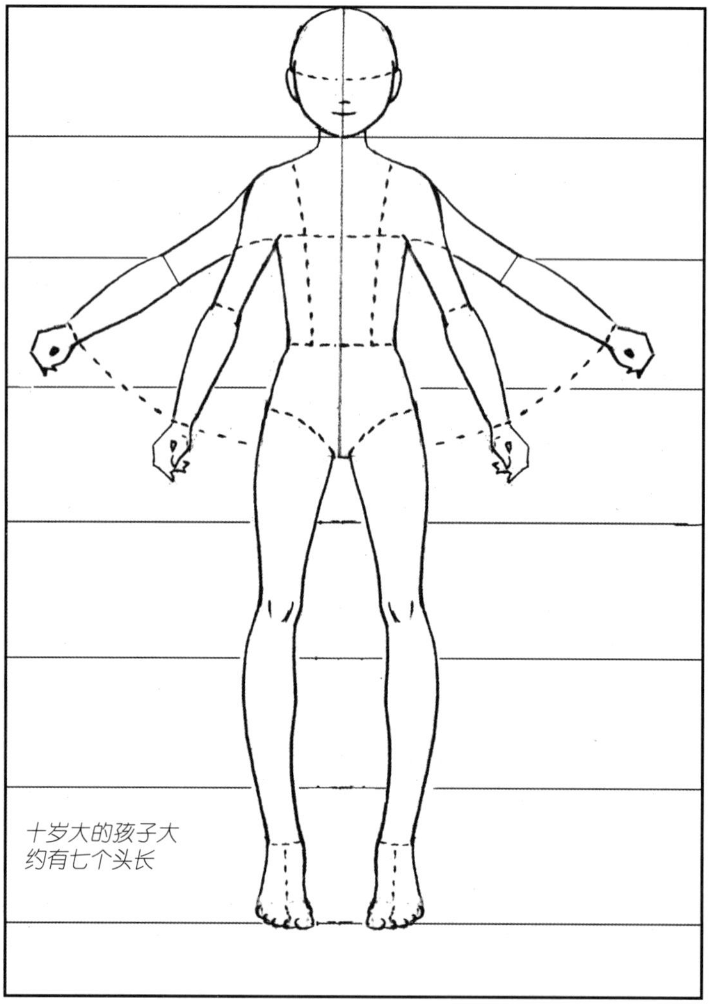

注意：对于这个年龄段的孩子来说，上身躯干长长了，大约一又四分之一头长，膝盖位置也要有所下降 。

男孩子的头部画法——十岁到十二岁

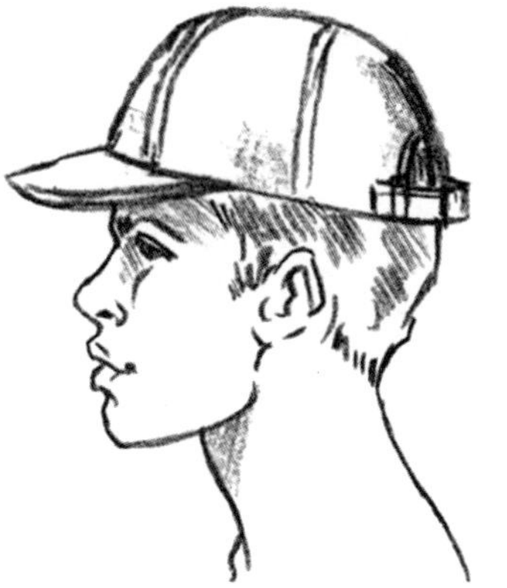

检查:

1. 脸部拉长了，但是脸颊和下巴还保持着适当的圆润。
2. 眼睛看起来还是比成年人大。
3. 鼻梁还在成长过程中，嘴唇还会稍稍上翘。
4. 还是会有一点双下巴。
5. 下嘴唇很柔软，线条不明显。
6. 耳朵在脑袋上还是显得很大 。

十岁到十二岁男孩子的服装

号码8—20

套头毛衣

长袖针织T恤

针织T恤

开襟衬衫

带褶皱卡其裤

牛仔短裤

松紧短裤

注意：你可以利用这些草图作为你为这个年龄段的孩子们设计服装的参考。

男孩子——十岁到十二岁

风格检查：

1. 这个年龄段的男孩子很喜欢毛线编织的帽子。
2. 多层套穿的上衣，松松的衣领。
3. 宽大的裤子和袖子。
4. 灯芯绒又时尚又实用。
5. 冬天穿靴子非常棒——又酷又适合宽裤腿。

请注意针织上装和灯芯绒裤子形成的圆褶。

从十岁到十二岁间，孩子们会成熟很多。一个逍遥自在的十岁小孩可以在一夜之间变成一个十几岁的少年。你可以从上图中看出孩子们情态上的潜在变化。

第五单元

十几岁的年轻人
（十三岁到十七岁）

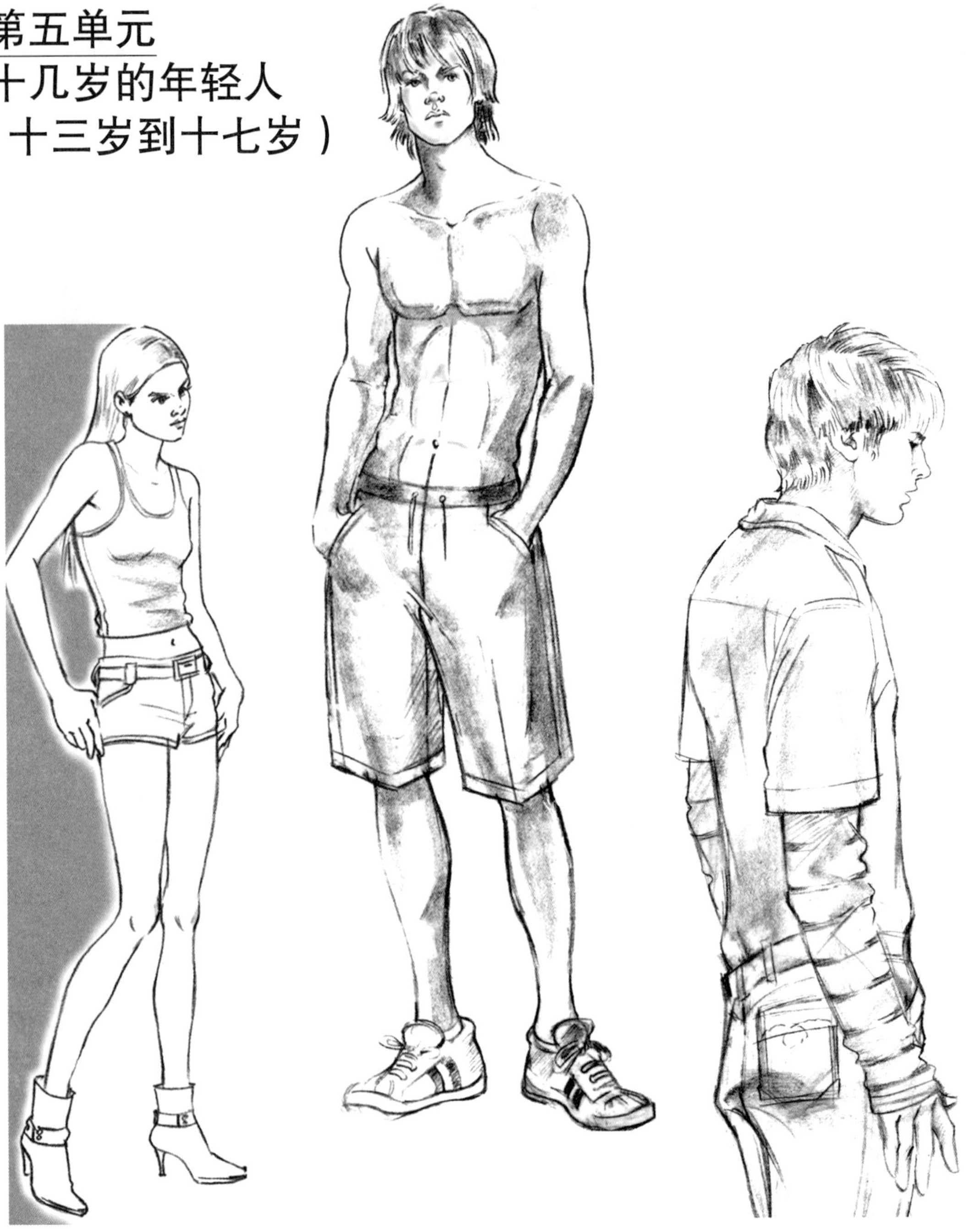

抓住他们的难以捉摸之处……

怎样开始

要把一个穿着时尚的十几岁年轻人和一个普通的模特区分开来，真的是越来越难了，因为我们在T台上看到的模特都非常的年轻。

我觉得把这个年龄段的年轻人定义为“没有被宠坏的年轻人”的路线越来越成功。稍淡的彩妆、简单休闲的发型。这种迅速简洁的时尚越来越体现出女孩们的生活风格。

但是，这些女孩们看起来还是很可爱，而且还很迷人——看看她们的帽子，紧身上衣和带蕾丝花边的靴子。

腿部的姿态很好，既可以展示裤子又可以很好地展示上衣。

牛仔帽加雨布

休闲女孩

年轻的女孩子都有长长的美腿。她们的臀不可思议的秀气，而且她们也很喜欢穿又小又紧的迷你T恤。她们的表情是那么有特点。给这些女孩们设计能够反映出内在性格的表情是很有意思的事情。

男性头部画法——十六岁到十八岁

检查：

1. 头部的形状是矩形，但是没有成年人的脸长。
2. 脸颊还是比成年人的圆一点。
3. 眉毛很浓重，但是没有往中间长。
4. 发线很低很粗，头发浓密。
5. 脸颊骨开始凸现，但是还是有点圆。但是我们不应该强调这一点。
6. 眼睛还是有点大，有点圆。眼睫毛的样子也显出它的主人很年轻。
7. 鼻子最能告诉我们人物的年龄。这个年龄段的男孩子鼻子圆圆的，有点上翘。耳朵画的大一点比较适合这个年纪。
8. 让嘴唇的形状柔和点，嘴唇要稍稍圆润一些。

休闲或传统

这些男孩子还是很喜欢听音乐和做运动，他们的神态很随意，但是在挑选衣服方面就不是这样了。

十四岁

如果你能设计两个有关联的人物，那么是比较能够吸引眼球的。

你可以看得出来，这个男孩子开始健壮起来了。青春期会带来更多的肌肉和更加男性化的特征。
这是个很好的正面姿态，因为很清楚地展示服装，但是看起来很男孩子气也很放松。

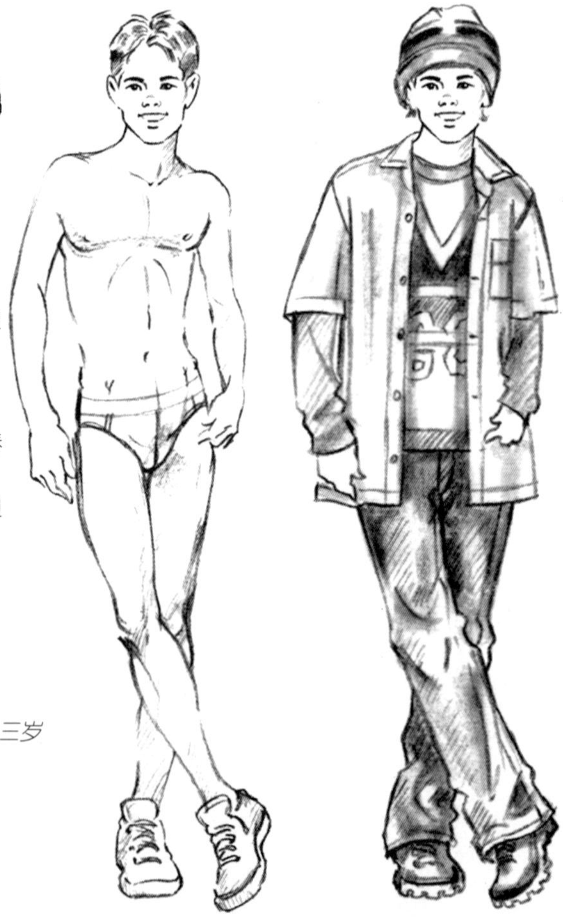

十二岁到十三岁

对比

B

C

真实的身体比例

A

比较夸张的身体比例

个性化

这些年轻人体现出不同种类的绘画风格。图A的腿真的很长，但是她年轻的脸、害羞的姿态和休闲的服装使她看起来很青春。图B显示了配套的服装和很有趣的被动姿态。格子面料的处理方式很真实，有立体感。这两个人物的身体比例比较符合真实的生活状态。图C有一张卡通脸和很年轻的发型，她的身体显然是符合这个年龄段要求的。

年轻的女孩，肥大的裤子

夸张的比例

比较现实的比例

检查：

1. 年轻女孩的上身躯干比较瘦小，没有棱角。
2. 很多这个年纪的女孩都穿低腰裤，所以裤裆的位置要稍稍在下面一点。
3. 臀部的轮廓要体现出来，腿在裤子中的形状很明显。

成熟的十几岁的孩子

典型的十几岁年轻人

对比

我们虽然是在描绘十几岁的孩子，但是这些人物其实是成人了，除了他们的身体还不太丰满。注意他的上身躯干比她的长出多少，还请注意他的站姿中的那一点点狂妄。

上色

我沿用了上一页的模特姿态，但是做了如下改变：

1. 把腿的长度缩短了，换上了更加年轻的面孔，这样模特看上去只有十五岁，而不是十七八岁。
2. 左边的女孩是白种人，而她的朋友则是混血，种族的混合是很有意思的组合。
3. 左边的女孩，我给她穿上了迷你短上衣和没有系好的领带。这些同带钉子手镯是很好的搭配。
4. 用马克笔上色会很有意思。注意衣服下边留下来的阴影。

成功设计师需要的条件

艰苦的工作

对于时尚的热情

好的设计

有效率的模特，
大量的想法

流行的或有启发性的款式，有意思的细节之处，时尚的绘画风格

设计的种类

连衣裙
分装
运动服
晚装
特殊场合服装
儿童服装
演出服

时装季节

秋季 Ⅰ
秋季 Ⅱ
节日/巡演
春季
夏季
换季

面料种类

上重面料
下重面料
新颖设计
边饰
金属/系扣
装饰物

来自外界的灵感

总体调查
时尚报道
杂志
市场调查=（购物）
网络

对于消费者的定位和了解

谁？
在哪里？
做什么？
怎么做？
为什么？

来自内在的灵感

你是谁？
种族？
背景？
喜欢什么，讨厌什么？
有什么想法？
个人审美爱好？

第七章

设计和展示多人服装

本章目标：

- 逐步地学习怎样成功地设计一组人的展示服装。
- 研究各类设计，并参考。
- 学习服装设计专业的理论来源，研究方法和益处。
- 进一步深入了解时尚界的方方面面。

通向成功的十步

第一步：找齐你的工具（还要组织好你的想法）

在为某一群体设计服装时，所使用的绘画工具可能非常多，所以有的时候甚至需要我们把款式、所用面料、人物情态和消费对象写下来。还要考虑到：这个群体的服装风格是比较现代，比较浪漫，还是重新流行起来的旧时尚？面料是柔软而下垂的，还是高技术含量的，硬边的？群体情态是朋克略带阴暗的，还是年轻而欢快的，还是幽默而老式的？消费对象是年轻的晚辈还是同龄人，是休闲风格还是正式风格等？

这些因素都会帮助你决定是要完全地手动展示你的作品呢，还是要将作品扫描进电脑中用高科技的方法展示。但是，这并不是说你所选择的群体风格决定了展示的方式。一个很另类的群体也可以用油画的形式展示，一个很浪漫、柔和的群体也可以很好地借助Photoshop等软件进行阐释。

你可以在任何纸张上进行着色和打印，但是最后的效果会很不一样。例如，如果你的设计主色调是白色或白色系，那么你最好在有颜色的康颂纸（canson paper）上绘画（中性的最好）。浅颜色的服装在白色的纸上永远不会很显眼。此外，还要记住，当你画完你的形象之后，你还可以用铅笔、刷子和麦克笔进行修补，加上细节之处。

无论你是怎样决定的，你应该先整理好你的笔和工具，把需要买的工具列成单子。如果你没有事先计划好，你可能要往艺术用品店里跑好多趟，你应该不希望这样的事情发生。

记住，对于任何临时发生的问题，都没有绝对正确的答案。什么管用，什么就是好方法。如果你认真仔细地对整个创作过程进行思考过了，你就很有可能收获好的结果。

设计展示所需用具

1. 展示板：将展示作品放在上面。
2. 上色和打印用的纸。你应该准备一系列试验用的不同重量、不同质地和不同颜色的纸张。
3. 喷色支架。要考虑是把你的作品固定在墙上，还是让你的作品像油画画家那样独立地站在那里。
4. 面料样品，要整洁干净，钉在或系在你的纸或展示板背后。记住，人们总是希望能够用手触摸感觉你所选用的面料。
5. 第一想法。从好书或杂志上吸取你最初的灵感。
6. 像衣边、拉链、系扣这样的细节元素。
7. 边饰创意。有的时候一些能够反映你设计主题的衣服边饰可以使你的设计看起来更加精彩。例如，装饰艺术（Art Deco）的衣边能够反映出受20世纪20年代潮流的影响。
8. 有意思的设计小细节可以为整个设计增加趣味性和灵动性。例如，你可以把一群旅游的人们安排在一幅生动的火烈鸟图片的周围。你也可在展板的下角钉上一根和火烈鸟羽毛相像的火鸡尾毛，或是一张彩色的羽毛形状的餐纸。

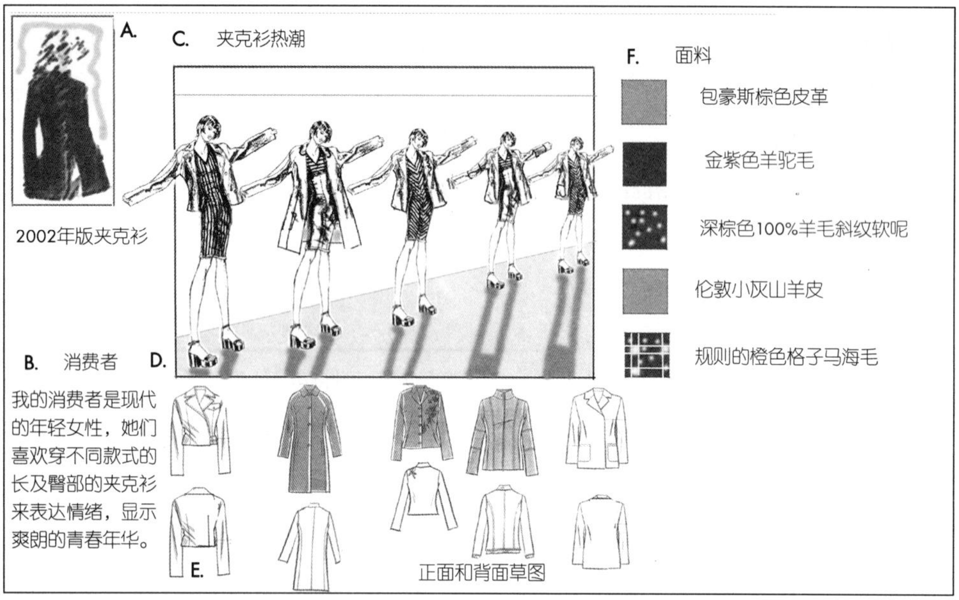

项目概述

展示板

上面的格式样例可以作为文件资料，也可以作为给专业人士看的服装设计展示。作为文件资料时，需要包括的项目就是那些了，但是你要把它们分成几页。作为展示用的展示板则需要包括以下一些内容：

A. 一种气氛或者灵感来源的形象（也可以是好几种），图画或照片，要求能够体现你的设计主题。

B. 针对不同消费对象而准备不同的设计版本。主题可以是幽默的，但是这要取决于你的服装的整体感觉。

C. 为这个群体起的主题名称能够更好地帮助你阐释你的主要设计理念，还能营造一种时尚的气氛（上图展示的我的设计主题是一群嬉皮和受建筑艺术风格影响的夹克衫）。

D. 穿在模特身上的夹克衫。我选择了在延展的空间上重复排列同一模特形象，这样可以营造一种特殊的感觉，而且可以使观众的眼光停留在服装上面。此外，我还喜欢模特之间因伸出的手臂而产生的一种视觉上的联系。

注意：我把这些人物扫描进了电脑里，并且用Photoshop软件的添加功能添加了她们脚下的地板。头落在地上的影子是Photoshop喷笔的杰作。

E. 通常情况下，我不会将所有的夹克衫都以开身的形式展示出来。但是如果下面有额外的夹克款式介绍就无所谓了。一般来说，夹克的正面和背面都要展现出来，而且还要确保你的展示作品清楚地告诉观众，下面的哪件衣服是对应上面的哪个模特的。如果你在一张纸上进行展示，你就要在空间位置上将模特和她穿的衣服对应好。

F. 面料样品要仔细地整理好，贴好、配好标签。你也可以根据你的设计主题为每种面料起新的名字。

练习：

选择一个好的灵感来源，为五个群体设计服装，主题不能雷同，每个群体的设计要能恰当地反映设计主题。

第二步：定义你的消费对象

你对你的目标消费者定义得越具体，你创造的模特群体就越和谐，你的设计就越清晰。但是，有些类型的消费者范围非常广泛。比如，你的对象可能也许只涉及到十五岁到十八岁的男孩子，也可能涉及到所有二十一岁到六十五岁的女性，要看她们买的是什么东西。如果你的对象范围广大，那么你的设计就必须既考虑到年轻人，又要考虑到老年人。把迷你裙和及膝长裙放在一起，给消费者自由的选择空间。作为设计师，我们要经常问问自己以下的问题，看看我们是否将所有的事情都考虑周全了：

1. **我要给谁设计服装，他们是什么样的人？**你可以想象出一个具体的人作为你的模特，比如，格温尼斯·帕特洛或者威尔·史密斯。你也可以想象大体的某一人群，例如，三十岁以上的成熟男性。
2. **这些人要穿着我设计的衣服去些什么地方？**他们也许先去工作，然后出去约会。如果是这样的话，服装的多功能性是关键。他们也许会穿你设计的衣服去俱乐部跳舞。此外，我们还要考虑到我们的消费对象是想要在场合中引人注目呢，还是要保持低调。这两种类型在你的设计中都要有体现。
3. **我要用这些服装来给人以什么样的身份？**想出一些词语来描述你的设计，例如，都市部落、溜冰女孩或是别致小丑等。
4. **设计对象有哪些特点？**他们是很放松呢，还是很忙碌？平和亲善呢，还是很严肃成熟？
5. **风格：我的消费对象是优雅而整洁的，还是休闲放松的，还是二者有机结合的？**很女人呢，还是很男人？这些因素可以帮助你决定在整个设计过程中，你所收集的剪报内容。
6. **什么样的面料对于这些对象来说最合适？**注意，你做出的选择要和整个群体的格调相吻合。此外，还要考虑是否耐洗，耐穿？是否需要干洗？
7. **我的消费对象能够负担得起我设计的服装吗？**做决定的时候不要太理想主义而脱离现实。我们需要考虑到这些衣服将在什么样的地方销售？你的消费对象通常会去什么样的地方买东西？那里的商店是否会接受你所出的价格？

其他应该考虑的因素：

1. 当然还有年龄。
2. 城市还是乡村生活。
3. 次文化种类：溜冰者、“常春藤一派”，还是嬉皮士。
4. 经济条件。
5. 不同职业——例如，大学教授、医生、护士、心理学家和销售人员等。
6. 地理区域——南方人的喜好和北方人的不同。
7. 天气状况。

你还能想出什么其他的因素吗？我相信还有很多。但是如果你真能理解谁是和你的设计最息息相关的人，而且时时提醒自己，你设计出的作品一定会与众不同，独具匠心。

消费者档案

职业：自由职业者
区域：城市
爱好：旅行，艺术收藏

流行时尚

她很运动却又很高雅，很波西米亚风却又很神秘。她的装饰很朴实，一点也不琐碎。她很女人但是又不过分。她不惧怕不同民族风格的混搭，把运动衫这种过时的款式与现代流行元素结合在一起。她很懂混搭。她绝不会只买一个设计师的服装 。

分身装：可以和其他衣服搭配起来穿的服装（是相对套装而言的服装）。

为儿童群体设计和展示服装

A

如果我们的消费对象是小孩子呢？他是什么样的孩子？多大年纪？男孩还是女孩？家长是什么样的人？这些都是很关键的问题，特别是对于七八岁的孩子来说。很多家长想让他们的宝贝孩子看起来显得很可爱，而有些家长希望他们的孩子看起来比较成熟懂事，像个小大人。如果想要满足这样的家长，那么服装和模特姿态都不能显得可爱。图A中展示的是一群喜欢在轻装旅行中穿得很漂亮的小淑女们。因为天气很热，我设计的所有服装都是轻质的纯棉针织面料。这种面料不会起皱，而且穿起来非常舒服。

行走的姿态看起来很动感，对于直身的姿态很合适，而且展现出一种很有意思的气氛。注意落后的右腿上的那些阴影，可以显出双腿前后的空间差别。图上的这些模特穿的是一小组夏季旅游时常穿的衣服。这些衣服旅行的时候都很容易收拾，每件衣服都可以任意地和其他衣服搭配。裙子和上装也可以做泳装的外套。

大小各异但样式相同的花纹图案，带子和蝴蝶结把每个单独的模特联系在一起了。裙子上的褶皱和泳装上的蝴蝶结相呼应，添加了柔和的女孩气息。衣服上的图案抵消了过多的女孩子气。如果图案太可爱了，反而会减少服装的现代感。

简单休闲的发型也增加了整体设计的时代气息。

群体服装展示检查：

1. 人物都有相同的面容和气质。
2. 发型和鞋子的类型要一致。
3. 模特的姿态散发出来的感觉要和服装搭配得当。

注意：如果整组动态模特中加入一个静态模特也是可行的，好像是她先行走，然后停下来站在原地一样。

4. 当展示一组服装时，要考虑模特大小的变换和不同，如图A，这样才能表现出层次感和纵深感，达到更有意思的视觉效果。

第三步：调研

没有一个设计师生来就会设计衣服。作为能够创新的高级生物，我们必须为我们的大脑补充养分，提供原料。虽然我见过一些特立独行、有个性的设计师通过非传统的方式获取灵感，例如通过诗歌和建筑艺术等，但是大多数的设计师们还是利用那些能够让他们和时尚紧密结合的资源来帮助他们获得灵感。

调查

你需要对你的设计想法和灵感做一些必要的调查，这样才能够加深作品的深度。比如，你设计的总体理念是技术狂人型的俱乐部女孩，那么你需要将一点点的幽默、过时、高科技和嬉皮、俱乐部老手的感觉结合在一起。当你开始工作之前，你应该调查一下哪些高科技元素可以作为服装的装饰品和设计的细节之处，还要调查一下哪些服装是电脑狂人们最喜欢穿的服装。你当然还要去拜访一下舞厅俱乐部，什么是那里最新流行的时尚元素（因为俱乐部的时尚风格不容易在杂志上找到）。说不定你会在那里找到关于面料或者细节、款式的好想法。当你在纸上开始你的设计的时候，你就会有一大堆灵感或可用信息了。

设计资源：

1. **服务设计业务**：当今世界上，有一些公司专门收集全世界所有的时尚信息，然后将这些信息精炼提取出来，做成报告、幻灯片或者关于颜色和面料的摘记。但是这些信息报告都不便宜，却是很有价值的投资，因为作为设计师的我们没有那么多的时间做充分的市场调查 。
2. **旅行**：大多数的设计师都会到欧洲旅行，有的时候要到远东去安排生产问题或者参加时装发布会，逛时装店等。如果你能够享受你的旅行，这些对于你的生意和灵感都会有莫大的好处。
3. **杂志和画报**：很多未来的设计师都会订阅各种时尚杂志，比如《WWD》(《时装日报》)、《Vogue》(《时尚》)、《Harper’s Bazaar》(《时尚芭莎》) 等，或者可以选看的杂志，例如，《Paper》和一些欧洲出版的画报 。
4. **服装的历史**：你可以从研究服装的历史当中收获很多，你可以学习到很多的审美观点，你还可以了解到服装是怎样受社会影响，又怎样影响着社会的 。
5. **网络资源**：在网络上有不可计量的信息资源，可以为我们提供：
   A. 时装界的最新咨询和往年时装发布会的资料 。
   B. 各种款式和设计理念的时装展示网站。
   C. 设计师的个人资料 。
   D. 时尚的历史和奇闻轶事 。

市场调查：购物报告

那些成功的设计师们头脑中都有很多可选的想法，他们还会告诉你："没有什么是一成不变的新颖。"从某种角度来说，设计师们应该愿意而且能够善于利用已经存在的款式和设计理念。经过你的改造，那些理念在你的设计中就是全新的。所以，请仔细观察你身边的事物，并在你的头脑中建立一个信息库，作为你设计的源泉。

此外，设计师们都要非常了解市场信息（例如当地的商场销售状况，伦敦和巴黎的时装发布会等），因为没有必要重复设计生产那些已经存在了的服装。就像那些画家一样，他们从过去的历史中学习吸取营养，没有必要觉得被过去的经典影响是丢人的事。

作为设计师或销售人员，你还应该仔细注意商场是怎么展示摆放服装才能让顾客不仅仅只看少数的服装。还要注意设计师们最想吸引那些顾客，他们是怎样以那些顾客为目标的（比如，华丽贴身的服装针对那些俱乐部年轻人），而且他们是怎样成功的？你怎样以不同的方式达到相同的目的？

为了调查在商场里的情况，设计师们应该瞄准一些特定的购物区域，这些区域是他的消费对象经常去的地方。但是常常去一些不同购物场所也会带来不少好处。例如，我们可以看一看街舞服和年轻人的时尚文化是怎样影响其他阶层的服装，乃至怎样一路影响到巴黎和米兰去的。

莫斯奇诺

当我们浏览各式的商场，请记住你的眼光要客观，不要留有主观的偏见。不要以你喜好影响你的判断力（比如，"我很喜欢这件服装，因为我最适合穿红色"），我们的主要目标是要锻炼出一种专业的眼光，能够深入地了解市场运作，以及服装设计和实际的服装制造的区别。Calvin Klein的成功是因为它的面料、款式和服装质量的奢侈豪华，这些需要能够担负得起的消费者。年轻的设计师Jered Gold的高产是因为他愿意向中小服装店销售他的服装。

拓展你的剪报收集本

剪报：从杂志上收集的照片或其他平面材料。

设计分类：

设计师要建立起一个自己的资料档，收集与自己的设计审美有关的、有意思的想法。这个档案，一旦建立起来了，就要不断添加和修改，要能够对自己的事业有长久的帮助。

你可以买一个活页本，可以方便携带的那种。你也可以买几个独立的文件夹，每一个文件夹收集专门的种类。这种办法的好处就是你可以只携带你需要的种类，而不必把所有的资料都带在身上。

资料档案可分类别：

1. 泳装。
2. 内衣/睡衣。
3. 专业运动服。
4. 休闲运动衫。
5. 裤子和短裤。
6. 连衣裙和分身裙。
7. 毛衣。
8. 夹克衫和大衣。
9. 度假服装/旅游服装。
10. 秋季套穿服装。
11. 燕尾/晚礼服。
12. 俱乐部服装。
13. 西服。
14. 有意思的细节之处。
15. 装饰。
16. 各种能够带给你灵感的事物。

注意：你还可以把男士服装或儿童服装单列出来。

我可以从哪里收集灵感？

服装发展史

Francois Boucher的《时尚两万年》

现行的时尚杂志

《时尚》（美国版、法国版、英国版、意大利版）和《时尚芭莎》是非常好的杂志。但是也要看一些不那么热门的杂志，例如，《边缘》《Paper》《国际运动装》。

要跳出思维的固定模式。从不同的角度审视时尚，这样新颖的想法就会随之而来了。

其他：

查查艺术书集，参观参观画廊和博物馆。

研究研究建筑艺术。

看看电影。

学习学习各方文化。

利用时尚的信息服务业务。

展品分类方法：

1. 精彩的时尚人物头像和发型（男人、女人、儿童）。
2. 有效的人物姿态，最好配上合适的服装，还要有背面视角。
3. 精彩的手部姿态。
4. 有意思的背景图案。
5. 灵感来源和美术作品展示。
6. 能够引发兴趣和灵感的好照片。

第四步：选择你的面料和细节设计

当为你的设计选择面料时，你应该考虑如下内容：

时尚季节

看看什么样面料适合你设计服装的季节和地方区域。（例如，虽然洛杉矶的设计师也为纽约设计服装，但是他们对于冬季的概念与美国东海岸的设计师一定不同。）

以下的内容是对主要时尚服装节的简略解释：

1. **春季时装发布会的服装会在一月、二月抵达各大商场，三月、四月开始销售**。春季服装可以从二月底一直穿到炎热的夏季，所以所使用面料要非常的多样，从非常暖和的到非常轻薄的都要包括。春季服装不像夏季服装那样暴露，尤其是在这一季的早期。春季在服装界是很重要的，因为过了一个长长的冬天，很多人都渴望着一些新鲜不同的款式，而设计师们正是那些可以将人们运送向另一个季节的船长。
2. **夏季的设计四月抵达商场，六月上市**。这个季节不像春季那么重要。因为人们不会在这个季节花太多金钱在衣服上，而且这个季节时间很短，很快就过去了。
3. **夏秋过渡季或服装(秋季Ⅰ)在五月、六月抵达商场，十月上市**。这是夏秋之间的桥梁季节。八月底的天气还是很暖和，但是整个气氛都变了。人们重新开始购物，准备返回学校和工作场地。
4. **秋季Ⅱ的设计在七月到十月抵达商场，十二月上市**。这个季节对于面料和服装细节来说是最重要的，我们的设计必须包括以下这些冬季服装：毛衣和羊毛西服、裙子和裤子、大衣和夹克。
5. **休闲运动服装和节假日服装十一月抵达商场，二月上市**。这也是个很短的季节，在秋季Ⅱ的后边开始。这个季节里有两项重要的事情——节假日和寒假。滑冰服也属于这个季节的范围之内。

注意：这些季节随着时间的变化而变化。很多设计师都在大季节之间连续安排一些小型的时装发布会。

价格

你想要你的服装价格几何？要花多少钱在面料上主要决定于批发价（就是服装销售店付给设计师的价格）。由于当今的劳动力成本如此之高，所以，最好让你的面料成本低一些。

生活方式

什么样的面料最符合消费者的实际生活？例如，一个十四岁的小女孩也许想穿很多很多不同质地的服装，范围比她妈妈的服装大得多。但是总体来说，她们比较偏爱某种颜色的服装或者是比较闪亮的面料或花边。除此之外，年轻的女孩也常常买那种不怎么时髦但是不贵的服装。但是对于成熟的女性们，都不希望她们的衣服很快的过时，而且也愿意花钱购买质量好的服装。此外，她们比较喜欢把工作服送去干洗，所以是否可干洗也是我们需要考虑的内容之一。

图案和花式组合

如果你的设计中有花格子的图案，那么单色面料的颜色要与花格子图案上的颜色相搭配。你还要考虑到，有的时候一些特殊图案的面料厂家只是定量销售（有的订购商会一下子定几百码甚至几千码），所以要保证你有足够的面料进行设计。

细节设计

当考虑到面料的问题时，你还要考虑选择适当的系结物，例如拉链、扣子、挂钩和金属环之类的。还要考虑到间面线、底边线和面料的处理方式、装饰等的问题。这些细节很重要，因为他们可以成就一件设计，同时也可以毁了它。此外这些细节还可以帮助联系起一个系列中的各个款式，这样消费者就可能受到整个系列的吸引而购买不止一件的服装。明智的抉择造就成功的设计。

资料表格：______

名称：______

面料：______

纤维：______

种类或技术来源：______

价格：______

季节：______

推荐最终用途：______

当你去面料商店时，尽量收集一些你在设计中用的着的面料样品。复印下这张表格，为每种款式填写详细的信息，把这些信息和面料定在一起（为将来作准备）。用这种方法，你将会有一整套完整全面的面料资源信息。

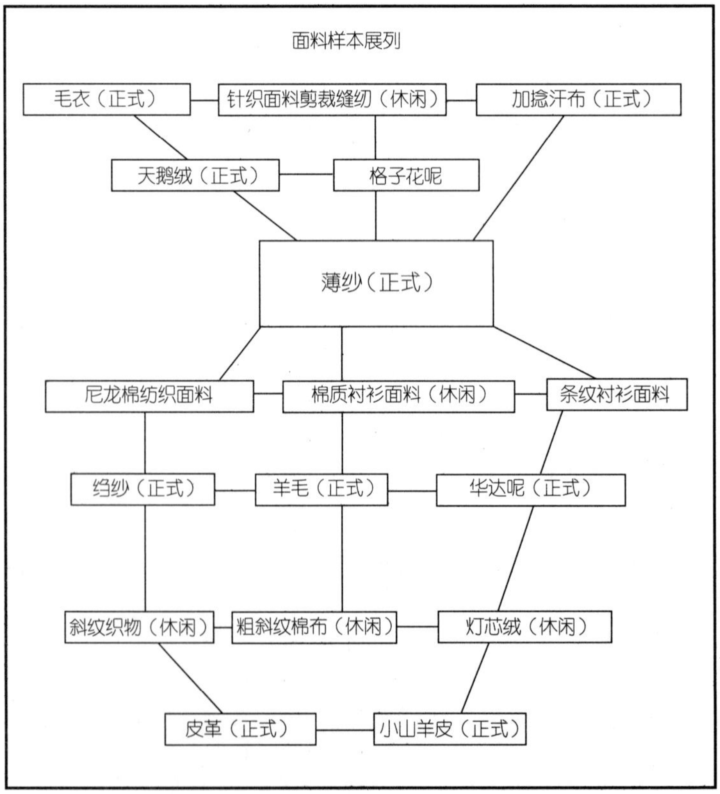

整理你的面料

这个图为你提供了一种整理面料的系统方法。如果你用格子花呢的面料，那么你的单色面料花式的主要颜色要和格子花呢的颜色相搭配。

第五步：进一步发展你的设计想法

整个的设计过程可以分割成几个步骤。当然，创新的设计师会尝试各种方法和方式，但是以下这些具体的步骤也会为刚开始步入设计行业的你提供必要的帮助。

设计步骤：

A. 想想你设计的单件服装的款式风格，并且为此收集有典型代表意义的剪报和模板。教服装设计的老师常常要他们的学生从设计草图开始设计单件的服装。当你想把这些单件的服装组合在一起的时候，就看看你画的简易模特。

B. 对于一组分身服装来说，可以先考虑设计上身的服装，特别是当你设计的上装很华丽的时候。你一定要开阔思路，给自己多一些的选择（例如，你的服装可以比较宽松，也可以比较贴身，可以长一点，也可以短一点，可以有不同的领子款式，不同的袖子风格等）。

C. 如果上身的服装很普通（像T恤衫或简单的毛衣等），下身服装（裙子或裤子）比较豪华，那就先从裤子开始设计。

D. 当你设计好上身和下身服装了，那就开始在这基础上设计外衣夹克衫、背心，更加高雅昂贵的毛衣等。要时刻记住，如果你已经充分肯定地选用了某种花色或面料，那么就让整体的服装也保持相同的一致性。

E. 你已经设计好的服装越来越多了，那么你可以开始整理你的服装，看看它们组合在一起会有什么样的效果。夹克衫下面的衬衫大小合适吗？夹克衫穿在大衣下面的大小合适吗？裤子和上衣搭配起来效果好看吗？你研究得越仔细，平时的搭配越多，你设计的这组服装就越能热卖。

F. 注意不要忘记服装的焦点问题。如果服装有太多强烈的视觉看点，那么这些看点本身就会争先恐后地相互竞争起来。例如，我不会把一件中间有一串蝴蝶结的上衣和一件底边都是蝴蝶结的裙子配在一起。通常情况下，每件服装只能有一个焦点。

G. 在一张基本表格上组织整理你的这组服装（见下页）。你可以把服装样式草图贴在独立的卡片上，这样你可以在工作的时候，根据需要随便移动它们。

还要想到：

1. **季节**：需不需要大衣和夹克衫？
2. 消费**顾客**：是否包括裙子和裤子？是否需要设计连衣裙？
3. 分身服装能**搭配在一起**吗？大衣的长度和裙子相配吗？
4. 衣服种类是否**多样**，还是只有A字形裙和贴身夹克衫？
5. 是什么样的**共同元素**将各身衣服联系在一起的？这些元素包括：面料、见面线、各种小细节和服装的剪裁方式。

注意：你需要设计出比下身服装更多的上身服装，因为潮流就是这样，上身的内外配套衣服总是比下身的裤子、裙子多。（例如，内衣外边套衬衫，衬衫外边套背心）。

季节：秋季 / 基本表

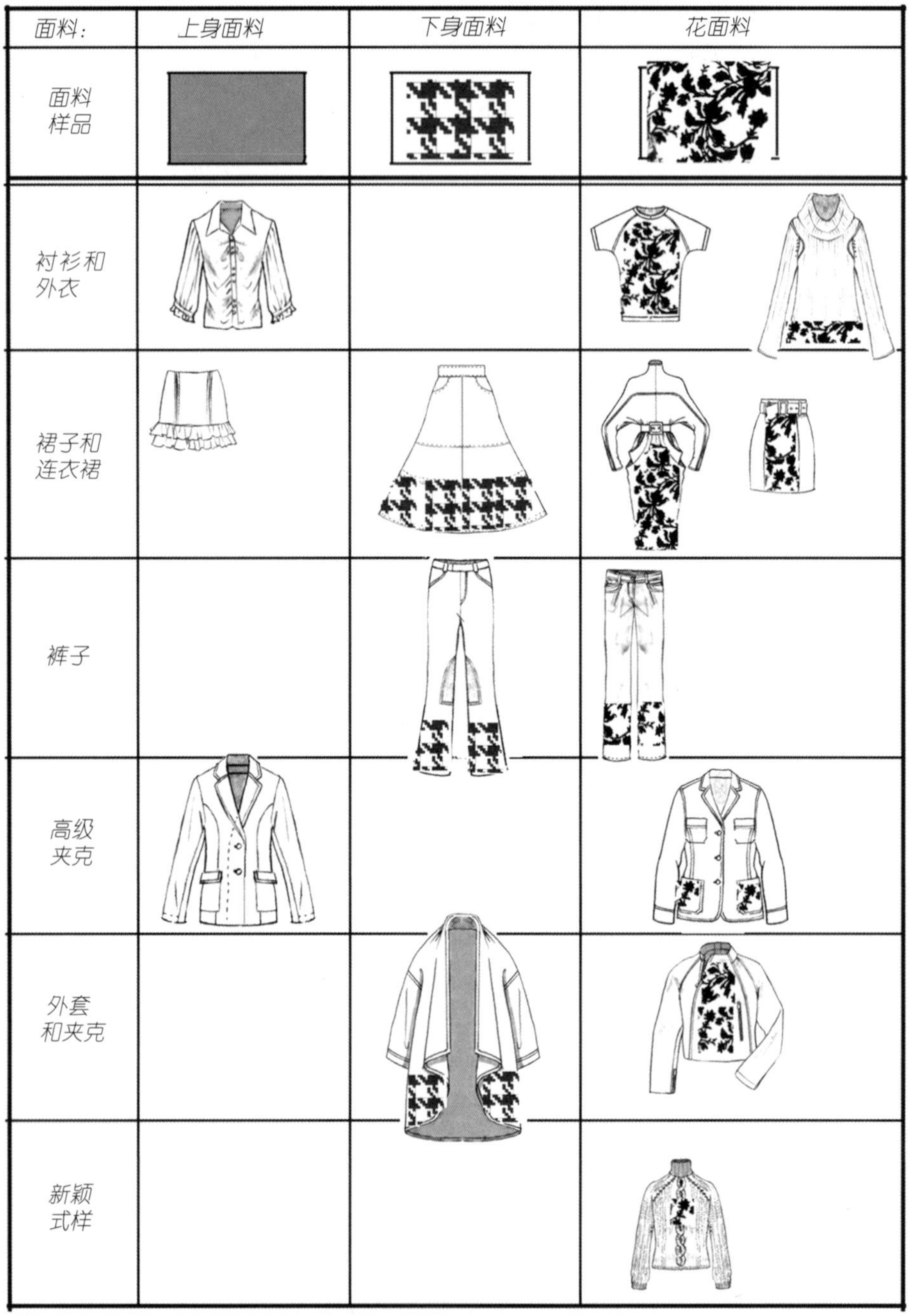

基本表格

基本表格可以帮助设计师保持条理清晰。一般，这些草图都是钉在或贴在表格板上的，这样可以方便随时改换。一组的衣服包括大量的可以混搭组配的单件服装，这个表格可以让设计师们一眼就看出还缺什么。记住，选面料的时候要选你可以重复在多件衣服上使用的那种。

设计工具：有用的素描模特

前边已经讲过了，我们素描（Croquis）这个法语词的意思是快速地绘画。在服装的设计过程中，我们常常用这种方法画草图。

因为我们的目标是为了迅速干净地将设计师的想法跃然纸上，理想的素描模特是很简易而直截了当的。你需要一个这样的模特为你从前面、背面、侧面展示你的设计。

如果加上不同的胳膊和腿部姿态也会很有帮助，可以更好地显示不同的风格。当然，要注意草图简易模特身上的结构比例线和正式模特的比例是一样的。

素描格式包括：

1. 服装设计草图：包括正面、背面、侧面视角的草图。要有关于细节的说明，比例要彼此一致，要精确。
2. 模特：要显示出比例和形状。
3. 颜色：颜色和面料花式也要包括在内（要和季节联系起来）。
4. 面料样品：要有推荐的面料样品。
5. 扩展：在设计过程中很多想法会一个接一个地跳出来，所以多样的选择也要包括在内，这是很重要的。例如，多样选择的领子、袖子、长度、款式和形状。

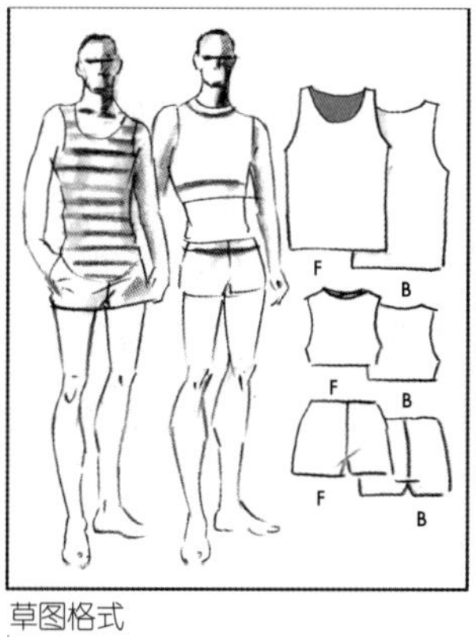

草图格式

问问你自己，你的设计时髦吗？有意思吗？给人以重要的感觉吗？它们值得穿吗？

有效的简易模特：

1. 姿态不能太极端，这样才不会使服装扭曲。
2. 要有清晰的线条。
3. 要有可换的多样胳膊和腿的姿态。

注意：这样的腿部姿态既可以展示窄裙，也可以展示宽款的裤子。

草图—素描

当你开始设计一种款式的时候，你可以画出很多相同的简易模特。当你遇到问题的时候，模特们可以帮助你找到解决问题的方向。因为这样的画法很快，所以你可以画出头脑中所有的最疯狂的想法，你可以画各种不同的发型和装饰，配上各种不同的神态等。这种多个模特同时设计的方法会使你成为一个很有创新，风格多样的设计师。它也可以帮助你开发探索多种设计选择，你就不会在尝试之前太武断地否定某种想法。

但是，学会进一步发展你的某一个好设想也是很重要的。如果某种想法看起来还不错（比如说一款很棒的领子），那就别只用一次。你可以在短连衣裙、紧身连衣裙或带垂缀的上衣上都试一试，第一个不一定就是最好的。

第二，当你画出了“成千上万”个想法之后，能够对它们进行编辑整理也是相当重要的事情。给自己一两天的休息时间，然后回来看看你的设计草图。你会发现你的看法神奇地发生了变化，而且你会发现哪一个设计好，哪一个不好，都在你的眼中变得很清楚了。这个时候，就把你喜欢的那张作品拿出来，进行进一步的深加工。

第三，把你的设计制作成平面设计图的格式，也会帮助你发现还缺少什么。人物可以使很多东西看起来很棒，但是平面设计图会使你很快发现什么样的款式普通而没有意思。

如果你被困在一个地方不能前进了，那就休息会。出去散散步，看看电影，或者看看艺术书籍。如果你能够从框框里跳出来，你才能真正地设计出新东西。

发展你的设计理念

通常对于好的设计作品来说，形式取决于功能。这就意味着服装上的任何细节和结构都必须是作为整体的一部分而存在的，而并不能仅仅是为了装饰而生硬地添加在衣服上。举个例子来说，一件晚礼服后边有个大蝴蝶结，它没有任何作用只是被缝在那而已。但是另一件晚礼服，它有很多漂亮的裙褶，这些褶皱掠过整件衣服的前边，来到身后并消失在一个巨大的蝴蝶结下边。第一件晚礼服的蝴蝶结只是一个摆设，但是第二件的蝴蝶结就是整体中有机的一部分了。

我们也可以这样理解这个问题，就好像我们设计了一幢大楼，却多出来一条没用的楼梯，它并不通往任何地方。好的作品也是有意义的作品。

另一方面，我们要打破既定的审美规则，我们要在已有的广博见识和深刻的思考之上打破规则。换句话说，在你选择一条新路之前，你需要熟知已有的规则，这样你才能知道什么时候以何种方式推陈出新。

我的惟一的一条既定的原则就是“什么奏效，就用什么方法”。当然，即使是这个观点也是仁者见仁，智者见智。如果你需要让一个顾客或者你的老师、老板接受你的设计理念，那么在向他们展示之前，你自己要好好地对你的想法进行一番思考。逐条地研究你的设计，想象怎么能有力地说服别人。你需要这么做：

1. 要有自己的观点。
2. 自己要确信不疑，但是头脑不要太死板、教条。
3. 对于其他的看法要保持开阔的心胸。

记住，不要凭空进行设计。聪明的设计师总是先对市场进行一番调查。他们知道别的设计师们在做什么，所以他们才能够：

1. 从最有创新的人那里得到灵感。
2. 不重复其他人的作品。
3. 知道什么样的市场还存在着需求。
4. 知道零售商们需要什么以及他们大概会出价多少 。

更多的设计元素

为了能够抓住你想要的真正的效果，还有些事情需要你注意。第一就是比例。这说的是衣服彼此之间相对的大小关系，让它们组合起来又能成为一个整体。好的设计师们非常在乎服装的尺寸。比如说，六号的迷你短裙，从腰部到裙边大约有41厘米，不多不少正好。

如果一件夹克衫长了2厘米，或者某条裤子太肥或者太窄了，整身服装的感觉就不对了。我们要学会比较。"噢，这件夹克衫在腰以下5厘米，而她身上穿的那件都到臀部了。"这样的想法在你看杂志的时候，或是在现实生活中都要时时刻刻存在你的头脑当中。如果你把这样的问题搞错了，你的设计就不能及时地赶上时尚的潮流。

对于比例这个问题，还有一个元素很重要，那就是对比。当一件长长的红色丝绸大衣敞开着，露出里面的迷你短裙和胸衣上装时，我们都会被这样的视觉反差震惊，从而深深地被吸引住。

你要注意的第二件事是形状和轮廓。服装有意思的外形就好像有意思的比例一样，是我们能够抓住观众注意力的又一武器。好的设计师都要花大把的时间在模特身上修改，只是为了让肩袖的款式看起来正确，或是让斜裁的裙子样子符合设计。某种设计看起来是如此的简单，如果我们不通过对比，注意它与别的款式的不同之处，我们就不能清楚地明白为什么这件款式会这么的出众。

维多利亚款式的服装之所以会这么持久，重要的原因之一就是极端的形状——但是各种元素之间又能够保持有机的平衡，当然这些元素之间也包括我们就要说到的第四件你需要注意的事——细节之处。

调查并收集关于有意思的细节的设计剪报，这么做可以使你的设计永远保持新鲜。设计皱边、翻领和给褶皱缀珠子可以有上千种方法。我们不需要在一件衣服上用上所有的变化，但是在每件服装上用上一两种与众不同的细节设计，可以使你的设计不会成为让人打哈欠的平淡无奇的设计。

第六步：列出你的模特组成部分

多个模特的组合如果设计得好的话，可以让整个展示图的效果看起来更加激动人心。你可以在自己的剪报集中单列出一个文件夹，把杂志上能够给你灵感的模特组合收集其中。此外，你还可以参考漫画、动漫以及美术艺术等。我的学生们中间就有人参考罗伊·利希滕斯坦（Roy Lichtensitein）、安迪·沃霍尔（Andy Warhol）、马维尔（Marvel）漫画中的超级英雄形象，还有日本漫画，二十世纪四十年代电影海报以及埃特的风格（一位二十世纪早期的插图画家）。

成功的模特组合应该注意：

A. 收集参考能够给你带来灵感的模特组合样式。

B. 确定下来你需要多少个模特。奇数比较好组合。记住，有些组合方式只能以平面图的方式展示。在你的组合中，你也可以让某个模特敞开她的大衣或夹克衫，展示里面的服装款式。

C. 你可以草草地画一些很小的模特组合草稿。试试各种比例大小和位置安排。

D. 选一张最好的设计图，深入地发展一下。

组织你的模特

当你展示一套服装时，你既要显示模特穿上大衣的样子，也要展示她们脱下大衣的样子。那你就要用这个模特两次，制造一种简单、便捷又强烈的展示效果。

两个不同的模特来展示上述的情况有时候也不错，模特之间的视觉和情绪差距也对展示服装有所帮助。

这就是我所说的非传统的模特组合——没必要做得非常离奇特殊才能达到时尚的效果。在这幅图中，有效的距离感指的是背景的不同（用Photoshop将部分背景涂黑）。注意故意画出的边框部分。

模特组合检查：

1. 保持脸形、发型的统一。（例如，不要让长头发的模特配短头发的模特。）
2. 模特身上的装饰也要相像。
3. 保持模特之间的良性距离。
4. 考虑模特与模特之间相同重复的地方。
5. 参考优秀的模特布局图片，从中吸取灵感。

练习：

利用两三个模特，创造自己的非传统的模特组合。

不是特别好的组合

我刚开始设计这个组合的时候，我为比较大的那个模特设计了很多不同的头像。一旦我画完比较小的那个模特之后，我发现两个模特之间搭配得并不是特别好，所以我就保留了较小的模特头像，改掉了较大的模特头像。

非传统组合

更多的组合

设计多人的组合没有什么捷径可循。想一想你怎么能把这一组模特设计得新颖一些。

检查：

1. 要画出时装发布会上的气氛。
2 更高、更瘦的模特。
3. 最简易的细节。

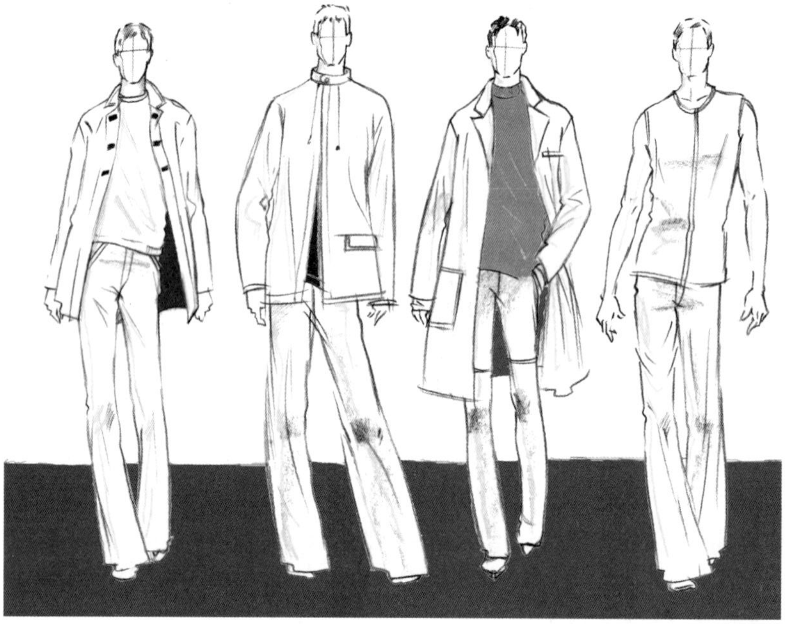

复杂成熟男人组合

年轻小伙子组合

检查：

1. 动感的姿态和装饰。
2. 重复的模特形象；模特之间互相影响的效果也很棒。
3. 不同的人物角度。
4. 加上一些有意思的人物表情。

模特组合的特点：

1. 模特间的距离平均。
2. 中间的模特直接和观众交流，她的包包造成了强烈的形状感。
3. 重复的模特形象增强了视觉的效果，设计画面变得有趣。
4. 两边的模特身体转向中间，这样会使人们的眼光比较集中。
5. 包括正面、侧身和微侧角度。
6. 头巾和鞋子帮助加强模特之间的联系。

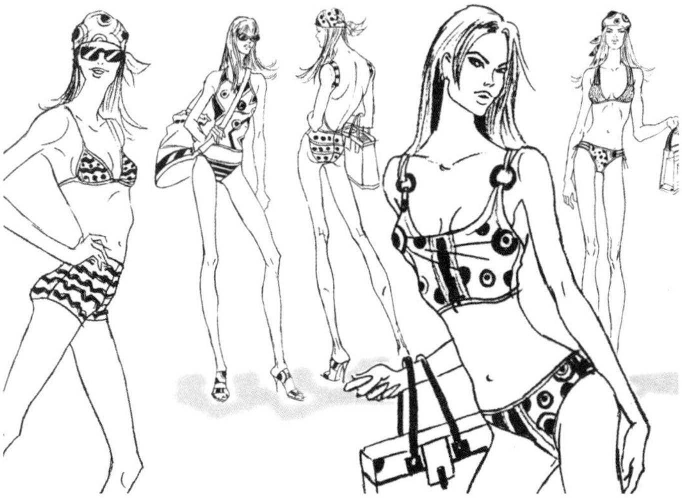

五个人物的组合

这两页提供的四组模特组合告诉我们模特的组合可以有多种方式 。

模特组合的特点：

1. 模特之间的距离平均，但模特大小比例不同。
2. 两个较大的模特都和观众有交流，但是并不像上边那个图的中心人物那样直接。
3. 这两个较大的模特都可以很有效地展示服装的细节，这对于只需要展示上身躯干的泳装来说非常适合。
4. 较近的、较大的模特起到吸引观众目光的作用。
5. 其他的则较为其次。

模特组合特点：

1. 模特们被分为三组。
2. 模特们每两个人相互联系，单独的那个和观众联系。
3. 整幅设计给人的感觉是人们正在闲聊逛街。
4. 模特与模特之间有差别。
5. 较小的模特也足够大，在空间距离上很真实。
6. 这个布局的安排使观众的目光循环地落在每个模特身上。

模特组合特点：

1. 打破了传统的布局。
2. 两侧的模特都各自转向一边，而不是集中面向中心。
3. 中间的人物又小又远，而且单独一人。她的头部位置并没有和其他模特对齐。
4. 中间有很大的空间。
5. 模特和模特之间没有一点联系。
6. 重要的前排模特都是背向观众。
7. 如果右手边的那个模特没有直接地面向观众，这整幅设计就会非常缺乏活力。

自由的组合风格

幽默

傻傻的、略带卡通味道的模特们看起来是非常吸引人的，可以为你的设计赢来很多目光。我的一个学生在设计一套男士服装时使用的整组模特都是她的爷爷（在转一个呼拉圈！）。这是个非常新奇的点子，让她的设计如此的与众不同。

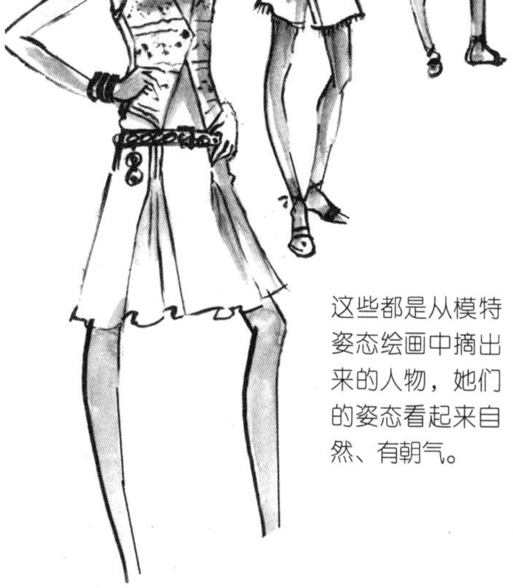

这些都是从模特姿态绘画中摘出来的人物，她们的姿态看起来自然、有朝气。

带动作的人物模特

第七步：进一步深化模特姿态

怎样开始

我们已经讨论过了怎样加工你认为好的、有用的人物姿态。不断地练习和认真地观察、学习好的作品将会帮助你设计出优秀的作品。

当你为一次重要的服装设计展示准备姿态时，你要在头脑中时刻记住以下这条关键的指导性原则：服装和设计的整体感觉决定姿态，而不是反过来的。不要满足于已有的姿态模式，如果你设计的姿态都不能令你感兴趣，那它们就更不能令观众们感兴趣了。

裁剪姿态

把你设计的姿态裁剪掉一部分，可以使你的设计更加戏剧化，也是展示服装细节的好办法。如果你展示的是一组模特，那么你可以对其中的一两个模特姿态进行裁剪，来抓住观众的目光。这些切割掉的部分可以在别的完整的模特身上得到重现。

利用小的缩略图帮助你进行初步的设计，制造你想要的感觉：

看看每种选择是否：

1. 属于正确的年龄段。
2. 是否散发着正确的感觉。
3. 展示最好的细节要用最好的角度。
4. 模特之间是否存在很好的联系。
5. 是否足够动态，可以独挡一面。

注意中间的两个模特重复的姿态，这样使整个设计组合显得很稳固。两边的模特姿态也很相像，都是背部视角，这样可以使整个设计显得更加完整。

更加极端的姿态

如果你想在某个模特身上设计一些很动态的姿态，那么请保持它与组合中的其他模特和谐一致。静态的姿态和非常动态的姿态组合在一起会显得怪怪的。

裁剪的轮廓姿态

经过裁剪的轮廓姿态：

1. 强调轮廓形状。
2. 更好地显示细节。
3. 更加具有视觉冲击力。
4. 看起来很时尚。

人物在视觉上的吸引力需要：

1. 精彩的姿态（这点是当然的）。
2. 模特之间的联系很有意思。
3. 有趣的表情。
4. 强烈的轮廓感。
5. 美丽的线条。
6. 优雅的手部姿态。
7. 有趣的装饰物（可以是狗狗或是小宝宝）。
8. 精彩的背景。
9. 有文化或次文化特点的（例如，滑板、说唱姿态、漫画风格等）。
10. 动感的姿态。

连衣裙的姿态一般比较静态。

注意： 请仔细观察手部姿态可以为整幅作品带来多大的亮点。

这幅图中的动态姿态可以很好地展示服装的坠边。

第八步：给服装模特上色

上色

由于颜色、花样和质地是时装界最本质的元素，所以上色这一步骤可以成就你的作品，当然也可以毁了它。我们在这之前已经简单地涉及到上色这一问题了，而且，在与本书配套的光盘中将会做更进一步地讲解。

怎样开始

1. 收集好的关于上色的剪报。
2. 考虑每件服装之间的平衡关系以及它们应该怎样组合在一起。你真的很好地利用了面料了吗？如果在视觉上看起来不舒服，就请做一些必要的调整。
3. 在素描之上简单地为模特和服装做出一个上色的小样。使用的工具是麦克笔或彩色铅笔。
   A. 确保颜色之间保持平衡。例如，如果你用红色系的颜色为棕色羊毛上色，那组里的其他服装也要用这同一色系的颜色，但是并不是一定要上在所有模特的同一个地方。
   B. 也要实现计划好光和影的平衡。（不要让暗色太过集中地出现在一个地方。）
4. 在正式上色之前要先在草稿纸上试一下颜色，哪怕是你对要涂的颜色非常有把握，也有万一的时候，不可预料的事情常常出现在上色这一环节之中。

注意：特别注意颜色的搭配，（如果你用的是油画水彩）事先要调出足够的量来。留出一些额外的涂料，放在密封的容器里。

5. 记住，光和影的强烈反差会给你的作品带来更浓烈的效果。
6. 不要忘了最后在重要的细节上加上高亮的强光效果。

颜色选择

如果是一整组的模特，那么服装的颜色要包括展示时的主要颜色（比如，所有的服装都是紫红色和暗灰色的基调），还有一两种别的颜色的搭配（在现实中，这些颜色要使比较好得到的基本颜色）。因为并不是所有的消费者都喜欢紫红色和暗灰色。他们也许会喜欢另外的两种颜色，例如海蓝色和暗灰色的搭配，黑色和冷灰色的搭配。

注意：当向人们展示的时候，你也要展示出两种或三种颜色选择。当然事先要先做小样试验，看看多种颜色是会增强还是会减弱你的展示。

面料色彩选择

当选择颜色的时候，有几点可以帮助你做出正确的决定：

1. 有的机构提供和制造不同的面料颜色样品。包括根据时装季节最新流行的颜色。这些颜色都是由制造面料的厂家决定的，也经过了该领域内专家的研究。设计师们只要直接利用这些服务就可以了。
2. 有介绍关于颜色分类和颜色样品的书籍，也许可以帮上你的忙。这种方法看起来也许有些教条和机械，但是却是很有用。例如，如果你想挑选出三种柔和清淡的颜色，你应该想要在色系差不多接近的颜色——白色系或灰色系（如果需要不太纯净的颜色的话）中挑选。
3. 当然，你的决定还要取决于你能找到什么颜色的面料，特别是你设计的服装最后是要被制作出来的时候。但是，很多学生们是有能力将他们设计的那种颜色和面料准确地对应起来的。设计师们是可以把面料染成某种特殊的颜色的，但是这样做的时候，厂家往往有一个最少订购的标准量（每个厂家的数字都不同）。

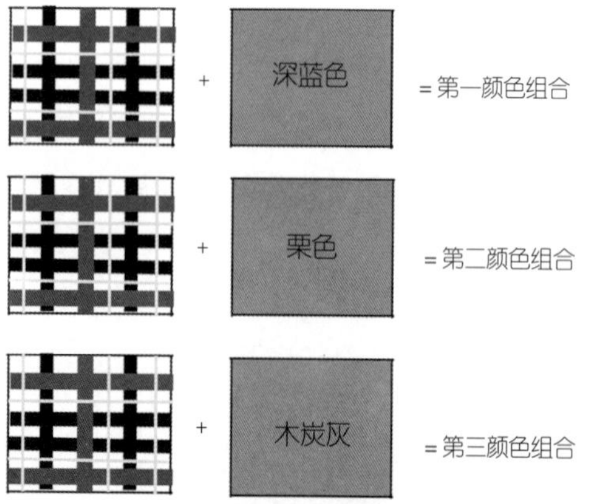

这个图为我们提供了三种格子图案和周围颜色的组合方式。格子图案本身由深蓝色、栗色和木炭灰色组成。

三种协调的图案和颜色搭配举例

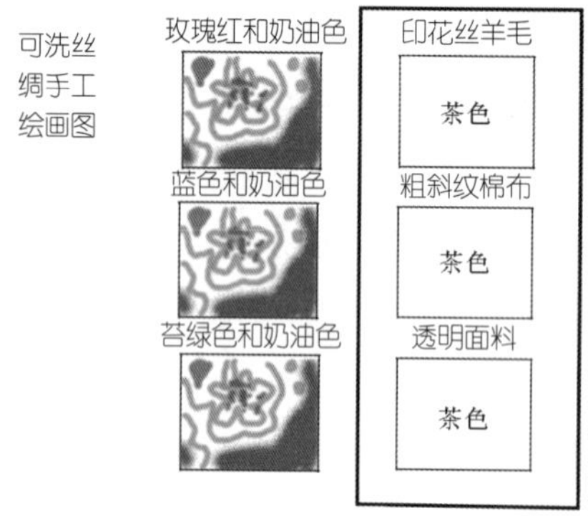

这个例子告诉我们怎么展示更加复杂的花纹面料。同样的花纹式样但是不同的颜色组合——所有的都由奶油色作为背景颜色。面料质地重量也不同。

复杂面料展示

颜色术语

色调（Hue）：实际的颜色，例如，红色、蓝色、橘黄色等。颜色板是颜色的展示板。颜色的种类无穷无尽。

颜料（Pigment）：英语中也可以说paints、dyes等。可以混合在一起调色的颜料。

纯色度（Saturation）：颜色的纯度或浓度。换句话解释，如果麦克笔的中介溶液是酒精的话，那么一根纯色度为10%的深红色麦克笔就由90%的酒精颜料和10%的灰色颜料组成。我们知道这颜色是相当浅的。而纯色度为90%的深红色麦克笔的浓度是非常高的，所以它的颜色会非常浓重明亮。

色值（Value）：某种颜色明亮度。比如灰色系，它的色值范围是从黑色到白色。又如，我们可以在红色中添加白色或黑色来改变它的色值，将其变得明亮或暗淡。

注意：正是颜色值的差别能够帮助我们制造模特和服装的三维立体效果。

如果你将两种相反的颜色（色板上方向相反的两种颜色）混合在一起，它们就会中和，产生出不同的灰色。

调色板

当给一组模特上色的时候，为了让颜色达到和谐的效果，以下这些事情是你一定要考虑到的：

1. 如果你颜色的主题是浅色或比较中和的颜色，那么你也需要把模特的肤色画得精细——不是很明亮的色调（也就是说纯色度要低，就像一层淡粉色的影子）。
2. 头发的颜色也要和主色调相协调。如果服装上有紫罗兰色，我也会在头发上或模特的彩妆中加上一些紫色。
3. 面料颜色的协调也是展示成功的重要秘诀。常常，黑色在明亮的橘黄色的映衬下会显得像木炭灰，所以，不要让差劲的颜色毁了你的精心设计。
4. 以上原则也适合面料的花纹图样。例如，面料的图案是精美的箭头式样，但是你上的颜色是厚重的深颜色的话，精巧的感觉就不见了。
5. 由于颜色和风格的问题，装饰物也要精心选择。很多时候，太平凡或太闪亮的装饰品会毁了整个一组的设计。

练习：

选择两种相反的色调（比如，红色/绿色，紫色/黄色，蓝色/橘黄色）。给穿着衣服的模特上色，用你选出的两种颜色给作品画阴影。

光和影的平衡

在这页和下一页的图片上，我们展示的怎样利用光和影之间的关系进行创作。黑色是很有力的颜色，如此地完美，它几乎在每一幅作品中都做了巨大的贡献。在下图中，黑色使观众的视线在三个模特身上流连。

光和影的问题也和颜色联系得很紧密。暖色（例如，红色、橘黄色和黄色）看起来比冷色（比如蓝色、绿色和紫色）更强烈，我们要保持冷暖的平衡。不然，会使作品中的一个区域过于显眼。

还有一个和光影平衡同等重要的因素也要求我们时刻牢记心中，那就是模特之间的距离差异。你认为下面的两幅图中，哪副更有意思？

注意：腰部以下缺乏黑色可以看作是一种“不平衡”的表现，这就造成了一种视觉上的阻拦，使人们的目光更多地停留在上身服装上。

夜景

模特水平排列的平面设计图，对于人数不多的小组模特来说，这样的效果不错。

第九步：创造精彩的平面设计图

怎样开始

1. 首先决定模特和服装平面图的比例关系（我的建议是，要么一样大要么比模特小一点儿）。
2. 事先决定好你要怎样画出你的服装平面图，这样才好决定它们和模特的联系（如果你把平面图排列整齐依次摆放在模特的下面，那么观众就会很容易弄清楚哪个模特穿的是哪款服装了）。
3. 决定你用什么样的工具（铅笔、钢笔、电脑上色等）和什么样的纸来画平面图。
4. 在素描之上迅速地勾勒出你的服装平面图，保证它们的比例大小一致，款式协调。还要确保它们和模特身上的服装比例不变。
5. 最后完成的作品要干净整齐，让人一目了然。
6. 在内部空白的地方图上些灰色。如果有什么地方还不清楚，就写上些说明或细节放大。需要的时候参考一些资料。
7. 在展板上把服装的面料一一排列出来，确保观众们能够真实地摸到布料。要把布料的边缘修剪整齐，不要有多余的线头。
8. 考虑给面料的颜色起个名字，比如岛国棕或糖果粉等。这些名字要和整个展示的情调保持一致。

夜景

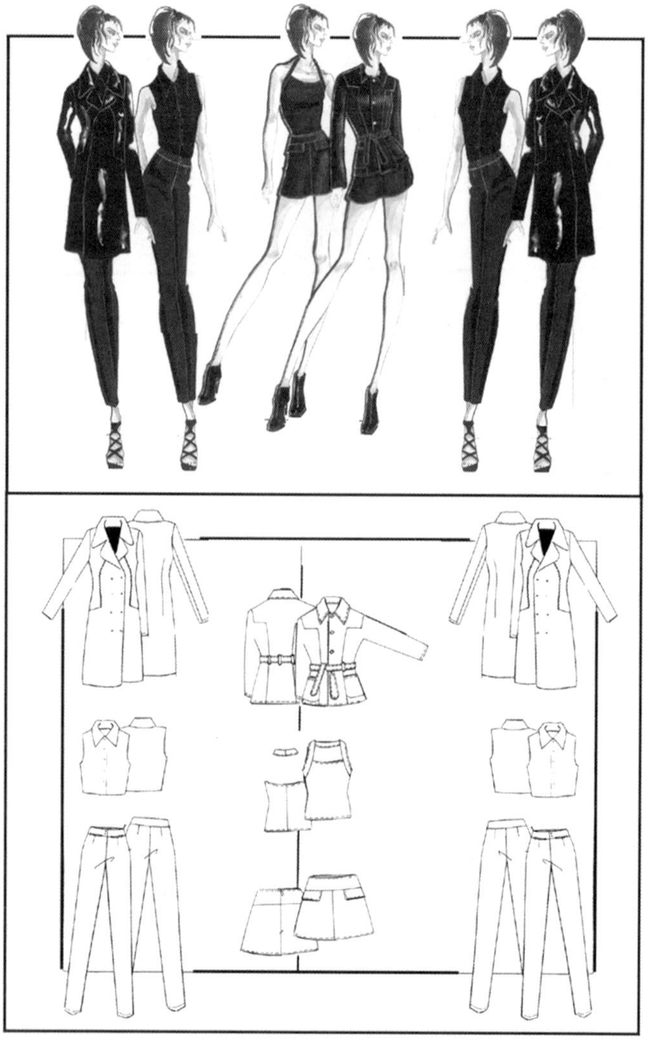

服装平面图和模特垂直对应。对于多人的模特组来说，这个方法很适合。

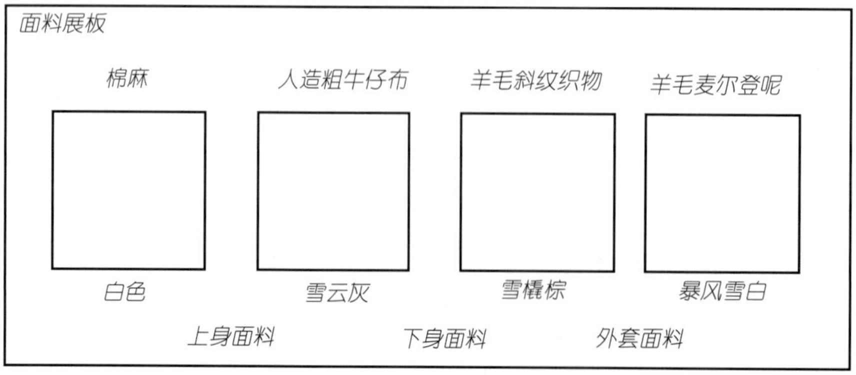

平面图检查：

1. 服装要和正确的模特对应好，排列要整齐。
2. 衣服的比例要和模特一样。（如果你的模特身体比例被夸张了，那下边服装平面图的比例要比较真实。）
3. 平面图的线条要精准，服装要画得对称（斜裁的服装除外）。
4. 服装内部要用阴影涂黑（比如领子内部要用浅灰色涂色，比较干净）。
5. 细节要清晰，扣子和口袋要放对地方。整个图要清楚干净。
6. 如果你的服装有不同的颜色组成，你要清楚说明服装的什么地方是什么颜色。
7. 如果有条纹图案，条纹的方向要在平面图上显示清楚。

第十步：展示你的作品

怎样开始

虽然很多设计师都很害羞不爱交际，但是他们都很成功。通常情况下，设计师都是公众人物，也是管理人员。所以，与人很好地交流是设计工作的重要部分。你可不只是给你的老板和公司的销售人员展示你的作品，你还要面对大型的零售商们。你还很有可能被要求面对媒体，或者在众人面前演讲。

虽然听起来有点可怕，但是作为一个容易害羞的人，我要说这些事情，一路学来也不是很难。但是我们还是要上一些演讲的课程，练习与不同的人沟通，并且认真准备每一次服装展示，为你的成功做好准备。做好了你最害怕的事情是建立信心的最好的途径。如果演讲卡片可以帮助你成功，那就做卡片吧。照本宣科总比吞吞吐吐，嗯嗯啊啊强。如果你真的采取读的方式，那么就大声清楚地读出来，还要时不时地抬头看看下面的观众。要做眼神的交流，这样可以有效地吸引他们的注意力。

应该包括些什么?

当然，不一般的展示需要不一般的信息支援。下边的这几条你可以在对设计进行讲解时帮上你的忙。

1. **是什么带给了你灵感?** 这一部分要介绍的简短，但是要吸引人。如果这部分有意思的话，人们会更加关注你的设计。
2. **谁是你要针对的消费人群，而你的人物形象又是什么?** 就像你看到的，我的模特人物是穿分身泳装的 “妖妇”或“魅惑女”。所以我的面料也根据这个调子起了相应的名字。此外，还要对你针对的服装店多做一些研究和处理。
3. **你的消费者通常会在什么场合下穿你的设计?** 可以帮助观众们更好地在头脑中想象你的服装设计。
4. **你使用的是什么面料?** 要能够具体地讲清楚每种面料，例如，不要只说丝绸，而说山东丝绸。
5. **描述你的模特**。要把她们说得比较新颖、有趣。说说她们是怎么组合搭配的。
6. **把观众的注意力引向细节之处，或者有意思的模特人物**。例如，衣服的扣子是肯尼亚珠子做的，皮毛袖子可以拆卸。

注意：不要用平凡无趣的语言词汇，例如我们可以用“经典”代替“基本”一词。不要指出缺点，焦点要集中在好的方面。

其他建议

1. 不要在最后一秒做大改动，凡事要事先计划好。
2. 把你的作品挂起来，然后走远一点看看，也许要挂它个一两天。如果它已成为你生活的一部分，你就会看出很多以前看不出来的东西。
3. 自己事先练习谈论所有的设计问题，比如，你的灵感是什么，面料怎样选择以及设计上的细节等。充分准备你是怎样做选择的。
4. 在正式展示的前一天保证充足的睡眠。人在困顿不堪的时候是很难显得自信的。
5. 展示的当天穿上能让你感觉良好的衣服，看起来要比较专业。
6. 记住，在展示的过程中，如果你不能有效传达你的信仰，你就会使观众迷惑，产生怀疑。
7. 一定要为自己这么努力地工作，为创作出这么优秀的作品，表扬自己一下。

夏季海边美女

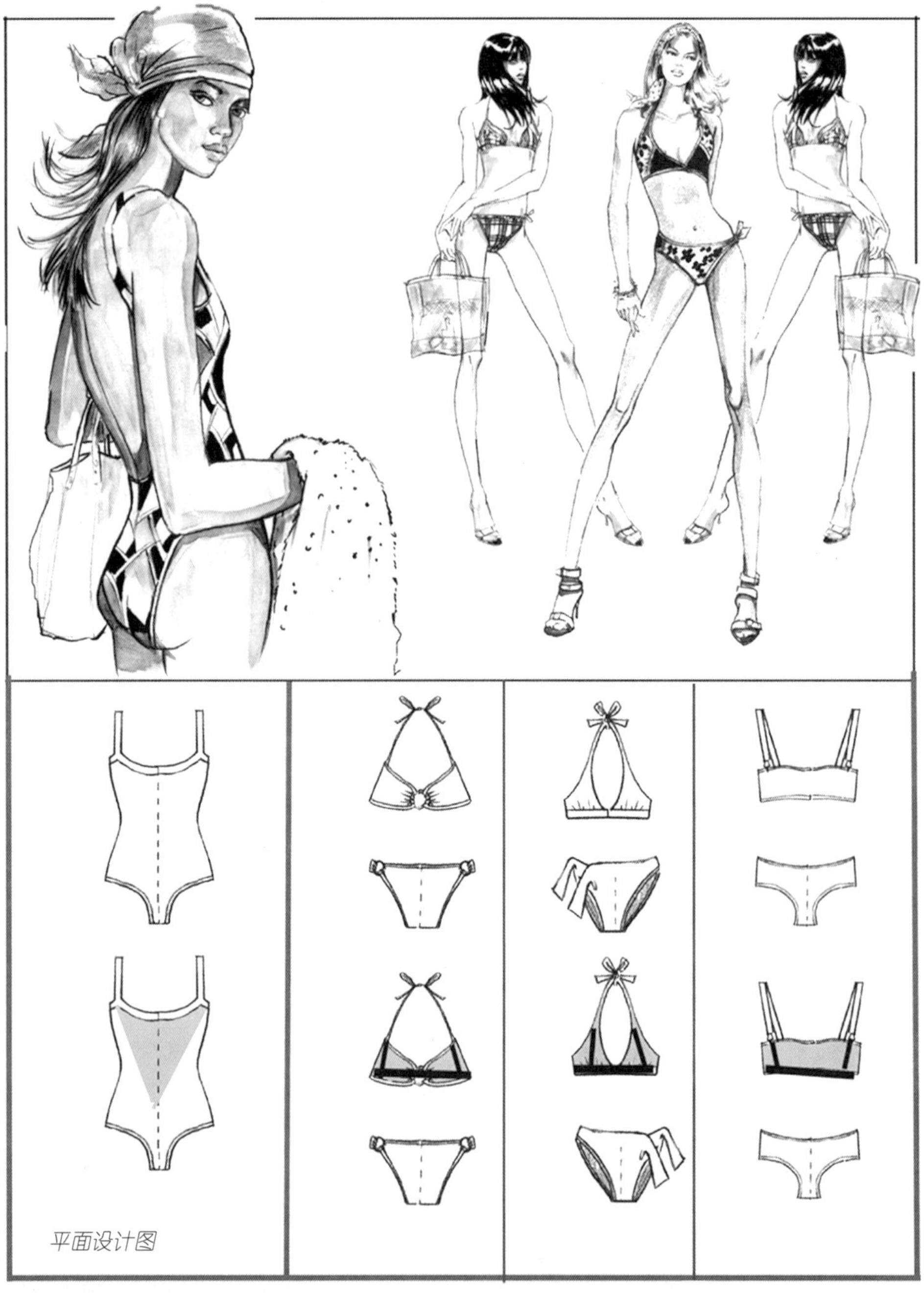

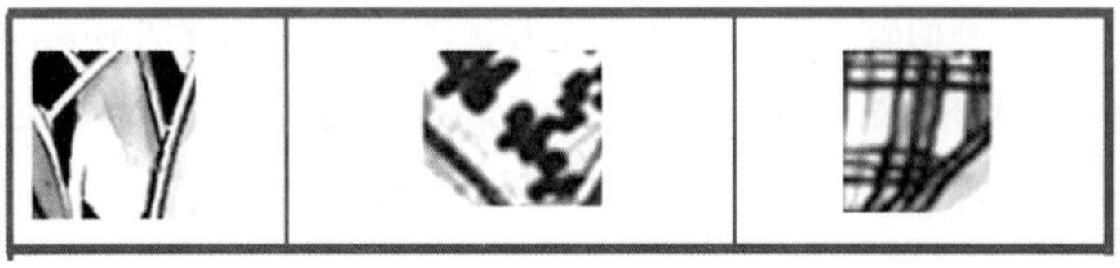

性感的丝网面料，
100%弹力纤维

第八章

计算机设计

本章目标：

- 谈谈计算机这个和我们息息相关的东西。
- 建立相关词汇。
- 应该怎么用。
- 介绍Photoshop软件的用法。
- 其他的可选软件。

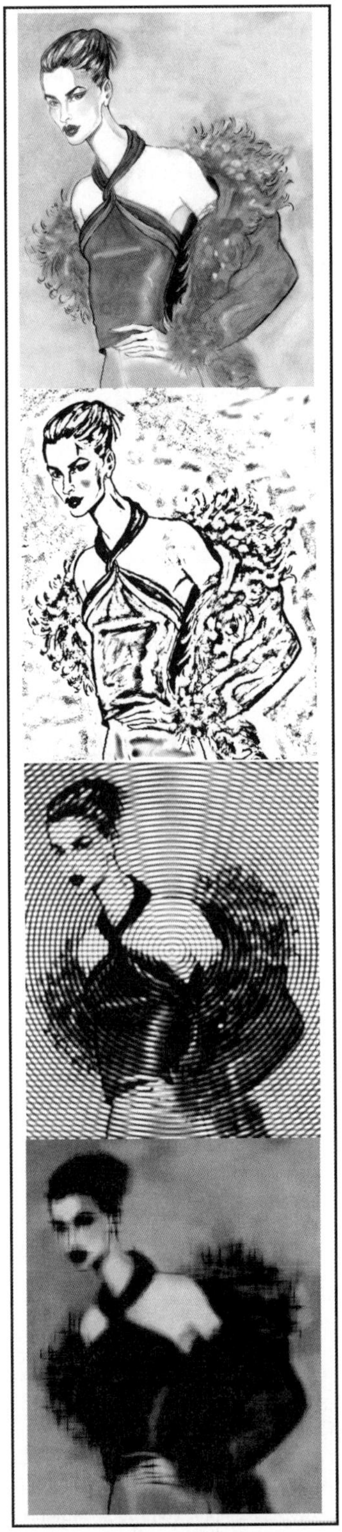

要赶上时代的潮流，是要付出努力的……

一些新的东西：计算机工具

当涉及到计算机工具的时候，让我们大胆面对吧——"对新事物的恐慌"不是这本书的主旨。当今世界的高科技和高速度每天都在改变着我们的生活。精良的电脑服装设计、绘画软件、全新的令人迷惑的设计理念以及日益更新的工作系统都需要我们的关注并投入大量的时间。想要赶上时代的步伐不是件轻松的事情，尤其是像我这样的视觉动物（没有好看的图片就拒绝读任何复杂无趣的相关说明的人）。但是过时是个灾难，尤其是在我们的工作世界里。要跟得上潮流，压力很大。

不过，幸运的是，现如今的很多学生都很熟悉电脑，这一点是优势。为了写出关于这方面的教材，我真是很努力地用过功了。在别人的帮助以及我自己的艰苦的努力下，我学会了一大堆电脑程序以及设计方法。我将会把这些知识以简单易懂的方式与你们分享，并且鼓励你们不断试验、练习，不退缩。保持一颗开放的心，愿意接受新鲜事物，只会让你在老板眼中成为成功的、更有价值的设计师，所以，请不断前进吧。

注意：当你在探索计算机设计方法的时候，你还要读一些更专业的计算机教材。

注释：强烈推荐Wow软件，它是Peachprint公司推出一款系列软件。包括很多很棒的颜色以及成功设计师们的设计样品。你可以很容易地学会它的各项功能，应用范围很广。网址是：http:/www.peachprint.com/books/wow.html.

怎样开始

虽然在你的学校里可以比较方便的使用计算机，但是你还是最好在自己的家里有一台计算机。多谢如今的科技的飞速进步，计算机的价钱越来越便宜了。如果你愿意自己组装一台计算机或者买一台不是新款的设备，价钱就会更加实惠了。

在你购买计算机之前，我建议你先和老师，知识丰富的销售人员谈谈，当然还要参考一些电脑杂志。当然，如果你能使用不同品牌的机子那就更好了。我已经用过了很多苹果机和各种PC机，对于我来说没什么差别。很多人都像我一样认为苹果机最适合做图像工作了，但是我也知道，有很多成功人士用IBM的产品也很顺手。所以，在购买之前先看一看哪款最适合你。你需要和你的计算机建立亲密和谐的关系，所以精挑细选总没有错。

改变明暗度在Photoshop里是很容易的事。

基本设备术语

CD-Rs（可记录光盘）：每张光盘可记录700兆的图片或文本。CD刻录机可以在光盘上刻录下永久的内容。

Computer（主机）：是你计算机的中心和大脑。

Disc driver（磁盘驱动器）：和计算机连接的一个设备，能够转换并存储信息。

Drawing tablet（电子绘图板）：塑料的绘图板配有压力感应笔，可以当作笔也可以当作鼠标使用。

External hard drive（移动硬盘）：可连接在计算器上，增加多余的存储空间。

Hard drive（硬盘）：电脑的存储空间，存储量按照字节，千字节，兆字节，十亿字节(一个G) 的单位计算。买电脑的时候，确保这款电脑有足够大的硬盘空间（至少要32G）。图像所占空间比较大。

Hub（集线器）：计算机上的一个小小装置，通过它你可以把很多硬件连接在计算机上。

Keyboard（键盘）：通过它你可以写文本，或在图片上写字。

Memory（RAM）（随机存储器）：随机地写入或读出数据的一种存储器。很多软件程序需要大量的存储空间和计算机上的很多功能。你可以购买到额外的存储器，通过电脑芯片加载。

Menu（菜单）：在屏幕上方的那些字，当你点击它们的时候，就会下拉出很多选项。

Monitor（显示器）：计算机的屏幕。

Mouse（鼠标）：小小的装置，可以在屏幕上自由移动。

Printer（打印机）：可以打印出你的文本或图画。

Software（软件）：各种不同的程序。比如，Adobe公司的 Photoshop、Adobe Illustrator、Corel公司的绘画工具等（Corel Draw、Corel Paint）。通常，你需要购买或下载这样的软件并安装在计算机上。

Toolbar（工具栏）：在桌面上的快捷建，用鼠标或专用笔双击即可。

电脑系统

Macintosh

我知道得很多设计师都用苹果公司产的麦金托什计算机工作。这些电脑系统可能是最适合图像设计工作的系统了。旗鼓相当的系统还有IMAC系列，这款计算器的主机和显示器是一个整体。我们学校计算机室使用的是苹果G-4s，这款计算机有很强大的驱动，存储量多。如果你打算存储很多图片，硬盘的存储量使你要重点考虑的内容之一。一张图片所占空间就有50兆字节那么大。

私人电脑（PC）

除了Macintosh的计算机，其他的计算机都使用DOS或Windows操作系统。IBM是PC机的最大生产商，当然此外还有很多其他的厂商。所有的这些操作系统都可以使用同一种软件。虽然我时不时地会用PC机的文本处理系统，但是我很少使用DOS。我的很多同事们都在用PC机进行工作。

扫描

扫描仪是一个四方形的盒子，上边有一块平台，你可以把要扫描的文本放在那里的内置屏幕上（特别像复印机）。扫描仪和电脑连接着。

虽然你可以在学校里的电脑上进行操作，然后把扫描结果存储在一张光盘上（用刻录机刻录）或是移动硬盘上，但是，如果你需要经常这么做的话，我还是建议你买一台自己的扫描仪，这笔投资是值得的。

优点：

1. 有的计算机软件中已经有存储好的人物模特，所以你不用进行扫描。但是如果你把自己设计的模特扫描进电脑的话，你的设计会充满你自己的设计风格。
2. 扫描听起来也许有点复杂，但是实际并不是这样的。这项技术真得很好，而且学起来也很有意思。
3. 虽然你的扫描知识还不够，但是即使是这样一个全新的领域还是在你的眼前展开了，这项技术可以帮助你创造，使你受益无穷。

缺点：

使用扫描仪需要你投资金钱和时间 。

储存：

光盘是很方便的存储手段，你不用担心硬盘不够使用。（如果你的硬盘装得太满，会影响到你所有软件的工作速度）。此外，你还可以用光盘把资料从一台计算机转移到另一台上。

绝大多数的IMAC系统都带有内置刻录机，非常的方便。当然，你也可以买一台外置的刻录机。如果我想再看看某些资料，我只需要把光盘放进计算机的光驱就可以了。我还可以随时做一些必要的改动。

注意：你做过改动后，一定要记得存在一张新光盘中。资料一旦被刻录在光盘上，就永久性地不能改动了。

从哪里找扫描仪？

我们可以在任何一家电子商场里买到扫描仪。价格大概是：最简配置（大约8英寸 × 12英寸）100美元一台，专业配置大型号的扫描仪大约要上千美元一台。我的扫描仪是UMAX Astra 4000U型号的，买的时候大约400美元，它有高级的数据处理能力，还可以扫描大图片——11英寸 × 14英寸大。（大小对我来说很重要，因为我喜欢大图片的设计。）也可以将图片部分的扫描下来，然后在电脑中进行合成，也不是件麻烦事。如果你已经计划买一台扫描仪了，请事先和专业人士咨询一下。

扫描步骤：

1. 先看说明书。（我比较讨厌说明书一类的东西，但是它们还是很值得一看的，这样你才知道怎样更好的利用你的设备）。

2. 把扫描仪上的文件摆放整齐。同时你可以选择不同的颜色设定（三原色、灰色系或四分色）和明暗值（点每英寸），取决于图像要用于什么地方。因为有的图片要放在书中，所以我设定扫描仪相关值都比较高，400-600DPI。如果是普通的用途，150DPI会比较快，而且也不太占计算机内存。
3. 要扫描的资料要整面朝下，尽量贴近上方。
4. 打开计算机中的图像处理软件，打开菜单选项，双击输入项。这样可以在电脑软件中打开扫描仪程序。
5. 点击预览项。扫描仪就会慢慢地把资料展现在你的屏幕上。等待，直到整幅图都出现在电脑中。确保这就你想要的样子。如果你想要调整什么，就再次点击预览项。
6. 在预览的页面上，有一个电子线条框，它可以框定你的图像大小。你可以只扫描你需要的部分，这样可以不用浪费内存。用鼠标选定要扫描的部分，然后点击扫描项开始扫描。

你可以对你的图画做些什么处理?

这些是在Photoshop工具栏中的选项：

1. **把它们放大或缩小**。比如，你可以输入一幅2英寸的图片，扩大打印成10英寸，如此之类。

   如果你使图片太大，超出了打印机的范围，那么它就会自动进行剪裁，所以我建议你把图片大小限制在8英寸 × 10英寸的范围内。

举例：使用Photoshop软件调整菜单下的对比选项，可以使你的设计更有视觉冲击的效果。

点击Photoshop的图像选项，在下拉菜单中找到图片大小。双击，画面周围会出现尺寸标准，这样你就可以按照自己的意愿对图片进行修改了。

注意：如果你要改变图片的宽度，长度也会跟着改变。你可以通过点击CANVAS来改变长度和宽度的比例关系。

2. **清除**。如果你的图片看起来是模糊的，你可以下拉编辑菜单，找到级别选项，图画颜色就会变浅一个级别，整幅就显得干净了许多。
3. **较重线条颜色**。在用过级别功能之后，你的图画线条会显得比较淡。这时候你要找到对比选项（也是在编辑菜单中），你可以利用这项功能加重线条的颜色。我很喜欢这项功能，因为它可以使我的作品更加有视觉冲击力。黑色的变得更黑，使明亮的色彩更加突出。在同一页面中你还可以增加图片的亮度，但是我通常只会在做让人物图像渐渐消退的效果的时候使用这项功能。
4. **调整颜色**。在同样的编辑菜单下，点击色彩平衡选项。在这个页面里，你可以使图片颜色变得更蓝，或更红（参考559页）。这项功能很好玩。
5. **增加颜色**。你可以使用这项功能在电脑中给图画的部分或整体上色。我一般用刷子给黑色或白色添加一些灰色调。
6. **图像复制**。你可以把某个图像复制成两个或无穷多个，然后试验不同的上色方法，进行不同的修改等。你不必担心你会失去初稿。利用这项功能你也可以将复制的图像打印出来，练习手工着色。
7. **图像组合**。你可以扫描进多个图像，然后把它们组合在一起。这个功能可以帮助你又快又方便地实验各种不同的组合方式。

图像增大和减小

8. **图像重叠**。你可以在一个图像下边增加多重重叠效果，以增加视觉冲击感。每一层重叠都可以自由地摆放，当然你也可以随意地修改，删除。
9. **储存**。你可以储存所有的图像（当然，要占内存空间）。这样哪怕你的文本图像被损坏了，你还是有电脑里储存的备份。
10. **增加背景效果**。你可以把照片上的背景扫描进电脑中，然后做一些明亮度、透明度的调整等，直到与图片中的模特协调一致。

相关软件

如果你想对图像做处理调整，你就需要使用图像处理软件，功能基本包括：输入、各种处理、上色和储存。值得庆幸的是图像处理软件本身并不怎么占空间。

不同的软件给我们提供不同的功能选择，而有些软件的某些功能真的非常棒。由于本人的经验知识有限，我只使用过Photoshop。开始使用这个软件的时候，我所使用的功能也很有限，这等于是一种浪费，这个软件是那么的实用，易操作，我们真的应该好好地利用。我对图像要做的所有处理工作，几乎都可以靠Photoshop来完成。我的学生们常常使用Photoshop和Adobe Illustrator，后者更加需要科技知识，但要做技术含量好的展示作品就再合适不过了。

我对于Corel 的软件系统——包括他们的绘画、制图、抠图功能以及这个软件的设计师们的了解都还不太深入。但是我发誓，对于我所经历过的，我感到很震惊。Corel是一家加拿大公司，他们的职工都很友好，而且会提供很好的帮助，每个人都真心地愿意使富有创造力的人们能够更方便，更有意思的使用软件工具。Corel系统和Adobe系统同样出众。所以这两个软件系统都可以成为你的选择。对于服装设计师来说，这是个很大的优势，因为每一个软件系统都有它的过人之处，只是轻轻点击鼠标就可以使用它们是一件多么棒的事情啊！

如果你很喜欢用计算机为作品上色，Corel系统有一系列很棒的上色工具，上色的效果会非常逼真，如果你想要水润的效果，你就会觉得颜色在流动闪亮，甚至要从屏幕中滴下来一样。

Corel Draw 和Adobe Illustrator很相像，很适合制作科技含量较高的作品。

至于Corel Knockout（抠图软件），它可以帮助你把人物从背景中分离出来，哪怕你要分离的图像有透明效果或非常细小。我曾经见过人们使用这个软件把蜻蜓的翅膀从户外的背景中分离出来——完美无瑕！

上述的这些软件都被艺术家和设计师们使用着，Corel软件稍稍有一点贵，所以我总是向我的学生们推荐Adobe。

组合媒体

将来的设计师们会花多少时间来手工绘画呢，还是坐在电脑前利用特殊的软件进行创作？我遇到过非常有才华的设计师们，他们只是用公司配备的特殊计算机及设计软件进行时尚设计。我的好朋友，丘伊斯·莫伊·伯恩（Joyce Moy-Burne）为纽约的罗德泰勒（Lord and Taylor）公司设计传统经典男士服装，她将设计好的作品设计图“打包”直接用电子邮件寄给东方国家的厂家。

至于我的学生们，他们真是有电脑设计的天赋，但是他们还是大量的用手工绘画，只是把计算机当作补充工具。那些他们打印出来的，已经经过软件处理的作品，看起来真的很时髦光鲜。不过，我最欣赏的作品，是打印好之后再经过一层手工处理的设计，这样可以增加图画的立体感和作者的个性。再多用一点点水彩和麦克颜料，真的可以制造非常不同的差别，所以对你打印出来的作品别太保守了，让它们再进一步的升华吧。

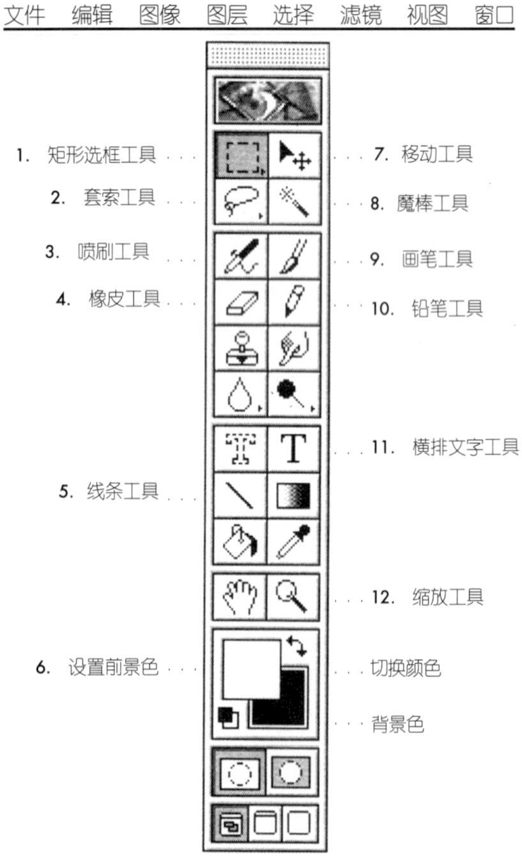

带有菜单栏的全屏模式

我最常使用的软件和工具

#1、#2、#7：矩形选框工具和套索工具可以帮助你选定图画的一部分，这样你就可以只对图片的一部分做修改和处理。想要移动整幅或部分图片时，你可以使用移动工具#7。点击你要移动的区域，不要放开鼠标，然后把它拖到你的目的地。（可以是页面上的另一张图片上）

#3、#9、#10：喷刷、画笔和铅笔工具可以为图画添加颜色和线条。我最常使用喷刷，但是请你一定要试一试另外两种。拉下窗口菜单，点击画笔选项，一个页面就会打开，你可以选择画笔和喷刷的粗细大小。

#4：你会经常使用橡皮工具来清除修改你的作品。再打开窗口菜单，点击选择项，这个页面可以为你提供四种橡皮。我用大块的橡皮擦正片区域，用喷笔橡皮修改细节。

#5：这个工具非常棒，你可以用它画出笔直的线条。选项还会为你提供不同粗细的线条。你只需要改变磅值就可以了。

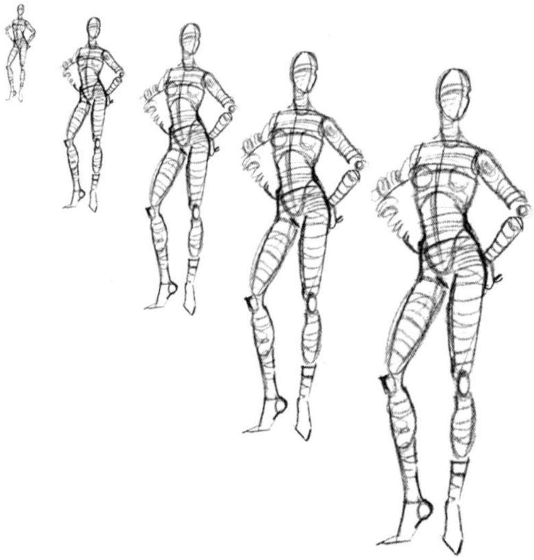

Photoshop工具栏

如果你的计算机上已经安装了，你应该有一份关于这项软件的使用说明。我在这里提供了上图的工具栏，这样我在解释软件在服装设计领域的用途的时候，你能够很快得找到对应。

所有的这些工具栏中，我真正常用的不多。很多功能使用的次数多是因为和服装设计的工作联系很紧密。但是还有很多用法、功能我不太熟悉，我们有的是时间对它们进行探索。

#6：前景颜色就是你要给某个区域上的颜色。如果你正要上色，那么就点击白色的框框，一个调色板就会出现，你就可以选择你想要的颜色了。

注意：如果你拉下编辑菜单，点击里面的填充选项，你可以使某个区域或整幅图片变成白色，50%灰色或是任何前景颜色。

#8：用魔棒工具点击某一区域，然后点击填充选项，你就可以给这个区域上色了。

#11：横排文字工具可以帮助你在图片上添加文本。但是请记住添加的任何文本在图片上都是独立的一层，我们应该将其进行处理使其与图片色调相一致。假如你想从文字状态回归图像状态，就在图层页面中点击那张图就可以了。在图片的图层中你还可以用移动工具随意移动字体文本。

#12：缩放工具可帮助你很快地把图片或图片的某一部分放大或缩小。只要不断点击你要放大或缩小的区域就可以了。如果要整体的放大或缩小整个画面，就请点击屏幕上方视图菜单下的缩放选项。

编辑：我常常使用这个菜单下的剪切选项。你可以用矩形选框或套索工具将图片的某一部分选定，然后点击剪切就可以了。

层次：点击图层菜单调整下的色阶选项，它可以帮助你使图片变得干净，而色彩平衡选项可以改变图片中各种颜色明暗浓淡，这可以用来突出光源。

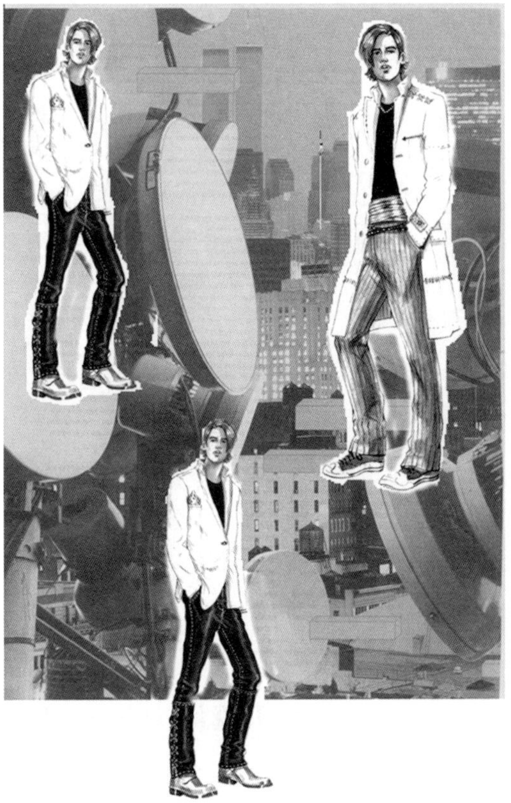

当你把人物移动到某一背景上时，你需要用橡皮把任何一起被移过来的多余部分擦掉。（如果你可以把套索工具使用的非常精细，就不用拿橡皮擦了。）图上的这些人物处理得非常粗糙，你可以用喷笔橡皮把他们修理得更加精细。

在计算机上组合模特

在计算机软件的帮助下，一个模特人物就可以在短时间内生产出一个庞大的模特群（当然会展示很多件不同的服装）。

原图

步骤：

1. 画出第一个模特，在复制叠加之前先考虑清楚他（她）所产生的模特群的效果。
2. 依次把素描直铺在模特身上，一件件地为模特群画出服装。
3. 把图片扫描进计算机中，保存好这张原始图片。
4. 新建一张空白图片，把模特移到上面去（用移动工具），你想移多少个过去都可以。然后用橡皮擦掉多余的部分。

注意：保存好图层，这样当他们都“穿好衣服”以后，你可以调整他们的位置。

5. 用同样的方法把服装移到模特身上，你可以调整每个图层的透明度（参见图层菜单），这样你才能精准地调整模特身上的服装。

注意：当你把某个图层隐没以前，要记得把它恢复到100%。要想回到某个图层，只要在图层窗口点击它就可以了。

6. 当你对某个服装组合很满意了，就隐没所有的图层。
7. 进入下一项创作，可以在新空白图片上画出一个矩形区域，把模特移动到那上边，用橡皮擦掉多余部分。

用Photoshop填色

刚刚被扫描的手稿

上色以后

用计算机给图片上色会达到一种很干净整齐的效果，而且操作起来也非常容易。

填色：

1. 检查你的绘画，确保在你准备上色的区域线条与线条之间没有断裂。
2. 扫描进计算机，最好用200以上的DPI。（我一般用400DPI）
3. 加重对比度，使图像线条更加浓重。（点击Photoshop的图像菜单，使用调整功能。）
4. 扫描之后擦掉所有瑕疵。计算机会比手工操作更快更彻底。
5. 选定一个区域然后开始上色的工作，点击选择理想的前景颜色。
6. 用魔棒工具点击要填充颜色的区域。

注意：如果这个区域是封闭的，魔棒工具的效果会只限于这个区域内部。但是，如果围绕区域的线条有断层，不管这个断层有多小，颜色也会涂到区域外的其他区域里。

7. 到编辑菜单中点击填充选项。计算机会提供你要填充区域的颜色（从白色到黑色）。
8. 点击前景色。
9. 调整透明度。我一般为了使我的模特显得比较鲜明，背景则比较透明。
10. 点击“好”键，你的上色任务就完满完成了。

注意：如果颜色太浅了，你可以再上一层颜色。如果形状错了，你可点击编辑菜单下的撤销填充选项。这样颜色就恢复成白色了。调整你的颜色，然后按照这个方法给别的区域上色。

1. 太淡的线条

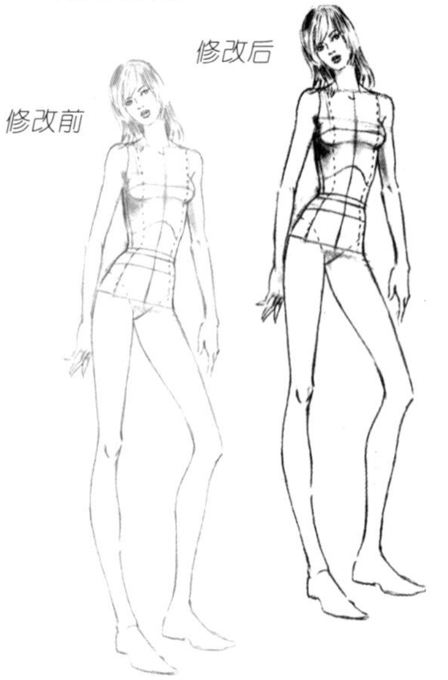

修正：

A. 找到图像菜单下的调整选项，双击其中的明暗对比选项，将对比度调到+50，或别的需要的值。（你会发现图片发生了改变）。然后点击OK。

3. 头部比例失调

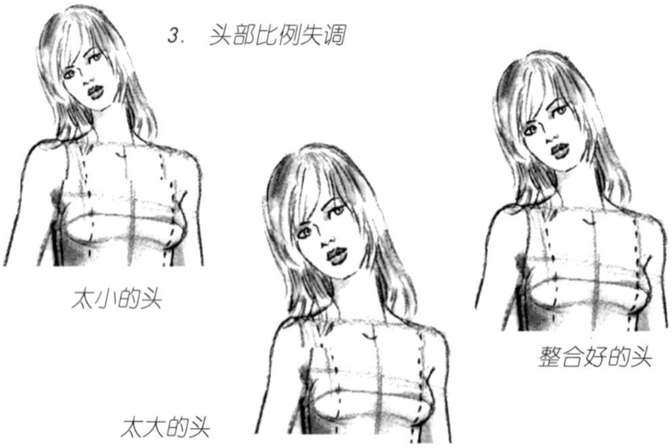

修正：

A. 复制图像。

B. 用#1a将需要修改的区域选定。

C. 根据需要扩大或缩小该选定部分。

D. 用#2b把修改后的部分移动到复制的图中，位置要放置正确。

2. 胳膊太长

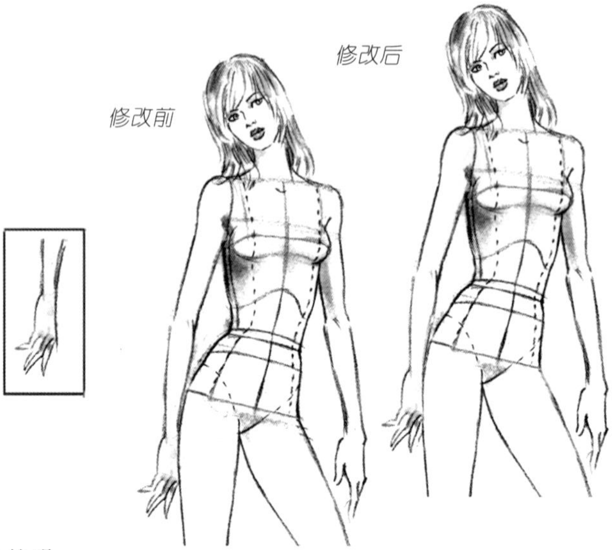

修正：

A. 在图像菜单下复制图像。

B. 用#1a将胳膊或手选定。

C. 用#2b把胳膊或手移动到复制的图中，位置要放置正确。

D. 用橡皮擦掉所有移动中带过来的多余部分。

E. 隐没图层，使其和图像融合在一起。

注意：好的图像要保持干净，我用#4a（橡皮）做清理工作。

用Photoshop进行作品修正

注意：所有的图层都会在图层页面中显示出来，你可以改变某图层的透明度来做必要的调整，不要忘记最后要把透明度调整到100%。

更多的Photoshop工具

1.

我的图像出现在一张特大的帆布上。

2.

我用矩形选框工具把人物选定，
然后点击编辑菜单下剪切选项。

3.

我剪切掉图片的一部分，把剩余的部分扩大了。

4.

我用编辑菜单下的变换旋转180度功能把一个图层调转过来，其他的则保持不变。

5.

我用图像菜单调整中的曲线装
置选项把人物的一部分变深或变浅。

闹脾气的男孩子

计算机提示

1. 把绘画扫描进计算机。
2. 用Photoshop中的线条工具添加出背景。
3. 分别把你设计的标志扫描进图中。
4. 用Photoshop的喷笔进行第一层上色工作。小心计划光和影的位置。
5. 将阴影加深。考虑光源的方向。阴影能够衬托身体的形态，增强动感。
6. 拉动标志（是可以改变大小的），将其放在服装最理想的位置上。

注意：标志也可以作为整幅图画的背景。

7. 在人物的下边画出阴影效果，这样可以增加立体感。
8. 给图片起一个有意思的名字可以使设计更有感觉。

第九章

颜色，耀眼的颜色

雪纱绸的上衣，手工上色的裤子。

本章目标：

- 学习做一个可以成功解决着色问题的设计师。
- 学习一种新颖的实验方法，解决着色时遇到问题。
- 了解所有你用得上的着色工具。
- 学习一些着色的步骤和技巧，使你更好地掌握着色这项技术。
- 当遇到一些特殊着色问题时，学会有效地使用手头的参考。

什么是奢侈的颜色？

在时尚界，有的时候，我们不得不保守地，深思熟虑地使用色彩。但是，还有很多时候，我们可以尽情地放松，穿出大自然所能提供的最美丽的颜色。无论我们有什么样的奇想——是穿嫩黄绿色的平纹丝绸，还是斑马条纹的薄纱，我们上色一定要上得精准。幸运的是，对于所有的面料来说，上色的方法基本上是相同的。如果我们能够掌握最基础的技巧，很多上色的问题就可以迎刃而解了。但是记住，任何问题的解决办法都不是绝对的，死板的。自己研究上色问题的解决方法是很有意思的事情。所以，让我们拿起色彩来，尽情享受吧！

Photoshop中的宝宝脸蛋

A

B

图A和图B是用Photoshop上色的结果。图C是麦克颜料上色的效果。

C

1.

2.

3.

4.

5.

小婴儿用Photoshop上色是最合适不过的了，他们圆圆的小脸蛋用喷笔上色效果最好。小宝宝的皮肤是那么得光滑，所以从刷笔到麦克笔都不适合。

工具：Photoshop喷笔

浅浅的皮肤色调

简单的着色

比较复杂的着色

当你给皮肤上色的时候，要确保使用同一色系的两种颜色。如果你使用金色作为底色，用红色作为阴影色，这两种颜色就会互相竞争，脸部的颜色就不会和谐了。

工具：
麦克Prisma铅笔

步骤

工具：Photoshop刷笔

上色步骤：

1. 把干净的图画扫描进计算机里。
2. 浅浅地上一层颜色（需要更多的耐心）。
3. 用Photoshop的刷笔给衣服上色，画上基本的图案（自行车）和其他的细节。
4. 填上肤色和面部细节。
5. 用移动工具在服装上填上文字。注意要把衣服边缘的文字剪切掉一部分。

注意：宝宝姿态，包括坐姿和躺姿。

工具：麦克牌的Prisma铅笔

宝宝服装检查：

1. 看起来要软软的。
2. 要方便穿，方便脱。
3. 要可爱，精致（如今很多父母的要求越来越高了）。
4. 来点小幽默也无妨。

给宝宝的小衣服上色

玩具是很好的装饰品。

计算机着色

当你设计出一幅好的作品，你需要用Photoshop软件尝试多种颜色组合搭配。你可以无数次的填充再撤销填充。你也可以事先复制多个模特，把每一次的上色试验都保存下来。

纯棉连衣裤

两岁的宝宝

Photoshop的填充工具

这些人物和服装来自剪报。我用移动工具一点一点地把图案添加上去，然后隐没图层。我还做了透明度上的变化，把她们依次排开。当你新建一个图层或隐没一个图层之前，这样做很简单。

我特意地没有给人物加上阴影，这样形体轮廓感会更强。 纯棉背带裤

三四岁大

Prisma铅笔绘画扫描作品，Photoshop移动工具添加服装图案。

四岁大的宝宝

小孩子检查：

1. 不同的民族和不同的表情。
2. 像帽子和鞋子这样的可爱装饰。
3. 小女孩们都有一个鼓鼓的小肚子，而且很喜欢挺挺她们的小腰杆，就更加突出小肚腩了。
4. 要使姿势更加丰富、可爱。
5. 胖胖的小身体看起来要软软的，十分可爱。

1.

在给这些服装寻找颜色搭配的时候，我头脑中想的是橘黄色。如果我把太明亮的颜色和深暗的颜色搭配在一起，在视觉上它们会不相融。

工具：
Prisma 铅笔和Photoshop喷笔

2.

可以把两种颜色放在一起产生对比的效果。
把软件上色的作品和手工上色的作品放在一起，也可以产生视觉上的变幻。

混合年龄组

把不同年龄段的孩子们放在一起，看起来很有意思。

工具：蓝色Prisma铅笔

上色工具：麦克笔

有花边的丝绸的裙子
五六岁大的女孩

穿高档服装的女孩

这个组合很有意思，而且使用的Photoshop工具也很简单：颜色/平衡，放大和缩小。头发的式样很正式，她的舞会裙子和鞋子都非常漂亮。这个图片是给高亮的丝绸上色，所有反光是必不可少的。

练习：

分别设计一套透明硬纱面料和薄绸面料的舞会裙装，就用图上的这个小模特。然后上色。

透明硬纱舞会连衣裙及短裙

透明硬纱具有面料中最脆的质地。能够很好的保持形状，不像薄纱那样又柔软又垂坠。但是，要想撑开到图中那个程度，你需要有很多件衬裙。注意，裙褶的感觉几乎和塔夫绸一样。

工具：
麦克和Prisma颜料

上白色

1. 决定你是否要给白色的画盖上一层保护。
2. 阴影中有一点点蓝色，是我最喜欢的阴影颜色，但是你也可以用暖灰色。
3. 用深一点的颜色加重阴影，尤其是在像褶皱这样的细节之处（参见下边的细节放大）。

有褶饰边的裙子

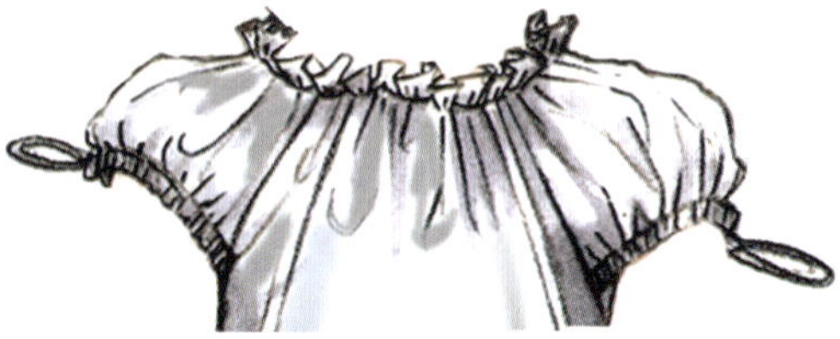

细节放大

佩斯利螺旋花纹上色

1. 用麦克颜料先上底色然后画一层阴影。
2. 画出花纹的形状，确保花纹的大小适中。
3. 用白色水彩、Prisma或麦克颜料，给花纹上色。

佩斯利螺旋花纹

下摆系在一起的衬衫

在Photoshop中添加背景

这是一个非常简单的工作。

1. 把你的背景图片扫描进计算机中，然后用移动工具把它移动到空白页面上，记得要留出一段地板的距离。（我总是在屏幕上留出一张空白的页面，以方便使用）。
2. 在你留出来作为地板的空间上涂上一些比较搭配的阴影颜色。（使用编辑菜单下的填充功能和前景颜色工具）。
3. 把你画的人物模特扫描进计算机中，然后是用移动工具移动到背景之上。变换人物的大小，选择一个最合适的型号。（删除所有你用不到的图层，还可以无休止的这样做，直到你找到了合适的人物背景搭配比例）。这一环节的目的在于使你的模特突出、显眼。
4. 当你隐没当前图层之前，为了使模特人物更加突出，你可以选择对比功能。你也可以使用图像菜单下的调整功能，找到颜色平衡选项，改变人物或背景的颜色。当你做任何改变的尝试时，你都可以在当前页面看到效果图（比如，更红一点，蓝色更淡一点等），这样你就可以一直试一直试，直到你找到最满意的颜色对比为止。然后就点击OK，确定下来。
5. 我添加上了人物投影在地板上的影子，你可以看得出来，这样大幅度地增加了画面的立体效果。

1.

这幅图充分利用了喧闹场所背景。这样的纵深与高度效果和人物比例都是很一致的。我还利用了黑色和白色来产生强烈的对比效果。

2.

这幅图的背景小了很多。另外，我用模糊（滤镜菜单下）功能将背景作了修改，使动态感觉更加强烈了。背景的柔和模糊和人物的清晰形成了鲜明的对比。

3.

这幅图将背景局部放大了，而且剪切掉了部分人物。所以使剩下的人物能够主导整个画面，背景的旋转木马带来了不可思议的动感效果。

在这些图画中，你可以看到我们修改的背景，已达到怎样的视觉效果。利用计算机工作的莫大好处就是你可以无止境地进行试验，你只要把每一试验的结果保存下来就可以了。我为每个图片都建立了一个单独的文件夹，以保存这些实验品，下次使用时可以很快地找到。

1.

先画出干净的线条，选择最基本的皮肤颜色，选择出要上色的皮肤区域。

2.

用刷子工具中最大型号的刷笔，仔细地上色，不要掩盖上轮廓线。

3.

选择更深一层的皮肤颜色，画出服装在皮肤上投射下来的阴影效果。

4.

用同样的方法处理头发——先是浅颜色，然后是深颜色。给服装上的图案上色，每一个格子都要单独上色。

5.

6.

给毛衣选一个颜色，你还可以再上一层——不上也可以。在鞋子上——层面和正面相交的地方，要留下一些反光亮点。

用魔棒功能勾勒出背景。

活泼的女孩

这个人物是受日本漫画的影响。选择一种我们不熟悉的创作方式进行设计真的很有意思。我喜欢它强烈的，被小心地设计的阴影。鲜艳的颜色很大胆，这一点是很难做到的。请收集各种书集并尝试各种绘画手法。

八岁大的孩子
有装饰亮片的运动衫

这些都是八岁大的女孩子们，所以她们的上身躯干很小巧，双腿正在飞速生长。但是她们穿的衣服还是非常可爱有趣。请注意，我的模特头发的颜色和上身服装的颜色是一致的。

我可以用暖色和很多不同颜色的阴影（白色和深棕色，甚至黑色）制造出缀满金属亮片的面料效果。亮片的排列要经过精心设计，要整齐。而且形状要圆，不然看起来就会乱成一片了。

细节之处

工具：
麦克笔和Prisma彩色铅笔

这一对小女孩很吸引人，因为她们看起来是那么要好的朋友，而且还是不同民族的混合搭配。注意，两个人的肤色都有强烈的明暗对比。

工具：Photoshop刷笔

1.

2.

3.

计算机着色：

十岁到十一岁的男孩子们

这一模特组合完全是用Photoshop软件完成上色的，包括两件格子服。当我完成最初的底色和第二层阴影色以后，就用线条工具画出格子的图案，并且利用前景颜色和线条宽度功能作必要的修改。虽然线条工具不能产生出曲线，但是我可以通过改变直线的角度和方向制造曲线的效果，这样也能体现出服装褶皱。即使是这样，格子图案看起来还是会不那么真实，显得图像化，因为线条很精细，而且颜色很清晰（想要达到这种效果，用麦克笔或水彩笔可是非常不容易的）。

照片和手工绘画的合成

T恤衫组合

步骤：

1. 把干净整洁的滑板男孩扫描进计算机中。
2. 扫描一张滑板照片，角度要正确。
3. 用移动工具把滑板和男孩儿放好，用橡皮工具对整幅图进行清理。
4. 隐没图层。
5. 确保所有的服装线条完整，无断层。
6. 用魔棒工具为每件服装填充颜色。
7. 任何比例大小都可以，加上一些标志图案。

细节之处

条纹衬衫，针织棉

1. 从中间部位开始画条纹。
2. 条纹线条要柔和——太直了会显得僵硬。注意观察，条纹和褶皱的关系。
3. 针织棉有很好的保形效果，所以袖子不会很垂。

我把这张亚洲人脸上的金色夸张了，已达到特殊的风格化效果。脸部的轮廓要清晰。注意，这两张脸都上了三层的阴影效果：比较浅的底色，中等颜色又一层，最后再上一层深色的阴影。

年轻男人的脸包括：

1. 圆圆的面孔和柔软的两颊。
2. 柔软的、圆圆的鼻子。
3. 眼睛比较大。
4. 圆润的嘴唇。
5. 乱乱的发型。
6. 有点柔软的，细细的脖子。

年轻男人头部着色

细节之处

滑雪板

年轻小伙子

想要抓住某一动态的空中静止瞬间是很难的，所以多数情况下我们需要很棒的剪报和模板。但是这种姿态可以很好地展示运动服，也可以锻炼我们对于运动姿态的绘画技巧。麦克笔是很好的上色工具，因为滑雪服常常使用加工棉和尼龙作为主要面料，所以给人的感觉是很光滑柔和（没有什么明显的纹理）。至于滑雪裤，我则比较随意地上色，并选择紫罗兰色作为阴影的一部分，而并不只是单纯地选择同一种颜色的深色调而已。

运动休闲服装展示

酷酷的年轻模特

拉链和口袋的细节放大

银色皮革夹克衫，黑色乙烯基面料质地的裤子

把严谨的上色方法（夹克衫的上色方法）和随意的上色手法（裤子的上色方法）相对比是很有意思的组合。注意强烈的动作姿态是多么的吸引人。

黑色皮帽

网纹和珠子

带穗的腰带

这幅图显示了受日本漫画影响了的绘画风格。（具体画法见光盘）

投射阴影

阴影的投射对于突出服装重点，增加立体效果有着很重要的作用，所以它值得我们去探究。

即使是运动衫的肋骨处也能够投射阴影。但是请注意颜色不要上得过多。

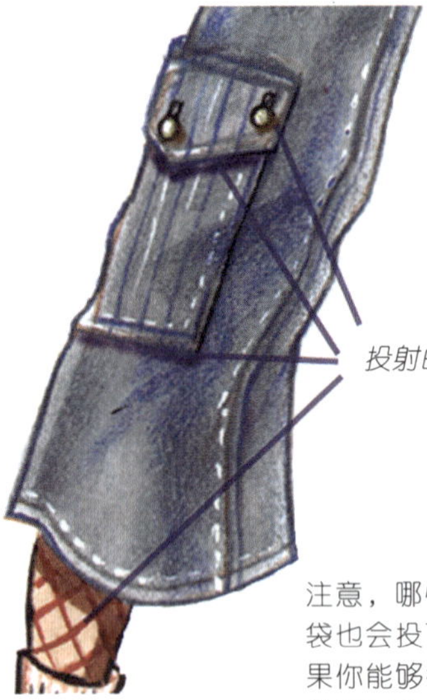

注意，哪怕是平平的口袋也会投下些阴影。如果你能够很好地利用这些投下来的阴影，你设计的很多小细节就不会消失在上色的过程中了。

细节之处

至于渔网袜，我用手动的方法涂上皮肤的颜色，然后运用Photoshop软件的线条工具画出网纹线。因为空间很小，所以只用直线也没有关系。

注意，间面线和反光增加了鞋子的立体效果。

年轻的大学一年级学生

这两个女孩穿了两套不同的牛仔服：彩色牛仔（非蓝色牛仔布）和砂洗牛仔（褪色的蓝色牛仔布）。褪色牛仔布的质地效果是由Prisma铅笔制造的，画的时候要用笔的侧面涂色，笔法要轻。在这之前是一层淡淡的麦克底色。（明亮的灰蓝色。）

这个模特组合可以让观众的目光来回地在二者之间流连。

平面图上色

如果你的平面图绘画技巧比立体绘画好——或者上色对你来说是件困难的事，这种风格化的手法就比较有意思了，而且效果还不错。

绘图方法

个性化的大学一年级生

1. 每一处的形状都很重要。
2. 模特之间的差异是很重要的。
3. 对于这种绘画手法来说，夸张的效果会不错（小身子，大脚丫）。
4. 明亮的颜色、幽默的表情和动作增加了愉悦的气氛。
5. 加上些文本效果会更好。

A.

设计良好的模特周围一定有很棒的空间背景。

B.

更多的绘图手法

1. 你可以用一种很有意思的、让人意想不到的方法剪切你的人物，例如，像图A和图C那样被图片的边界挡住也可以。
2. 去掉图片中的一些东西，使其平面化，比如去掉一些阴影。
3. 使你的模特显得很突出，和背景形成强烈对比。
4. 重复使用同样的模特组成一个组合。
5. 在某个区域或者整个图中使用强烈的明暗对比（例如图C中模特的脸）。

C.

浓重的肤色

工具：麦克Prisma铅笔

浓重的肤色

检查：

1. 皮肤上强烈的阴影颜色。
2. 第一层阴影颜色要深。
3. 第二层阴影颜色要浓。
4. 深色的头发和浓浓的眉毛可以突出显示非盎格鲁人的特征（现今这个时代，任何人都可以变成金发美女）。

黑黑的头发，淡淡的粉色皮肤

桃色皮肤，红紫色头发

头发颜色的搭配可以很有意思，你可以把一种常用的颜色和一种不常用的颜色放在一起，同时要记住，头发的颜色要和模特的彩妆相协调。

现今这个时代，几乎所有的颜色都可以作为眼影和头发的颜色，所以，我们要认真挑选搭配。

细节放大

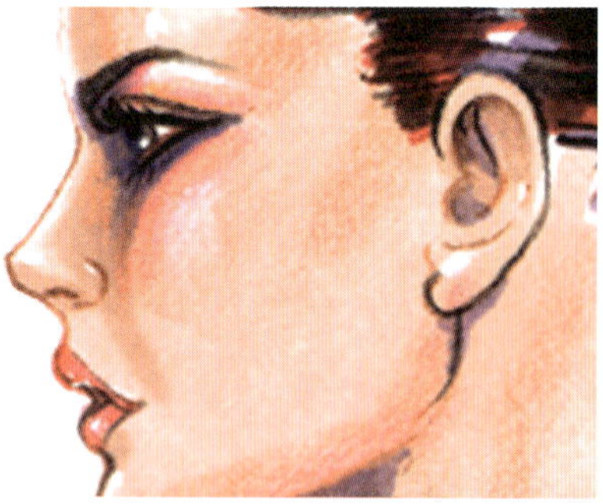

要制造立体感很强的人物头部侧面效果，窍门就是努力突出颧骨。

较浅的肤色

记住，金发和黄颜色没有多大关系。

金色的皮肤色调，深金色头发

细节放大

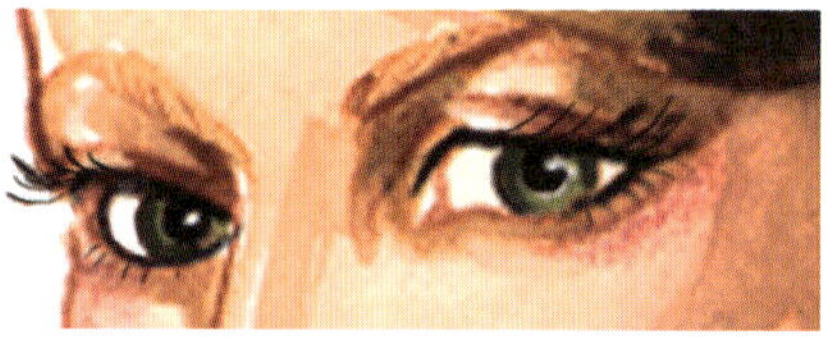

要注意眼睛的颜色（虹膜的颜色）。如果太强烈显眼了，就会抢了整张脸的风头。

肤色

有对比的肤色

如果你追求的是较深的肤色和强烈的明暗对比，那么第一层底色要明亮，然后在上边涂上两种对比强烈的颜色。请注意观察阴影是怎么帮助构建肌肉组织的。

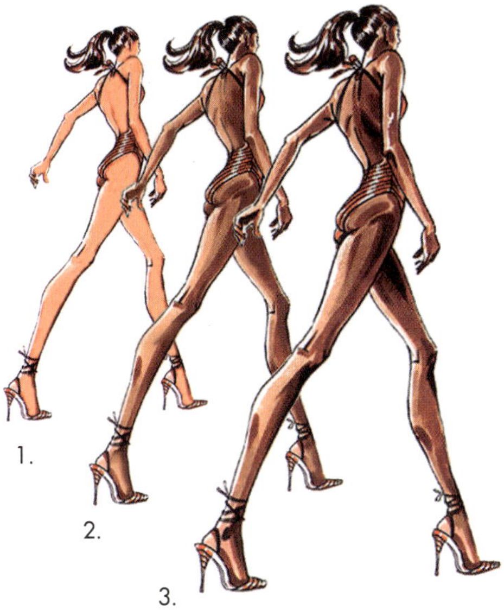

1.

浓重的金色

金属色其实不难掌握，只要你仔细观察金色和铜色的不同阴影效果。阳光照射的区域，明暗的反差是很大的。

在图1中，颜色为暖金色，颜色包括从非常温暖的金色——几乎是黄色到深棕色。图2则是比较冷的金色，几乎是铜色。这样的颜色里面没有红色成分。

2.

设计师：
BETSY JOHNSON

金色弹力带
花边面料

为泳装及泳装外套上色

扇贝形褶皱

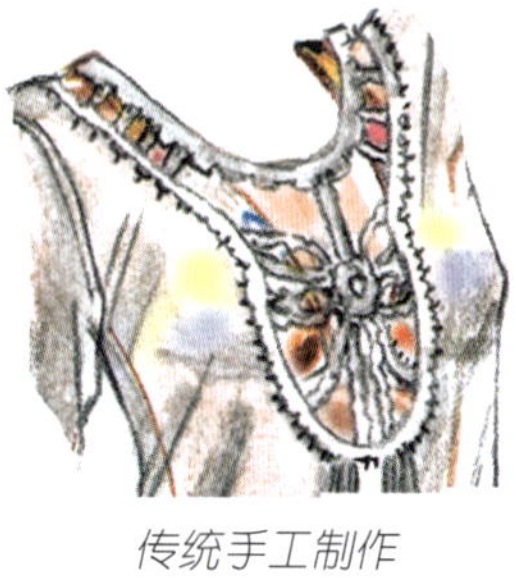

传统手工制作

无肩带短款小上衣

透明图案

给白色服装上色难点在于怎样使用柔和的灰色创造阴影效果，还要留出足够的白色空间，这样整件衣服最后才不会变成灰色的。

细节放大

步骤：透明

1. 在罩装上画上柔和的、不连贯的，但是显得很高雅的线条。
2. 用柔和的灰色为服装上阴影，反衬出整件服装的形状。
3. 扫描进计算机中，用Photoshop的移动工具把服装加到模特身上。
4. 增加透明度，直到从服装里可以看见身体。
5. 隐没图层。
6. 我重新为腰带上色，直到它变成不透明。

第一层肤色

成品肤色

背部泳装上色

注意这个模特的肤色中多了一些蓝色和绿色，还有一些暖色调：红色和金色。

冷色调肤色选择

暖色调肤色选择

步骤：

1. 为皮肤上底色。在肤色和轮廓线之间留下一些白色的空间。
2. 用深一点的颜色为皮肤画出阴影。为了视觉效果更加强烈，请选用对比明显的颜色。
3. 最后：
   a. 用更深的颜色涂抹身体部位相贴的地方。
   b. 为头发和泳装上色。在反光明亮的地方少用阴影效果。
   c. 为装饰品上色，确保它们和整体感觉保持一致。
   d. 如果需要，就给模特上一些彩妆。

步骤：金色皮革和斜纹软呢

1.

对于明亮的颜色，注意用铅笔上色时，前臂的颜色也要明亮，色系相同。

2.

上底色的时候，整幅图的颜色要一致，阴影颜色要选择和底色同色系的颜色，注意头发的颜色也和衣服颜色协调一致。

3.

设计师：
GIANFRANCO FERRE

这件外套是用麦克笔、Prisma铅笔、白色凝胶水彩上色的，在服装的质地和颜色上要好好下一番工夫，确保你的作品颜色不要太过火。

注意：要一直修改，直到模特的整体感觉很放松为止。要确保服装能够体现模特的自然动作或静态姿态。

这种面料（莱卡或弹力）看起来必须像人的第二皮肤一样。因为它可以伸展，条纹会在胸部和臀部扩展弯曲。如果有反光的话，反光会在人体上身躯干的公主线上（当然横向也有反光，从一边胸部到另一边胸部）。

条纹健美装

练习：

设计两件条纹健美衣并且练习上色，一件要设计成长装，一件短装。条纹不要宽于两毫米。

格子女孩

步骤：给格子上色

1. 画出服装，结构要简单。（不要有太多的褶皱）
2. 分析格子的样子。哪些是主要的线条，颜色是什么样的？你不需要看清楚每条线，重要的是面料的质地感。
3. 计算出尺寸，一条裤子上要有多少条竖线？有多少条横线？铺上素描纸，在素描纸上画出格子图案，看看样子是否正确。
4. 在服装上画出线条。要注意透视效果上的科学性，不要把线条画得过于僵硬了。
5. 先画较大的主线条，然后再在主线条周围画出其他系线条，要尽量保持线条干净。

练习：

用钩边和线条设计服装。用麦克笔和颜料着色。

斜纹软呢和牛仔布上色

1.

最基本的明暗两种色调。

2.

用Prisma铅笔或麦克笔画出面料的纹理。用亮色和暗色分别画出大小各异的圆片。注意，裙边要能体现服装面料的质地。

A字形牛仔裙

你可以利用这样的身体姿态来拉开裙摆，比较有意思。

步骤：花纹上色

1. 先画出最基本的底稿，保证服装的结构形状正确无误。上底色。麦克笔很合适，因为它不会和别的颜色相混合，从而不会脏兮兮的。

2. 用同色系稍深一些的颜色添加必要的阴影。颜色对比要强烈，不然在你完成作品的时候，阴影就消失在多层的颜色里了。

3. 这件服装的佩斯利图案由黑色的基本图案和彩色的花纹组成。先用黑色的麦克笔上黑色图案，这样彩色才不会和黑色混合。

4. 在深色的颜色上再画上浅色的颜色是比较困难的工作，但是在深色的麦克颜料上这么做效果会很好。我常常使用不透明的白色（让你的颜料很浓稠就可以了）。使用的纸张可以是麦克纸或水彩纸。注意你的工作只是制造一种感觉，不需要十分精细地画出所有细微的地方。

练习：

从本书提供的样品中选出两幅图，打印出来，然后练习用麦克笔和水彩颜料上色。

摇滚

音乐的不同风格也要体现在我们的设计绘画中，摇滚充满了力量（想想Tina Turner），与此相比很多别的音乐姿态则显得比较保守。

民谣歌手

工具：
Prisma铅笔和麦克刷笔

Hip-Hop

我专门订阅了几份音乐杂志，因为我很喜欢音乐家们的样子以及他们的服装。有很多设计师他们都专门为摇滚音乐人设计服装，像Henry Duarte，他们有的时候甚至和摇滚明星们一起巡回演出。

注意这个模特上衣的服装，上色的时候重点是把握好服装的形状和特殊面料的质地。

魅力女孩

羽毛上色：鹳的羽毛

鹳鸟的羽毛非常柔软垂缀，所以我们的线条要体现这种无重量感。保持羽毛的边缘绒绒的对于刻画羽毛的样子也至关重要。留出一些白色的空间可以让你的羽毛有漂浮感。

注意，我们可以用紫罗兰色来为白色作阴影。

仔细观察皮革制腰带以及精致的裙边

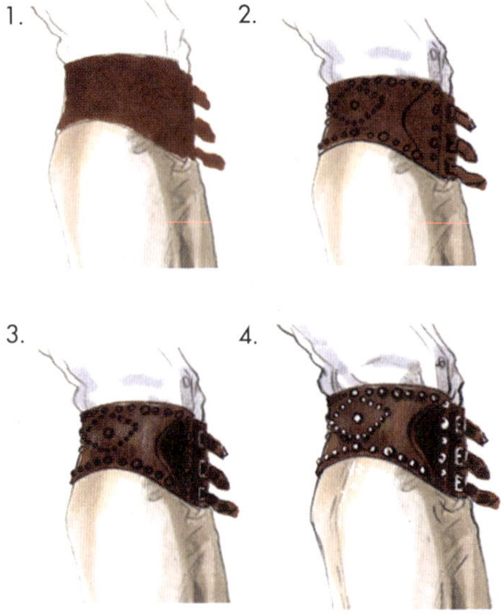

创造立体感

立体感其实就是明暗的对比，就是反光和阴影的运用。即使是最细小的细节之处，也需要用光和影来表现。

细节放大

我用浅紫罗兰色的麦克笔画裙边，用白色水彩颜料制造立体感。

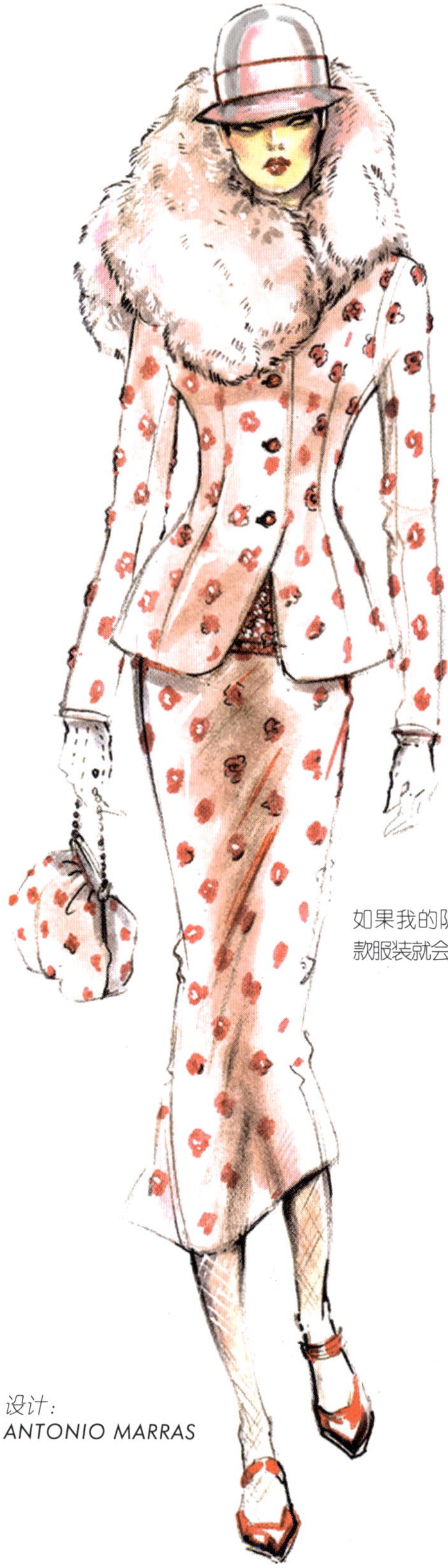

如果我的阴影的颜色太灰了，这款服装就会失去了玫瑰花的光芒。

设计：
ANTONIO MARRAS

轻盈面料上色

注意：如果你在浅色衣服上的阴影颜色过重的话，你的服装就会失去应有的精致感。

练习：

设计一款华丽的服装，颜色要浅。练习上色。

垂缀上色

古希腊人发明了垂缀，这些华丽的衣褶为我们提供了非常好的着色练习。

阴影在：

1. 由于身体的转动，光源照不到的地方。
2. 在褶皱、衣边、胳膊、垂缀等的下边。
3. 在所有褶皱的背光处。
4. 任何两个部分接触的地方，例如，在肩带系扎的地方。

这款更加现代的斜裁服装反映了相同的上色原则。

工具：
麦克笔和中性水笔

珠子

当你设计的服装上有珠子缀饰的时候，请考虑变换它们的大小和颜色，这样在视觉上的效果会更加有趣（多样就是趣味）。此外，用白色的树胶水彩为珠子添加反光，可以增加它们的立体感。

工具：
麦克笔和树胶水彩

4.

蕾丝

蕾丝是一种非常漂亮的半透明面料，上面绣有各式图案。我们在图中向大家展示的这两种蕾丝图案都是在一层麦克肤色颜料之上进行着色的。蕾丝上的图案用白色的树胶水彩（白色的蕾丝面料）或麦克颜料（黑色的蕾丝面料）上色。

1.

2.

1.

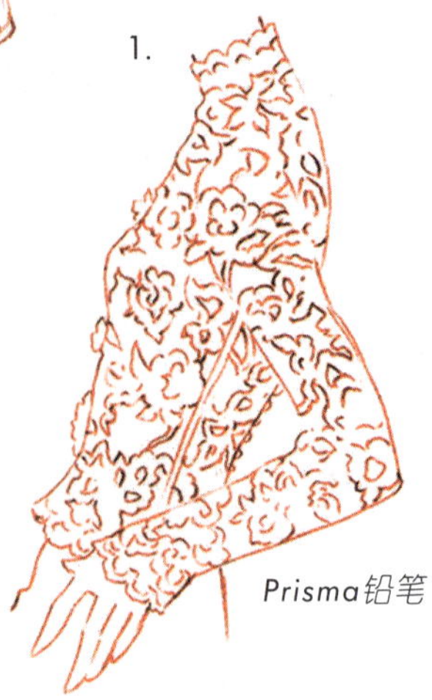

Prisma铅笔

2.

肤色底色

3.

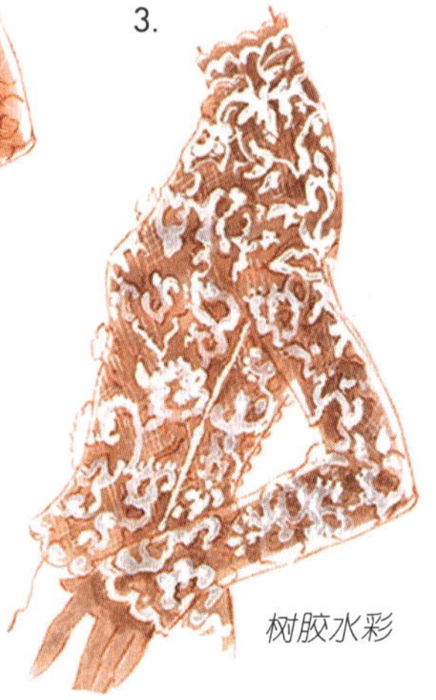

树胶水彩

3.

一件完美的浅滩豪华型泳装

高档分身服装

1.

把干净的手绘图
扫描进计算机中

3.

2.

在每一朵花边下面以及蕾丝面
料的图案之间添加阴影效果。
（具体细节见光盘）

练习：

用花边和蕾丝设计一套服装。用强烈的明暗对比进行阴影效果的创作。

刺绣

1.

仔细地描绘你设计的花样图案。腰部的松紧包裹在松紧带中，面料的轻薄质地决定了松紧周围会有很多的细褶。

2.

用干刷子为图案上色，并且用浓厚的颜色为图案增加立体的效果。

3.

用麦克笔或水彩为图案增加阴影效果。用淡淡的灰色也为衬衫画出阴影。

细节放大

步骤：乙烯基面料上色

1.

给这件大衣上一层较深的底色，留出圆润的强烈的反光。此外，也要用Prisma铅笔添加一些柔和的反光（在胸部）。再用深一些的色调上一层颜色。

2.

用Prisma铅笔或麦克笔细细地勾勒细节设计。

3.

用黑色为服装上第三层颜色。事前要仔细观察那里的阴影最深。这回要用Prisma铅笔的侧面。如果需要的话要用手将颜色擦得模糊一些。

乙烯基几乎可以说是最闪亮的一种面料了，所以你上色的时候也要反映出这一点——千万不要太普通了！

皮衣，皮裤

蓝黑色

皮裤上色检查：

1. 圆润的褶皱。
2. 高亮的反光。
3. 由于皮革大小的限制而不得不有的接线。
4. 常常用间面线做装饰。

黑紫色

工具：
树胶水彩和Prisma铅笔

皮毛着色

皮毛就是动物身上的毛或人造皮毛。所以，所有的毛都是朝着一个方向的。但是，如果像图中围脖那样的，皮毛会向外乍开。不管怎样，皮毛要被画得厚重而豪华，如果让皮毛立起来，在脸的周围会加重这种豪华感。

狐狸毛

你可以看出来，这件大衣是由单片的皮毛缝合而成。

黑天鹅绒西服配羊毛领

细节

天鹅绒有很多小绒毛，所以它通常会把光线吸收掉，而不是反射光线，但是，我们还是会在衣服上看到一些细小的光亮区域。但是，深暗的区域颜色要真的非常深。

山羊皮着色

1.

用水彩或麦克颜料涂上底色。在某些区域让刷笔的颜色比其他区域颜色深。

2.

当你完成这一步后，你可以用Prisma铅笔画出所有的阴影和图案效果，使用的时候要用笔的侧面涂（不要太用力）。你也可以用金色甚至是橘黄色的Prisma铅笔加上一些精细的反光。（不要害怕将明亮的颜色和中性的颜色混合在一起使用。）

对付更加细小的细节之处时，要使用削尖了的铅笔，或许也可以来一点麦克颜料来制造深色的阴影效果。一杆凝胶铅笔可以画出效果很棒的间面线或者反光。

更多的秋季套装

面料厚重和花纹图案的不同带来了强烈的对比反差，这是秋季套装重点之所在。

注意：从这些图样你应该能够看得出来，不同的装饰品对于秋季套装来说是必不可少的重要组成部分。

人造皮毛短上衣

工具：
Prisma铅笔和树胶水彩

工具：
麦克凝胶笔和树胶水彩

透明面料和金属片装饰

步骤：

1. 先画出人物并上色，有服装覆盖的部分，皮肤的颜色要淡淡的。
2. 在人物身上画出服装的形状。
3. 上一层浅浅的面料的颜色，让皮肤的颜色能够透过面料显示出来。但是也要画一些颜色较深的区域，这些区域是褶皱和阴影。
4. 用麦克笔、Prisma铅笔或凝胶笔画出服装上的花纹或图案。白色的树胶水彩可以用来添加强烈的反光效果。

细节之处

更多的珠子

这件绉纱的晚礼服有缀珠和成串的珠子装饰。珠子的颜色是天然的：黑色、白色和赭色。

步骤：

1. 给珠子和有阴影的地方上色。
2. 一些黑色的珠子是一个黑色的圆圈（在上边有些白色的反光）。但是其他的珠子要画成实心的纯黑色。
3. 要确保服装的边缘要有足够的珠子和装饰图案，给人的感觉要圆润自然。
4. 画白色的珠子的时候，非常适合用奶白色的凝胶笔，但是要画得很有3D效果的话，就要用上你的00号的刷笔，蘸上一些白色的树胶水彩，耐心仔细地画出一小团一小团的白色。
5. 注意，在反光强烈的区域，珠子的上部和侧面都有白色。

细节之处

阴影效果

光亮效果

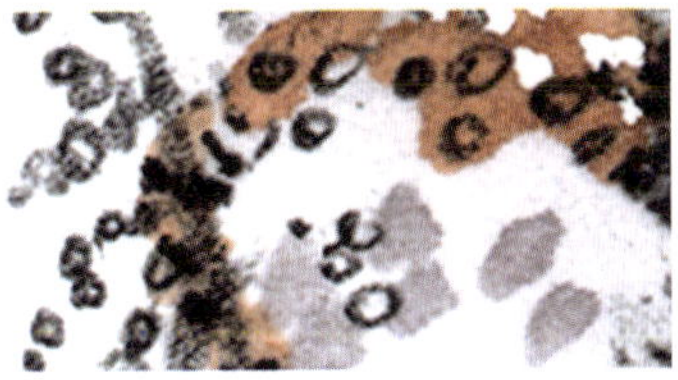

给服装上的图案上色

这个例子向我们展示了怎样给轻质花纹丝绸面料上色。像这样大片大片的图案很容易让人看起来厚重僵硬，所以我很小心地没有把颜色上的过于浓重，而且我们还要注意让有些图案自然地消失在褶皱中。这样才很有说服力。

带图案的丝绸

带毛边的托地长裙

为了让裙子的托地部分看起来真实，我们必须把托在地上的褶皱画得高贵典雅。当然毛穗边也很重要，它们在地上的方向要正确。

晚礼服着色

缀珠长袍

沉重的缀珠长袍需要非常精致的着色，至少些区域要这样。如果你在某一区域涂得非常真（比如在高光亮地区），你的观众们就会自而然地把服装的其他地方也想象成这样。

细节放大

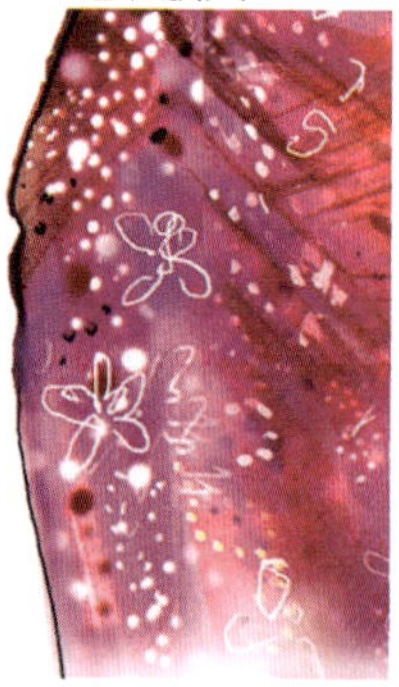

彩虹长袍

多彩面料可以随着身体的移动而改变颜色，所以给这样面料的服装上色有一定难度。我的方法就是，上色的手法要非常的放松，每种颜色都轻轻涂上去，并且将它们稍稍的混合起来。但是，如果你把它们分层上色或混合得太厉害了，最后的效果很可能像是一摊烂泥。

长礼服的光辉

细节放大

如果给像这张图上的闪亮服装上色的话，你只要在闪亮的区域周围涂上一系列渐深的颜色就可以了。如果上得好的话，每一层颜色要部分地盖住上一层的颜色。

工具：
树胶水彩和麦克颜料

带花纹图案的波纹丝绸

姿态细节

给高级礼服的花样图案上色，颜色要如蜻蜓点水一般。这样花纹图案才不会破坏面料上的反光效果。如果给图案颜色上得过于浓重会使你的长礼服看起来非常沉重。

更多的晚礼服上色方法

注意光线与公主线的关系。

蕾丝上衣配绉缎裙子和窸窸窣窣的声音

绉缎的质地很精致，表面却比较粗糙，所以会吸收光线而不是反光。请注意观察，光线怎样衬托出裙子下面的双腿的。

姿态

用两种或多种角度展示同一件服装的能力对于设计师来说是很重要的。人物的动作和整体感觉必须与服装保持和谐。用同一款发型，甚至同一个头可以使服装之间保持较高的协调性，也会使观众的眼光始终只停留在服装上面。请注意图中的两个模特都是行走姿态，这样也会使她们看起来又高贵又协调。我把一个模特放在较后的地方了，这样也增添了整个布局的趣味性。我们最好先把她们两个都画成同样的大小，然后再使用复印技术把其中之一按比例缩小。

深色的服装和苍白的皮肤形成鲜明强烈的对比。注意阴影为整幅图带来的立体感。

和绉缎不同，这款黑缎子有着强烈的反光能力。我用黑色的麦克笔以及紫色的底色相混合。（Tria品牌的笔有很多适合作为底色的黑色系颜色。）

黑缎子

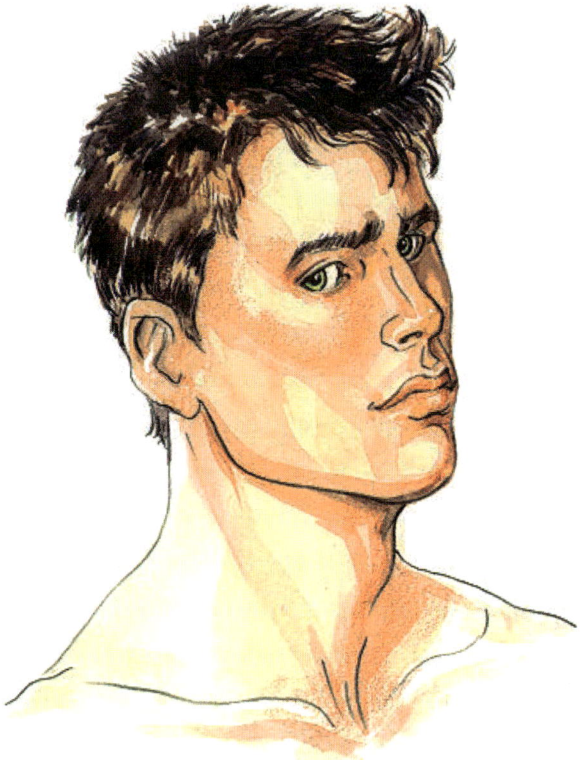

细节：微侧的眼睛和鼻子

这种水彩上色的方法是人物看起来更加真实。眼睛直接地看着观众是很好的设计。我用红色和绿色分别为头发和眼睛上色，形成了很好的颜色对比。不要害怕使用鲜明的颜色为皮肤上色，只要你的模特不会使服装黯然失色就可以。如果你的服装颜色很淡，那你的模特的皮肤颜色最好也与之相一致。

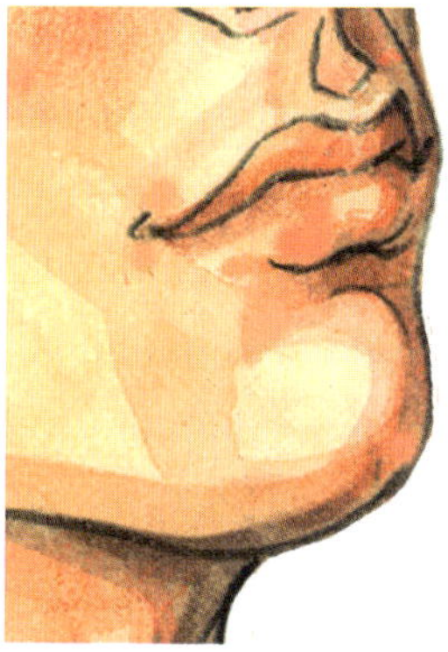

细节：微侧的嘴和下巴

男性头部上色

短短的头发

刚开始的时候，我先薄薄地、轻轻地上一层底色——较浓的红粉色。第二层则刷上深红棕色，这样能够很好地画出头发的层次感和形状。

头发的细节放大

你们会发现不同的肤色和各异的面部表情使这些模特们看起来很有吸引力。千万不要让所有的东西都类型化，平庸化，不然你会付出很大的代价。

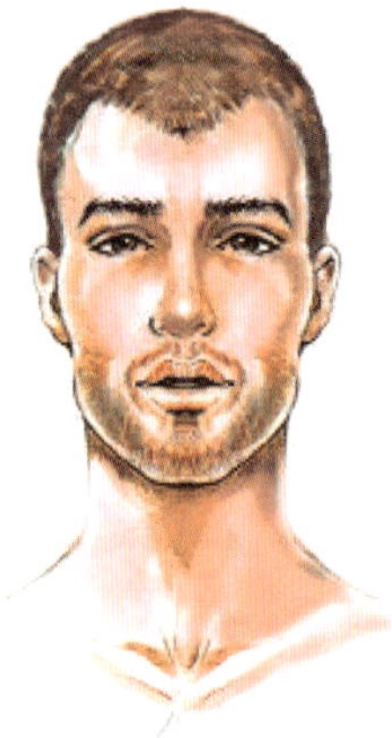

注意，一缕光线照在了面部前的头发上，使整个图都显得时髦了很多。

皮夹克

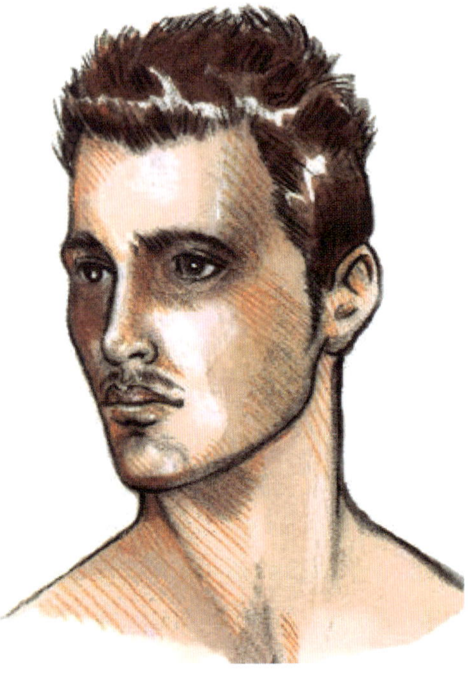

细节之处

游泳的小伙子

这些强烈光线对比制造出很好的视图效果。头发只画出了大致的形状。服装上，不带阴影效果的花纹图案使面料显得很干净。略富挑战性的姿态添加了模特的可视性。

背部视角

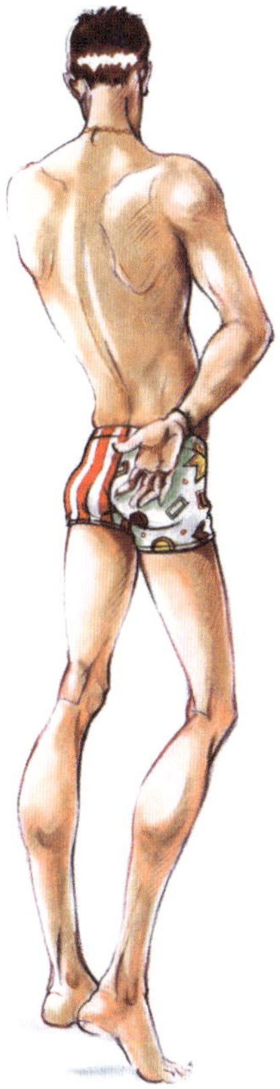

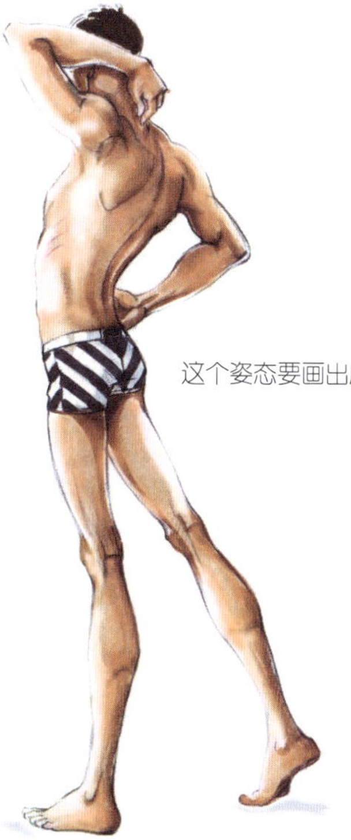

这个姿态要画出肩胛骨融进背部的部分。

注意：如果你设计的正确，上色是一件很有意思的事情。我建议你们花75%的时间在绘画上，25%在上色上。

步骤：背部上色方法

1. 用麦克卷纸或水彩纸拓下一张干净准确的模特外形。我比较喜欢用温暖的Prisma铅笔颜色——比如陶土色。即使麦克的颜色和铅笔的颜色相融合了，也不会弄脏你的设计。
2. 上第一层颜色，涂满几乎所有的空间，但是要留下一些空白的线条。

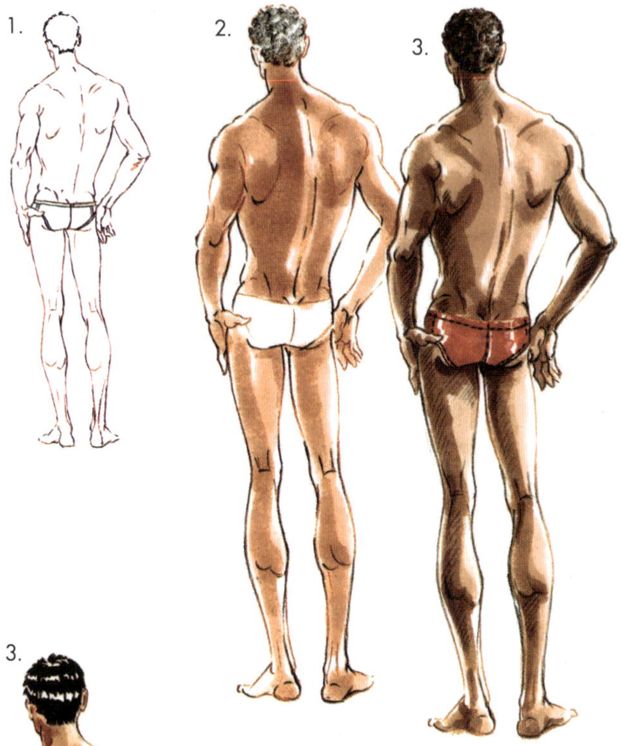

较深的皮肤颜色

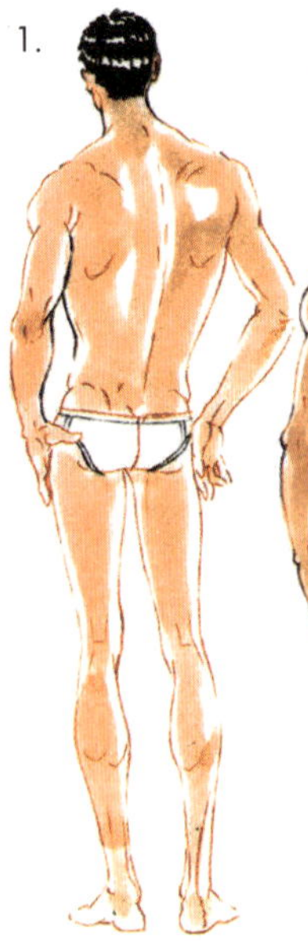

第一层肤色

第二层肤色

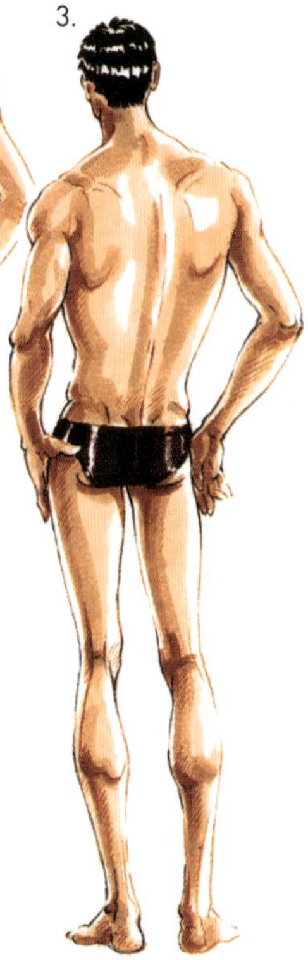

加上深色调

3. 第二层颜色要强调浅阴影区。考虑到体侧的平面部分。此外光源的方向不要变。
4. 最后一层颜色要强调深色的阴影，但是颜色不要上得过浓了（要又快又干净）。
5. 就像你看到的那样，头发和游泳短裤都使用了单一的颜色和高亮的反光。

牛仔布有很多不同种类的蓝色阴影，它有斜纹，这就意味着我们可以用精致的斜线来体现精致的面料质地。间面线总是双线，线的颜色要么与布料同色，要么有强烈的反差。在口袋边角处的铆钉更加能够增加服装的耐久性。

图片上我的模特皮肤的颜色中有红色，用来实现强烈的明暗对比。注意上衣留下来的阴影，胳膊在腿上留下来的阴影以及裤子在鞋子上留下来的阴影。对于时尚服装来说，图上人物的这个姿态是很不常见的，但是在视觉上却能够牢牢地抓住观众的眼光。

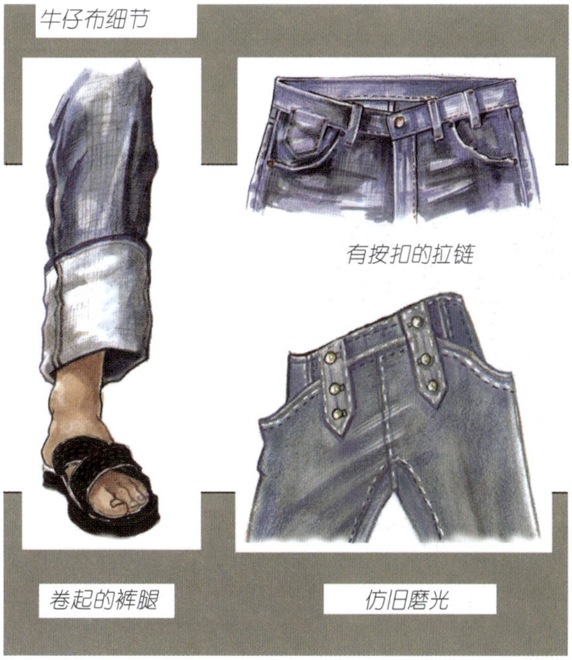

牛仔裤的颜色

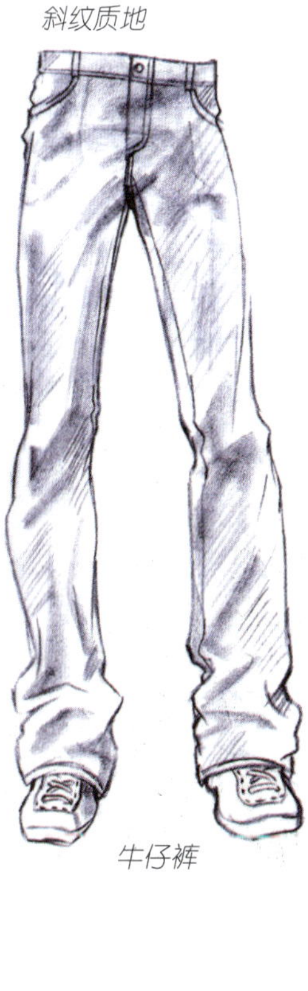

图案的上色方法

格子

格子图案的上色方法是很讲究的。

1. 计算格子的大小。
2. 用尺子画出格子的线条大致所在位置，但是线条不要太僵硬，手法要轻松，当然还要考虑到褶皱的问题。
3. 上一层底色，添加第二层阴影色。
4. 眯起你的眼睛，看看次要线条是否能够显现出来。你不需要给每一条线都涂上颜色，相反，只要意思到了就可以了。
5. 用Prisma 铅笔、麦克笔或小刷子来给线条上色。涂的时候别着急。

细节放大

手绘的裤子

上图的裤子是真的用手绘制的，我虽然开始的时候使用麦克笔，但是裤子上的所有图案就是油画水彩，这样会产生视觉上的真实感。记住，你可以使用任何可以使效果变得突出吸引人的工具和手法。

羊毛面料图案上色方法

羊毛细条纹面料

1. 先突出光影效果。
2. 用Prisma铅笔的侧面为面料画出质地感。
3. 画出条纹，线从中间开始。线条要柔和，在有褶皱的地方，线条要弯曲。

小山羊皮夹克衫，上边有羊皮毛边

箭尾形斜纹羊毛面料的裤子

箭尾形条纹

1. 先上底色。
2. 涂上阴影色。
3. 画出箭尾图案的行列，先画出竖条纹。
4. 然后添加上45%斜线，一列一列地画。
5. 用Prisma铅笔画出面料的质地感和面料上起的球球。

秋季套装

更加贴身更加正式的皮夹克外套、纯棉条纹衬衫、羊毛毛衣

宽松休闲帆布夹克衫，罗纹领子；
棱纹毛衣；
法兰绒格子衬衫；
T恤衫；
灯芯绒裤子

套装服装检查：

1. 一定要先从里面的领子开始画。
2. 在每一层套装的衣边处都涂上深深的阴影。
3. 记住，太过对称的设计会使服装显得太保守，太过时。
4. 可以考虑把夹克衫或大衣的前襟敞开，这样不仅使设计看起来很放松，也可以让你展示里面的套装。
5. 大多数情况下，毛衣或衬衫的袖口会露在外套的外边。
6. 颜色最深的阴影在服装部件的下边，比如领子和衣边。
7. 在画织花的毛衣时，不要忘了在图案周围添加阴影，这样才会产生良好的立体效果。

秋季面料检查：

1. 对于深色的面料来说，上色的时候先要上一层深色的底色，然后再用Prisma铅笔或油画水彩画出褶皱的反光。
2. 我用凝胶水彩画口袋上的白色缝线，口袋的颜色比大衣的颜色浅一点，这样它才不会消失，口袋下方的阴影使口袋更加显眼。
3. 这件毛衣再一次证明了树胶水彩是多么的明亮，尤其是和深颜色的斑点放在一起做对比的时候，背景颜色是中性色。
4. 模特下身穿宽条纹的灯芯绒裤子，我们用麦克笔画深色的条纹，用Prisma铅笔画浅色的条纹，这样可以制造反光效果，也可以显示出裤子的面料质地。

男士秋季套装

羊毛面料口袋

粗织纹毛衣

宽线条灯芯绒裤子

玻璃窗格子图案的裤子

检查：

1. 放松的姿态可以使这些服装看起来不那么紧张、僵硬。
2. 轻松的线条，但是要注意衣褶部分。
3. Prisma铅笔用来给麦克笔底色增添面料的质地感。

带拉链的皮夹克

羊毛前翻襟，立领

更多的秋季套装

练习：

利用本页提供的服装模板绘画样式相同的大衣，要画一个前襟敞开的，再画一个扣子扣上的。

硬皮革面料

这款服装的颜色很单纯，我选择了红色作为夹克的阴影颜色，套领毛衣的颜色，脸部五官的颜色以及头发的颜色。褶皱很小而且很少，体现出面料的质地是柔软度很低的硬皮革。

强调五官的鲜明形状。

细节放大

细节放大

手指也只画出形状就好。

2.

1.

皮革着色

软皮革

1. 单一颜色的底色，黑色或其他浓重的颜色都可以。
2. 用白色的Prisma铅笔的侧面画出圆润的褶皱效果。用白色的树胶水彩画出最亮的反光效果。

男性的服装组合

我用白色的树胶水彩为这些夹克衫上色，选择的纸是麦克纸，颜料中水分很少。

皮外套
缎子束腰带
条纹羊毛西裤
网球运动鞋

休闲皮外套
皮裤

最前卫的男性服装就是把很多不同风格款式的服装元素进行混搭，例如昂贵的休闲皮大衣配传统条纹西裤，再配颜色鲜艳的运动鞋。

带花边的条纹衬衫、皮裤、丝绸围巾

皮军大衣，条纹裤

缀珠织纹粗大的毛衣和皮裤

秋季服装面料及组合

演出服装设计

细节

英国皇家卫队

工具：
麦克颜料和树胶水彩颜料

绸缎

水滴珠子

公爵夫人缎子礼服

公爵夫人缎子礼服有很漂亮的褶皱，而且能够很好的贴身保持服装形状。这种面料反光性很强，所以服装上的光亮是上色的关键。水滴状的珠子只有一端缝在紧身上衣上，所以可以随着身体的运动而来回摆动。需要注意的是，每一颗珠子都会留下一点点阴影。

如果你对设计演出服很有兴趣，你就要在精细地上色上多下点工夫了。演出服的设计师们都会花大量的时间研究怎样使服装看起来像是穿了很多年的，或是使用仿旧面料，这样效果看起来才会逼真，上色的效果也会使人信服。此外，华丽也是设计戏服、展示戏服关键的要素之一。